U0175262

南京航空航天大学
管理预测、决策与优化研究丛书

灰色评价与预测建模技术研究

党耀国　王俊杰　叶　璟　著

科学出版社

北　京

内 容 简 介

本书全面介绍了灰色评价和预测的基本理论、基本方法,是笔者长期从事灰色评价及预测模型研究与实际应用的总结。全书共分为8章,包括灰色评价与预测模型的研究现状分析、灰数基本概念及其运算优化、缓冲算子与函数变换研究、基于截面数据的灰色关联评价模型、基于面板数据的灰色关联评价模型、基于区间灰数的灰色聚类评价模型、基于区间灰数的灰色预测模型研究、时滞性灰色多变量预测建模。

本书可作为高等院校经济、管理类各专业高年级本科生和研究生教材或教学参考书,也可为政府部门、科研机构及企事业单位的科技、经济、社会系统评价与趋势预测研究提供支持。

图书在版编目(CIP)数据

灰色评价与预测建模技术研究 / 党耀国,王俊杰,叶璟著. —北京:科学出版社,2022.6

(南京航空航天大学管理预测、决策与优化研究丛书)

ISBN 978-7-03-071575-3

Ⅰ. ①灰… Ⅱ. ①党… ②王… ③叶… Ⅲ. ①灰色系统-系统评价-研究 ②灰色系统-系统建模-研究 Ⅳ. ①N945.1

中国版本图书馆 CIP 数据核字(2022)第 030726 号

责任编辑:陶 璇 / 责任校对:韩 杨
责任印制:张 伟 / 封面设计:无极书装

科 学 出 版 社 出版

北京东黄城根北街 16 号
邮政编码:100717
http://www.sciencep.com

北京九州迅驰传媒文化有限公司 印刷

科学出版社发行 各地新华书店经销

*

2022 年 6 月第 一 版 开本:720×1000 1/16
2022 年 9 月第二次印刷 印张:18
字数:360 000

定价:188.00 元
(如有印装质量问题,我社负责调换)

前　　言

本书侧重于研究灰色不确定信息、灰色时滞特征、灰色多变量系统的评价与预测问题，对灰色不确定评价模型和灰色多变量预测模型进行研究和拓展，进一步完善了灰色系统理论与方法的科学体系，扩展了灰色评价和灰色预测的适用范围。

灰色系统理论是研究"少数据、贫信息"不确定系统的方法技术，通过对有限的已知信息进行推断、发掘，凭借少数据建模达到"灰色白化"的目的。灰色系统理论研究的小数据适用于数据量少或没有标记数据可用的情况，可以有效减少对人们收集大量现实数据集的依赖。灰色不确定性评价与预测理论可以有效减少问题数据的收集、促进数据匮乏领域的有效发展、避免脏数据对真实建模效果的影响。因此，灰色评价与预测理论的研究在少数据、贫信息系统具有重要意义，在社会、经济和科技的发展与应用中具有重要地位。

本书以笔者近年完成的有关灰色评价与灰色预测方面的科研项目为基础总结提炼而成，是笔者长期从事灰色评价及预测模型研究与实际应用的总结。本书从灰数的基本定义和运算法则入手，研究灰色缓冲算子的构造与函数变换方法，针对截面数据和面板数据的灰色关联评价模型进行拓展，并提出基于区间灰数的灰色聚类评价模型和灰色预测模型，同时对时滞性灰色多变量预测建模的机理和参数优化进行研究。

本书第 1 章由党耀国、孙婧执笔，第 2 章由党耀国、王俊杰执笔，第 3 章由叶璟、党耀国执笔，第 4 章和第 5 章由王俊杰、叶璟执笔，第 6 章和第 8 章由王俊杰执笔，第 7 章由叶璟执笔。李雪梅、冯宇、尚中举、孙婧、叶莉、周慧敏、耿率帅、Keith William Hipel、杨英杰、朱晓月等参加了相关课题研究，为本书的成果做出了积极贡献。

本书相关研究得到国家自然基金（71771119，72001107，72104100），教育部人文社会科学研究基金（19YJC630167），江苏省自然科学基金（BK20190426），中国博士后科学基金第 13 批特别资助（站中）基金（2020T130297），中国博士后科学基金第 66 批面上项目（2019M660119），南京市留学人员科技创新项目，江苏省科协青年科技人才托举工程项目，江苏省研究生科研与实践创新计划项目（KYCX21_0240）的资助。在编写过程中，笔者参阅了大量的文献资料，吸收了许多专家、学者的研究成果。

　　由于笔者水平有限，本书不足之处在所难免，敬请同行及读者不吝指正。

王俊杰

2021 年 11 月

目　　录

第1章　灰色评价与预测模型的研究现状分析

　　邓聚龙教授于 1982 年（Deng，1982）创立的灰色系统理论是研究"少数据、贫信息"不确定系统的方法技术，通过对有限的已知信息进行推断、发掘，凭借少数据建模达到"灰色白化"的目的。自从邓聚龙教授创立灰色系统理论以来，国内外许多学者都加入灰色系统理论与应用的研究行列，经过近 40 年的研究，产生了一大批有价值的专业书籍、期刊论文和学术报告。此外，由刘思峰教授担任主编的国际学术刊物 *Grey Systems：Theory and Application* 和 *The Journal of Grey System* 分别进入 Mathematics，Interdisciplinary Applications 领域 Q1 和 Q2，标志着期刊影响力的进一步提升，也说明灰色系统理论在向国际名刊发展的进程中取得重大突破。

　　灰色系统理论从 1982 年被提出后，研究热度持续升高，如图 1.1 所示，图 1.1（a）、图 1.1（b）、图 1.1（c）、图 1.1（d）分别是在中国知网以"灰色预测""灰色关联""灰色聚类""灰数/灰色序列生成/缓冲算子"为关键词搜索的期刊论文数量，在 Web of Science 中以"Grey Forecasting/Prediction""Grey relational/Incidence""Grey Cluster""Grey number/Grey sequence generation/Grey buffer operator"为关键词搜索的论文数量。从图 1.1 的四个子图中可以看出，国内外学者对灰色预测和灰色关联的研究热情度较高，且灰色预测外文期刊论文数量在 2019 年超过了国内期刊论文数量。灰色系统理论主要研究领域在国内外期刊的论文数量呈现逐年上升趋势，充分展现了灰色系统理论成果在国际研究领域的影响力不断增强。

　　将中国知网与 Web of Science 收录的"灰色预测""灰色关联""灰色聚类""灰数/灰色序列生成/缓冲算子"相关论文汇总，近似成灰色系统相关方向论文总量，如图 1.2 所示。各研究方向的论文数量都呈现上升趋势，其中"灰色关联"相关论文从 2010 年的 2 785 篇增长至 2020 年的 4 237 篇，增长了 1 452 篇，"灰色预测""灰数/灰色序列生成/缓冲算子""灰色聚类"相关论文也分别增长了 472 篇、

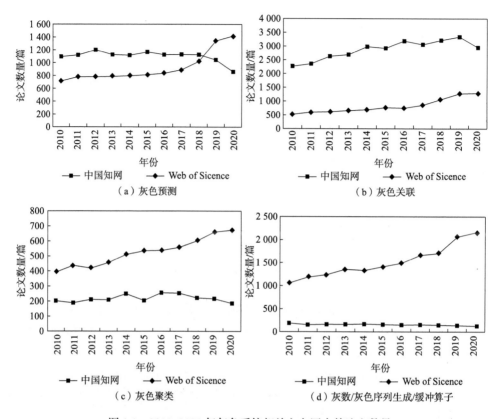

图 1.1 2010~2020 年灰色系统相关方向国内外论文数量

1 039 篇和 266 篇，表明国内外学者对灰色系统理论的认可度逐渐加强，从而推进灰色系统理论的创新、应用和普及推广。

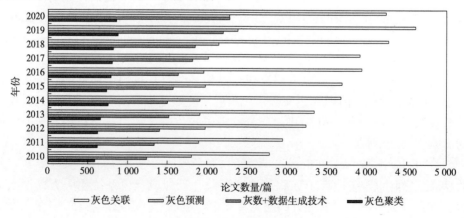

图 1.2 2010~2020 年灰色系统相关方向论文总量

目前，灰色系统理论的研究分支主要包括灰色数学、灰色生成技术、灰色预测、灰色关联、灰色聚类等方面。下面将围绕本书研究的核心内容，分别从灰数与数据生成技术、灰色评价（灰色聚类和灰色关联）和灰色预测理论及应用方面所取得的前沿成果进行综述。

1.1　灰数与数据生成技术的研究现状

灰数是灰色系统的基本“单元”或“细胞”，灰色生成技术是运用灰色系统理论处理不确定信息的重要手段。深入研究灰数和灰色生成技术，可对特征不明显或扰动量较大的拟建模数据序列有更清晰的认识，从而提高建模精度。

1.1.1　灰数的研究现状

灰数运算是灰色系统理论体系的核心和学术发展的基础，其运算体系的构建依赖于对灰数性质的深入挖掘，因此，作为衡量灰数信息不确定性的灰度备受学者的关注。本部分从灰数与灰度、灰数运算体系、灰数序列和区间灰数排序四个方面系统介绍灰数的研究现状。

1. 灰数与灰度研究

邓聚龙（2002）借用可能度函数所具有的几何特性，最先给出了可能度函数已知的灰数灰度的定义。张岐山等（1996b）在引入差异信息灰列的基础上，引入熵值概念，定义了差异信息灰列的熵，并将灰数的熵和最大熵进行对比来表示灰数灰度，给出了差异信息灰列的熵与序列灰性的关系，从而深化了对灰数灰度内涵的理解。刘思峰和林益（2004）运用均值白化方法对区间灰数进行白化，并测度其所属区间的长度，利用这一新思想重新定义了区间灰数灰度，简化了其表达形式。但是，当区间灰数的均值白化数为零时，上述定义均无法给出合理解释。考虑到区间灰数的灰度能折射出该区间灰数具体取值的不确定性水平，刘思峰和林益（2004）提出对灰度的研究需要充分考虑到生成该灰数的实际背景，并给出了区间灰数灰度四公理，然后将灰度定义为其自身测度与所处背景测度的比值，至此灰度有了更加科学、更贴近于现实的解释。在一般灰数的研究方面，蒋诗泉等（2014）针对一般灰数在复杂系统信息表征中的应用，基于核与灰度的思想，提出了一般灰数的核期望与核方差的排序方法。蒋诗泉等（2014）将模糊数学方法和灰色系统理论进行有机融合，挖掘灰数可能度函数和灰数灰度之间的内在联系，定义了直觉灰数和直觉灰数集，并定义了一般灰数与直觉灰数集之间的等值转化运算法则和直觉灰数的得分函数概念。刘中侠等（2021）针对一般灰数自身结构复杂性造成的一般灰数代数运算体系不完备性的现实，首先将直觉模糊方法和灰数的"核"与"灰度"方法集成，利用灰数可能度函数，引入直觉灰数（集）的概念；其次将一般灰数中每个小区间灰数用一个直觉灰数来表征，并将一般灰数转化为一个区间直觉灰数；最后将两个一般灰数的运算定义为区间直觉灰数之间的运算，并给出区间直觉灰数的距离公式。

2. 灰数运算体系研究

学者在对区间灰数性质进行深切认识与探究的同时，也在不断尝试构建其运算体系。早些年，刘思峰（1987）试图运用均值白化思想构造灰数间的运算关系，但受困于扰动灰元而未能进展成功。方志耕等（2005）对区间灰数进行标准化处理，基于此阐释了区间灰数间的运算规则，为灰数大小比较问题增添了新思想和新方法，但当运算过程愈加烦琐时，所涉及的运算量迅速增大，从而限制了其适用范围。谢乃明（2008）从优化模型角度对灰数的运算规则进行了充分探讨，并提出了灰距离及灰数大小比较的可能度规则，但缺乏具体的运算公式。因此，以上尝试结果均未能尽如人意。面对上述研究中存在的诸多难题，刘思峰等（2010a）考虑到灰度之于区间灰数的重要性，将其引入区间灰数运算中，并对运算过程中灰度的变化机制给予约束，据此建立了基于"核"和灰度的区间灰数运算法则，通过运用科学成熟的实数运算法则来简化区间灰数运算，在一定程度上消除了现有研究中存在的棘手难题。此外，刘思峰等（2010a）进一步研究了灰数集和一般灰数概念，定义了灰数的概念，并基于"核"和灰数灰度建立了区间灰数运算公理、运算法则和新的灰代数系统，并研究了其运算性质，将灰数运算转化为实数运算，使得区间灰数运算的难题在一定程度上得到解决。Yang等（2012）基于灰数和灰色度的灰集运算规则，并研究其减少不确定性的能力；基于灰色集白化的概念，定义了灰色集的两种扩展运算，并讨论了它们的性质。该运算规则可以显著降低灰色集的不确定性，新的灰色集运算规则可以显著降低灰色集的不确定性，推动着灰代数系统理论向前发展。在此基础上，刘卫锋和何霞（2011）为了简化区间灰数行列式的运算，完善区间灰数的运算和灰数代数系统的理论基础，利用区间灰数的简化形式探讨区间灰数行列式的性质，得到了基于"核"和灰度的区间灰数行列式的若干性质，简化了区间灰数行列式的运算。由于新的区间灰数运算法则便于实际操作，众多学者纷纷将其应用到区间灰数动态评价、灰色关联分析、区间灰数预测和多属性决策中，从而推动了灰色系统理论的全面发展。

3. 灰数序列研究

系统的复杂性、动态性及人们认知水平的局限性导致在描述问题时很难使用确切的实数，通常选取灰数。为了对问题更加准确地描述和分析，有必要将模型的应用范围扩展到灰数序列。杨德岭等（2013）提出"信息域不减"的推论，在提取区间灰数"核"的基础上，将最大的信息域值设置为区间灰数的信息域，从而求解出区间灰数的上下界，对于丰富和完善灰色预测模型理论体系、拓展灰色预测模型的应用范围具有积极意义。虽然曾波（2011）同样提取了核信息，以区间灰数的"核"序列为基础建立预测模型，实现对未来区间灰数"核"的运算，然后以"灰度不减公理"为理论依据，以"核"为中心拓展得出区间灰数的上界和下界。但是，与之不同的是，在区间灰数上下界求解时，从最大灰度和"核"这两个角度入手，且该方法并未考虑到区间灰数的"灰度不减"问题，因此叶璟等（2016）在充分挖掘和拓展"灰度不减"公理的基础上，通过准灰度因子对区间灰数上下界进行灰度最大化处理，保证建模过程中的灰度不减，并分情况研究灰度序列的不同增减趋势，根据区间灰数序列灰度走势得到的灰度因子进一步修正模型，选取不同的技术手段建立模型。在"核"和灰度的基础上，刘解放等（2013）定义了"灰半径"的概念，在"核"与"灰半径"的基础上，求得连续区间灰数的上界和下界，在不破坏灰数整体性的前提下，实现了对于连续区间灰数序列的预测，对于丰富区间灰数的预测理论具有积极探索的作用。灰数序列运算法则正在不断改进和完善，但仍存在有效信息损失问题，导致运算结果的科学可靠性难以保证，需要学者对各类灰数的基本概念和产生原理进行更深入的研究。

4. 区间灰数排序研究

区间灰数排序是包括灰色关联、灰色聚类和灰色预测在内的众多研究领域必不可少的理论方法，是获得科学结果的有效依据。虽然区间灰数和区间数是两个完全不同的概念，但是在具体研究思路上两者间可以相互参考。徐泽水和达庆利（2003）给出了区间数比较的一个可能度公式，利用区间数的长度测度和边界的取值，研究了区间数之间的比较与排序问题，并对公式所具有的一些优良性质（互补性、传递性）进行了详细探讨，基于可能度公式，给出了区间数排序的可能度法。罗党等（2003）借鉴区间数排序的可能度法，利用主观条件概率和客观条件概率构造出灰偏差函数，给出了区间灰数排序公式，基于灰偏差函数给出逼近于主观条件概率的优化模型，从决策者主观偏好角度出发，通过求解该模型得到属性的权重向量，并由区间灰数排序公式得到方案的排序，为解决指标值为区间灰数的不确定性决策问题提供了新手段。谢乃明（2008）综合考虑了模糊数学、随机概率及区间数与灰数之间的优劣势，并提出用灰数来描述不确定性信息，综合分析了灰数具有的一定的概率分布，运用概率论的知识，提出了灰数排序的可能度方法，重点研究了离散灰数和区间灰数的排序规则，并通过测算二维平面中的相应面积，对离散和连续两种类型灰数的排序问题进行了探究。闫书丽等（2014）运用标准区间灰数概念，通过投影的方法对普通区间灰数进行信息转换，据此对区间灰数的"核"和灰度概念进行延伸，并依据投影得到的标准灰数提出了相对"核"和精确度的概念，给出了灰数的排序方法。该方法克服了已有排序方法的不足，且使相同灰数的排序区分度在不同的应用背景下有不同的体现，有助于决策者进行分析，其算例也验证了所提出方法的可行性和优越性。王俊杰等（2015）从区间灰数本质特征出发，依据从点到线的思想，给出了区间灰数间大小比较的可能度函数表达式，然后对区间灰数进行标准化，通过积分对表达式进行求解，利用积分性质求解并给出了两个区间灰数在六种不同位置关系下大小比较的可能度函数表达式，随后利用区间灰数的排序函数进行排序，最后将其应用于企业间竞争实力的排序评估中。区间灰数自身所具有的不确定性，为其排序问题带来了显著困难，为此学者尝试借用确定性问题排序方法对其进行研究，核心创新点均是在两者间搭建科学合理的转化桥梁，并取得了一定的研究成果，但限于研究历程较短，尚未在学界达成共识。

1.1.2 数据生成技术的研究现状

数据生成技术的研究主要集中在灰色序列生成与缓冲算子两个方面，二者均是灰色系统建模中对数据的预处理技术。其中，灰色序列生成具有两种功能：第一，填补数据序列中的空穴和修正某个时点上的变异数据；第二，充分挖掘原始数据中的积分特性和指数规律，是有效提高序列光滑性和准指数性的有效手段。缓冲算子的功能主要是优化原始序列的增长速度与振荡幅度，使其更适合于预测建模技术，主要包括弱化缓冲算子和强化缓冲算子。早期灰色生成技术主要是建立初值算子、均值算子等，之后出现了基于数乘和平移变换的空间视角技术。目前，常见的灰色生成技术主要有函数变换、缓冲算子等数据类变换和累加生成、累减生成、反向累加生成等层次类变换。

1. 函数变换研究

函数变换是灰色数据变换的重要组成部分，国内外学者主要从指数函数、对数函数、幂函数、三角函数、一次函数等函数变换技术及提高光滑比、级比压缩等构造条件方面进行研究。函数变换技术相关论文最初主要以提高光滑比作为唯一的优化原始数据的验证条件。其中，陈涛捷（1990）利用对数变换 $y = \ln a(k)(a(1) \geqslant e)$，验证了经对数函数变换的数据序列拟合误差小于原数据直接运用 GM[①](1,1) 的结论。李群（1993）提出了幂函数变换 $y = [a(k)]^{1/T} (a(1) \geqslant 1, T \geqslant 1)$，以及 "对数—幂函数" 复合变换 $y = [\ln a(k)]^{1/T} (a(1) \geqslant 1, T \geqslant 1)$，并运用提高光滑度的验证方法，证明了 "对数—幂函数" 复合变换的效果最佳。接下来，更多复合函数、三角函数变换进入了学者的研究视野。陈洁和许长新（2005）提出了 "幂函数—指数函数" 复合变换 $y = a^{-x^T} (x(1) \geqslant 1, a \geqslant 1, T \geqslant 1)$，并证明了 "幂函数—指数函数" 复合变换比对数函数变换、开方变换、对数函数开方的复合变换、指数函数及指数函数开方的复合变换等已有提高光滑度的方法更有效的结论。李翠凤和戴文战（2005）提出运用三角函数—余切函数 $y = \cot x (0 < x < \pi / 2)$ 变换对原始数据进行优化，但由于三角函数自身的周期性特点，在运用该方法时需要进行标准化，使数据落入区间 $(0, \pi / 2)$ 内，再进行函数变换和 GM(1,1) 模拟。关叶青和刘思峰（2008）对一般函数与三角函数做了组合，提出 "三角函数—幂函数" 复合变换 $y = \cot(x^\alpha)(\alpha > 0)$，同样在函数变换前，需要把数据做标准化处理，使其落入区间 $(0, \pi / 2)$ 内，并从理论上证明了对原始数据序列进行这种函数变换可以有效地提高建模数据序列的光滑度，拓宽了灰色模型的应用范围。

从钱吴永和党耀国（2009a）提出一系列函数变换构造准则至今，学者仍在探索数据变换提高序列建模精度的充要条件及函数变换的新类型。其中，钱吴永和党耀国（2009b）完善了函数变换方法的验证条件，主要包括：是否满足光滑比变小、是否为级比压缩、是否保凹凸性及还原误差是否放大；提出了反余弦函数变换 $y = \text{arc}\cot x$，用构造准则对 $y = \text{arc}\cot x$ 变换进行了验证。随后，崔立志和刘思峰（2010b）分别提出了 "对数函数——次函数" 变换 $y = c \ln x(k) + d (x(k) \geqslant e)$，以及余割三角函数 $y = \csc x (0 < x < \pi / 2)$ 变换，从理论上证明了离散数据序列经过这种变换可以满足光滑比变小、级比压缩和还原误差不会增大等性质，通过实例对比说明了这种变换的有效性。陈芳和魏勇（2012）提出了更具普遍意义的非负函数 $y = c g(x) + d$ 变换来提高 GM(1,1) 的预测精度，其中，$g(x)$ 为单调函数，并验证了以上构造准则条件，从理论上证明了这类变换为级比偏差压缩变换，保证了数据变换后的序列有非负上凹的特性，还原后的误差不会增大等性质。郭金海等（2015）探讨了单调序列函数变换中光滑度和精度的关系，发现提高光滑度与压缩变换的条件是一致的，但与降低还原误差的条件是矛盾的；由此，在函数变换时要综合考虑光滑度和还原精度，使得总体建模精度达到最优。这些研究成果都不同程度地改善了灰色序列生成在不同应用领域和针对不同数据类型的运用效果。

---

① GM：grey model，灰色模型。

2. 缓冲算子研究

在缓冲算子研究方面，主要包括对弱化算子和强化算子两类算子的研究及其性质的研究。刘思峰（1997）首次提出了缓冲算子的概念及缓冲算子三公理，即不动点公理、信息充分利用公理、解析规范化公理。刘思峰（1997）还提出了冲击扰动系统和缓冲算子的概念，并构造出一种实用弱化算子（即平均弱化缓冲算子），它是缓冲算子最基本的形式，已得到广泛应用，并成为后来许多学者改进和构造新型算子的原始模型。党耀国等（2004b）构造了若干实用的弱化缓冲算子，包括几何平均弱化缓冲算子、加权几何平均弱化缓冲算子等，并研究了弱化缓冲算子的普遍性和特殊性及各缓冲算子之间的内在联系。此外，党耀国等（2007）还构造了一系列强化缓冲算子（平均强化缓冲算子、几何平均强化缓冲算子、加权平均强化缓冲算子、加权几何平均强化缓冲算子），并研究了它们的一些特性及内在关系：加权几何平均强化缓冲算子强化速度快一些，而加权平均强化缓冲算子的强化速度缓一些，可根据各时期的不同权重适当调整强化速度。谢乃明和刘思峰（2003）提出了加权平均弱化缓冲算子，更加重视根据不同数据给予不同的权重，并将该弱化算子应用到冲击扰动系统预测实际问题中，得到了令人满意的拟合效果和预测效果。钱吴永和党耀国（2011）构造了一种基于平均增长速度的新型变权弱化缓冲算子，并证明了调节度 $\delta(k)$ 与其权重 λ 的关系及新算子能提高数据光滑度的结论，最后给出了基于灰色关联分析与粒子群算法的变权系数的智能寻优方法。李雪梅等（2012）构造了调和变权弱化缓冲算子和调和变权强化缓冲算子，拓展了变权缓冲算子的范围；研究了该类缓冲算子调节度与可变权重之间的关系，比较了调和变权缓冲算子与算术变权缓冲算子、几何变权缓冲算子的作用强度，并探讨了该类缓冲算子的优化问题。王正新（2013）构造了一类带有权重调节因子的全信息变权弱化缓冲算子和强化缓冲算子，该类算子在自身结构上体现了新信息优先的原理，并且通过权重调节因子实现了作用强度的调节，使预测结果明显优于传统算子高阶作用的方式。徐宁和党耀国（2014）研究了基于平滑方式的变权缓冲算子构造问题：不仅改变了以往变权缓冲算子对数据利用不充分的不足，而且新的变权缓冲算子提升了序列的光滑性，提出了一类新的平滑变权缓冲算子，证明了平滑变权缓冲算子对序列具有弱化作用并能够提升序列光滑性，得出了平滑变权缓冲算子调节度的递推不等式。王正新和何凌阳（2019）提出两类含幂指数的全信息变权缓冲算子，并从理论上揭示强化缓冲算子与弱化缓冲算子的转换关系，给出新算子参数优化机理及具体算法，并探讨了算法的时间复杂度问题。

1.2　灰色评价理论的研究现状

本部分介绍的灰色评价理论主要基于灰色关联和灰色聚类的理论和方法，针对预定的目标，对评价对象在某一阶段所处的状态做出评价。在灰色评价中，评价者可以通过灰色关联分析获得影响因素的作用程度大小，选取关键因素，利用灰色聚类评估将观测指标或观测对象分成若干个可定义的类别。

1.2.1　灰色关联分析的研究现状

灰色关联理论以其计算简单、实用性强等特点成为灰色系统理论中一个十分活跃的分支，常作为灰色聚类和灰色预测的基础。灰色关联理论的基本思想是通过线性插值的方法将离散的行为序列转化为分段连续折线，然后根据折线间的特征相似性或接近性等特性测度其关联程度。

1. 二维时间/截面数据关联模型的研究

邓聚龙（Deng，1982）首先提出了灰色关联理论，从接近性的角度，利用欧氏距离对序列间的相似性进行测度。谭学瑞和邓聚龙（1995）将灰色关联引入多因素分析中，并对比阐述了灰色关联与统计分析的差异及其优越性。张岐山等（1995）指出，邓氏关联度中存在局部点关联度值控制整个灰关联序的倾向并造成了信息损失，为消除此问题，分别从熵和均衡性两个角度分析序列之间的关联度，得到了灰色关联分析的新方法。

刘思峰等（2010b）提出了广义灰色关联概念，构建了广义灰色绝对关联度和广义灰色相对关联度，并在此基础上将广义灰色关联度模型结合实际情况，从几何形状相似性和空间距离的接近性方面分别构建了改进的广义灰色关联模型。党耀国等（2004a）提出了新型的灰色斜率关联度，优化后的斜率关联度能测度序列之间的正、负关联关系，并且优化了无量纲处理导致的关联度不统一问题。张娟等（2014）利用向量投影原理，充分利用了序列各时点的信息，将时间序列的折线投影至坐标轴分析其相关性，克服了以离散点代替整体变化趋势的问题，构建了灰色投影关联模型，并讨论了模型的规范性、相似性和平行性等性质。唐五湘（1995）总结了以往论文中邓氏关联度存在的问题，并按照因素的时间序列曲线的相对变化势态的接近程度来计算关联度，构建了 T 型关联度；证明了 T 型关联度满足对称性、唯一性、可比性和规范性。孙玉刚和党耀国（2008）从保序性和正负相关性两个角度对 T 型关联度进行改进，并且改进模型具有对称性、唯一性、可比性和无量纲化后的保序性；通过实例表明了改进的灰色 T 型关联度能够更真实地反映序列曲线的关联程度，且易于在计算机上实现。王清印（1989）剖析了事物发展过程的接近性和相似性，将事物在某时域的差异表现为总体位移差、总体一阶斜率差和总体二阶斜率差，进而构建了 B 型关联度；为进一步反映不同事物之间的关联状态，又从位移关联度、速度关联度和加速关联度三个方面构建了 C 型关联度；该方法具有一般意义，既适于连续系统又适于离散系统，既适于社会系统又适于自然系统，既可做动态分析又可做总体分析。施红星等（2010）指出从序列的面积、斜率、变化速率等角度来计算灰色关联程度的灰色关联模型，会受到统计序列横纵坐标（振幅和间隔）的双重影响；针对这一缺陷，提出了仅与时间序列发展趋势中的波动振幅大小与方向相关的振幅关联度，并证明该关联度不受序列间隔的影响，能体现正负相关性。吴利丰等（2012）定义了正离散序列的凹凸性和相对凸度，用相关因素之间相对凸度的接近性作为关联程度的度量，从序列的凹凸性角度设计了灰色凸关联模型，并讨论了灰色凸关联的性质。梅振国（1992）总结了灰色关联模型度量方法存在的缺陷，按照因素的时间序列曲线的变化势态的相似程度度量关联程度大小，提出了绝对关联度的概念，并给出了相应的计算方法，使关联度的计算具有了唯一性、对称性和可比性。

　　当数列为区间灰数时，诸多学者对此类灰色关联模型进行了研究。张志勇和吴声（2015）为了表征区间灰数的分布特征，将空间映射思想引入白化权函数中，通过定义灰形、灰心、灰圆和灰径等概念，构建区间灰数型关联度模型，并针对一种最为典型的白化权函数，具体导出了区间灰数关联度的计算公式，最后将构建的新型灰色关联模型用于供应商选择中。赵艳林等（2003）通过定义区间灰数的距离，并将灰色关联理论与模糊集理论相结合，提出了一种基于区间灰数模糊灰关联分析的灰色模式识别方法，构建了区间灰数模糊灰关联分析模型，用以解决工程中的不确定性灰色识别问题。罗党和刘思峰（2005）探讨了经典灰色关联决策方法的优势和不足，构建了灰色区间关联系数公式和灰色区间相对关联系数公式。Zhang 等（2012）根据灰色关联分析的基本原理，对经典的绝对灰色关联度进行了扩展，使扩展模型可以用于灰色数序列；利用非线性规划模型计算区间灰数的灰色覆盖率，提出了区间灰数型灰色广义关联模型，该模型为灰色序列聚类、灰色决策、多属性决策理论、不确定目标识别等相关领域提供了新的灰色关联方法。

2. 多维数据的灰色关联模型研究

近年来，灰色关联理论在各个领域得到广泛的推广和应用，从而对灰色关联理论提出了新的要求，诸多理论探讨与实证应用学者将灰色关联理论拓宽至区间数、面板数据、多维数据、赋范空间等多个领域。在多维面板数据的灰色关联模型研究方面，张可和刘思峰（2010a）分析了面板数据格式，探讨其几何特征的曲面簇描述方法，将面板数据展示在三维空间中，并讨论其指标的几何特征相似性，将灰色关联模型拓展到面板数据，并提出了多维空间的灰色关联聚类模型；通过实例验证了扩展灰色关联聚类方法具有良好的应用效果。钱吴永等（2013）从"水平""增量""变异"三个维度刻画多指标面板数据所包含的信息，分析了多指标面板数据的时空特征，构建了多指标面板数据截面相似性测度的灰色矩阵关联分析模型；该模型将能够表征面板数据时空特征的"水平"距离、"增量"距离、"变异"距离引入灰色关联度计算模型，并将灰色关联度计算由一般向量空间拓展到矩阵空间。Li 等（2015b）将灰色关联模型拓展到非等间距的面板数据中，并根据灰色关联度的结果对面板数据进行聚类；新的聚类方法避免了传统聚类方法中存在的相似度有限的两个样本合并问题。因此，AGRA（accumulation sequences using grey relational analysis，基于灰色关联分析的累加序列）模型和均值 AGRA 聚类方法扩展了灰色关联聚类分析的应用范围。刘震等（2014a）针对面板数据灰色关联模型中存在的一些问题，提出了网格思想，用网格法描述面板数据在三维空间中的几何特性，构建了灰色网格关联度模型，并讨论了该模型的性质。同年，刘震等（2014b）构建了新型灰色网格接近关联模型和面板数据的灰网格关联模型，并利用模型对沿海八市经济发展水平进行评价，取得了良好效果，验证了模型的有效性和实用性。崔立志和刘思峰（2015）在广义灰色相似性关联模型的基础上，从对象和时间两个维度分别衡量了相关因素矩阵与系统特征行为矩阵之间的发展速度指数和增长速度指数的接近程度，将灰色关联分析由传统的向量空间拓展到矩阵空间，提出了面板数据下的灰色矩阵相似关联模型，并将其应用于中部六省碳排放影响因素的辨别中。党耀国等（2017c）针对面板数据特征、关联系数的正负性和有效的灰色关联模型检验等问题进行了探讨和改进，证明了新型灰色关联度模型能够反映面板数据的正、负相关关系，且具有对称性、唯一性和可比性，并将所建模型应用于苏南城市空气质量区域划分中。Wang 等（2017）通过研究分段曲线的变趋势关联性，从对象维度和指标维度分别测算面板数据的变趋势关联程度，结合熵权法，构建了面板数据变趋势灰色关联矩阵，并将其应用于苏南城市雾霾污染主要因素的识别中。党耀国等（2019）从时间维度和对象维度分别刻画面板数据的相似程度，在时间维度上利用增量表征指标的发展水平，在对象维度上引入离差表征指标的分布特征，同时将两个维度上的方向差异作为正负关联判断依据，构建了新型灰色指标关联模型；系统证明了所建模型的唯一性、对称性和可比性等性质。罗党等（2018）针对面板数据中样本的序数效应问题和动态发展特征，在数据矩阵表征中增加各指标对应的变化增量和变化速度，并用均方根距离对指标矩阵的相似性进行测度，进而构建了灰色矩阵关联模型，并将其应用于旱灾脆弱性风险因子的识别中。Sun 等（2021）通过研究时空数据在时间维度和空间维度的序列曲线夹角差异，判断时空数据在各分维度及整体的关联度，构建了灰色时空相似性关联模型，通过实例证明现有灰色关联模型中存在的稳定鲁棒性低的根本原因，最后将所建时空关联模型应用于大气污染主要因素的识别中。

3. 灰色关联模型应用研究

Kreng 和 Yang（2011）将灰色关联理论应用于医疗资源的分配问题中，构建了新型灰色关联多属性决策方法，评估了我国台湾地区医疗资源配置情况。张小莲等（2015）将灰色关联度应用于风机 MPPT（maximum power point tracking，最大功率点跟踪）控制影响因素分析，基于灰色关联分析理论定量评估了风速湍流强度、平均风速、风力机转动惯量和半径等多种影响因素对平均风能利用率的影响程度。蔡金锭和黄云程（2015）认为电力变压器是一个典型的灰色系统，采用灰色关联诊断模型对电力变压器绝缘老化、受潮情况进行评估，依据待诊变压器与标准状态的灰色关联度，诊断出待诊变压器的绝缘状态。陈娟等（2017）通过提取超临界水自然循环的实验数据点，选取加热段功率、管径、出入口温度和系统循环流量等七个因素，通过应用灰色关联度分析方法对超临界水自然循环换热系数的灰色关联度大小的分析，为换热系数的预测提供理论依据。陈伟清等（2020）利用灰色关联分析法得出智慧城市的基础设施、管理、服务、经济、人群和保障体系六个建设领域相对发展水平的关联度，在关联度的基础上对各个建设领域进行聚类分析，得出三类不同发展水平的建设领域。

灰色关联模型与其他理论结合也取得了较好的应用效果。Wang 等（2009）针对经典区间数据包络分析求解算法过分依赖评价者的"主观判别"，或求得的效率区间长度可能过大，对被评价决策单元有效性的解释力弱的缺陷，提出一种改进的区间数据包络分析模型求解算法——区间定位法；在区间定位法的基础上，进一步提出了基于灰色关联度的决策单元效率排序方法。Ebrahimi 和 Keshavarz（2012）将灰色关联与多准则模糊逻辑评价算法相结合，对住宅微热电联产系统在五种不同气候条件下的最佳原动机进行优选；结果显示，根据模糊逻辑评价或灰色关联方法均做出相同的选择，且方法易于编程，方便决策者使用。李艳玲等（2010）将灰色关联理论与阿尔法均值滤波算法相结合，提出了基于改进灰色关联和阿尔法均值噪声图像自适应滤波算法，实验表明算法对受到高斯噪声干扰的图像进行去噪取得较好的滤波效果，同时还保护了图像的细节信息。陶永峰等（2017）将层次分析法和灰色关联分析法相结合，建立了卷烟多点加工质量评价模型，利用层次分析法确定各指标权重，利用灰色关联分析法计算各指标与参考数列的关联系数，根据关联度进行评价分析；结果表明，该综合评价方法适用于同一品牌在不同生产企业加工的产品质量评价，具有科学、可操作性强等特点。Deepthi 和 Krishna（2018）将灰色关联模型与 Taguchi 方法进行结合，用以确定铜在石墨颗粒上的均匀镀层的最佳涂层参数，并进一步采用方差分析技术从灰色关联度中确定最优参数。杨新湦等（2018）用灰色关联方法计算协同度，用以评价京津冀地区机场群协同发展是否能有效疏解北京非首都职能的问题，并取得了良好的结果。

1.2.2 灰色聚类的研究现状

灰色聚类通过将观测指标或对象按照一定标准划分为不同类别，基于聚类方法的差异性，可将灰色聚类模型大体分为灰色关联聚类和灰色可能度函数聚类。具体做起来，灰色可能度函数聚类所用模型更加丰富，聚类步骤更为详尽，其实际应用也更为广泛，故学者对其理论研究的热度也更高。

1. 灰色关联聚类研究

灰色关联聚类以灰色关联度公式为基础，通过构建特征变量关联矩阵实施聚类分析，在研究热度上略低于灰色可能度函数聚类。肖新平等（2005）首先明确了可能度函数和灰色关联度的计算方法，其次运用广义加权距离，并做拉格朗日函数，构造了一种多目标最优化聚类模型。张可（2014）依据灰色关联分析机理，将关联模型从二维平面扩展到立体空间，构建了包含对象、指标和时间三种变量的灰色绝对关联度，说明了扩展关联度矩阵构造方法和面板数据聚类分析过程，拓宽了灰色关联聚类的研究和应用范畴。郭三党等（2013）借鉴多元统计分析里的最小距离思想，通过测度两个对象不同特征数据间的最小距离来确定两者间的关联关系，构造了一种基于最大灰色关联度的聚类方法；该方法克服了传统关联模型不满足绝对传递性的问题，为聚类提供了更有说服力且易于计算的方法。李雪梅等（2015c）在探究三维空间的灰色关联度模型时，运用累加生成算子对时间维度数值进行加工，获取不同对象的累加生成序列，构建了面板数据下的均值 AGRA 灰色指标关联聚类模型，并应用于我国区域生态环境评价指标的降维问题。Wu 等（2012）将分层聚类分析和灰色关联聚类相结合，构造了分层灰色聚类关联模型，解决了传统灰色关联聚类模型不能使用树形图做分类的问题；研究结果可为政府或医院决策者提供参考,从而达到更好的医疗资源分布。郭昆和张岐山(2010)将基于差异信息理论的灰关联分析与谱聚类相结合,提出一种新的聚类模型,该算法具有处理任意空间形状数据且收敛于全局最优解的优点,提高了传统谱聚类算法的性能。刘勇等(2017)通过引入两个阈值参数定义决策对象间的可能关系和集合,构造基于决策粗糙集的多属性灰色关联聚类方法,并采用贝叶斯推理探讨多属性灰色关联聚类的阈值计算机理,解决灰色关联聚类的阈值确定问题。Liu 等(2017)利用灰色关联分析和灰色聚类相结合的方法,识别出影响江苏省再制造产业发展的关键指标,该方法为决策者制定和实施相应的产业政策和改进措施,扩大未来再制造产业规模和范围提供了科学依据。尚中举(2019)利用面板数据灰色对象关联模型,计算所研究的 6 种污染物的时空特征,并对 25 个城市进行聚类;认为各类城市污染物的分布具有明显的区位特点,为大气污染协同治理的因素分析与对策降低了难度。由此可见,灰色关联聚类的理论研究,主要是在传统模型中加入对时间维度的思考,从而将研究范围推广到立体空间,提升模型在现实复杂问题中的应用价值与应用前景。

2. 灰色可能度函数聚类研究

灰色可能度函数聚类模型主要根据指标的可能度函数对观测对象进行分类。传统的灰色可能度函数聚类模型主要包括灰色变权、灰色定权聚类模型和基于三角可能度函数的灰色聚类模型。邓聚龙(2002)最早提出了灰色聚类思想与基本模型,构建了灰色聚类的研究框架。随后,许多研究者从实际问题出发对灰色聚类模型进行了丰富和优化。刘思峰等(2014)针对实际聚类过程中存在的指标间含义不同且不同指标的具体数值差异过大等问题,提出对各聚类指标定权聚类的思想,从而构造了灰色定权聚类模型。

在研究区域经济多指标综合评估中,刘思峰和谢乃明(2011)根据灰类数对各指标取值范围进行细化,以此获取可能度函数的各转折点值,但应用该方法构造的函数形式存在多重交叉现象,导致聚类系数存在一定误差。此外,刘思峰等(2014)通过确定灰类中心点来构造相应的三角可能度函数,并拓宽了指标边界的取值范围,进而提高了该聚类函数的实用性。张岐山(2002)将序列熵值引入灰色聚类的权重确定中,尝试运用权序列熵对聚类系数的灰性进行分析,给出了灰聚类分析结果灰性测度方法,并研究了该灰性测度的性质,从而更深入地理解灰聚类结果。党耀国等(2005b)考虑不同灰类间的聚类系数趋于一致时,聚类对象所属类别无法准确得出;为解决此类问题,先计算各聚类对象的聚类系数,并对其进行归一化处理,然后计算聚类对象的综合聚类系数,最后根据综合聚类系数对聚类对象进行聚类,确定聚类对象应属的灰类。徐卫国等(2006)将指数模型与可能度函数相结合,运用指数函数值恒大于零的性质,对聚类指标权重的赋值方法进行改进,并通过质量综合评价案例对新模型进行实证检验与分析;将所构建模型应用于 2004 年杭州市环境空气质量综合等级判定中,并计算在空气质量达到 Ⅱ 级标准时,不同污染物浓度的下降率。董一哲和党耀国(2009)借鉴统计决策中的离差最大化思想,认为如果该指标使得各灰类可能度函数值差异越大,则其在聚类中扮演的角色越重要,从而应被赋予更大的权重;基于此思想,提出了确定灰色聚类指标权重的离差最大化方法。王正新等(2011)考虑专家确定的可能度函数对聚类过程中的影响程度,定义了可能度函数的分类区分度,并测度各可能度函数在聚类结果差异性方面所发挥的作用,进而明确不同指标权重的合理取值。Yuan 等(2016)对三角可能度函数存在的灰类交叉问题实施修正,并依据简单隶属函数得到客观权重,构造新的灰色聚类模型,并将新模型应用到喀斯特隧道突水风险评价中,最后利用所建立的模型对上家湾隧道的突水危险性进行评价,评价结果与实际情况吻合较好,该风险评估方法为规划人员和工程人员系统评估岩溶隧道突水风险提供了有力工具。李志亮等(2015)结合正弦曲线的特性对可能度函数各分段表达式进行优化,以此强化不同灰类聚类系数间的区分度,降低评估结果的人为误差;通过引用研究生招生实际数据,分析验证了改进的灰色聚类评价方法在招生质量评价应用中的可行性和有效性。郑益凯等(2017)针对传统三角白化权函数灰色聚类中相邻灰类对聚类中心的干扰导致各灰类综合聚类系数取值相近的问题,构造了新型白化权函数灰色评估模型,并针对同一灰类对象优劣比较时未考虑相邻灰类影响的问题,提出了一种综合测度决策模型。耿率帅等(2020)综合考虑评价指标发展趋势、指标权重和时间权重的影响,构建了一种体现发展趋势的灰色可能度函数聚类模型用于解决面板数据聚类问题。谭鑫等(2021)针对共原点聚类函数的灰类交叉及隶属度等速率变化的不准确性,修改共原点灰色聚类的函数区间和函数形式,使得评估结果更具合理性和真实性。

3. 基于灰数/区间灰数的灰色聚类研究

当前对灰色聚类的研究大都聚焦于实数范围,但是,随着社会经济的迅速发展,人们面临着越来越多的复杂系统问题,因此聚类模型中的观测值以灰数或区间灰数表示更为合理。

在有关灰数的灰色聚类模型研究方面,Li 和 Yang(2018)基于区间灰数互反判断矩阵的层次分析法,建立了改进的灰色变权聚类评估模型。党耀国等(2017a)针对观测值和可能度函数转折点均为区间灰数的情况,通过"核"和灰度来表征区间灰数,建立了区间灰数型灰色定权聚类模型。周伟杰等(2013)通过构建区间灰数集上的积分均值函数,给出了三角可能度函数的区间灰数形式,并建立了区间灰数型灰色变权、定权聚类模型。针对灰色聚类系数向量的最大分量取值与其他分量的值区分度低的情况，刘思峰等（2018）提出了对聚类系数向量各分量取值信息进行综合集成的聚核权向量组和聚核加权决策系数向量，解决了"最大值准则"决策悖论问题。此外，王洪利和冯玉强（2006）提出的灰云聚类评估模型，综合了随机性、模糊性和灰色不确定性信息，逐渐得到学者的广泛关注。彭绍雄等（2015）提出了基于灰云模型的潜空导弹武器系统作战效能评估方法。杨哲等(2018)改进了灰云聚类评估模型，并用于描述河流健康状态。朱文君等（2021）通过事件关联分析对各个指标层因素的初始权重构建归一化后的修正系数，制定评估模型中不同灰度的白化权函数，通过德尔菲法对白化权函数中的参数进行确定，最后制定评估模型中不同灰度的白化权函数，并采用改进灰色聚类法建立电能表运行质量评估方法。

在区间灰数的灰色聚类研究方面，张荣等（2007）从实际应用出发探讨了合理选取可能度函数转折点的重要性，并在理论上将区间灰数引入灰色聚类评估方法中；阐述了灰色聚类评价中白化权函数的确定方法，并指出其弊端；提出了基于区间灰数的白化权函数转折点确定方法，并给出灰色聚类评价方法的延拓方案。周伟杰等（2013）运用积分均值理念探究了观测值为区间灰数时可能度函数的构造问题，通过构建区间灰数集上的积分均值函数，将实数域上单一观测值的白化权函数推广到观测值为区间灰数的情形，提高了聚类模型的实用性，并将该模型应用于高校教师工作绩效评估。王俊杰等（2015）研究了观测值和转折点均为区间灰数时的灰色聚类问题，定义了区间灰数的标准化方法，将区间灰数的标准化形式代入实数型白化权函数，给出了区间灰数型白化权函数的表达式，进而针对不同个数转折点为区间灰数的情况分别给出了具体的表达式，推动了该方面的理论探讨。钱丽丽等（2016）结合熵权思想，并充分利用区间灰数所含信息，创新了区间灰数的灰色聚类模型指标权重确定方法，对传统权重确定方法进行了拓展，但并未完全摆脱评估者的主观臆断问题。强凤娇等（2017）结合单一实数值不同测度白化权在不同区段内白化权取值的增减特性，基于区间数观察值，分别给出了典型、上限、三角、下限测度四种白化权函数的新算法，并结合区间数可能度排序方法，提出了新的对于区间数观察值的灰色白化权函数聚类决策步骤。

4. 灰色聚类的应用研究

实际应用中，包括对环境、生产、交通、科技等众多社会经济重要内容的绩效评价均青睐使用灰色聚类评估模型。窦培谦（2016）收集了北京市 2005~2014年十年的环境监测数据，运用灰色聚类分析方法对北京市环境质量变化趋势实施评估分析，进而获知十年间北京市整体的环境安全水平有所提高，但空气质量仍不理想，水环境污染问题仍较突出。Debnath 等（2017）运用灰色聚类方法研究了转基因食品安全问题，通过灰色关联聚类减少指标间的相关性，筛选优化了指标体系，对转基因食品的购买情况及社会经济特征进行研究。毕和政等（2015）在选取平面交叉口的安全评价指标时，运用灰色聚类评估方法对备选指标进行聚类分析，确定关键指标并构建相应评价体系，并与传统的主观评价方法进行对比，验证了基于综合赋权灰色聚类评价方法与传统评价方法在聚类评估效果上具有良好的一致性。Yuan 等（2016）针对每一个灰类的不确定性问题，定义了灰类"核"来阐明不同灰类之间的差距，提出了一种改进的灰色聚类方法，证明了改进后的灰色评价模型不具有灰色聚类的交叉性质；利用所建立的模型对上家湾隧道的突水危险性进行评价，取得了良好的评价结果。Li 和 Yang（2018）提出了一种基于正态灰云聚类方法的风险评估模型，并将其用于评价深、长隧道中水和泥浆涌入的风险。张娜和王红权（2017）运用两阶段灰色聚类模型构建区域经济社会发展水平评价的指标体系，以 2013 年新疆 14 地州市相关数据为样本，运用基于改进的中心点混合三角白化权函数把新疆各地州市从经济社会发展的角度划分成 4 个区域，为"新丝绸之路经济带"下新疆各地州市的经济与社会发展定位提供了依据。崔哲哲等（2018）运用灰色定权聚类方法对结核杆菌/艾滋病病毒双重感染防治工作各项工作指标进行综合分析、评价和集群划分，达到了科学防控和分类指导的目的，为结核病防治规划管理部门开展工作质量评价和分类指导提供了有力依据。张智涌和双学珍（2017）从对经济发展影响、社会发展影响、社会环境影响、合理利用自然资源的影响四个方面建立评价指标体系，采用熵组合赋权法确定指标权重，建立了河道整治工程社会影响灰色聚类评价模型。吕洁华和李欣（2018）运用灰色聚类方法获取定量双级指标体系，并对黑龙江汤旺河国家公园进行了评价分析，得出汤旺河国家公园达到国家公园标准的结论，对国家公园体制试点区的构建与发展具有重要的指导意义。叶飞等（2020）为定量评价区域水资源承载力，建立了以水资源—社会—经济—生态环境系统为基础的多层次评价体系，并引入中心三角白化权函数构建灰色聚类分析模型，实例验证该方法为保障安徽省社会经济可持续发展，制订科学合理的水资源可持续利用方案提供了参考。于森等（2020）将灰色聚类方法运用于装配式建筑、绿色建筑评价中，通过灰色聚类分析找出了有待提升的影响因素，并对装配式建筑的可持续发展提出了相关建议。

灰色聚类模型与熵权综合方法、层次聚类分析、VIKOR（vlsekriterijumska optimizacija kompromisno resenje，脆弱准则优化折中解决方案）、综合权重模型、最大偏差法等其他方法的综合应用也得到了广大研究者的深入研究。Liu 和 Zhang（2019）利用灰色关联聚类和三向决策，基于优势互补原则，构建了一种决策对象变化的三向灰色关联聚类方法。Li 等（2015a）提出了一种新的基于区间灰数互判断矩阵的层次分析法[GRAHP（gray relational analytic hierarchy process，灰色关联层次分析法）]，该方法扩展了经典的层次分析法，可处理不同领域专家可能提出的矛盾意见，以及收集的独立和不确定数据在评价中的标准化问题。Li 和 Yang（2018）运用结构评价逻辑对灰色聚类模型中的权重确定方法进行调整，并使用实际数据对中国航空工业的风险管理进行评估，说明新方法的有效性和实用性，也给大型企业或工程项目的运行监管提供了新方案。赵金先等（2014）运用 OWA（ordered weighted aggregation，有序加权集合）方法确定灰色聚类模型各指标权重，将其应用于项目管理绩效评价模型中，并用其对地铁施工项目进展情况进行评价以说明该方法的实用效果。Hu 等（2015）考虑我国民用航空器成本参数信息的匮乏及现有参数存在多重共线性的问题，通过广义灰色关联和聚类模型对成本驱动参数实施筛选，从而提高民用飞行器开发成本估算的精度。李康等（2017）在灰色关键链法的基础上，运用一致指数对工序工期进行灰色估计，并综合考虑资源紧张度、工序复杂度、开工柔性、风险偏好、环境不确定性对项目进度的影响；基于三角白化权函数的灰色聚类评估模型确定综合聚类系数，并通过实例进行工期风险评估。姚兰飞等（2017）运用灰色关联确定评价因子权重，构建了灰色定权聚类模型，将其用于泥石流危险性评价，实例验证了该方法可以更有效地解决泥石流沟谷危险性难以界定的问题。柴乃杰等（2017）将层次分析法与灰色聚类方法相结合，构建了层次分析法—灰色聚类法评标模型；运用该评判模型对中川铁路项目投标书进行实证分析，验证了该方法在绿色施工项目评标中实施的可行性。樊星和郑金珏（2018）运用灰色关联聚类模型，以全国各省（区、市）的地区生产总值结构为研究对象，对我国 31 个省（区、市）的地区生产总值结构进行了区域内的横向比较和跨区域的纵向比较。陈德江等（2019）利用三角白化权函数来评价对象所属的灰类，建立了基于相邻优属度熵权的灰色聚类效能评估模型，并将其用于雷达组网作战效能的实例分析，验证了该方法的科学性和实用性。陈兢等（2020）将层次分析法及灰色聚类决策模型相结合，针对某主动配电网项目进行经济活动外部性的全面性评价，为客观准确地进行项目的经济活动外部性评价提供了参考。

1.3　灰色预测理论的研究现状

20 世纪 80 年代，统计工作处于起步阶段，统计规则不完善、统计数据量较少、统计范围不全面等多因素导致了传统的回归统计预测模型的失效。邓聚龙教授（Deng，1982）为了解决"信息贫乏、数据有限"的不确定性问题，首次提出了灰色预测理论，即通过累加算子，深入挖掘问题的潜在信息，利用指数函数实现小样本数据的预测。

　　灰色预测理论的 GM (1,1) 包括基本形式和微分形式，如图 1.3 所示。图 1.3 中左边的离散方程为 GM(1,1) 的基本形式，也称为白化方程或者影子方程，右边的微分方程为 GM(1,1) 的微分形式，GM(1,1) 主要由原始序列、背景值、发展系数、灰作用量、灰导数和累加生成序列构成，其中背景值、灰导数与累加生成序列主要通过构造新的表达式或加入参数进行改进，发展系数与灰作用量则通过参数估计、动态规划、目标优化等工具提高模型预测精度，因此，本书从背景值优化、灰导数白化、时间响应函数优化、灰色预测模型拓展和灰色预测模型性质研究等方面梳理灰色预测理论的研究现状。

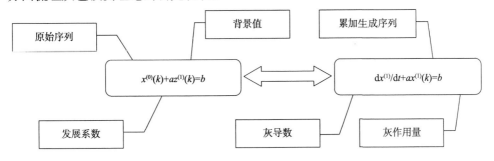

图 1.3　GM(1,1) 的两种形式及其参数名称

1.3.1　灰参数优化的研究现状

　　灰色预测模型是灰色系统理论中应用最广泛的模型之一，其以少量可获取的信息为基础，利用灰色算子提高序列的光滑度、准指数性，生成新序列，进而实现预测，提高预测的精度，有效解决了经济社会系统中数据缺失、不真实等影响研究工作的瓶颈问题，弥补了大样本建模要求的不足。自灰色系统理论提出以来，众多学者对灰色预测模型的参数优化展开了广泛研究，主要从背景值优化、时间响应函数优化、灰导数优化等方面进行。

1. 灰色预测背景值优化研究

　　背景值作为白化方程与灰微分方程转换过程中的误差来源，是灰色预测中的重要参数之一，从灰色预测理论建立以来即受到诸多研究学者的关注。谭冠军（2000）依据背景值的几何意义和插值理论，将其推广至非等间距序列，重构了一个表达形式简单的背景值计算公式，使得 GM(1,1) 能通用于等间距序列和非等间距序列，从而达到了扩大 GM(1,1) 应用范围的目的，并保持了其简易型。罗党等（2003）默认一次累加序列是齐次指数函数，拟合建模序列，对背景值进行积分求解，扩大了 GM(1,1)在短期、中期及长期预测中的适用范围，但该背景值优化的缺陷是一次累加序列未必都是齐次指数序列。徐宁等（2015）基于积分中值定理拟合背景值，研究背景值插值系数与系统发展系数间的函数关系，然后通过最小二乘法对新的灰色微分方程求解，并利用方程组还原原始参数，使背景值同时具备无偏性和最小误差性。肖新平和王欢欢（2014）利用模型二级参数包研究了背景值与发展系数、灰作用量间的函数关系，进而探讨通过调整背景值大小实现减少模型误差的方式。王正新等（2008）利用非齐次指数函数拟合累加生成序列，从而得到最优背景值序列，扩大了发展系数的适应范围，提高了灰色预测精度。李鸿和魏勇（2012）利用具有白指数性的背景值构造方法，协同优化灰导数与背景值，再结合迭代的思想建立新模型，最后通过实例证明新模型同时适用于低增长和高增长序列，且优于原始模型和只优化背景值的模型。Hamzacebi 和 Es（2014）、Hsu（2011）将背景值优化后的灰色预测模型分别应用在土耳其电力消费预测与光电产业的输出预测中。

为了使背景值的构造能够最大限度地提高预测精度，国内外学者逐步考虑将数学或机器学习等方面的知识融入背景值构造中。李俊峰和戴文战（2004）利用Newton-Cores 公式重构 GM(1,1) 背景值，可以有效地提高模型的预测精度和适用性，并将此方法应用到我国人均发电量预测建模中；但是，在 n 较大时，高次插值会造成 Runge 现象，导致预测误差较大。蒋诗泉等（2014）基于函数逼近的思想，结合复化梯形公式从积分几何意义角度求解背景值，结合复化梯形公式，提出一种新的 GM(1,1)背景值优化方法，并取得了不错的建模效果。江艺羡和张岐山（2015）认为现有背景值在优化后均比较烦琐，且对于高增长模型的适用性较差，针对此类问题，他们借助黎曼积分的核心思想，提出用不规则梯形面积取代传统梯形面积来优化背景值，案例结果表明新模型对低速、高速增长的指数序列均具有较好的适用性。Truong 和 Ahn（2012）基于灰色微分方程与差分方程间的关系，基于非齐次指数函数推导出背景值的表达式，并结合残差修正技术进一步提升GM(1,1)的准确预测能力；通过与传统 GM(1,1)的对比，得出SAGM(1,1)（ smart adaptive grey model，智能自适应灰色模型）可以方便地应用于任何实际预测问题的结论。谢开贵等（2000）和 Li 等（2016）将传统背景值中的权重系数未知化，设定误差最小化为目标，分别利用遗传算法和粒子群算法确定系数，提高灰色预测的模拟精度。Lin 和 Lee（2007）将傅里叶函数和马尔可夫决策理论引入灰色预测理论中，提高了模型的趋势捕捉能力，构造了 MFGMn(1,1)（ MarkovFourior GMn(1,1)），且新模型可以对系统的周期性和随机现象进行建模，进一步提高了预测精度；仿真结果表明，该模型可以提高预测精度，特别是当系统不稳定时，该模型可以有效地预测系统的发展。

2. 灰导数优化研究

灰色微分方程中的灰导数与灰色差分方程中的真实值相对应,但是预测曲线为指数形式,导致每个时间点的灰导数值与实际值产生误差,许多学者为了降低灰色预测的误差,对灰导数从不同角度和不同内涵进行优化改进。关于灰导数的研究总体集中在等权前后差商、变权前后差商和梯形面积三方面。2001 年,王义闹等(2001)基于前后差商的理念,结合加权平均的思想,构造了新型的灰导数白化函数。穆勇(2003)通过假设影子方程,反向推导求解灰导数的表达式,并提出了无偏灰色模型,验证了其具有白指数规律。李玻和魏勇(2009)从灰导数的物理意义着手,验证了前后差商的加权平均值作为灰导数白化值的合理性,并给出了加权系数 λ 的具体表达式,建立了新型 GM(1,1);通过引入变权优化了灰导数的白化值,提出了求参数的新方法,并通过对比验证了该模型具有更高的精度。张凌霜和王丰效(2010)将前后等权差商的灰导数白化公式拓展到非等间距序列的灰色建模技术中,给出了加权系数的估计公式,并采用逐步递推的方法优化参数,构建了新型非等间距GM(1,1)。王正新等(2010b)利用梯形面积思想,对灰色 Verhulst 模型的灰导数进行白化,证明了所提方法使得差分方程的参数与其在微分方程中对应的参数具有更好的一致性,并通过实例分析展示了改进的灰色 Verhulst 模型具有良好的模拟和预测精度。王丰效(2011)讨论了灰色 GM(1,1)幂模型灰导数的白化问题,利用同样的思想将灰导数优化扩展到灰色幂模型中。王瑞敏和魏勇(2012)利用前后差商的灰导数白化方式,提出了灰色直接建模法,并将其与初始值并行优化;通过实例验证了新模型不仅提高了建模的精度,而且扩大了 GM(1,1)的适用范围。陈芳和魏勇(2013)利用前后变权差商的思想,研究了非齐次指数序列的灰导数白化问题,在给出灰导数白化表达式的基础上,验证了其具有白指数重合性;通过实例对比验证了非齐次指数序列 GM(1,1)具有更高的精度,并且对于严格的非齐次指数序列能够完全拟合。Mao 等(2016)在灰色白化方程中提出了高次灰导数,并将其与分数阶累加生成技术相结合,提高了灰色预测模型的精度。

3. 灰预测时间响应函数优化研究

时间响应函数是白化方程的解。对于时间响应函数的优化主要集中在初始值的选取和智能算法的应用,通过构建初始值函数,设计非线性规划问题,以最小误差为目标函数,以函数表达式为约束,引入多种智能算法优化求解局部最优参数解。GM(1,1)的白化方程基本求解模式为利用原始序列、背景值序列通过矩阵转换或者最小二乘法,精确计算灰色发展系数与灰作用量的值,接着将其代入白化方程中,计算累加序列的通解表达式。邓聚龙(Deng,1982)通过令拟合函数的第一个值与原始序列的第一个值相等,得到预测函数的特解。针对不同类型、不同特征的曲线，其他学者从初始值选择和参数估计两个维度对时间响应函数进行优化。Dang 等（2004）将 $x^{(0)}(n)$ 代替 $x^{(0)}(1)$ 作为初始值，求解出新的时间响应函数，此种处理方式可使新信息得到充分利用，从而大大提高预测精度。Wang 等（2010）利用线性变权的思想，引入权重 β，构建 $x^{(1)}(1)$ 和 $x^{(1)}(n)$ 的线性组合方程，以初始值的表达式作为约束，以拟合误差最小为目标函数，利用最小二乘思想，求解最优拟合下的初始值与时间响应函数表达式。Yao 等（2009）通过分析参数估计对时间响应函数的影响，对比分析各种初始值表达式下的灰色误差大小，构建了离散型灰色预测模型的初始值优化理论，并利用纯指数序列进行拟合对比其优越性。何文章等（2005）采用差商代替灰导数的思想，结合一系列极小化目标函数对参数进行估计，并指出该类算法属于 GM(1,1) 中的一族算法。

在时间响应式求解和参数优化方面，李伟等（2011）综合弱化缓冲算子和时间响应函数优化的优势，采用组合优化方法，消除冲击扰动干扰，进一步提升了建模效果；将改进的模型应用于某地区年负荷预测中，与传统模型相比，改进的模型具有较高的预测精度，更适用于长期负荷预测。Xu 等（2015）提出了一种消除建模过程中系统误差的背景值优化方法，并将优化时间响应函数的 GM(1,1) 成功应用到我国能源消费和产量的预测中，并进一步分析了我国能源自给能力，得出了我国未来消费与生产之间的差距有望缩小的结论。郭金海和杨锦伟（2015）在相对误差平方和最小准则下，研究 GM(1,1) 初始点优化和时间响应函数优化间的关系，发现二者是统一的、等价的，且运用优化公式比数值解求解更方便，该关系也在实例中得到了验证。Xu 等（2017）将背景值与时间响应函数同时优化，刘震等（2016）针对 NGM(1,1,k)① 的差分方程与微分方程间的跳跃性关系，研究该模型的前置和后置背景值，并利用误差平方和最小准则求解时间响应函数参数 C 的最优表达式。Hsu（2009）、Ou（2012）和 Yang 等（2012）将遗传算法分别引入 GM(1,1)、多因素灰色预测模型和灰色伯努利预测模型中，通过构建非线性规划问题，求解最优解下的时间响应函数。同样，许多学者将粒子群算法（particle swarm optimization）引入灰色白化方程的时间响应函数求解中，试图优化不同类型的灰色预测模型。

1.3.2　灰色预测模型拓展研究

1. GM(1,1)的研究现状

灰色预测模型群的拓展研究是近年来的热点问题，随着灰色预测模型在能源、交通流量、电力、用水量、旅游、碳排放等领域的推广应用，不同领域、不同数

---

① NGM：non-homogenous grey model，非齐次灰色模型。

据对灰色预测提出了新的要求。GM(1,1) 既是灰色系统理论的重要组成部分，也是灰色预测理论的基础模型和核心模型。诸多学者从多个尺度和维度对灰色预测的白化方程构造进行拓宽与改进。谢乃明和刘思峰（2005）在灰色微分方程的基础上提出了 DGM(1,1)[①]，并深入探究了 GM(1,1) 和 DGM(1,1) 之间的内在关系，结合麦克劳林公式分析误差来源，验证了其纯指数性。钱吴永和党耀国（2009a）针对振荡序列的光滑性较差，传统的灰色预测模型应用效果不佳等问题，提出利用加速平移变换处理后的序列进行灰色建模，取得了良好的效果。钱吴永等（2012）针对 GM(1,1) 的局限性，将灰作用量替换为含时间幂次项的表达式，并分析了其建模机理、参数估计和时间响应函数；将新构建的模型应用于某沿海高速的软土地基沉降进行拟合与预测，获得了较高的拟合与预测精度，证明了模型的有效性。Wang 等（2011）提出了灰色预测幂模型，通过建立两个非线性规划问题，对幂指数和背景值进行优化；利用优化后的模型，对我国 31 个省（区、市）工业废水年合格率进行模拟预测，其预测结果为政府制定未来的环境管理政策提供了参考。Ye 等（2018）将灰色预测模型与马尔可夫链相结合，利用中心三角白化权函数计算在每种状态下的偏好值，并同时考虑了背景值的优化方法，最后将其应用在河南粮食生产预测中，取得了良好的效果。张可和刘思峰（2010c）通过引入线性的时间项，替换传统的常数型灰作用量，提出了线性 TDGM(1,1)[②]，验证了其指数规律重合性、伸缩变换一致性和线性规律重合性，克服了传统模型预测值的等比性。Wu 等（2014）在线性时变离散灰色预测模型的基础上，引入分数阶累加算子，提出了 NDGM(1,1)[③]；通过实际数值算例的结果表明，在理论上建立灰色模型时，小样本通常比大样本具有更高的精度，并采用小样本灰色模型分析了我国梅毒发病率的变化趋势。陈海俊等（2011）将灰色预测模型与 Lotka-Volterra 模型相结合，较好地反映了相互影响的两个变量之间的互惠、竞争等关系，并通过实例验证了数乘交换不影响原始序列的模拟精度，为解决灰色预测模型的病态性提供了思路。袁潮清等（2011）考虑到灰色系统理论的本质内涵，提出 GM(1,1) 是针对实数进行预测的，将灰色预测理论拓展至区间灰数范围，从发展趋势和认知两个维度将区间灰数白化，分别对区间灰数的上下界进行预测。杨德岭等（2013）对"灰度不减"公理进行延伸，得到了"信息域不减"的推论，从区间灰数的"核"与信息阈两个角度利用灰色预测模型展开对区间灰数的预测，并通过实例验证了模型的有效性。吴利丰等（2013）利用区间灰数上下界中间的梯形面积对区间灰数进行预测，与现有文献中实例的对比结果充分说明了所建模型在避免区间灰数之间

①　DGM：discrete grey model，灰色离散模型。
②　TDGM：time-delay discrete grey forecasting model，时滞离散灰色预测模型。
③　NDGM：non-homogenous discrete grey model，非齐次灰色离散模型。

代数运算的情况下，提高了建模精度。王正新（2010a）先使用灰色预测建模技术对振荡小样本数据建模，然后利用傅里叶函数对周期性振荡的残差进行拟合，再构建非线性优化模型求解参数，通过实例验证了该方法能够有效地提高灰色模型对小样本振荡序列的预测精度。

2. $GM(1, N)$ 研究

事物之间的联系复杂而且紧密，因此含有相关因素影响的灰色预测模型始终是学者关注的重点问题。Deng（1989a）提出了多变量灰色预测模型（记为 $GM(1, N)$）。鉴于该模型能够相对准确地描述小数据系统中系统行为变量与相关因素序列之间的关系，诸多学者对该模型进行优化与拓展，将其成功应用到交通、农业、能源、环境、高新技术等多个研究领域。何满喜（1997）利用数值积分方法建立灰微分方程的时间响应表达式，提高了拟合精度。叶舟和陈康民（2002）将自相关系数引入灰色预测模型中，通过序列的滞后性寻找相关因素，进而将 $GM(1,1)$ 与 $GM(1, N)$ 有机结合，达到减少灰色模型的预测误差。仇伟杰和刘思峰（2006）针对模型时间响应式存在微分与差分方程之间的跳变误差，利用采样定理和状态转移矩阵求解模型参数。崔立志等（2008）基于向量连分式理论提出采用有理插值和数值积分中的梯形公式及外推法重构背景值，进而提高了多变量预测模型的模拟精度和预测精度。何满喜和王勤（2013）利用数值积分算法提出基于 Simpson 公式的 $GM(1, N)$ 预测模型的新算法，并用平均相对误差进行模型实证分析，验证了模型的有效性。Tien（2009）将灰色多变量预测模型进行时滞性改进，提出了 $DGDMC(1, N)$[①]，并讨论了其收敛性和无偏性。Wang 和 Ye（2017）将幂指数思想引入灰色多变量预测模型中，构建了 $NGM(1, N)$，并将其应用到二氧化碳排放的预测中，取得了良好的预测效果。Zeng 等（2016）将时变线性参数引入灰色多变量预测模型中，提出了 $NGM(1, N)$。Hsu（2009）针对多因素预测问题，提出一种基于因子分析技术的灰色预测模型，利用遗传算法进行全局搜索求解改进的 $AGAGM(1, n)$[②]与 $GAGM(1, N)$[③]，并将改进后的模型用于我国台湾地区集成电路输出的预测中。He 等（2015）针对卷积积分的灰色多变量预测模型的缺陷，提出基于回归思想的灰色多变量预测模型 $R\text{-}GMC(1, N)$[④]，并且给出了模型的架构思路框架。Wu 等（2015）将反向累加灰色生成算子引入灰色多变量预测

---

① DGDMC: deterministic grey dynamic model with convolution, 带卷积的确定性灰色动态模型。

② AGAGM: grey model based on genetic algorithm and optimal generating coefficients, 基于遗传算法和最优生成系数的灰色模型。

③ GAGM: grey model based on genetic algorithm, 基于遗传算法的灰色模型。

④ R-GMC: regularized multi variable grey model for genetic stable grey coefficients, 遗传稳定灰系数的正则化多变量灰色模型。

模型中，构建了新型的 $GOM(1, N)$ [①]，并将其应用在二氧化碳排放量的预测中。王正新（2014b）根据多变量少数据序列的特点，构建了 $GM(1, N)$ 幂模型及其派生模型。熊萍萍等（2012）研究了数乘变换对 $GM(1, N)$ 的影响，提出了 $MGM(1, N)$ [②]，并证明了对各原始数据序列进行数乘变换时，不会影响模型的模拟和预测效果，同时能缩小数据的量级，进而简化计算过程。Wang 和 Hao（2016）为 $GM(1, N)$ 添加了一个控制参数，提出了一种卷积积分的灰色多变预测模型，记作 $GCM(1, N)$ [③]，并将其应用于我国工业能源消费的建模和预测，取得了良好的建模效果。

在 $GM(1, N)$ 拓展应用方面，谢乃明和刘思峰（2008）构建了多变量离散灰色模型，通过数乘变换验证了模型的性质。张可（2014）针对多变量灰色模型存在驱动项机制不明确和模型精度不高的问题，引入矩形函数控制驱动项，构建了 $DCDGM(1, N)$ [④]，并将其用于我国无线通信用户预测问题，取得了较高的预测精度。Ding（2019）结合新信息优先思想，引入滚动预测机制，构建了累积离散灰色多变量模型，并对我国高新技术企业产值进行预测。Duan 等（2020）以高斯核函数和全局多项式核函数为基础，结合灰色预测模型的特点，构建了非线性多核 $GM(1, N)$，并将新模型用于重庆市 2009~2015 年二氧化碳排放量研究中，结果表明该模型比现有 $GM(1, N)$ 具有更好的模拟和预测精度。丁松等（2018a）将驱动因素序列对系统的作用函数引入经典 $GM(1, N)$ 的灰色作用量，构建驱动因素控制的 $DFCGM(1, N)$ [⑤]及其拓展模型，并利用该模型对我国粮食产量进行预测，验证了模型的有效性和实用性。

3. 时滞灰色预测模型研究

由于影响与制约因素复杂，以及经济发展的不确定性、相关政策的不确定性、研究问题的动态性等，研究数据呈现时序长度较短、时滞性明显等特点。因此，诸多学者投入能够体现时滞效应的灰色预测模型构建中。针对含时滞特征序列的 $GM(1, N)$ 构建研究，黄继（2009）提出了一种新的灰色时滞模型 $GM(1, N | \tau, r)$，能够表征贫信息多变量不确定系统的滞后性和时间变化，并将新模型应用于武汉地区科技投入与产出的预测中，证明了所建模型具有较高的精度。鲁亚运等（2014）在已有的时滞 $MGM(1, N)$ 和时间序列模型基础上，提出了疏系数时滞灰色 $GM(1, N)$ 模型，给出时滞参数的求解方法，并将其用于分析海洋科研课题数对

---

① GOM：grey model with opposite-direction accumulated generating operator，具有反方向累积生成算子的灰色模型。

② MGM：multi-variable grey model，多变量灰色模型。

③ GCM：grey model based on convolution integral，基于卷积积分的灰色模型。

④ DCDGM：drive control discrete grey model，基于驱动控制的离散灰色模型。

⑤ DFCGM：driving factor control grey model，驱动因素控制灰色模型。

海洋经济增长的影响。Hao 等（2014）利用灰色关联方法计算变量间的滞后期，以此建立时滞模型，计算泉水流量和降水之间的时间滞后，并模拟我国柳林泉盆地的岩溶泉水流量，为进一步了解柳林泉盆地岩溶水文过程提供了依据。毛树华等（2015）提出了时滞灰色 $GM(1,N,\tau)$，并在融入分数阶累加算子后，构建分数阶累加 $GM(1,N,\tau)$，分别在整数和非整数时滞值情况下，对模型进行完善求解；依据武汉市的科技投入及经济增长背景，比较经典模型与 $GM(1,N,\tau)$ 的预测结果，得出新建模型预测精度更高的结论。张可等（2015）提出了时滞多变量离散灰色模型，并利用灰色扩维识别方法研究驱动项的选择和时滞参数求解；将所建模型应用于我国农村水环境与农村区域发展的滞后效应测算中，获得了较高的预测精度。王正新（2015）针对存在时滞因果关系的小样本系统建模问题，提出了时滞 $GM(1,N)$，并推导出其拓展模型，案例分析表明新模型能够有效地解释经济增长与固定资产投资间的时滞关系。党耀国等（2017b）考虑各驱动因素的时滞动态变化特征，引入驱动信息控制项调整系数和作用系数，构建新的 $DDGMD(1,N)$[①]，并推导出模型参数估计及时间响应式，并将模型应用于江苏省能源消费量预测中。李翀和谢秀萍（2019）考虑系统时滞的动态效应，将静态时滞参数推广为时变时滞函数，设计出非整数时滞取值区间对应的时变时滞参数表达式；将所建模型应用于福建省沿海港口货物吞吐量预测，并将预测结果与经典模型进行对比，得出所建模型能够反映出更为复杂的系统时滞变化的优势。Ye 等（2021）利用灰色关联模型识别输入和输出变量之间的时滞，并分析时滞权值的结构类型；在此基础上，建立了一个累积时滞多元灰色预测模型，并将其应用于二氧化碳排放预测中。

1.3.3　灰色预测模型的性质研究

灰色预测模型在小样本、贫信息的数据处理中具有一定优势，但也同样存在使用前提。为了厘清数据适合灰色建模的机理，学者从参数范围、数据要求、模型特性等方面进行探讨。刘思峰和邓聚龙（2000）通过数据模拟和理论推导，对发展系数进行有效范围研究，并提出以下结论。

（1）当 $-a \leqslant 0.3$ 时，$GM(1,1)$ 能够适用于中期和长期预测。

（2）当 $0.3 < -a \leqslant 0.5$ 时，$GM(1,1)$ 进行短期预测较为精准，但实行中期、长期预测需谨慎。

（3）当 $0.5 < -a \leqslant 0.8$ 时，$GM(1,1)$ 进行短期预测时应谨慎，不适合中期、长

---

① DDGMD: grey multi-variable discrete delay model，灰色多变量离散时滞模型。

期预测。

（4）当 $0.8 < -a \leqslant 1$，GM(1,1)短期预测结果应进行残差修正，不可进行中期、长期预测。

（5）当 $1 < -a$ 时，不宜选择 GM(1,1)展开预测。

李希灿等（2014）针对背景值优化的灰色预测模型，通过研究其建模机理，提出传统的 GM(1,1)的发展系数有效范围为[-2,2]，而肖新平和王欢欢（2014）认为背景值优化后的 GM(1,1,β) 的背景值有效范围是 $[-\infty, +\infty]$。王文平和邓聚龙（1997）针对灰色预测模型的混沌性进行研究，给出了 GM(1,1)发生混沌现象的范围与前提条件。王正新等（2007）在无偏 GM(1,1)的灰色作用量中引入非线性作用项，进而推导出它的 Logistic 表达式，对无偏 GM(1,1)的混沌特性进行深入研究，从混沌理论的角度得到了无偏 GM(1,1)的适用范围扩大及其适应性增强的原因。郑照宁等（2001）先对灰色预测模型提出病态性问题，接着党耀国等（2008）提出仅当原始序列首项为零并且其余各项接近为零的情况下，灰色预测模型才会发生病态问题。崔杰和刘思峰（2014）、王正新等（2013）分别对灰色 Verhulst 模型和幂模型的病态问题展开研究。Wu 等（2013a）对灰色预测建模机理进行研究，提出了灰色预测建模的最低有效样本数，并指出在理论上建立灰色模型时，小样本通常比大样本具有更高的精度，最后采用小样本灰色模型分析了我国梅毒发病率的变化趋势。Chen 和 Huang（2013）对灰色预测建模的可靠性与有效性进行研究，提出发展系数不能为零的结论，认为如果忽略 a 不等于 0，将结果代入预测方程，将会得到一个无意义的预测值。丁松等（2018b）根据矩阵理论推导出非等间距 GM(1,1)参数的矩阵形式，研究了压缩变换和初始点变化下非等间距 GM(1,1)参数性质及其对模型精度的影响，并对初始条件和初始点进行优化，给出了参数优化公式。钱吴永等（2012）针对具有部分指数特征并含时间幂函数项的特征行为序列进行研究，提出了 $GM(1,1,t^\alpha)$，并讨论了 α 几种特殊取值下该模型的性质、适用范围、时间响应式。崔杰等（2016）构建了离散 $NGM(1,1,k^\alpha)$，采用矩阵条件数作为测量 $NGM(1,1,k^\alpha)$ 病态性的工具，并利用谱条件数法对该模型的病态性进行测算，确定了 $NGM(1,1,k^\alpha)$ 出现严重病态性的一致性条件。吴紫恒等（2019）在现有时间幂次项灰色模型局限性的基础上，将灰作用量优化为 $b_0 \dfrac{k^{r+1}-(k+1)^{r+1}}{r+1}$

$+\cdots+b_{r-1}\left(k-\dfrac{1}{2}\right)+b_r$，并研究了该模型的建模机理。Wei 等（2019）将传统 GM(1,1)的灰作用量 b 拓展为多项式形式，并引入噪声干扰性构建了新型离散灰色多项式预测模型，同时对模型的无偏性、仿射性等性质进行分析。

目前，针对 GM(1,N) 的性质研究已取得一定的成果。肖新平等（2005）研究了数乘变换前后对 GM(1,N) 参数估计、建模精度的影响，发现数乘变换不改变模型精度，但能减少矩阵漂移现象。仇伟杰和刘思峰（2006）针对 GM(1,N) 差分方程与微分方程间存在跳跃性误差问题，基于采样定理和状态转移矩阵探讨 GM(1,N) 的离散化结构解。Kung 和 Yu（2008）通过比较 GM(1,N) 模型和 GARCH（generalized autoregressive conditional heteroscedastic，广义自回归条件异方差）模型在金融市场预测上的表现，发现 GM(1,N) 具有较高的鲁棒性，但其预测能力小于 GARCH 模型。谢乃明和刘思峰（2009）探讨了 GM(n,h) 与其他灰色模型间的内在联系，并研究数乘变换对 GM(n,h) 参数估计的影响，发现模型建模效果只与因变量的数乘变换有关而与自变量的数乘变换无关。Guo 等（2013）综合利用优化的背景、残差修正技术、数据变换技术对传统 GM(1,N) 模型进行综合优化，提出了一个具有全适性的 GM(1,N) 模型，拓展了传统模型的应用范围并拓宽了建模序列条件。

第2章 灰数基本概念
及其运算优化

灰数作为灰色系统的基本单位，其运算体系的构建自然是整个理论的研究基础，而运算体系的构建依赖于对灰数性质的深入挖掘。本章先介绍灰数的基本概念及其运算，然后提出基于"核"和灰度的区间灰数运算法，并构建基于可能度的区间灰数排序方法。

2.1 灰数的基本概念及其运算

在评价系统或者预测理论中，鉴于人类社会的认知局限性，对系统运行中的信息无法准确把握，一般情况下，决策者只能通过既有知识或者信息对系统中部分元素或参数进行范围判断，那么我们把此类只能判断其取值范围但无法精确确定其确切取值的数称为灰数，记为"$\otimes$"。灰数可以是一个一般的数集，也可以用区间形式表示。

定义 2.1.1 对于灰数 $\otimes$，那么

（1）有下界 $\otimes^-$ 而无上界的灰数记为 $\otimes \in [\otimes^-, +\infty]$；

（2）有上界 $\otimes^+$ 而无下界的灰数记为 $\otimes \in [-\infty, \otimes^+]$；

（3）既有上界 $\otimes^+$ 又有下界 $\otimes^-$ 的灰数称为区间灰数，记为 $\otimes \in [\otimes^-, \otimes^+]$，且 $\otimes^- \leqslant \otimes^+$；

（4）如果区间灰数 $\otimes$ 在 $[\otimes^-, \otimes^+]$ 内取有限个或可数个值，即 $\otimes \in \{\otimes_i | i = 1, 2, \cdots, n\} \subseteq [\otimes^-, \otimes^+]$，则称其为离散型区间灰数，否则称其为连续型区间灰数。

称$\left[\otimes^-,+\infty\right]$、$\left[-\infty,\otimes^+\right]$和$[\otimes^-,\otimes^+]$分别为灰数$\otimes$的信息覆盖域或取值域,简称$\otimes$的灰域。

定义 2.1.2　设$\otimes_1\in[\otimes_1^-,\otimes_1^+],\otimes_2\in[\otimes_2^-,\otimes_2^+]$为区间灰数,则区间灰数的运算法则如下:

（1）$\otimes_1+\otimes_2\in\left[\otimes_1^-+\otimes_2^-,\otimes_1^++\otimes_2^+\right]$;

（2）$\otimes_1-\otimes_2\in\left[\otimes_1^--\otimes_2^+,\otimes_1^+-\otimes_2^-\right]$;

（3）$\otimes_1\times\otimes_2\in[\min\{\otimes_1^-\otimes_2^-,\otimes_1^-\otimes_2^+,\otimes_1^+\otimes_2^-,\otimes_1^+\otimes_2^+\},\max\{\otimes_1^-\otimes_2^-,\otimes_1^-\otimes_2^+,\otimes_1^+\otimes_2^-,\otimes_1^+\otimes_2^+\}]$;

（4）$\otimes_1/\otimes_2\in[\min\{\otimes_1^-/\otimes_2^-,\otimes_1^-/\otimes_2^+,\otimes_1^+/\otimes_2^-,\otimes_1^+/\otimes_2^+\},\max\{\otimes_1^-/\otimes_2^-,\otimes_1^-/\otimes_2^+,\otimes_1^+/\otimes_2^-,\otimes_1^+/\otimes_2^+\}]$;

（5）$(\otimes_1)^{-1}\in\left[\dfrac{1}{\otimes_1^-},\dfrac{1}{\otimes_1^+}\right]$;

（6）$k\otimes_1\in\left[k\otimes_1^-,k\otimes_1^+\right]$,其中$k$为实数;

（7）$(\otimes_1)^k\in\left[(\otimes_1^-)^k,(\otimes_1^+)^k\right]$,其中$k$为实数。

定义 2.1.3　设$\otimes_1\in[\otimes_1^-,\otimes_1^+]$和$\otimes_2\in[\otimes_2^-,\otimes_2^+]$为两个区间灰数,则称

$$d(\otimes_1,\otimes_2)=2^{-\frac{1}{2}}\sqrt{(\otimes_1^--\otimes_2^+)^2+(\otimes_1^+-\otimes_2^-)^2}$$

是区间灰数$\otimes_1$和$\otimes_2$的距离。

定义 2.1.4　设有区间灰数$\otimes\in[\otimes^-,\otimes^+]$,在缺乏灰数$\otimes$取值分布信息的情况下,

（1）若$\otimes$为连续型区间灰数,则称$\hat{\otimes}=\dfrac{1}{2}(\otimes^-+\otimes^+)$为灰数$\otimes$的核;

（2）若$\otimes$为离散型区间灰数,$\otimes_i\in[\otimes^-,\otimes^+](i=1,2,\cdots,n)$为灰数$\otimes$的所有可能取值,则称$\hat{\otimes}=\dfrac{1}{n}\sum\limits_{i=1}^{n}\otimes_i$为灰数$\otimes$的核。

定义 2.1.5　设Ω是区间灰数$\otimes\in[\otimes^-,\otimes^+]$产生的背景或论域,$\mu(\otimes)$为区间灰数$\otimes$取数域的测度,则称

$$g^{\circ}(\otimes)=\mu(\otimes)/\mu(\Omega)$$

为灰数$\otimes$的灰度。

（1）对于离散型区间灰数$\otimes\in\{\otimes_i|i=1,2,\cdots,n\}\subseteq[\otimes^-,\otimes^+]$,$\Omega=\{b_j|j=1,2,\cdots,N\}$,那么对$\forall\otimes_i$,$\exists j$,使得$b_j=a_i$,记$g^{\circ}(\otimes)=\dfrac{n}{N}$;

（2）对于连续型区间灰数 $\otimes \in [\otimes^-, \otimes^+]$，$\Omega = \left[A^-, A^+ \right]$，$[\otimes^-, \otimes^+] \subseteq [A^-, A^+]$，记 $g^\circ(\otimes) = \dfrac{\otimes^+ - \otimes^-}{A^+ - A^-}$。

灰度 $g^\circ(\otimes)$ 符合以下四公理。

公理 2.1.1　$0 \leqslant g^\circ(\otimes) \leqslant 1$。

公理 2.1.2　$\otimes \in [\otimes^-, \otimes^+](\otimes^- \leqslant \otimes^+)$，当 $\otimes^- = \otimes^+$ 时，$g^\circ(\otimes) = 0$。

公理 2.1.3　$g^\circ(\Omega) = 1$。

公理 2.1.4　$g^\circ(\otimes)$ 与 $\mu(\otimes)$ 成正比，与 $\mu(\Omega)$ 成反比。

定理 2.1.1　设 Ω 是区间灰数 $\otimes \in [\otimes^-, \otimes^+]$ 产生的背景或论域，$\mu(\otimes)$ 为区间灰数 $\otimes$ 取数域的测度，$g^\circ(\otimes)$ 为灰数 $\otimes$ 的灰度，那么其满足以上四条公理。

证明：（1）由 $\otimes \subset \Omega$ 及其性质可得
$$0 \leqslant \mu(\otimes) \leqslant \mu(\Omega)$$
因此可得
$$0 \leqslant g^\circ(\otimes) \leqslant 1;$$

（2）当 $\otimes^- = \otimes^+$ 时，$g^\circ(\otimes) = \mu(\otimes)/\mu(\Omega) = 0/\mu(\Omega) = 0$；

（3）当 $\otimes = \Omega$ 时，$g^\circ(\otimes) = g^\circ(\Omega) = 1$；

（4）略。

定理 2.1.2　若 $\otimes_1 \subset \otimes_2$ 且两个灰数论域相同，则 $g^\circ(\otimes_1) \leqslant g^\circ(\otimes_2)$。

证明：由于 $\otimes_1 \subset \otimes_2$，可得 $\mu(\otimes_1) \leqslant \mu(\otimes_2)$，且 $\Omega(\otimes_1) = \Omega(\otimes_2)$，那么可得
$$g^\circ(\otimes_1) \leqslant g^\circ(\otimes_2)$$

定义 2.1.6　设 $\otimes_1 \in [\otimes_1^-, \otimes_1^+]$ 和 $\otimes_2 \in [\otimes_2^-, \otimes_2^+]$ 为两个区间灰数，则称
$$\otimes_1 \bigcap \otimes_2 = \left\{ \xi \mid \xi \in [\otimes_1^-, \otimes_1^+] \text{且} \xi \in [\otimes_2^-, \otimes_2^+] \right\}$$
为区间灰数 $\otimes_1$ 和 $\otimes_2$ 的交。

定义 2.1.7　设 $\otimes_1 \in [\otimes_1^-, \otimes_1^+]$ 和 $\otimes_2 \in [\otimes_2^-, \otimes_2^+]$ 为两个区间灰数，则称
$$\otimes_1 \bigcup \otimes_2 = \left\{ \xi \mid \xi \in [\otimes_1^-, \otimes_1^+] \text{或} \xi \in [\otimes_2^-, \otimes_2^+] \right\}$$
为区间灰数 $\otimes_1$ 和 $\otimes_2$ 的并。

定理 2.1.3　$g^\circ(\otimes_1 \bigcap \otimes_2) \leqslant g^\circ(\otimes_k)$，$k = 1, 2$。

证明：根据定义可得 $\mu(\otimes_1 \bigcap \otimes_2) \leqslant \mu(\otimes_k)(k = 1, 2)$，因此可证
$$g^\circ(\otimes_1 \bigcap \otimes_2) \leqslant g^\circ(\otimes_k)$$

定理 2.1.4　$g^\circ(\otimes_1 \bigcup \otimes_2) \geqslant g^\circ(\otimes_k)$，$k = 1, 2$。

证明： 同定理 2.1.3。

定理 2.1.5 设 $\otimes_1 \subset \otimes_2$ 且两个灰数论域相同，则可得

$$g^{\circ}(\otimes_1 \bigcup \otimes_2) = g^{\circ}(\otimes_2), \quad g^{\circ}(\otimes_1 \bigcap \otimes_2) = g^{\circ}(\otimes_1)$$

证明： 当 $\otimes_1 \subset \otimes_2$ 时，$\otimes_1 \bigcup \otimes_2 = \otimes_2$，$\otimes_1 \bigcap \otimes_2 = \otimes_1$，则可证

$$g^{\circ}(\otimes_1 \bigcup \otimes_2) = g^{\circ}(\otimes_2), \quad g^{\circ}(\otimes_1 \bigcap \otimes_2) = g^{\circ}(\otimes_1)$$

定理 2.1.6 假设 $\mu(\Omega) = 1$，且灰数 $\otimes_1 \in [\otimes_1^-, \otimes_1^+]$ 和 $\otimes_2 \in [\otimes_2^-, \otimes_2^+]$ 关于测度 μ 独立，那么可得：

（1）$g^{\circ}(\otimes_1 \bigcap \otimes_2) = g^{\circ}(\otimes_1) \cdot g^{\circ}(\otimes_2)$；

（2）$g^{\circ}(\otimes_1 \bigcup \otimes_2) = g^{\circ}(\otimes_1) + g^{\circ}(\otimes_2) - g^{\circ}(\otimes_1) \cdot g^{\circ}(\otimes_2)$。

证明： 根据独立元素间的关系可证。

灰数由灰度和"核"构成，其运算法则是灰数计算与决策的基础，不同定义和运算法则对灰数信息的可靠程度产生一定的影响，一般情况下，两个论域相同的区间灰数求"并"后灰度将增大，但并集的信息可靠度将提高；两个论域相同的区间灰数求"交"后灰度将缩小，但并集的信息可靠度将降低。本部分给出了灰数的基本定义与传统运算法则，下面将在此基础上，对灰数的排序方法和新的运算法则进行阐述。

2.2　基于"核"和灰度的区间灰数运算法则优化

2.2.1　基于"核"和灰度的区间灰数运算法则

基于对区间灰数基本性质的研究，区间灰数 $\otimes$ 的"核" $\hat{\otimes}$ 作为实数，可以完全按照实数的运算规则进行加、减、乘、除、乘方、开方等一系列运算，而且将"核"的运算结果作为区间灰数运算结果的"核"是顺理成章的。对于运算结果的灰度，刘思峰等（2010a）认为，其应不小于参与运算的两个区间灰数中灰度较大的灰数的灰度。在实际运算中，可以将运算结果的灰度取为灰度较大灰数的灰度。基于上述思想，结合灰度的简化形式 $\hat{\otimes}_{(g^{\circ})}$，刘思峰等（2010a）构建了基于"核"和灰度的区间灰数运算法则。假设区间灰数 $\otimes_a$ 和 $\otimes_b$ 的简化形式分别为

$\hat{\otimes}_{a\left(g_a^\circ\right)}$ 和 $\hat{\otimes}_{b\left(g_b^\circ\right)}$，具体运算法则如下。

法则 2.2.1（灰数相等）

$$\hat{\otimes}_{a\left(g_a^\circ\right)} = \hat{\otimes}_{b\left(g_b^\circ\right)} \Leftrightarrow \hat{\otimes}_a = \hat{\otimes}_b \text{ 且 } g_a^\circ = g_b^\circ$$

法则 2.2.2（灰数的负元）

$$-\hat{\otimes}_{a\left(g_a^\circ\right)} = \left(-\hat{\otimes}_a\right)_{\left(g_a^\circ\right)}$$

法则 2.2.3（加法运算）

$$\hat{\otimes}_{a\left(g_a^\circ\right)} + \hat{\otimes}_{b\left(g_b^\circ\right)} = \left(\hat{\otimes}_a + \hat{\otimes}_b\right)_{\left(g_a^\circ \vee g_b^\circ\right)}$$

法则 2.2.4（减法运算）

$$\hat{\otimes}_{a\left(g_a^\circ\right)} - \hat{\otimes}_{b\left(g_b^\circ\right)} = \left(\hat{\otimes}_a - \hat{\otimes}_b\right)_{\left(g_a^\circ \vee g_b^\circ\right)}$$

法则 2.2.5（乘法运算）

$$\hat{\otimes}_{a\left(g_a^\circ\right)} \times \hat{\otimes}_{b\left(g_b^\circ\right)} = \left(\hat{\otimes}_a \times \hat{\otimes}_b\right)_{\left(g_a^\circ \vee g_b^\circ\right)}$$

法则 2.2.6（除法运算） 设 $\hat{\otimes}_b \neq 0$，则：

$$\hat{\otimes}_{a\left(g_a^\circ\right)} \Big/ \hat{\otimes}_{b\left(g_b^\circ\right)} = \left(\hat{\otimes}_a \Big/ \hat{\otimes}_b\right)_{\left(g_a^\circ \vee g_b^\circ\right)}$$

法则 2.2.7（灰数的倒数） 设 $\hat{\otimes}_b \neq 0$，则：

$$1 \Big/ \hat{\otimes}_{b\left(g_b^\circ\right)} = \left(1 \Big/ \hat{\otimes}_b\right)_{\left(g_b^\circ\right)}$$

法则 2.2.8（数乘运算） 设 k 为实数，则：

$$k \cdot \hat{\otimes}_{a\left(g_a^\circ\right)} = \left(k \cdot \hat{\otimes}_a\right)_{\left(g_a^\circ\right)}$$

通过取大原则获取运算结果的灰度，明显简化了区间灰数的运算过程，是基于"核"和灰度的区间灰数运算法则的重要组成部分。但是该运算法则只给出了区间灰数的"核"运算，在灰度运算上缺乏严谨明晰的数学公式，从而其科学性和可靠性值得商榷。在对该运算结果的可靠性进行探讨时，假设参与运算的两个区间灰数的论域相同，且运算结果的论域不变。这一假设简化了论证过程，但是未切合实际情况。将区间灰数运算扩展到一般灰数运算中，进而提出了灰度合成公理，该公理以一般灰数的"核"所占的比例作为权重，计算加减运算所得的一般灰数的灰度，从而给出一般灰数的灰度运算公式，但是缺少足够的科学论证，而根据区间灰数的灰度定义，科学论证离不开对区间灰数运算过程中论域变化机理的分析研究。事实上，两个参与运算的区间灰数，涉及的背景相同，但论域可能不一样。例如，统计一位父亲和一年级儿子的身高（单位：厘米），已知父子俩均发育正常，目测父亲身高 $\otimes_a \in [178, 180]$，儿子身高 $\otimes_b \in [121, 124]$，参照现实情况，可以取 Ω_a=[165, 220]，Ω_b=[110, 145]，则两者的论域并不相同。此外，一个区间灰数的论域必须包含这个区间灰数所有可能取到的值，即论域不含任何有用的信息，其不确定性最大。因此，在两个区间灰数进行加、减、乘、除运算得到新的区间灰数时，其论域也应进行适当的变化，从而生成运算结果的论域。基于上述思考，本书将对区间灰数运算的灰度表达式进行研究，尝试给出科学明晰的数学公式。

2.2.2　区间灰数运算的灰度表达式构建

定义 2.2.1　一个区间灰数的论域是涵盖该区间灰数背景信息的最小数集。

定义 2.2.1 为合理选取区间灰数的论域提供了一个标准。例如，已知吉尼斯世界纪录中全世界成年男性的最高身高和最低身高分别为 251 厘米和 54.6 厘米，现目测一个成年男子的身高为 $\otimes_h \in [178, 180]$，则该区间灰数 $\otimes_h$ 的论域应取 Ω_h=[54.6, 251]。当然，很多时候由于事物的复杂性、信息的匮乏性和环境的多变性，想准确地确定论域的上下界限存在一定困难，但是应该保证，在已知信息下选取包含该区间灰数所有背景信息的最小数集作为该区间灰数的论域。

根据上述定义，当两个区间灰数进行四则运算得到新的区间灰数时，它们的论域也会做相应运算，从而生成运算结果的论域。运用该思想，结合区间灰数灰度的定义，本章接下来从数学逻辑上对两个区间灰数进行加、减、乘、除运算后所得结果的灰度进行探讨，求解区间灰数四则运算后具体的灰度表达式，并运用到基于"核"和灰度的区间灰数运算法则中。

定义 2.2.2　设区间灰数 $\otimes_a$、$\otimes_b$ 的论域为 Ω_a、Ω_b，$\otimes = \otimes_a * \otimes_b$，* 为运算关系，$* \in \{+,-,\times,\div\}$，则称 $\Omega = \Omega_a * \Omega_b$ 为灰数 $\otimes$ 的论域，并有

$$g^\circ(\otimes) = \frac{\mu(\otimes)}{\mu(\Omega)} = \frac{\mu(\otimes_a * \otimes_b)}{\mu(\Omega_a * \Omega_b)} \tag{2.1}$$

定理 2.2.1　设区间灰数 $\otimes_a \in [a^-, a^+]$，$\otimes_b \in [b^-, b^+]$，相应的论域为 $\Omega_a = [A^-, A^+]$，$\Omega_b = [B^-, B^+]$，则有

$$g^\circ(\otimes_a \pm \otimes_b) = \frac{\mu(\Omega_a)}{\mu(\Omega_a)+\mu(\Omega_b)} \cdot g^\circ(\otimes_a) + \frac{\mu(\Omega_b)}{\mu(\Omega_a)+\mu(\Omega_b)} \cdot g^\circ(\otimes_b) \tag{2.2}$$

证明：先考虑两个区间灰数相加，有

$$\otimes_a + \otimes_b \in [a^- + b^-, a^+ + b^+]，\Omega_a + \Omega_b = [A^- + B^-, A^+ + B^+]$$

再根据定义 2.2.2，有

$$g^{\circ}\left(\otimes_{a}+\otimes_{b}\right)=\frac{\mu\left(\otimes_{a}+\otimes_{b}\right)}{\mu\left(\Omega_{a}+\Omega_{b}\right)}=\frac{\left(a^{+}+b^{+}\right)-\left(a^{-}+b^{-}\right)}{\left(A^{+}+B^{+}\right)-\left(A^{-}+B^{-}\right)}$$

$$=\frac{\left(a^{+}-a^{-}\right)+\left(b^{+}-b^{-}\right)}{\left(A^{+}-A^{-}\right)+\left(B^{+}-B^{-}\right)}$$

$$=\frac{\mu\left(\otimes_{a}\right)+\mu\left(\otimes_{b}\right)}{\mu\left(\Omega_{a}\right)+\mu\left(\Omega_{b}\right)}=\frac{\mu\left(\Omega_{a}\right)}{\mu\left(\Omega_{a}\right)+\mu\left(\Omega_{b}\right)}\cdot g^{\circ}\left(\otimes_{a}\right)$$

$$+\frac{\mu\left(\Omega_{b}\right)}{\mu\left(\Omega_{a}\right)+\mu\left(\Omega_{b}\right)}\cdot g^{\circ}\left(\otimes_{b}\right)$$

同理可得

$$g^{\circ}\left(\otimes_{a}-\otimes_{b}\right)=\frac{\mu\left(\Omega_{a}\right)}{\mu\left(\Omega_{a}\right)+\mu\left(\Omega_{b}\right)}\cdot g^{\circ}\left(\otimes_{a}\right)+\frac{\mu\left(\Omega_{b}\right)}{\mu\left(\Omega_{a}\right)+\mu\left(\Omega_{b}\right)}\cdot g^{\circ}\left(\otimes_{b}\right)$$

综上得证。

作为定理 2.2.1 的特例，实数 k 与连续型区间灰数 $\otimes_{a}\in\left[a^{-},a^{+}\right]$ 进行加减运算，运算结果的灰度保持不变，灰数的负元的灰度与灰数本身灰度相同，即

$$g^{\circ}\left(k\pm\otimes_{a}\right)=g^{\circ}\left(\otimes_{a}\right),\quad g^{\circ}\left(-\otimes_{a}\right)=g^{\circ}\left(\otimes_{a}\right)\tag{2.3}$$

定理 2.2.1 显示，两个区间灰数进行加、减运算所得结果的灰度，并不是这两个区间灰数灰度的简单相加，而是依靠其论域的测度给予了相应的权重。这与运算法则 2.2.3 和法则 2.2.4 中关于运算结果的灰度确定方法有明显的差别。基于定理 2.2.1，可以得到下述性质。

性质 2.2.1　设 $\otimes_{a}$、$\otimes_{b}$ 均为连续型区间灰数，则有

$$\min\left\{g^{\circ}\left(\otimes_{a}\right),g^{\circ}\left(\otimes_{b}\right)\right\}\leqslant g^{\circ}\left(\otimes_{a}\pm\otimes_{b}\right)\leqslant\max\left\{g^{\circ}\left(\otimes_{a}\right),g^{\circ}\left(\otimes_{b}\right)\right\}\tag{2.4}$$

当且仅当 $g^{\circ}\left(\otimes_{a}\right)=g^{\circ}\left(\otimes_{b}\right)$ 时，运算的灰度保持不变。

证明： 不失一般性，设 $g^{\circ}\left(\otimes_{a}\right)\leqslant g^{\circ}\left(\otimes_{b}\right)$，有

$$g^{\circ}\left(\otimes_{a}\right)=\frac{\mu\left(\Omega_{a}\right)}{\mu\left(\Omega_{a}\right)+\mu\left(\Omega_{b}\right)}\cdot g^{\circ}\left(\otimes_{a}\right)+\frac{\mu\left(\Omega_{b}\right)}{\mu\left(\Omega_{a}\right)+\mu\left(\Omega_{b}\right)}\cdot g^{\circ}\left(\otimes_{a}\right)$$

$$\leqslant\frac{\mu\left(\Omega_{a}\right)}{\mu\left(\Omega_{a}\right)+\mu\left(\Omega_{b}\right)}\cdot g^{\circ}\left(\otimes_{a}\right)+\frac{\mu\left(\Omega_{b}\right)}{\mu\left(\Omega_{a}\right)+\mu\left(\Omega_{b}\right)}\cdot g^{\circ}\left(\otimes_{b}\right)$$

$$\leqslant\frac{\mu\left(\Omega_{a}\right)}{\mu\left(\Omega_{a}\right)+\mu\left(\Omega_{b}\right)}\cdot g^{\circ}\left(\otimes_{b}\right)+\frac{\mu\left(\Omega_{b}\right)}{\mu\left(\Omega_{a}\right)+\mu\left(\Omega_{b}\right)}\cdot g^{\circ}\left(\otimes_{b}\right)$$

$$=g^{\circ}\left(\otimes_{b}\right)$$

故得证。

由定理 2.2.1 及其性质可知，两个连续型区间灰数进行加、减运算时，运算结果的灰度介于两个连续型区间灰数之间。如果两个连续型区间灰数的灰度相同，运算结果的灰度保持不变。对于两个连续型区间灰数进行乘、除运算，有下面的定理。

定理 2.2.2　设区间灰数 $\otimes_a \in \left[a^-, a^+ \right]$，$\otimes_b \in \left[b^-, b^+ \right]$，相应的论域为 $\Omega_a = \left[A^-, A^+ \right]$，$\Omega_b = \left[B^-, B^+ \right]$，记 $\bar{\Omega}_a$ 和 $\bar{\Omega}_b$ 分别为论域 Ω_a 和 Ω_b 的中点，即 $\bar{\Omega}_a = \left(A^- + A^+ \right)/2$，$\bar{\Omega}_b = \left(B^- + B^+ \right)/2$，则：

（1）若 $\Omega_a \subseteq R^+ \cup \{0\}$，$\Omega_b \subseteq R^+$，或者 $\Omega_a \subseteq R^- \cup \{0\}$，$\Omega_b \subseteq R^-$，有

$$g^{\circ}\left(\otimes_a \times \otimes_b \right) = \frac{\hat{\otimes}_b \cdot \mu\left(\Omega_a\right)}{\bar{\Omega}_b \cdot \mu\left(\Omega_a\right) + \bar{\Omega}_a \cdot \mu\left(\Omega_b\right)} \cdot g^{\circ}\left(\otimes_a\right) + \frac{\hat{\otimes}_a \cdot \mu\left(\Omega_b\right)}{\bar{\Omega}_b \cdot \mu\left(\Omega_a\right) + \bar{\Omega}_a \cdot \mu\left(\Omega_b\right)} \cdot g^{\circ}\left(\otimes_b\right)$$

（2.5）

$$g^{\circ}\left(\frac{\otimes_a}{\otimes_b} \right)$$
$$= \frac{B^+ B^-}{b^+ b^-} \cdot \left[\frac{\hat{\otimes}_b \cdot \mu\left(\Omega_a\right)}{\bar{\Omega}_b \cdot \mu\left(\Omega_a\right) + \bar{\Omega}_a \cdot \mu\left(\Omega_b\right)} \cdot g^{\circ}\left(\otimes_a\right) + \frac{\hat{\otimes}_a \cdot \mu\left(\Omega_b\right)}{\bar{\Omega}_b \cdot \mu\left(\Omega_a\right) + \bar{\Omega}_a \cdot \mu\left(\Omega_b\right)} \cdot g^{\circ}\left(\otimes_b\right) \right]$$

（2.6）

（2）若 $\Omega_a \subseteq R^+ \cup \{0\}$，$\Omega_b \subseteq R^-$，或者 $\Omega_a \subseteq R^- \cup \{0\}$，$\Omega_b \subseteq R^+$，有

$$g^{\circ}\left(\otimes_a \times \otimes_b \right) = \frac{\hat{\otimes}_b \cdot \mu\left(\Omega_a\right)}{\bar{\Omega}_b \cdot \mu\left(\Omega_a\right) - \bar{\Omega}_a \cdot \mu\left(\Omega_b\right)} \cdot g^{\circ}\left(\otimes_a\right) - \frac{\hat{\otimes}_a \cdot \mu\left(\Omega_b\right)}{\bar{\Omega}_b \cdot \mu\left(\Omega_a\right) - \bar{\Omega}_a \cdot \mu\left(\Omega_b\right)} \cdot g^{\circ}\left(\otimes_b\right)$$

（2.7）

$$g^{\circ}\left(\frac{\otimes_a}{\otimes_b} \right)$$
$$= \frac{B^+ B^-}{b^+ b^-} \cdot \left[\frac{\hat{\otimes}_b \cdot \mu\left(\Omega_a\right)}{\bar{\Omega}_b \cdot \mu\left(\Omega_a\right) - \bar{\Omega}_a \cdot \mu\left(\Omega_b\right)} \cdot g^{\circ}\left(\otimes_a\right) - \frac{\hat{\otimes}_a \cdot \mu\left(\Omega_b\right)}{\bar{\Omega}_b \cdot \mu\left(\Omega_a\right) - \bar{\Omega}_a \cdot \mu\left(\Omega_b\right)} \cdot g^{\circ}\left(\otimes_b\right) \right]$$

（2.8）

证明：（1）当 $\Omega_a \subseteq R^+ \cup \{0\}$，$\Omega_b \subseteq R^+$，有

$$\otimes_a \times \otimes_b \in \left[a^- b^-, a^+ b^+ \right], \quad \Omega_a \times \Omega_b = \left[A^- B^-, A^+ B^+ \right]$$

$$\frac{\otimes_a}{\otimes_b} \in \left[\frac{a^-}{b^+}, \frac{a^+}{b^-} \right], \quad \frac{\Omega_a}{\Omega_b} = \left[\frac{A^-}{B^+}, \frac{A^+}{B^-} \right]$$

根据定义 2.2.2，有

$$g^{\circ}\left(\otimes_a \times \otimes_b\right)=\frac{\mu\left(\otimes_a \times \otimes_b\right)}{\mu\left(\Omega_a \times \Omega_b\right)}$$

$$=\frac{a^+b^+-a^-b^-}{A^+B^+-A^-B^-}=\frac{\frac{1}{2}\left[\left(a^+-a^-\right)\left(b^++b^-\right)+\left(a^++a^-\right)\left(b^+-b^-\right)\right]}{\frac{1}{2}\left[\left(A^+-A^-\right)\left(B^++B^-\right)+\left(A^++A^-\right)\left(B^+-B^-\right)\right]}$$

$$=\frac{\hat{\otimes}_b \cdot \mu\left(\otimes_a\right)+\hat{\otimes}_a \cdot \mu\left(\otimes_b\right)}{\bar{\Omega}_b \cdot \mu\left(\Omega_a\right)+\bar{\Omega}_a \cdot \mu\left(\Omega_b\right)}$$

$$=\frac{\hat{\otimes}_b \cdot \mu\left(\Omega_a\right)}{\bar{\Omega}_b \cdot \mu\left(\Omega_a\right)+\bar{\Omega}_a \cdot \mu\left(\Omega_b\right)} \cdot g^{\circ}\left(\otimes_a\right)+\frac{\hat{\otimes}_a \cdot \mu\left(\Omega_b\right)}{\bar{\Omega}_b \cdot \mu\left(\Omega_a\right)+\bar{\Omega}_a \cdot \mu\left(\Omega_b\right)} \cdot g^{\circ}\left(\otimes_b\right)$$

$$g^{\circ}\left(\frac{\otimes_a}{\otimes_b}\right)=\frac{\mu\left(\frac{\otimes_a}{\otimes_b}\right)}{\mu\left(\frac{\Omega_a}{\Omega_b}\right)}=\frac{\frac{a^+}{b^-}-\frac{a^-}{b^+}}{\frac{A^+}{B^-}-\frac{A^-}{B^+}}=\frac{B^+B^-}{b^+b^-} \cdot \frac{a^+b^+-a^-b^-}{A^+B^+-A^-B^-}$$

$$=\frac{B^+B^-}{b^+b^-} \cdot \left[\frac{\hat{\otimes}_b \cdot \mu\left(\Omega_a\right)}{\bar{\Omega}_b \cdot \mu\left(\Omega_a\right)+\bar{\Omega}_a \cdot \mu\left(\Omega_b\right)} \cdot g^{\circ}\left(\otimes_a\right)+\frac{\hat{\otimes}_a \cdot \mu\left(\Omega_b\right)}{\bar{\Omega}_b \cdot \mu\left(\Omega_a\right)+\bar{\Omega}_a \cdot \mu\left(\Omega_b\right)} \cdot g^{\circ}\left(\otimes_b\right)\right]$$

考虑存在关系 $A^-B^- \leqslant a^-b^- \leqslant a^+b^+ \leqslant A^+B^+$ 和 $A^-/B^+ \leqslant a^-/b^+ \leqslant a^+/b^- \leqslant A^+/B^-$，因此乘、除运算的灰度值介于 0 和 1 之间，满足灰度四公理中对灰度取值范围的要求。对于 $\Omega_a \subseteq R^- \cup \{0\}$，$\Omega_b \subseteq R^-$ 的情形，证明过程类似，因此不予赘述。

（2）当 $\Omega_a \subseteq R^+ \cup \{0\}$，$\Omega_b \subseteq R^-$，有

$$\otimes_a \times \otimes_b \in \left[a^+b^-,\ a^-b^+\right],\quad \Omega_a \times \Omega_b=\left[A^+B^-,\ A^-B^+\right]$$

$$\frac{\otimes_a}{\otimes_b} \in \left[\frac{a^+}{b^+},\ \frac{a^-}{b^-}\right],\quad \frac{\Omega_a}{\Omega_b}=\left[\frac{A^+}{B^+},\ \frac{A^-}{B^-}\right]$$

根据定义 2.2.2，有

$$g^{\circ}\left(\otimes_a \times \otimes_b\right)=\frac{\mu\left(\otimes_a \times \otimes_b\right)}{\mu\left(\Omega_a \times \Omega_b\right)}=\frac{a^-b^+-a^+b^-}{A^-B^+-A^+B^-}$$

$$=\frac{\frac{1}{2}\left[\left(a^++a^-\right)\left(b^+-b^-\right)-\left(a^+-a^-\right)\left(b^++b^-\right)\right]}{\frac{1}{2}\left[\left(A^++A^-\right)\left(B^+-B^-\right)-\left(A^+-A^-\right)\left(B^++B^-\right)\right]}=\frac{\hat{\otimes}_a \cdot \mu\left(\otimes_b\right)-\hat{\otimes}_b \cdot \mu\left(\otimes_a\right)}{\bar{\Omega}_a \cdot \mu\left(\Omega_b\right)-\bar{\Omega}_b \cdot \mu\left(\Omega_a\right)}$$

$$=\frac{\hat{\otimes}_a \cdot \mu\left(\Omega_b\right)}{\bar{\Omega}_a \cdot \mu\left(\Omega_b\right)-\bar{\Omega}_b \cdot \mu\left(\Omega_a\right)} \cdot g^{\circ}\left(\otimes_b\right)-\frac{\hat{\otimes}_b \cdot \mu\left(\Omega_a\right)}{\bar{\Omega}_a \cdot \mu\left(\Omega_b\right)-\bar{\Omega}_b \cdot \mu\left(\Omega_a\right)} \cdot g^{\circ}\left(\otimes_a\right)$$

$$g^{\circ}\left(\frac{\otimes_a}{\otimes_b}\right)=\frac{\mu\left(\dfrac{\otimes_a}{\otimes_b}\right)}{\mu\left(\dfrac{\Omega_a}{\Omega_b}\right)}=\frac{\dfrac{a^-}{b^-}-\dfrac{a^+}{b^+}}{\dfrac{A^-}{B^-}-\dfrac{A^+}{B^+}}=\frac{B^+B^-}{b^+b^-}\cdot\frac{a^-b^+-a^+b^-}{A^-B^+-A^+B^-}$$

$$=\frac{B^+B^-}{b^+b^-}\cdot\left[\frac{\hat{\otimes}_b\cdot\mu(\Omega_a)}{\overline{\Omega}_b\cdot\mu(\Omega_a)-\overline{\Omega}_a\cdot\mu(\Omega_b)}\cdot g^{\circ}(\otimes_a)-\frac{\hat{\otimes}_a\cdot\mu(\Omega_b)}{\overline{\Omega}_b\cdot\mu(\Omega_a)-\overline{\Omega}_a\cdot\mu(\Omega_b)}\cdot g^{\circ}(\otimes_b)\right]$$

考虑存在关系 $A^+B^-\leqslant a^+b^-\leqslant a^-b^+\leqslant A^-B^+$ 和 $A^+/B^+\leqslant a^+/b^+\leqslant a^-/b^-\leqslant A^-/B^-$，因此乘、除运算的灰度值介于 0 和 1 之间，满足灰度四公理中对灰度取值范围的要求。对于 $\Omega_a\subseteq R^-\bigcup\{0\}$，$\Omega_b\subseteq R^+$ 的情形，证明过程类似，因此不予赘述。

定理 2.2.2 显示，两个区间灰数进行乘、除运算所得结果的灰度，并不是这两个区间灰数灰度进行相应的乘、除运算，而是与它们的"核"、论域的中间值和测度均有关系。这与运算法则 2.2.5 和法则 2.2.6 中关于运算结果的灰度确定方法有明显的差别。接下来，我们将对参与运算的区间灰数的灰度与它们运算结果的灰度间的大小关系做进一步分析。

推论 2.2.1　设 $\otimes_a$、$\otimes_b$ 均为连续型区间灰数，$g^{\circ}(\otimes_a)\leqslant g^{\circ}(\otimes_b)$，则 $g^{\circ}(\otimes_a\times\otimes_b)$ 与 $g^{\circ}(\otimes_a)$、$g^{\circ}(\otimes_b)$ 的大小关系存在如下三种情况：

（1）若 $\hat{\otimes}_a=\overline{\Omega}_a$，$\hat{\otimes}_b=\overline{\Omega}_b$，有 $g^{\circ}(\otimes_a)\leqslant g^{\circ}(\otimes_a\times\otimes_b)\leqslant g^{\circ}(\otimes_b)$；

（2）若 $\hat{\otimes}_b-\overline{\Omega}_b<0$，$\dfrac{\hat{\otimes}_a}{\overline{\Omega}_a}\leqslant\dfrac{g^{\circ}(\otimes_a)}{g^{\circ}(\otimes_b)}$，有 $g^{\circ}(\otimes_a\times\otimes_b)<g^{\circ}(\otimes_a)$；

（3）若 $\hat{\otimes}_a-\overline{\Omega}_a>0$，$\dfrac{\hat{\otimes}_b}{\overline{\Omega}_b}\geqslant\dfrac{g^{\circ}(\otimes_b)}{g^{\circ}(\otimes_a)}$，有 $g^{\circ}(\otimes_a\times\otimes_b)>g^{\circ}(\otimes_b)$。

证明：考虑当 $\Omega_a\subseteq R^+\bigcup\{0\}$，$\Omega_b\subseteq R^+$，有

（1）若 $\hat{\otimes}_a=\overline{\Omega}_a$，$\hat{\otimes}_b=\overline{\Omega}_b$，易证 $g^{\circ}(\otimes_a)\leqslant g^{\circ}(\otimes_a\times\otimes_b)\leqslant g^{\circ}(\otimes_b)$。

（2）比较 $g^{\circ}(\otimes_a\times\otimes_b)$ 与 $g^{\circ}(\otimes_a)$：

$$g^{\circ}(\otimes_a\times\otimes_b)-g^{\circ}(\otimes_a)$$

$$=\frac{\hat{\otimes}_b\cdot\mu(\Omega_a)}{\overline{\Omega}_b\cdot\mu(\Omega_a)+\overline{\Omega}_a\cdot\mu(\Omega_b)}\cdot g^{\circ}(\otimes_a)+\frac{\hat{\otimes}_a\cdot\mu(\Omega_b)}{\overline{\Omega}_b\cdot\mu(\Omega_a)+\overline{\Omega}_a\cdot\mu(\Omega_b)}\cdot g^{\circ}(\otimes_b)$$

$$-\left[\frac{\overline{\Omega}_b\cdot\mu(\Omega_a)}{\overline{\Omega}_b\cdot\mu(\Omega_a)+\overline{\Omega}_a\cdot\mu(\Omega_b)}\cdot g^{\circ}(\otimes_a)+\frac{\overline{\Omega}_a\cdot\mu(\Omega_b)}{\overline{\Omega}_b\cdot\mu(\Omega_a)+\overline{\Omega}_a\cdot\mu(\Omega_b)}\cdot g^{\circ}(\otimes_a)\right]$$

$$=\frac{(\hat{\otimes}_b-\overline{\Omega}_b)\cdot g^{\circ}(\otimes_a)}{\overline{\Omega}_b\cdot\mu(\Omega_a)+\overline{\Omega}_a\cdot\mu(\Omega_b)}\cdot\mu(\Omega_a)+\frac{\hat{\otimes}_a\cdot g^{\circ}(\otimes_b)-\overline{\Omega}_a\cdot g^{\circ}(\otimes_a)}{\overline{\Omega}_b\cdot\mu(\Omega_a)+\overline{\Omega}_a\cdot\mu(\Omega_b)}\cdot\mu(\Omega_b)$$

若 $\hat{\otimes}_b - \overline{\Omega}_b < 0$，则 $\dfrac{\left(\hat{\otimes}_b - \overline{\Omega}_b\right) \cdot g^{\circ}\left(\otimes_a\right)}{\overline{\Omega}_b \cdot \mu\left(\Omega_a\right) + \overline{\Omega}_a \cdot \mu\left(\Omega_b\right)} \cdot \mu\left(\Omega_a\right) < 0$；

若 $\dfrac{\hat{\otimes}_a}{\overline{\Omega}_a} \leqslant \dfrac{g^{\circ}\left(\otimes_a\right)}{g^{\circ}\left(\otimes_b\right)}$，则有 $\dfrac{\hat{\otimes}_a \cdot g^{\circ}\left(\otimes_b\right) - \overline{\Omega}_a \cdot g^{\circ}\left(\otimes_a\right)}{\overline{\Omega}_b \cdot \mu\left(\Omega_a\right) + \overline{\Omega}_a \cdot \mu\left(\Omega_b\right)} \cdot \mu\left(\Omega_b\right) \leqslant 0$。

显然，$g^{\circ}\left(\otimes_a \times \otimes_b\right) < g^{\circ}\left(\otimes_a\right)$。

（3）比较 $g^{\circ}\left(\otimes_a \times \otimes_b\right)$ 与 $g^{\circ}\left(\otimes_b\right)$：

$$g^{\circ}\left(\otimes_a \times \otimes_b\right) - g^{\circ}\left(\otimes_b\right)$$

$$= \dfrac{\hat{\otimes}_b \cdot \mu\left(\Omega_a\right)}{\overline{\Omega}_b \cdot \mu\left(\Omega_a\right) + \overline{\Omega}_a \cdot \mu\left(\Omega_b\right)} \cdot g^{\circ}\left(\otimes_a\right) + \dfrac{\hat{\otimes}_a \cdot \mu\left(\Omega_b\right)}{\overline{\Omega}_b \cdot \mu\left(\Omega_a\right) + \overline{\Omega}_a \cdot \mu\left(\Omega_b\right)} \cdot g^{\circ}\left(\otimes_b\right)$$

$$- \left[\dfrac{\overline{\Omega}_b \cdot \mu\left(\Omega_a\right)}{\overline{\Omega}_b \cdot \mu\left(\Omega_a\right) + \overline{\Omega}_a \cdot \mu\left(\Omega_b\right)} \cdot g^{\circ}\left(\otimes_b\right) + \dfrac{\overline{\Omega}_a \cdot \mu\left(\Omega_b\right)}{\overline{\Omega}_b \cdot \mu\left(\Omega_a\right) + \overline{\Omega}_a \cdot \mu\left(\Omega_b\right)} \cdot g^{\circ}\left(\otimes_b\right)\right]$$

$$= \dfrac{\left(\hat{\otimes}_b \cdot g^{\circ}\left(\otimes_a\right) - \overline{\Omega}_b \cdot g^{\circ}\left(\otimes_b\right)\right)}{\overline{\Omega}_b \cdot \mu\left(\Omega_a\right) + \overline{\Omega}_a \cdot \mu\left(\Omega_b\right)} \cdot \mu\left(\Omega_a\right) + \dfrac{\left(\hat{\otimes}_a - \overline{\Omega}_a\right) \cdot g^{\circ}\left(\otimes_b\right)}{\overline{\Omega}_b \cdot \mu\left(\Omega_a\right) + \overline{\Omega}_a \cdot \mu\left(\Omega_b\right)} \cdot \mu\left(\Omega_b\right)$$

若 $\hat{\otimes}_a - \overline{\Omega}_a > 0$，则 $\dfrac{\left(\hat{\otimes}_a - \overline{\Omega}_a\right) \cdot g^{\circ}\left(\otimes_b\right)}{\overline{\Omega}_b \cdot \mu\left(\Omega_a\right) + \overline{\Omega}_a \cdot \mu\left(\Omega_b\right)} \cdot \mu\left(\Omega_b\right) > 0$；

若 $\dfrac{\hat{\otimes}_b}{\overline{\Omega}_b} \geqslant \dfrac{g^{\circ}\left(\otimes_b\right)}{g^{\circ}\left(\otimes_a\right)}$，则有 $\dfrac{\hat{\otimes}_b \cdot g^{\circ}\left(\otimes_a\right) - \overline{\Omega}_b \cdot g^{\circ}\left(\otimes_b\right)}{\overline{\Omega}_b \cdot \mu\left(\Omega_a\right) + \overline{\Omega}_a \cdot \mu\left(\Omega_b\right)} \cdot \mu\left(\Omega_a\right) \geqslant 0$

显然，$g^{\circ}\left(\otimes_a \times \otimes_b\right) > g^{\circ}\left(\otimes_b\right)$。

综上所述，当 $\Omega_a \subseteq R^+ \bigcup \{0\}$，$\Omega_b \subseteq R^+$，$g^{\circ}\left(\otimes_a \times \otimes_b\right)$ 与 $g^{\circ}\left(\otimes_a\right)$、$g^{\circ}\left(\otimes_b\right)$ 的大小关系依赖具体数值才能确定。其他三种情况也可类似得证，这里不予赘述。对于区间灰数除法运算的情形，也可以得到相应推论。

推论 2.2.2　设 $\otimes_a$、$\otimes_b$ 均为连续型区间灰数，$g^{\circ}\left(\otimes_a\right) \leqslant g^{\circ}\left(\otimes_b\right)$，则 $g^{\circ}\left(\otimes_a / \otimes_b\right)$ 与 $g^{\circ}\left(\otimes_a\right)$、$g^{\circ}\left(\otimes_b\right)$ 的大小关系存在如下三种情况：

（1）若 $\hat{\otimes}_a = \overline{\Omega}_a$，$\hat{\otimes}_b = \overline{\Omega}_b$，有 $g^{\circ}\left(\otimes_a\right) \leqslant g^{\circ}\left(\otimes_a / \otimes_b\right) \leqslant g^{\circ}\left(\otimes_b\right)$；

（2）若 $\hat{\otimes}_b - \overline{\Omega}_b < 0$，$\dfrac{\hat{\otimes}_a}{\overline{\Omega}_a} \leqslant \dfrac{g^{\circ}\left(\otimes_a\right)}{g^{\circ}\left(\otimes_b\right)}$，有 $g^{\circ}\left(\otimes_a / \otimes_b\right) < g^{\circ}\left(\otimes_a\right)$；

（3）若 $\hat{\otimes}_a - \overline{\Omega}_a > 0$，$\dfrac{\hat{\otimes}_b}{\overline{\Omega}_b} \geqslant \dfrac{g^{\circ}\left(\otimes_b\right)}{g^{\circ}\left(\otimes_a\right)}$，有 $g^{\circ}\left(\otimes_a / \otimes_b\right) > g^{\circ}\left(\otimes_b\right)$。

证明：具体证明可仿照推论 2.2.1，这里不予赘述。

区间灰数的取倒数运算和数乘运算是除法运算和乘法运算的特例，接下来分别给出这两种运算的灰度表达式。

定理 2.2.3　设区间灰数 $\otimes_a \in \left[a^-, a^+ \right]$，论域 $\Omega_a = \left[A^-, A^+ \right]$，则当 $\Omega_a \subseteq R^+$ 或 $\Omega_a \subseteq R^-$ 时，有

$$g^\circ \left(\frac{1}{\otimes_a} \right) = \frac{A^+ A^-}{a^+ a^-} \cdot g^\circ (\otimes_a) \qquad (2.9)$$

证明： 当 $\Omega_a \subseteq R^+$ 或 $\Omega_a \subseteq R^-$ 时，有

$$\frac{1}{\otimes_a} \in \left[\frac{1}{a^+}, \frac{1}{a^-} \right], \quad \frac{1}{\Omega_a} = \left[\frac{1}{A^+}, \frac{1}{A^-} \right]$$

根据定义 2.2.2，有

$$g^\circ \left(\frac{1}{\otimes_a} \right) = \frac{\mu \left(\dfrac{1}{\otimes_a} \right)}{\mu \left(\dfrac{1}{\Omega_a} \right)} = \frac{\dfrac{1}{a^-} - \dfrac{1}{a^+}}{\dfrac{1}{A^-} - \dfrac{1}{A^+}} = \frac{A^+ A^-}{a^+ a^-} \cdot \frac{a^+ - a^-}{A^+ - A^-} = \frac{A^+ A^-}{a^+ a^-} \cdot g^\circ (\otimes_a)$$

故得证。

因为 $\dfrac{A^+ A^-}{a^+ a^-}$ 和 1 之间的大小关系依赖具体数值才能确定，所以只有清楚区间灰数 $\otimes_a$ 及其论域 Ω_a 的具体取值范围，$g^\circ \left(\dfrac{1}{\otimes_a} \right)$ 与 $g^\circ (\otimes_a)$ 间的大小关系才能得到判断。

定理 2.2.4　设区间灰数 $\otimes_a \in \left[a^-, a^+ \right]$，论域 $\Omega_a = \left[A^-, A^+ \right]$，$k \in R$ 且 $k \neq 0$，则数乘运算的灰度不变，即

$$g^\circ (k \cdot \otimes_a) = g^\circ (\otimes_a) \qquad (2.10)$$

若 $k = 0$，则数乘运算的灰度为零。

证明：（1）当 $k > 0$ 时，有

$$k \cdot \otimes_a \in \left[k \cdot a^-, k \cdot a^+ \right], \quad k \cdot \Omega_a = \left[k \cdot A^-, k \cdot A^+ \right]$$

根据定义 2.2.2，有

$$g^\circ (k \cdot \otimes_a) = \frac{\mu (k \cdot \otimes_a)}{\mu (k \cdot \Omega_a)} = \frac{k (a^+ - a^-)}{k (A^+ - A^-)} = g^\circ (\otimes_a)$$

同理可证当 $k < 0$ 时的情况。

（2）当 $k = 0$ 时，$k \cdot \otimes_a = 0$，即数乘结果为具体实数，灰度自然为零。综上得证。

定理 2.2.4 说明非零实数与连续型区间灰数相乘所得结果的灰度不变，这与运算法则 2.2.8 的灰度运算结果一致。

　　定理 2.2.1~定理 2.2.5 探讨了两个连续型区间灰数进行加、减、乘、除、取倒数和数乘运算后的灰度的具体表达形式。由上述分析可知，两个连续型区间灰数进行加、减运算，运算结果的灰度与论域的测度有关，且介于两个连续型区间灰数的灰度之间；两个连续型区间灰数进行乘、除运算，运算结果的灰度与两个连续型区间灰数的"核"及其论域的中间值和测度均有关系；作为特例，一个非零实数与一个连续性区间灰数进行加、减、数乘运算，运算结果的灰度不变。

　　为了确定乘、除运算所得区间灰数的取值范围，定理 2.2.2 和定理 2.2.3 对参与运算的区间灰数论域给予了一定的限制条件。如果参与运算的区间灰数论域与正实数域和负实数域均有交集，那么运用本书方法尚不能给出乘、除运算后灰度的具体表达。此外，依据定理 2.2.2 和定理 2.2.3 不能直接确定运算结果的灰度与参与运算的两个区间灰数灰度间的大小情况，需要依赖具体数值。

2.2.3　基于"核"和灰度的区间灰数运算法则改进

　　定理 2.2.1~定理 2.2.5 提供了区间灰数的灰度代数运算的具体公式，与通过取大原则获取运算结果的灰度相比更有理论依据。将两个连续型区间灰数的"核"的运算结果作为运算结果的"核"，并结合上述定理，设区间灰数 $\otimes_a \in \left[a^-, a^+ \right]$，$\otimes_b \in \left[b^-, b^+ \right]$，相应的论域为 $\Omega_a = \left[A^-, A^+ \right]$，$\Omega_b = \left[B^-, B^+ \right]$，$\overline{\Omega}_a = \left(A^- + A^+ \right)/2$，$\overline{\Omega}_b = \left(B^- + B^+ \right)/2$，下面给出改进后的运算法则。

法则 2.2.9（灰数相等）

$$\hat{\otimes}_{a\left(g^\circ_a\right)} = \hat{\otimes}_{b\left(g^\circ_b\right)} \Leftrightarrow \hat{\otimes}_a = \hat{\otimes}_b \text{ 且 } g^\circ_a = g^\circ_b$$

法则 2.2.10（加法运算）

$$\hat{\otimes}_{a\left(g^\circ_a\right)} + \hat{\otimes}_{b\left(g^\circ_b\right)} = \left(\hat{\otimes}_a + \hat{\otimes}_b \right)_{\left(\frac{\mu(\Omega_a)}{\mu(\Omega_a)+\mu(\Omega_b)} \cdot g^\circ_a + \frac{\mu(\Omega_b)}{\mu(\Omega_a)+\mu(\Omega_b)} \cdot g^\circ_b \right)}$$

法则 2.2.11（灰数的负元）

$$-\hat{\otimes}_{a\left(g^\circ_a\right)} = \left(-\hat{\otimes}_a \right)_{\left(g^\circ_a\right)}$$

法则 2.2.12（减法运算）

$$\hat{\otimes}_{a\left(g^\circ_a\right)} - \hat{\otimes}_{b\left(g^\circ_b\right)} = \left(\hat{\otimes}_a - \hat{\otimes}_b \right)_{\left(\frac{\mu(\Omega_a)}{\mu(\Omega_a)+\mu(\Omega_b)} \cdot g^\circ_a + \frac{\mu(\Omega_b)}{\mu(\Omega_a)+\mu(\Omega_b)} \cdot g^\circ_b \right)}$$

法则 2.2.13（乘法运算）

（1）设 $\Omega_a \subseteq R^+ \bigcup \{0\}$，$\Omega_b \subseteq R^+$，或者 $\Omega_a \subseteq R^- \bigcup \{0\}$，$\Omega_b \subseteq R^-$，则：

$$\hat{\otimes}_{a\left(g^{\circ}_{a}\right)} \times \hat{\otimes}_{b\left(g^{\circ}_{b}\right)} = \left(\hat{\otimes}_{a} \times \hat{\otimes}_{b}\right)_{\left(\frac{\hat{\otimes}_{b} \cdot \mu(\Omega_{a})}{\overline{\Omega}_{b} \cdot \mu(\Omega_{a}) + \overline{\Omega}_{a} \cdot \mu(\Omega_{b})} \cdot g^{\circ}_{a} + \frac{\hat{\otimes}_{a} \cdot \mu(\Omega_{b})}{\overline{\Omega}_{b} \cdot \mu(\Omega_{a}) + \overline{\Omega}_{a} \cdot \mu(\Omega_{b})} \cdot g^{\circ}_{b}\right)}$$

（2）设 $\Omega_{a} \subseteq R^{+} \bigcup\{0\}$，$\Omega_{b} \subseteq R^{-}$，或者 $\Omega_{a} \subseteq R^{-} \bigcup\{0\}$，$\Omega_{b} \subseteq R^{+}$，则：

$$\hat{\otimes}_{a\left(g^{\circ}_{a}\right)} \times \hat{\otimes}_{b\left(g^{\circ}_{b}\right)} = \left(\hat{\otimes}_{a} \times \hat{\otimes}_{b}\right)_{\left(\frac{\hat{\otimes}_{b} \cdot \mu(\Omega_{a})}{\overline{\Omega}_{b} \cdot \mu(\Omega_{a}) - \overline{\Omega}_{a} \cdot \mu(\Omega_{b})} \cdot g^{\circ}_{a} - \frac{\hat{\otimes}_{a} \cdot \mu(\Omega_{b})}{\overline{\Omega}_{b} \cdot \mu(\Omega_{a}) - \overline{\Omega}_{a} \cdot \mu(\Omega_{b})} \cdot g^{\circ}_{b}\right)}$$

法则 2.2.14（除法运算）

（1）设 $\Omega_{a} \subseteq R^{+} \bigcup\{0\}$，$\Omega_{b} \subseteq R^{+}$，或者 $\Omega_{a} \subseteq R^{-} \bigcup\{0\}$，$\Omega_{b} \subseteq R^{-}$，则：

$$\hat{\otimes}_{a\left(g^{\circ}_{a}\right)} \Big/ \hat{\otimes}_{b\left(g^{\circ}_{b}\right)} = \left(\hat{\otimes}_{a} / \hat{\otimes}_{b}\right)_{\left(\frac{B^{+}B^{-}}{b^{+}b^{-}}\left[\frac{\hat{\otimes}_{b} \cdot \mu(\Omega_{a})}{\overline{\Omega}_{b} \cdot \mu(\Omega_{a}) + \overline{\Omega}_{a} \cdot \mu(\Omega_{b})} \cdot g^{\circ}_{a} + \frac{\hat{\otimes}_{a} \cdot \mu(\Omega_{b})}{\overline{\Omega}_{b} \cdot \mu(\Omega_{a}) + \overline{\Omega}_{a} \cdot \mu(\Omega_{b})} \cdot g^{\circ}_{b}\right]\right)}$$

（2）设 $\Omega_{a} \subseteq R^{+} \bigcup\{0\}$，$\Omega_{b} \subseteq R^{-}$，或者 $\Omega_{a} \subseteq R^{-} \bigcup\{0\}$，$\Omega_{b} \subseteq R^{+}$，则：

$$\hat{\otimes}_{a\left(g^{\circ}_{a}\right)} \Big/ \hat{\otimes}_{b\left(g^{\circ}_{b}\right)} = \left(\hat{\otimes}_{a} / \hat{\otimes}_{b}\right)_{\left(\frac{B^{+}B^{-}}{b^{+}b^{-}}\left[\frac{\hat{\otimes}_{b} \cdot \mu(\Omega_{a})}{\overline{\Omega}_{b} \cdot \mu(\Omega_{a}) - \overline{\Omega}_{a} \cdot \mu(\Omega_{b})} \cdot g^{\circ}_{a} - \frac{\hat{\otimes}_{a} \cdot \mu(\Omega_{b})}{\overline{\Omega}_{b} \cdot \mu(\Omega_{a}) - \overline{\Omega}_{a} \cdot \mu(\Omega_{b})} \cdot g^{\circ}_{b}\right]\right)}$$

法则 2.2.15（灰数的倒数）　　设 $\hat{\otimes}_{a} \neq 0$，$\Omega_{b} \subseteq R^{+}$ 或者 $\Omega_{a} \subseteq R^{-}$，则：

$$1\Big/\hat{\otimes}_{a\left(g^{\circ}_{a}\right)} = \left(1/\hat{\otimes}_{a}\right)_{\left(\frac{A^{+}A^{-}}{a^{+}a^{-}} \cdot g^{\circ}_{a}\right)}$$

法则 2.2.16（数乘运算）　　设 $k \in R$，$k \neq 0$，则：

$$k \cdot \hat{\otimes}_{a\left(g^{\circ}_{a}\right)} = \left(k \cdot \hat{\otimes}_{a}\right)_{\left(g^{\circ}_{a}\right)}$$

当 $k = 0$ 时，$k \cdot \hat{\otimes}_{a\left(g^{\circ}_{a}\right)} = 0$。

以上两个连续型区间灰数的运算法则可以推广到有限个连续型区间灰数进行加、减、乘、除运算的情形。下面通过算例对改进的运算法则做进一步的阐释。

【例 2.1】 设区间灰数 $\otimes_{1} \in [72, 76]$，$\otimes_{2} \in [84, 90]$，两个区间灰数的论域 $\Omega_{1} = \Omega_{2} = [20, 100]$，有

$$\otimes_{1} = 74_{(0.05)}，\quad \otimes_{2} = 87_{(0.075)}$$

根据原运算法则 2.2.2~法则 2.2.8，有

$$\otimes_{1} + \otimes_{2} = (74 + 87)_{(0.05 \vee 0.075)} = 161_{(0.075)}$$

$$\otimes_{1} - \otimes_{2} = (74 - 87)_{(0.05 \vee 0.075)} = -13_{(0.075)}$$

$$\otimes_{1} \times \otimes_{2} = (74 \times 87)_{(0.05 \vee 0.075)} = 6\,438_{(0.075)}$$

$$\otimes_{1} / \otimes_{2} = (74/87)_{(0.05 \vee 0.075)} = 0.85_{(0.075)}$$

$$1/\otimes_{1} = (1/74)_{(0.05)} = 0.013\,5_{(0.05)}$$

$$10 \times \otimes_{1} = (10 \times 74)_{(0.05)} = 740_{(0.05)}$$

根据改进的运算法则 2.2.10~法则 2.2.16，有

$$\otimes_1 + \otimes_2 = \left(74 + 87\right)_{\left(\frac{80}{80+80} \times 0.05 + \frac{80}{80+80} \times 0.075\right)} = 161_{(0.062\,5)}$$

$$\otimes_1 - \otimes_2 = \left(74 - 87\right)_{\left(\frac{80}{80+80} \times 0.05 + \frac{80}{80+80} \times 0.075\right)} = -13_{(0.062\,5)}$$

$$\otimes_1 \times \otimes_2 = \left(74 \times 87\right)_{\left(\frac{87 \times 80}{60 \times 80 + 60 \times 80} \times 0.05 + \frac{74 \times 80}{60 \times 80 + 60 \times 80} \times 0.075\right)} = 6\,438_{(0.082\,5)}$$

$$\otimes_1 / \otimes_2 = \left(74/87\right)_{\left(\frac{100 \times 20}{90 \times 84}\left[\frac{87 \times 80}{60 \times 80 + 60 \times 80} \times 0.05 + \frac{74 \times 80}{60 \times 80 + 60 \times 80} \times 0.075\right]\right)} = 0.85_{(0.021\,8)}$$

$$1 / \otimes_1 = \left(1/74\right)_{\left(\frac{100 \times 20}{76 \times 72} \times 0.05\right)} = 0.013\,5_{(0.018\,3)}$$

$$10 \times \otimes_1 = \left(10 \times 74\right)_{(0.05)} = 740_{(0.05)}$$

比较这两组法则的运算结果，可以发现，改进的运算法则在提高运算的灰度区分度的同时，并没有明显增加运算过程的复杂性。下面通过一个多属性决策算例来说明其良好的实用效果。

2.2.4　算例

我国经济的持续发展带动了居民生活条件的显著改善，汽车这一高档消费品已成为许多普通家庭的标配。购买者在购买汽车时，常常会根据价格、性能、舒适度、经济性等 4 种属性对不同款式的汽车进行评价和选择。现有购买者欲对 A、B、C、D 4 种款式的汽车进行评价，然后决定购买行为。考虑到除了价格以外的其他 3 种属性值依赖于感性认知，为降低决策误差，考虑用区间灰数进行赋值，各区间灰数的论域均为 $[0,100]$，具体取值情况如表 2.1 所示。同样，为提高购买决策的准确性，用区间灰数表示各属性的决策权重，为 $\omega = ([0.34,\ 0.36],$ $[0.18,\ 0.22],\ [0.18,\ 0.22],[0.24,\ 0.26])$，各权重的论域均为 $[0,1]$。

表2.1　4种款式汽车的属性值

汽车	价格/元	性能	舒适度	经济性
A	126 000	[97, 99]	[90, 95]	[40, 46]
B	98 000	[68, 72]	[78, 80]	[96, 98]
C	115 000	[85, 90]	[95, 97]	[62, 65]
D	107 000	[82, 86]	[84, 88]	[83, 87]

根据表 2.1 可提取决策矩阵，并对其进行规范化处理，有

（1）价格作为成本型指标，则：

$$r_{ij} = \frac{\max\limits_{j} x_{ij} - x_{ij}}{\max\limits_{j} x_{ij} - \min\limits_{j} x_{ij}} \times 100$$

（2）性能、舒适度和经济性作为效益型区间灰数指标，则：

$$r_{ij}^{-} = \frac{x_{ij}^{-} - \min\limits_{i}\{x_{ij}^{-}\}}{\max\limits_{i}\{x_{ij}^{+}\} - \min\limits_{i}\{x_{ij}^{-}\}} \; , \quad r_{ij}^{+} = \frac{x_{ij}^{+} - \min\limits_{i}\{x_{ij}^{-}\}}{\max\limits_{i}\{x_{ij}^{+}\} - \min\limits_{i}\{x_{ij}^{-}\}}$$

从而得到规范化后的决策矩阵[①]为

$$R = \begin{bmatrix} 0.78 & [0.28,\ 0.30] & [0.25,\ 0.27] & [0.14,\ 0.16] \\ 1 & [0.20,\ 0.22] & [0.22,\ 0.23] & [0.32,\ 0.35] \\ 0.85 & [0.24,\ 0.27] & [0.26,\ 0.28] & [0.21,\ 0.23] \\ 0.92 & [0.24,\ 0.26] & [0.23,\ 0.25] & [0.28,\ 0.31] \end{bmatrix}$$

值得注意的是，规范化后的区间灰数的论域为 $[0,\ 1]$。再根据定义将各区间灰数表征成简化形式，有

$$R = \begin{bmatrix} 0.78 & 0.29_{0.02} & 0.26_{0.02} & 0.15_{0.02} \\ 1 & 0.21_{0.02} & 0.225_{0.01} & 0.335_{0.03} \\ 0.85 & 0.255_{0.03} & 0.27_{0.02} & 0.22_{0.02} \\ 0.92 & 0.25_{0.02} & 0.24_{0.02} & 0.295_{0.03} \end{bmatrix}$$

将各属性权重值也表征成简化形式，有

$$\omega = \left(0.35_{(0.02)}, 0.20_{(0.04)}, 0.20_{(0.04)}, 0.25_{(0.02)}\right)$$

再由改进后的运算法则 2.2.10 和运算法则 2.2.13，得到 4 种汽车的综合得分值：

$$r_A = 0.42_{0.014}, \quad r_B = 0.52_{0.014}, \quad r_C = 0.46_{0.015}, \quad r_D = 0.49_{0.015}$$

最后，根据区间灰数排序的一般方法可知，$r_B \succ r_D \succ r_C \succ r_A$，由此可知，在更加注重汽车价格和经济性的前提下，选择购买 B 型汽车更为合理，这也与直观感觉相符。

本节考虑到现实社会的复杂多样和经济发展的瞬息万变，以及人们对问题研究的不断深入，有些情况下用区间灰数来表征观测值和可能度函数转折点将更为合理。在区间灰数的"核"、灰度及改进的区间灰数运算法则的理论基础上，本章构造了区间灰数型可能度函数的表达式，并通过实数运算建立了相应的灰色定权聚类模型，迎合了现实需求。

---

① 本书的矩阵、向量字母均用白体表示。

2.3　基于可能度的区间灰数排序函数构建

本节构建了基于可能度的区间灰数排序方法，根据区间灰数的特性，构建区间灰数与实数间大小比较的点可能度函数，进而利用点可能度函数导出可能度函数，并研究该可能度函数的性质。

2.3.1　可能度函数的定义与构造

可能度是用来衡量一个区间灰数大于或小于另外一个区间灰数程度的量。根据区间灰数是在区间内的某一真值的定义，在构建区间灰数排序的可能度函数时，从区间灰数内的每一个值相对于另一区间灰数的每一个值的大小比较入手，构建区间灰数排序的可能度函数，本节研究的区间灰数均为连续型区间灰数。

定义 2.3.1　设 a 为任意实数，$\otimes \in [\otimes^-, \otimes^+]$ 为任意区间灰数，则称

$$p(a < \otimes) = \begin{cases} 1, & a < \otimes^- \\ \dfrac{\otimes^+ - a}{\otimes^+ - \otimes^-}, & \otimes^- \leqslant a \leqslant \otimes^+ \\ 0, & a > \otimes^+ \end{cases} \qquad (2.11)$$

为实数 a 小于区间灰数 $\otimes$ 的点可能度函数。

如图 2.1 所示，a_0、a_1、a_2 三个点分别表示实数 a 与区间灰数 $\otimes$ 的三种位置关系，当 a 在 a_0 位置处，即 $a < \otimes^-$ 时，区间灰数 $\otimes$ 在区间 $[\otimes^-, \otimes^+]$ 内取任何值，实数 a 都小于 $\otimes$，故 $p(a < \otimes) = 1$；当 a 在 a_1 位置处，即 $a \in (\otimes^-, \otimes^+)$ 时，若区间灰数 $\otimes$ 的真值处在区间 $(a_1, \otimes^+)$ 内时，则实数 a 小于 $\otimes$，故 $p(a < \otimes) = \dfrac{\otimes^+ - a}{\otimes^+ - \otimes^-}$；当 a 在 a_2 位置处，即 $a > \otimes^+$ 时，无论区间灰数 $\otimes$ 在区间内取任何值，实数 a 都大于 $\otimes$，故 $p(a < \otimes) = 0$。特别地，当 a 在 $\otimes^-$ 位置时，$p(a < \otimes)$ 无限接近 1；当 a 在 $\otimes^+$ 位置时，$p(a < \otimes)$ 无限接近 0。因为连续型区间灰数在区间内有无数个数，当 a 处在灰数 $\otimes$ 的区间内时，则在灰数信息完全未知的情况下，区间灰数 $\otimes$ 恰好取到实数 a 可能度趋近于 0，所以实数 a 等于区间灰数 $\otimes$ 的点可能度函数为

$$p(a = \otimes) = 0 \qquad\qquad (2.12)$$

同理，可得 $p(a > \otimes)$ 的点可能度函数：

$$p(a > \otimes) = \begin{cases} 0, & a < \otimes^{-} \\[2mm] \dfrac{a - \otimes^{-}}{\otimes^{+} - \otimes^{-}}, & \otimes^{-} \leqslant a \leqslant \otimes^{+} \\[2mm] 1, & a > \otimes^{+} \end{cases} \qquad (2.13)$$

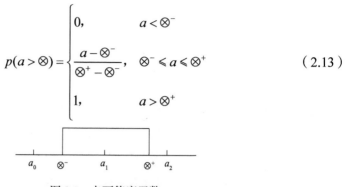

图 2.1　点可能度函数

定理 2.3.1　设 a 为任意实数，$\otimes \in [\otimes^{-}, \otimes^{+}]$ 为任意区间灰数，$p(a < \otimes)$ 为实数 a 小于区间灰数 $\otimes$ 的点可能度函数，则实数 a 大于等于区间灰数 $\otimes$ 的点可能度函数 $p(a \geqslant \otimes) = 1 - p(a < \otimes)$，称这种性质为点可能度函数的互补性。

证明：因为 $a = \otimes$ 和 $a > \otimes$ 不可能同时发生，所以可能度函数 $p(a \geqslant \otimes) = p(a = \otimes) + p(a > \otimes)$，根据式（2.11）~式（2.13）得到 $p(a \geqslant \otimes) + p(a < \otimes) = 1$，点可能度函数互补性得证。

定义 2.3.2　设 $\otimes_1 \in [\otimes_1^{-}, \otimes_1^{+}]$，$\otimes_2 \in [\otimes_2^{-}, \otimes_2^{+}]$ 为任意两个区间灰数，$\otimes(\gamma)$ 为区间灰数的标准化形式。若 γ_1 为给定的，$\otimes_1(\gamma_1)$ 为定点，则 $p(\otimes_1(\gamma_1) < \otimes_2)$ 为固定点 $\otimes_1(\gamma_1)$ 小于区间灰数 $\otimes_2$ 的点可能度函数，那么称

$$p(\otimes_1 < \otimes_2) = \int_0^1 p(\otimes_1(\gamma_1) < \otimes_2)\, \mathrm{d}\gamma_1 \qquad (2.14)$$

为区间灰数 $\otimes_1$ 小于区间灰数 $\otimes_2$ 的可能度函数。

定理 2.3.2　$\otimes_1 \in [\otimes_1^{-}, \otimes_1^{+}]$，$\otimes_2 \in [\otimes_2^{-}, \otimes_2^{+}]$ 为任意两个区间灰数，$p(\otimes_1 < \otimes_2)$ 为区间灰数 $\otimes_1$ 小于区间灰数 $\otimes_2$ 的可能度函数，则区间灰数 $\otimes_1$ 大于等于区间灰数 $\otimes_2$ 的可能度函数 $p(\otimes_1 \geqslant \otimes_2) = 1 - p(\otimes_1 < \otimes_2)$，称这种性质为可能度函数的互补性。

证明：由定义 2.3.2 可得 $p(\otimes_1 \geqslant \otimes_2) = \int_0^1 p(\otimes_1(\gamma_1) \geqslant \otimes_2)\, \mathrm{d}\gamma_1$，再根据定理 2.3.1 得 $p(\otimes_1(\gamma_1) \geqslant \otimes_2) = 1 - p(\otimes_1(\gamma_1) < \otimes_2)$，故 $p(\otimes_1 \geqslant \otimes_2) = \int_0^1 [1 - p(\otimes_1(\gamma_1) < \otimes_2)]\, \mathrm{d}\gamma_1$，

因此 $p(\otimes_1 \geqslant \otimes_2) = 1 - \int_0^1 p(\otimes_1(\gamma_1) \geqslant \otimes_2)\, \mathrm{d}\gamma_1 = 1 - p(\otimes_1 < \otimes_2)$，得证。

定义 2.3.3　设有任意两个区间灰数 $\otimes_1 \in [\otimes_1^-, \otimes_1^+]$ 和 $\otimes_2 \in [\otimes_2^-, \otimes_2^+]$，$p(\otimes_1 < \otimes_2)$ 为 $\otimes_1 < \otimes_2$ 的可能度。若 $p(\otimes_1 > \otimes_2) = 1$，则称区间灰数 $\otimes_1 > \otimes_2$。若 $\dfrac{1}{2} < p(\otimes_1 > \otimes_2) < 1$，则有 $\otimes_1 > \otimes_2$ 的可能度超过 $\dfrac{1}{2}$，将 $\otimes_1$ 排在 $\otimes_2$ 前面。

2.3.2　可能度函数的求解

区间灰数 $\otimes_1$ 和 $\otimes_2$ 之间的关系存在 6 种情况，如图 2.2 所示。其中，图 2.2（1）和图 2.2（5）是互不相交的情况，图 2.2（2）和图 2.2（4）是部分相交的情况，图 2.2（3）和图 2.2（6）是包含关系。以下仅求解区间灰数 $\otimes_1$ 小于区间灰数 $\otimes_2$ 的可能度表达式，两个区间灰数相等或大于的情况根据定理 2.3.2 互补性可求得。

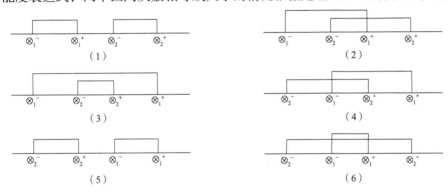

图 2.2　区间灰数间的 6 种关系

根据定义 2.3.1，可以求出 6 种情况下，对于给定的 $\gamma_1, \gamma_1 \in [0,1]$，区间灰数 $\otimes_1$ 在定点 $\otimes_1(\gamma_1)$ 处的点可能度 $p(\otimes_1(\gamma_1) < \otimes_2)$。

情况（1）：由图 2.2 可以看出给定点 $\otimes_1(\gamma_1)$ 恒小于 $\otimes_2$，故 $p(\otimes_1(\gamma_1) < \otimes_2) = 1$。

情况（2）：当给定点 $\otimes_1(\gamma_1) \in [\otimes_1^-, \otimes_2^-]$ 时，$p(\otimes_1(\gamma_1) < \otimes_2) = 1$。

当给定点 $\otimes_1(\gamma_1) \in [\otimes_2^-, \otimes_1^+]$ 时，可得 $p(\otimes_1(\gamma_1) < \otimes_2) = \dfrac{\otimes_2^+ - \otimes_1(\gamma_1)}{\otimes_2^+ - \otimes_2^-}$。

情况（3）：当给定点 $\otimes_1(\gamma_1) \in [\otimes_1^-, \otimes_2^-]$ 时，$p(\otimes_1(\gamma_1) < \otimes_2) = 1$。

当给定点 $\otimes_1(\gamma_1) \in [\otimes_2^-, \otimes_2^+]$ 时，可得 $p(\otimes_1(\gamma_1) < \otimes_2) = \dfrac{\otimes_2^+ - \otimes_1(\gamma_1)}{\otimes_2^+ - \otimes_2^-}$。

当给定点 $\otimes_1(\gamma_1) \in [\otimes_2^+, \otimes_1^+]$ 时，$p(\otimes_1(\gamma_1) < \otimes_2) = 0$。

情况（4）：与情况（2）相反，故可得：

当给定点 $\otimes_1(\gamma_1) \in [\otimes_1^-, \otimes_2^+]$ 时，由定义 2.3.1 可得 $p(\otimes_1(\gamma_1) < \otimes_2) = \dfrac{\otimes_2^+ - \otimes_1(\gamma_1)}{\otimes_2^+ - \otimes_2^-}$。

当给定点 $\otimes_1(\gamma_1) \in [\otimes_2^+, \otimes_1^+]$ 时，$p(\otimes_1(\gamma_1) < \otimes_2) = 0$。

情况（5）：由图 2.2 可以看出给定点 $\otimes_1(\gamma_1)$ 恒大于 $\otimes_2$，故 $p(\otimes_1(\gamma_1) < \otimes_2) = 0$。

情况（6）：根据定义 2.3.1 可得 $p(\otimes_1(\gamma_1) < \otimes_2) = \dfrac{\otimes_2^+ - \otimes_1(\gamma_1)}{\otimes_2^+ - \otimes_2^-}$。

通过对以上 6 种情况的分析，可以得出情况（1）与情况（5）是对称的，故 $p_1(\otimes_1(\gamma_1) < \otimes_2) = p_5(\otimes_2(\gamma_1) < \otimes_1)$，其中 $p_1(\otimes_1(\gamma_1) < \otimes_2)$ 为情况（1）下定点 $\otimes_1(\gamma_1)$ 小于区间灰数 $\otimes_2$ 的点可能度，$p_5(\otimes_2(\gamma_1) < \otimes_1)$ 为情况（5）下定点 $\otimes_2(\gamma_1)$ 小于区间灰数 $\otimes_1$ 的点可能度。再根据点可能度的互补性，可得 $p_1(\otimes_1(\gamma_1) < \otimes_2) = 1 - p_5(\otimes_1(\gamma_1) < \otimes_2)$，故 $p_1(\otimes_1 < \otimes_2) = 1 - p_5(\otimes_1 < \otimes_2)$，即情况（1）下 $\otimes_1$ 小于 $\otimes_2$ 的可能度与情况（5）下 $\otimes_1$ 小于 $\otimes_2$ 的可能度满足互补性。同理，情况（2）与情况（4）、情况（3）与情况（6）下 $\otimes_1$ 小于 $\otimes_2$ 的可能度也满足互补性。

在二维直角坐标系中将前 3 种情况的点可能度函数曲线画出，如图 2.3 所示，根据式（2.14）及定积分性质，可得区间灰数排序的可能度函数表达式为点可能度函数曲线与坐标轴所围成的面积大小。

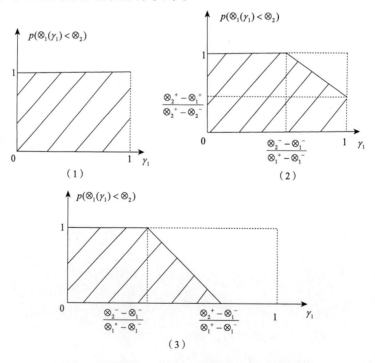

图 2.3　区间灰数 6 种相互关系的点可能度函数曲线

图 2.3 中的实线点可能度函数曲线，分别对应图 2.2 中的前 3 种情况。阴影部分面积为区间灰数 $\otimes_1$ 小于 $\otimes_2$ 的可能度大小。根据图 2.2 中情况（1）与情况（5）、情况（2）与情况（4）、情况（3）与情况（6）的互补性，图 2.3 中边长为 1 的正方形中的非阴影部分面积即依次分别是图 2.3 中情况（5）、情况（4）与情况（6）下的 $\otimes_1$ 小于 $\otimes_2$ 的可能度大小。

综上所述，可求解出图 2.2 中 6 种情况下 $\otimes_1$ 小于 $\otimes_2$ 的可能度表达式：

$$p(\otimes_1 < \otimes_2) = \begin{cases} 1, & \otimes_1^+ \leqslant \otimes_2^- [\text{情况 (1)}] \\[2mm] 1 - \dfrac{(\otimes_1^+ - \otimes_2^-)^2}{2(\otimes_1^+ - \otimes_1^-)(\otimes_2^+ - \otimes_2^-)}, & \otimes_1^- \leqslant \otimes_2^- \leqslant \otimes_1^+ \leqslant \otimes_2^+ [\text{情况 (2)}] \\[2mm] \dfrac{\otimes_2^+ + \otimes_2^- - 2\otimes_1^-}{2(\otimes_1^+ - \otimes_1^-)}, & \otimes_1^- \leqslant \otimes_2^- \leqslant \otimes_2^+ \leqslant \otimes_1^+ [\text{情况 (3)}] \\[2mm] \dfrac{(\otimes_1^+ - \otimes_2^-)^2}{2(\otimes_1^+ - \otimes_1^-)(\otimes_2^+ - \otimes_2^-)}, & \otimes_2^- \leqslant \otimes_1^- \leqslant \otimes_2^+ \leqslant \otimes_1^+ [\text{情况 (4)}] \\[2mm] 0, & \otimes_2^+ \leqslant \otimes_1^- [\text{情况 (5)}] \\[2mm] 1 - \dfrac{\otimes_2^+ + \otimes_2^- - 2\otimes_1^-}{2(\otimes_1^+ - \otimes_1^-)}, & \otimes_2^- \leqslant \otimes_1^- \leqslant \otimes_1^+ \leqslant \otimes_2^+ [\text{情况 (6)}] \end{cases}$$

（2.15）

2.3.3　可能度函数性质

设有区间灰数 $\otimes_1 \in [\otimes_1^-, \otimes_1^+]$，$\otimes_2 \in [\otimes_2^-, \otimes_2^+]$ 和 $\otimes_3 \in [\otimes_3^-, \otimes_3^+]$，对于给定的 γ_1，$\gamma_1 \in [0,1]$，则根据定义 2.3.1 和定义 2.3.2 的可能度函数满足以下性质。

性质 2.3.1　互补性：$p(\otimes_1(\gamma_1) < \otimes_2) + p(\otimes_1(\gamma_1) > \otimes_2) = 1$ 且 $p(\otimes_1 < \otimes_2) + p(\otimes_1 > \otimes_2) = 1$。

证明：参见定理 2.3.1 与定理 2.3.2。

性质 2.3.2　$p(\otimes_1 < \otimes_2) = 1 \Leftrightarrow \otimes_1^+ < \otimes_2^-$。

证明：由式（2.14）可得到 $p(\otimes_1 < \otimes_2) = 1$，即 $p(\otimes_1(\gamma_1) < \otimes_2) = 1$，再根据式（2.11）可得当且仅当 $\otimes_1^+ < \otimes_2^-$ 时，$p(\otimes_1(\gamma_1) < \otimes_2) = 1$。

性质 2.3.3　等价性：$p(\otimes_1 < \otimes_2) < \dfrac{1}{2} \Leftrightarrow \otimes_1^- + \otimes_1^+ < \otimes_2^- + \otimes_2^+$，$p(\otimes_1 < \otimes_2) > \dfrac{1}{2}$

$\Leftrightarrow \otimes_1^- + \otimes_1^+ > \otimes_2^- + \otimes_2^+$，特别地，$p(\otimes_1 < \otimes_2) = \dfrac{1}{2} \Leftrightarrow \otimes_1^- + \otimes_1^+ = \otimes_2^- + \otimes_2^+$。

证明：令 $p(\otimes_1 < \otimes_2) = \dfrac{1}{2}$，则式（2.15）等于 $\dfrac{1}{2}$，可求得仅在情况（3）与情况（6）下 $\otimes_1^- + \otimes_1^+ = \otimes_2^- + \otimes_2^+$ 时可能度 $p(\otimes_1 < \otimes_2)$ 才等于 $\dfrac{1}{2}$，且仅在情况（3）与情况（6）下才会有 $\otimes_1^- + \otimes_1^+ = \otimes_2^- + \otimes_2^+$，此时 $p(\otimes_1 < \otimes_2) = \dfrac{1}{2}$。另两种情况同理可证。

性质 2.3.4　传递性：若 $p(\otimes_1 < \otimes_2) \leqslant \dfrac{1}{2}$，$p(\otimes_2 < \otimes_3) \leqslant \dfrac{1}{2}$，则 $p(\otimes_1 < \otimes_3) \leqslant \dfrac{1}{2}$；若 $p(\otimes_1 < \otimes_2) \geqslant \dfrac{1}{2}$，$p(\otimes_2 < \otimes_3) \geqslant \dfrac{1}{2}$，则 $p(\otimes_1 < \otimes_3) \geqslant \dfrac{1}{2}$。

证明：若 $p(\otimes_1 < \otimes_2) \leqslant \dfrac{1}{2}$，$p(\otimes_2 < \otimes_3) \leqslant \dfrac{1}{2}$，则由性质 2.3.3 可得 $\otimes_1^- + \otimes_1^+ \leqslant \otimes_2^- + \otimes_2^+$，$\otimes_2^- + \otimes_2^+ \leqslant \otimes_3^- + \otimes_3^+$，故 $\otimes_1^- + \otimes_1^+ \leqslant \otimes_3^- + \otimes_3^+$，再由性质 2.3.3 可得 $p(\otimes_1 < \otimes_3) \leqslant \dfrac{1}{2}$。另一种情况同理可证。

性质 2.3.5　若 $p(\otimes_1 < \otimes_2) = \dfrac{1}{2}$，则当 $p(\otimes_1 < \otimes_3) < \dfrac{1}{2}$ 时，$p(\otimes_2 < \otimes_3) < \dfrac{1}{2}$；当 $p(\otimes_1 < \otimes_3) > \dfrac{1}{2}$ 时，$p(\otimes_2 < \otimes_3) > \dfrac{1}{2}$。

证明：因为 $p(\otimes_1 < \otimes_2) = \dfrac{1}{2}$，所以由性质 2.3.3 得 $\otimes_1^- + \otimes_1^+ = \otimes_2^- + \otimes_2^+$，当 $p(\otimes_1 < \otimes_3) < \dfrac{1}{2}$ 时，$\otimes_1^- + \otimes_1^+ < \otimes_3^- + \otimes_3^+$，故 $\otimes_2^- + \otimes_2^+ < \otimes_3^- + \otimes_3^+$，再由性质 3.3.3 得 $p(\otimes_2 < \otimes_3) < \dfrac{1}{2}$，得证。另一种情况同理可证。

2.3.4　算例

1. 算例分析

某煤矿公司有 4 种不同的采煤方法可供选择，分别为普采、综采、高档普采及炮采。根据该公司的现状，只需要 3 种采煤方法，因此该公司决定对 4 种采煤方法进行评估，选取回采成本、回采效率、设备投资 3 个指标（分别记为 r_1、r_2、r_3）进行评价。根据调查及该公司实际情况得到 3 个指标的权重分别为 $w = (0.4, 0.4, 0.2)^T$，并且该公司决定以较符合实际情况的区间灰数这种不确定形式给出指标值，其规范化后的决策矩阵如表 2.2 所示。

表2.2　规范化后的决策矩阵

指标	普采	综采	高档普采	炮采
r_1	[0.214, 0.220]	[0.206, 0.255]	[0.195, 0.204]	[0.181, 0.190]
r_2	[0.166, 0.178]	[0.220, 0.229]	[0.192, 0.198]	[0.195, 0.205]
r_3	[0.184, 0.190]	[0.182, 0.191]	[0.220, 0.231]	[0.185, 0.195]

由公式 $z_i = \sum_{m=1}^{3} u_{im} w_m$ 可以得到第 i 种采煤方法的综合得分值：

$$z_1 = [0.188\,8, 0.197\,2];\quad z_2 = [0.206\,8, 0.219\,8]$$
$$z_3 = [0.198\,8, 0.207\,0];\quad z_4 = [0.187\,4, 0.197\,0]$$

其中，z_i 为第 i 种采煤方式的综合得分值；u_{im} 为第 i 种采煤方式在第 m 个指标下的得分；w_m 为第 m 个指标的权重。

为了得到 4 种采煤方法的优劣排序，利用式（2.15）对其进行两两比较，得到可能度矩阵 p：

$$p_{ij}(z_i < z_j) = \begin{bmatrix} 0.500\,0 & 1.000\,0 & 1.000\,0 & 0.416\,7 \\ 0 & 0.500\,0 & 0.002\,0 & 0 \\ 0 & 0.999\,8 & 0.500\,0 & 0 \\ 0.583\,3 & 1.000\,0 & 1.000\,0 & 0.500\,0 \end{bmatrix},\quad (i = 1,2,3,4;\ j = 1,2,3,4)$$

其中，$p_{ij}(z_i < z_j)$ 表示第 i 个对象的综合得分值小于第 j 个对象的综合得分值的可能度。

根据可能度矩阵，可得 $p(z_1 < z_2) = 1$，$p(z_1 < z_3) = 1$，$p(z_1 < z_4) = 0.416\,7$，则根据定义 2.3.3，可得 $z_1 < z_2$，$z_1 < z_3$，z_1 排在 z_4 前面。再由可能度矩阵得 $p(z_2 < z_3) = 0.002\,0$，由定义 2.3.3 得到 z_2 排在 z_3 的前面。因此，根据可能度函数的传递性，可得 $p(z_2 < z_4) < 0.5$，$p(z_3 < z_4) < 0.5$。

综上所述，得到区间灰数 $z_i (i = 1,2,3,4)$ 的排序为 $z_2 > z_3 > z_1 > z_4$。则 4 种采煤方法综合效益的优序关系为：综采>高级普采>普采>炮采，因此该公司应选择综采、高级普采、普采 3 种采煤方法。

2. 实例分析

许昌市的民营经济是许昌市经济发展的根本，民营企业的发展对许昌市经济发展起着至关重要的作用。因此，对许昌市民营企业核心竞争力发展情况进行现状分析，进而找到民营企业在核心竞争力发展过程中存在的问题显得尤为重要。民营企业核心竞争力的发展情况受到企业内部因素与企业外部环境因素的影响。

通过实地调研与考察，从技术能力、管理能力、财务能力、企业家素质和企业文化 5 个方面评价许昌市民营企业核心竞争力。企业家素质与企业文化无法准确量化，因此采用区间灰数表示。通过问卷调查并对数据标准化后，得到如表 2.3 所示的数据。

表2.3　许昌市民营企业核心竞争力评价

序号	技术能力	管理能力	财务能力	企业家素质	企业文化
1	79.03	51.69	65.00	（78.77，80.21）	（81.20，83.40）
2	52.42	50.14	61.41	（84.39，86.76）	（82.37，83.86）
3	61.87	57.10	63.97	（95.00，97.00）	（81.66，82.98）
4	43.12	43.21	27.49	（11.11，12.34）	（16.75，18.93）
5	25.92	33.32	46.89	（69.24，70.35）	（43.59，44.98）
6	45.94	92.05	61.93	（90.48，92.19）	（30.71，32.08）
7	37.89	9.01	48.86	（79.25，79.98）	（51.19，53.76）
8	18.66	10.31	60.27	（55.14，57.89）	（52.36，53.63）

利用灰色定权聚类模型，将 8 个企业分为三类，分别为"核心竞争力很强""核心竞争力一般""核心竞争力较弱"，并对 5 个指标分别构建白化权函数。

第一个指标白化权函数：$f_1^1[50,75,-,-]$；$f_1^2[35,50,-,75]$；$f_1^3[-,-,35,50]$。

第二个指标白化权函数：$f_2^1[38,60,-,-]$；$f_2^2[20,38,-,60]$；$f_2^3[-,-,20,38]$。

第三个指标白化权函数：$f_3^1[47,63,-,-]$；$f_3^2[29,47,-,63]$；$f_3^3[-,-,29,47]$。

第四个指标白化权函数：$f_4^1[(77,82),(95,100),-,-]$；$f_4^2[(55,58),(77,82),-,(95,100)]$；$f_4^3[-,-,(55,58),(77,82)]$。

第五个指标白化权函数：$f_5^1[(54,57),(75,80),-,-]$；$f_5^2[(37,40),(54,57),-,(75,80)]$；$f_5^3[-,-,(37,40),(54,57)]$。

根据灰色等权聚类模型，得到灰色聚类系数：

$$[\sigma_i^k]=\begin{bmatrix} (0.72,0.75) & (0.27,0.28) & (0,0.02) \\ (0.52,0.60) & (0.36,0.45) & 0 \\ (0.81,0.87) & (0.13,0.16) & 0 \\ 0.05 & 0.26 & 0.69 \\ 0 & (0.48,0.64) & (0.42,0.52) \\ (0.48,0.55) & (0.19,0.27) & 0.26 \\ (0.02,0.06) & (0.51,0.61) & (0.36,0.46) \\ 0.16 & (0.17,0.26) & (0.58,0.65) \end{bmatrix}$$

根据区间灰数排序的式（2.15），对 8 家民营企业核心竞争力在各个类别中的得分进行排序。

$$p(\sigma_1^1 > \sigma_1^2 > \sigma_1^3)=1 ; \quad p(\sigma_2^1 > \sigma_2^2 > \sigma_2^3)=1 ; \quad p(\sigma_3^1 > \sigma_3^2 > \sigma_3^3)=1 ; \quad p(\sigma_4^3 > \sigma_4^2 > \sigma_4^1)=1 ;$$

$$p(\sigma_5^2 > \sigma_5^3)=0.95 ; \quad p(\sigma_5^3 > \sigma_5^1)=1 ; \quad p(\sigma_6^1 > \sigma_6^2)=1 ; \quad p(\sigma_6^2 > \sigma_6^3)=0.86 ;$$

$$p(\sigma_7^2 > \sigma_7^3 > \sigma_7^1)=1 ; \quad p(\sigma_8^3 > \sigma_8^2 > \sigma_8^1)=1 。$$

由排序结果可以得到：

$$\max_{1\leqslant k\leqslant 3}\{\sigma_1^k\}=\sigma_1^1 ; \quad \max_{1\leqslant k\leqslant 3}\{\sigma_2^k\}=\sigma_2^1$$

$$\max_{1\leqslant k\leqslant 3}\{\sigma_3^k\}=\sigma_3^1 ; \quad \max_{1\leqslant k\leqslant 3}\{\sigma_4^k\}=\sigma_4^3$$

$$\max_{1\leqslant k\leqslant 3}\{\sigma_5^k\}=\sigma_5^2 ; \quad \max_{1\leqslant k\leqslant 3}\{\sigma_6^k\}=\sigma_6^1$$

$$\max_{1\leqslant k\leqslant 3}\{\sigma_7^k\}=\sigma_7^2 ; \quad \max_{1\leqslant k\leqslant 3}\{\sigma_8^k\}=\sigma_8^3$$

从聚类系数的排序结果可以看出，属于"核心竞争力很强"的企业有 4 个，分别是企业 1、企业 2、企业 3 和企业 6。属于"核心竞争力一般"的企业有 2 个，分别是企业 5、企业 7；属于"核心竞争力较弱"的企业有 2 个，分别是企业 4、企业 8。

总体来说，调查的 8 家民营企业核心竞争力相对较强。尤其是企业 1、企业 2 和企业 3，聚类系数差异明显，核心竞争力强劲。企业 5 和企业 7 虽然均属于"核心竞争力一般"的企业，但是从聚类系数的排序结果看，企业 5 还有 5% 的可能性可以归类为"核心竞争力较弱"，企业 7 则较为明显，说明企业 7 的核心竞争力强于企业 5。企业 8 和企业 4 同属于"核心竞争力较弱"的企业，但从表 2.3 可以看出，企业 4 的短板主要是企业家素质和企业文化，企业 8 的不足主要在技术能力和管理能力方面。

本节结合区间灰数是某一区间内的固定值这一特征，针对连续型区间灰数的排序问题，引入可能度概念，构建了点可能度函数与可能度两个函数。点可能度函数是表示实数与区间灰数间排序的可能度大小，可能度函数是表示两个区间灰数间排序的可能度大小。通过对点可能度在灰数区间上积分，进而求得两区间灰数间排序的可能度，充分体现了区间灰数的本质特征。然后利用积分性质，分别求解出区间灰数之间 6 种不同位置关系下的可能度函数的表达式，并证明了该可能度函数具有互补性、传递性等五大性质。

第3章　缓冲算子与函数变换研究

由于冲击扰动系统呈现出的行为数据并不能体现系统的真实变化规律，如果直接利用失真的数据建模，模型则会因所采用的原始数据失真而导致拟合与预测的失败。因此，在建模预测之前，预测人员必须寻求相应的方法来消除冲击扰动系统中的冲击扰动项。

3.1　缓冲算子与函数变换的基本概念

3.1.1　缓冲算子的基本定义

刘思峰（1997）给出了缓冲算子的公理体系，该公理体系包括不动点公理，信息充分利用公理，解析化、规范化公理，并将满足这三条公理的序列算子称为缓冲算子。为保证缓冲算子公理体系的严密性，在此基础上，王正新等（2013）提出了第四个公理——单调性不变公理。

定义 3.1.1　设 $X^{(0)} = \left(x^{(0)}(1), x^{(0)}(2), \cdots, x^{(0)}(n)\right)$ 为系统的真实行为序列，而观测到的冲击扰动序列为 $X = (x(1), x(2), \cdots, x(n)) = \left(x^{(0)}(1) + \varepsilon_1, x^{(0)}(2) + \varepsilon_2, \cdots, x^{(0)}(n) + \varepsilon_n\right)$，其中 ε_i 为冲击扰动项，称 X 为冲击扰动序列。

定义 3.1.2　设 X 为系统行为数据序列，D 为作用于 X 的算子，X 经过算子 D 作用后所得序列记为 $XD = (x(1)d, x(2)d, \cdots, x(n)d)$，称 D 为序列算子，称 XD 为一阶算子作用序列。

公理 3.1.1（不动点公理）　设 $x(n)$ 为系统行为序列中第 n 个数据，经过序列算子 D 作用之后的数据为 $x(n)d$，则序列算子 D 必须满足 $x(n)d = x(n)$。

公理 3.1.2（信息充分利用公理）　序列算子对系统行为序列 X 的作用范围，

应覆盖该序列中的每一个数据 $x(k)$, $k=1,2,\cdots,n$ 。

公理 3.1.3（解析化、规范化公理） 所有经过序列算子 D 作用之后的数据 $x(k)d$ $(k=1,2,\cdots,n)$ 均可用系统行为序列 X 中各元素构成的初等解析式来表示。

公理3.1.4（单调性不变公理） 设 X 为系统行为数据序列，X 经序列算子 D 作用后所得数据序列为 $\mathrm{XD}=(x(1)d,x(2)d,\cdots,x(n)d)$ ，则序列 XD 与序列 X 的单调性必须保持一致。

单调性不变公理限定系统行为数据序列在序列算子的作用下，其单调性不能改变，否则将出现与实际意义相矛盾的情况。

3.1.2 经典缓冲算子介绍

刘思峰（1997）提出了第一个缓冲算子——平均弱化缓冲算子。党耀国等（2004b，2005c）在此基础上，构造了几何平均弱化缓冲算子、平均强化缓冲算子、几何平均强化缓冲算子及其加权形式。

定义 3.1.3 设 X 为原始数据序列，D 为缓冲算子，当 X 分别为单调增长序列、单调衰减序列或振荡序列时，

（1）若经过缓冲算子 D 作用之后缓冲序列 XD 比作用前的数据序列 X 的增长速度（或衰减速度）减缓或振幅减小，则称 D 为弱化缓冲算子；

（2）若经过缓冲算子 D 作用之后缓冲序列 XD 比作用前的数据序列 X 的增长速度（或衰减速度）加快或振幅增大，则称 D 为强化缓冲算子。

1. 经典弱化缓冲算子

当原始数据序列的前半部分增长（衰减）速度较快，后半部分增长（衰减）速度较慢时，利用弱化缓冲算子作用于原始数据序列，能有效地消除冲击扰动系统数据序列对预测过程的干扰。

1）平均弱化缓冲算子

$$x(k)d_1 = \frac{1}{n-k+1}[x(k)+x(k+1)+\cdots+x(n)] = \frac{1}{n-k+1}\sum_{i=k}^{n}x(i), \quad k=1,2,\cdots,n$$

2）几何平均弱化缓冲算子

$$x(k)d_2 = [x(k)\cdot x(k+1)\cdots x(n)]^{\frac{1}{n-k+1}} = \left[\prod_{i=k}^{n}x(i)\right]^{\frac{1}{n-k+1}}, \quad k=1,2,\cdots,n$$

3）加权平均弱化缓冲算子

$$x(k)d_3 = \frac{\omega_k x(k) + \omega_{k+1} x(k+1) + \cdots + \omega_n x(n)}{\omega_k + \omega_{k+1} + \cdots + \omega_n} = \frac{1}{\sum\limits_{i=k}^{n} \omega_i} \sum\limits_{i=k}^{n} \omega_i x(i) , \quad k = 1, 2, \cdots, n$$

4）加权几何平均弱化缓冲算子

$$x(k)d_4 = \left[x(k)^{\omega_k} \cdot x(k+1)^{\omega_{k+1}} \cdots x(n)^{\omega_n} \right]^{\frac{1}{\omega_k + \omega_{k+1} + \cdots + \omega_n}} = \left[\prod\limits_{i=k}^{n} x(i)^{\omega_i} \right]^{\frac{1}{\sum\limits_{i=k}^{n} \omega_i}} , \quad k = 1, 2, \cdots, n$$

2. 经典强化缓冲算子

当原始数据序列的前半部分增长（衰减）速度较慢，后半部分增长（衰减）速度较快时，利用强化缓冲算子作用于原始数据序列，能有效地消除冲击扰动系统数据序列对预测过程的干扰。

1）平均强化缓冲算子

$$x(k)d_1 = \frac{(n-k+1)(x(k))^2}{x(k) + x(k+1) + \cdots + x(n)} = \frac{(n-k+1)(x(k))^2}{\sum\limits_{i=k}^{n} x(i)} , \quad k = 1, 2, \cdots, n$$

2）几何平均强化缓冲算子

$$x(k)d_2 = \frac{(x(k))^2}{\left[x(k) \cdot x(k+1) \cdots x(n) \right]^{\frac{1}{n-k+1}}} = \frac{(x(k))^2}{\left[\prod\limits_{i=k}^{n} x(i) \right]^{\frac{1}{n-k+1}}} , \quad k = 1, 2, \cdots, n$$

3）加权平均强化缓冲算子

$$x(k)d_3 = \frac{(\omega_k + \omega_{k+1} + \cdots + \omega_n)(x(k))^2}{\omega_k x(k) + \omega_{k+1} x(k+1) + \cdots + \omega_n x(n)} = \frac{\sum\limits_{i=k}^{n} \omega_i (x(k))^2}{\sum\limits_{i=k}^{n} \omega_i x(i)} , \quad k = 1, 2, \cdots, n$$

4）加权几何平均强化缓冲算子

$$x(k)d_4 = \frac{(x(k))^2}{\left[x(k)^{\omega_k} \cdot x(k+1)^{\omega_{k+1}} \cdots x(n)^{\omega_n} \right]^{\frac{1}{\omega_k + \omega_{k+1} + \cdots + \omega_n}}} = \frac{(x(k))^2}{\left[\prod\limits_{i=k}^{n} x(i)^{\omega_i} \right]^{\frac{1}{\sum\limits_{i=k}^{n} \omega_i}}} , \quad k = 1, 2, \cdots, n$$

以上实用缓冲算子是灰色理论中最为经典的算子，也是应用最为广泛的算子。

3.1.3　函数变换的基本定义

在数据能量积累与释放的过程中,序列中趋势扰动项的波动会对数据光滑度、凹凸性等产生影响,降低直接建模的精度。因此,在建模之前需要对此类数据进行函数变换处理。魏勇和胡大红(2009)、钱吴永和党耀国(2009b)从提高光滑比、级比压缩、保凹性等方面提出了函数变换的构造条件。

定义 3.1.4　设序列 $X = (x(1), x(2), \cdots, x(k), \cdots, x(n))$, $k = 1, 2, \cdots, n$ 为非负递增序列,如果有映射关系 $f : x \rightarrow y$,则 $y(k) = f(x(k))$ 称作函数变换。

序列 $X = (x(1), x(2), \cdots, x(k), \cdots, x(n))$ 经过函数变换转换为序列 $Y = (y(1), y(2), \cdots, y(n))$ 。

定义 3.1.5　设序列 $X = (x(1), x(2), \cdots, x(k), \cdots, x(n))$, $k = 1, 2, \cdots, n$ 为非负序列,则序列的光滑度表示为 $\rho(k) = \dfrac{x(k)}{\sum\limits_{i=1}^{k-1} x(i)}$, $k = 2, 3, \cdots, n$ 。

定理 3.1.1　设序列 $X = (x(1), x(2), \cdots, x(k), \cdots, x(n))$ 为非负递增序列, $y(k) = F(x(k))$ ($k = 1, 2, \cdots, n$)为非负增函数,则 $\rho[y(k)] \geqslant \rho[x(k)]$ 的充要条件是 $\dfrac{x(k)|F'(x(k))|}{F(x(k))} < 1$ 。

$y(k) = F(x(k))$ 能提高单调递增序列 $X = (x(1), x(2), \cdots, x(n))$ 的光滑度。

定理 3.1.2　设序列 $X = (x(1), x(2), \cdots, x(n))$ 为非负递减序列, $y(k) = F(x(k))$ ($k = 1, 2, \cdots, n$)为非负减函数,则 $\rho[y(k)] \geqslant \rho[x(k)]$ 的充要条件 $u(k) = \dfrac{F(x(k))}{x(k)}$ 是单调递减函数。

$y(k) = F(x(k))$ 能提高单调递减序列 $X = (x(1), x(2), \cdots, x(n))$ 的光滑度。

定理 3.1.3　设序列 $X = (x(1), x(2), \cdots, x(k), \cdots, x(n))$, $k = 1, 2, \cdots, n$ 为非负递减序列,若非负函数变换 $y(k) = F(x(k))$ 可表示为 $F(x(k)) = x(k) \cdot G(x(k))$,其中,函数 $G(x)$ 非负且严格单调下降,则变换后的序列级比小于原始序列级比。

定义 3.1.6　设 $y(k) = F(x(k))$, $k = 1, 2, \cdots, n$ 是非负函数,如果其二阶导数在区间上恒大于 0,就称该函数在此区间上为严格凹函数。

GM(1,1)是对具有灰指数趋势的数据序列进行模拟预测,故凹序列更适合GM(1,1)的建模。因此,在进行数据变换时,应保证变换后序列的非负凹的特性。

定理 3.1.4　若非负函数变换 $y(k) = F(x(k))$ 为可导函数,且满足 $|F(x(k))'| \geqslant 1$,则数据变换的还原误差不变或缩小。

3.2　平滑变权缓冲算子构造及其性质研究

针对变权缓冲算子信息利用不充分及权重选择问题，本节提出一类新的平滑变权缓冲算子，研究该缓冲算子的性质，证明平滑变权缓冲算子对序列有弱化作用并提升序列光滑性，得出平滑变权缓冲算子调节度的递推不等式，通过多目标优化方法来确定可变权重取值，构造可变权重的优化目标函数，结合遗传算法来确定权重的最优取值，最后实例分析证明平滑变权缓冲算子能够有效提高建模精度。

3.2.1　平滑变权缓冲算子的构造

定义 3.2.1　设非负系统行为序列为 $X(k) = \{x(1), x(2), \cdots, x(n)\}$，令序列

$$\begin{cases} XD = \{x(1)d, x(2)d, \cdots, x(n)d\} \\ x(k)d = \lambda x(n) + (1-\lambda)x(k), \quad k = 1, 2, \cdots, n-1 \end{cases}$$

其中，$\lambda \in [0,1]$ 为可变权重，则称算子 D 为算术变权缓冲算子。

变权缓冲算子通过可变权重 λ 的调节实现了高阶缓冲算子的作用效果。该算子可充分利用 $x(k)$ 到 $x(n)$ 之间信息，并且提升对波动较大序列的适应性。

定义 3.2.2　设非负系统行为序列为 $X(k) = \{x(1), x(2), \cdots, x(n)\}$，令序列

$$\begin{cases} XD = \{x(1)d, x(2)d, \cdots, x(n)d\} \\ x(k)d = \lambda x(k) + (1-\lambda)x(k+1)d, \quad k = 1, 2, \cdots, n-1 \end{cases}$$

其中，$\lambda \in [0,1]$ 为可变权重，则称算子 D 为平滑变权缓冲算子。

定义 3.2.3　设系统行为序列为 $X = \{x(1), x(2), \cdots, x(n)\}$，$r(k)$ 为序列 X 中的 $x(k)$ 到 $x(n)$ 的平均增长率，X 经过缓冲算子 D 作用后得到序列 $XD = \{x(1)d, x(2)d, \cdots, x(n)d\}$，称 $\delta(k) = \left| \dfrac{r(k) - r(k)d}{r(k)} \right|$（$k = 1, 2, 3, \cdots, n$）为缓冲算子 D 在 k 点的调节度。

3.2.2　平滑变权缓冲算子性质研究

性质 3.2.1　对于非负系统行为序列 X ，令

$$\begin{cases} XD = \{x(1)d, x(2)d, \cdots, x(n)d\} \\ x(k)d = \lambda x(k) + (1-\lambda)x(k+1)d, \quad k=1,2,\cdots,n-1 \end{cases}$$

当 X 为单调递增序列、单调递减序列及振荡序列时，平滑变权缓冲算子 D 为弱化缓冲算子。

证明： 由定义 3.2.2 可知，平滑变权缓冲算子的构造满足缓冲算子三公理。

设 $X = \{x(1), x(2), \cdots, x(n)\}$ ，当序列 X 为单调递增序列时，任意点 $x(k)$ 经过算子 D 作用后为

$$\begin{aligned} x(k)d &= \lambda x(k) + (1-\lambda)x(k+1)d \\ &= \lambda x(k) + \lambda(1-\lambda)x(k+1) + \lambda(1-\lambda)^2 x(k+2) + \cdots + (1-\lambda)^{n-k}x(n) \\ &= \lambda \sum_{j=0}^{n-k-1}(1-\lambda)^j x(k+j) + (1-\lambda)^{n-k}x(n) \end{aligned}$$

$$x(k) - x(k)d = x(k) - \left[\lambda \sum_{j=0}^{n-k-1}(1-\lambda)^j x(k+j) + (1-\lambda)^{n-k}x(n) \right] < 0$$

因此，平滑变权缓冲算子 D 降低了序列 X 的增长速度；同理可证，当 X 为单调递减序列时，平滑变权缓冲算子 D 降低了序列 X 的下降速度。

当序列 X 为振荡序列时，设 $x(h) = \max\{x(k), k=1,2,\cdots,n\}$ ， $x(l) = \min\{x(k), k=1,2,\cdots,n\}$ ，

$$\begin{aligned} x(h)d &= \lambda x(h) + \lambda(1-\lambda)x(h+1) + \lambda(1-\lambda)^2 x(h+2) + \cdots + (1-\lambda)^{n-h}x(n) \\ &< \lambda x(h) + \lambda(1-\lambda)x(h) + \lambda(1-\lambda)^2 x(h) + \cdots + (1-\lambda)^{n-h}x(h) = x(h) \\ x(l)d &= \lambda x(l) + \lambda(1-\lambda)x(l+1) + \lambda(1-\lambda)^2 x(l+2) + \cdots + (1-\lambda)^{n-h}x(n) \\ &> \lambda x(l) + \lambda(1-\lambda)x(l) + \lambda(1-\lambda)^2 x(l) + \cdots + (1-\lambda)^{n-h}x(h) = x(l) \end{aligned}$$

即序列 X 为振荡序列时平滑变权缓冲算子仍然为弱化缓冲算子。因此，平滑变权缓冲算子为弱化缓冲算子。

定理 3.2.1　对于非负单调系统行为序列 $X = \{x(1), x(2), \cdots, x(n)\}$ ，

（1）若序列 X 为单调递增序列，缓冲算子 D 能够提高序列光滑性的充要条件是 $\dfrac{x(k)d}{x(k)} < \dfrac{x(s)d}{x(s)}$ ， $k,s=1,2,\cdots n$ 且 $k>s$ ；

（2）若序列 X 为单调递减序列，缓冲算子 D 能够提高序列光滑性的充要条件是 $\dfrac{x(k)d}{x(k)} > \dfrac{x(s)d}{x(s)}$ ， $k,s=1,2,\cdots n$ 且 $k>s$ 。

证明：若序列 X 为单调递增序列，

充分性：因为 $x(k) > x(s)$，且已知 $\dfrac{x(k)d}{x(k)} < \dfrac{x(s)d}{x(s)}$，则 $x(k)d \cdot x(s) < x(k) \cdot x(s)d$，

于是有 $x(k)d \cdot \displaystyle\sum_{s=1}^{k-1} x(s) < x(k) \cdot \displaystyle\sum_{s=1}^{k-1} x(s)d$，所以 $\dfrac{x(k)d}{\displaystyle\sum_{s=1}^{k-1} x(s)d} < \dfrac{x(k)}{\displaystyle\sum_{s=1}^{k-1} x(s)}$。

必要性：反证法，若缓冲算子 D 使序列光滑性提升，则表明对于任意 k 都有

$\dfrac{x(k)d}{\displaystyle\sum_{s=1}^{k-1} x(s)d} < \dfrac{x(k)}{\displaystyle\sum_{s=1}^{k-1} x(s)}$，即 $\rho_d(k) < \rho(k)$，若结论不真，即 $\dfrac{x(k)d}{x(k)} \geqslant \dfrac{x(s)d}{x(s)}$，当 $k = 2$ 时，

$\dfrac{x(2)d}{x(2)} \geqslant \dfrac{x(1)d}{x(1)}$，可以得到 $\dfrac{x(2)d}{x(1)d} \geqslant \dfrac{x(2)}{x(1)}$，即 $\rho_d(2) \geqslant \rho(2)$，与条件矛盾，则结论

得证。

相同原理可证，序列 X 为单调递减序列时平滑变权缓冲算子的性质。

性质 3.2.2　对于非负系统行为序列 $X = \{x(1), x(2), \cdots, x(n)\}$，若

$$\begin{cases} XD = \{x(1)d, x(2)d, \cdots, x(n)d\} \\ x(k)d = \lambda x(k) + (1-\lambda) x(k+1)d, \quad k = 1, 2, \cdots, n-1 \end{cases}$$

则平滑变权缓冲算子 D 能够提高序列 X 的光滑性。

证明：当 X 为递增序列时，

$$x(k-1)d - x(k-1) - [x(k)d - x(k)] = (1-\lambda)[x(k)d - x(k+1)d] < 0$$

故 $x(k-1)d - x(k-1) > x(k)d - x(k)$，且 $x(k-1) < x(k)$，则

$$\frac{x(k-1)d - x(k-1)}{x(k-1)} > \frac{x(k)d - x(k)}{x(k)}$$

可以得到 $\dfrac{x(k-1)d}{x(k-1)} > \dfrac{x(k)d}{x(k)}$，进一步可以得到 $\dfrac{x(k)d}{x(k)} < \dfrac{x(s)d}{x(s)}$，$s < k$，由定理 3.2.1

可知，序列 XD 的光滑性高于序列 X。当 X 为递减序列时证明略。

定理 3.2.2　设非负单调序列为 $X = \{x(1), x(2), \cdots, x(n)\}$，$X$ 经过平滑变权缓冲算子 D_1 作用后为 $XD_1 = \{x(1)d_1, x(2)d_1, \cdots, x(n)d_1\}$，经过算术变权缓冲算子 D_2 作用后为 $XD_2 = \{x(1)d_2, x(2)d_2, \cdots, x(n)d_2\}$，则当序列 X 为递增序列时 $x(k)d_1 \leqslant x(k)d_2$，且 $x(k)d_1 - x(k)d_2 < x(k+1)d_1 - x(k+1)d_2$；当序列 X 为递减序列时 $x(k)d_1 \geqslant x(k)d_2$，且 $x(k)d_1 - x(k)d_2 < x(k+1)d_1 - x(k+1)d_2$。

证明：当序列 X 为递增序列时，$x(k) < x(k+1)$，由算术变权缓冲算子定义可知，

$$x(k)d_1 - x(k)d_2 = (1-\lambda)[x(k+1)d_1 - x(n)]$$

$$= (1-\lambda)[\lambda \sum_{j=0}^{n-k} (1-\lambda)^j x(k+j) + (1-\lambda)^{n-k-1} x(n) - x(n)] \leqslant 0$$

故 $x(k)d_1 \leqslant x(k)d_2$；进一步，$x(k+1)d_1 - x(k+1)d_2 = (1-\lambda)[x(k+2)d_1 - x(n)]$，且 $x(k)d_1 < x(k+1)d_1$，则：

$$x(k)d_1 - x(k)d_2 - [x(k+1)d_1 - x(k+1)d_2] = (1-\lambda)[x(k+1)d_1 - x(k+2)d_1] < 0$$

故 $x(k)d_1 - x(k)d_2 < x(k+1)d_1 - x(k+1)d_2$。

同理可证，当序列 X 为递减序列时，$x(k)d_1 \geqslant x(k)d_2$，且 $x(k)d_1 - x(k)d_2 > x(k+1)d_1 - x(k+1)d_2$。

性质 3.2.3 对于非负系统行为序列 X，平滑变权缓冲算子 D 在各点的作用强度 $\delta(k) \geqslant (1-\lambda) \cdot \left| \dfrac{x(n) - x(k+1)}{x(n) - x(k)} \right| \cdot \delta(k+1)$。

证明：对于任意点 $x(k)$，由于 $r(k)d = \dfrac{x(n) - x(k)d}{n - k + 1}$，

$$\delta(k) = \left| \frac{r(k) - r(k)d}{r(k)} \right| = \left| \frac{x(k)d - x(k)}{x(n) - x(k)} \right|$$

$$= \left| \frac{x(k)d - x(k)}{x(n) - x(k)} \right| = \left| \frac{\lambda x(k) + (1-\lambda)x(k+1)d - x(k)}{x(n) - x(k)} \right|$$

$$= (1-\lambda) \cdot \left| \frac{x(k+1)d - x(k)}{x(n) - x(k)} \right| \geqslant (1-\lambda) \cdot \left| \frac{x(n) - x(k+1)}{x(n) - x(k)} \right| \cdot \delta(k+1)$$

当 $k = n-1$ 时，$\delta(k) = \left| \dfrac{r(k) - r(k)d}{r(k)} \right| = \left| \dfrac{\lambda x(n-1) + (1-\lambda)x(n) - x(n-1)}{x(n) - x(n-1)} \right| = \lambda$，则定理得证。

3.2.3　权重的确定方法

为了避免过度调节，利用多目标优化的方法确定权重 λ 的最优取值。建立两个约束准则作为优化目标，即提高序列的建模光滑性和保持序列波动所含信息的损失尽量小。

准则 3.2.1 变权缓冲算子权重 λ 的调整使得序列 XD 较原始序列 X 的光滑性得到提升，即 $\min[f_1(\lambda)] = \sum\limits_{k=2}^{n-1} \rho(k)$。

另外，需要从序列形变程度衡量变换后的信息完整程度，利用缓冲算子作用前后的序列灰色关联度构建约束准则。在关联度算法选取上，常用的几个关联度中，斜率关联度、相对关联度主要考虑序列间相似性，绝对关联度侧重序列接近性，一般关联度则侧重序列整体性，考虑到需要衡量算子作用后的序列整体信息的完整程度，灰色关联度需要具备整体性的要求，因此选取一般灰色关联算法作

为约束准则构建基础。

准则 3.2.2　变权缓冲算子权重 λ 的调整使得序列 XD 与原始序列 X 的灰色关联度 γ 尽可能大，即 $\max[f_2(\lambda)] = \dfrac{1}{n} \sum\limits_{k=1}^{n} [\gamma(x(k), x(k)d)]$，其中，

$$\gamma(x(k), x(k)d) = \frac{\min\limits_{k} |x(k) - x(k)d| + \rho \max\limits_{k} |x(k) - x(k)d|}{|x(k) - x(k)d| + \rho \max\limits_{k} |x(k) - x(k)d|}$$

根据两个优化准则构建多目标优化目标函数：$f(\lambda) = f_2(\lambda) / f_1(\lambda)$。求目标函数 $f(\lambda)$ 的最大取值，采用遗传算法对权重 λ 进行寻优，算法步骤如下。

步骤 1：构造初始群落，将 $\lambda \in [0,1]$ 表示成 n 位的二进制形式，n 的大小根据 λ 精度要求确定，则具有 m 个体的初始群落为 $\lambda(i, 0)$，其中 $i = 1, 2, \cdots m$。

步骤 2：计算适应值和生存概率，第 k 代个体 $\lambda(i, k)$ 相应目标函数为 $f[\lambda(i, k)]$，第 k 代个体中最大目标函数取值为 $C_{\max}$，适应值计算 $\mathrm{Fit}[\lambda(i, k)] = C_{\max} - f[\lambda(i, k)]$，其中 $\lambda(i, k) \in [0,1]$。利用适应值计算个体的生存概率 $p_i^{(k)} = \dfrac{\mathrm{Fit}[\lambda(i, k)]}{\sum\limits_{i=1}^{m} \mathrm{Fit}[\lambda(i, k)]}$。

步骤 3：通过个体的杂交、遗传、变异生成第 $k+1$ 代个体，转至步骤 2 计算第 $k+1$ 代个体适应值和生存概率。

循环的停止准则：当找到一个满意的解或者达到设置的最大迭代次数时即停止循环。

3.2.4　算例分析

为了验证平滑变权缓冲算子在预测中的实际应用效果，选取江苏省某开发区 2006~2010 年工业总产值做拟合检验，由于受市场和产业调整的影响，年产值呈现一定波动性（表 3.1）。

表3.1　原始序列数据

年份	2006	2007	2008	2009	2010
产值/亿元	103.7	309.0	355.3	407.6	632.2

对原始序列使用平滑变权缓冲算子做建模前数据预处理，其中权重 λ 利用多目标优化方法结合遗传算法确定，目标函数的构造依照准则 1 和准则 2 中提出的约束条件，则多目标优化的约束函数为 $f(\lambda) = f_2(\lambda) / f_1(\lambda)$，$\lambda$ 通过遗传算法寻

优近似为 0.34。原始序列光滑度和经过平滑变权缓冲算子作用后的序列光滑度如表 3.2 所示。

表3.2　序列光滑度对比

年份	x 光滑度	XD 光滑度
2007	2.979 7	1.346 6
2008	0.860 9	0.655 5
2009	0.530 7	0.451 3
2010	0.537 8	0.353 7

从表 3.2 的序列光滑度计算结果可见,原始序列的光滑度达不到建模要求,经过平滑变权缓冲算子作用后得到序列 XD,从表 3.2 的光滑度计算结果可知,序列 XD 光滑度明显得到提高,$x(4),x(5)$ 所对应的光滑度分别为 0.451 3、0.353 7,满足建模要求。将原始序列直接建模得到的拟合值记为 $\hat{x}_1$,经过平滑变权缓冲算子作用后建立 GM(1,1) 得到拟合值 $\hat{x}_2$,预测结果如表 3.3 所示。另外,作为对比,对原始序列采用算术变权缓冲算子进行处理并建模,为了保持一致,可变权重取 0.34,得到拟合序列 $\hat{x}_3$。具体计算和分析结果见表 3.3。

表3.3　预测拟合相对误差对比

年份	原始序列	$\hat{X}_1$	相对误差	$\hat{X}_2$	相对误差	$\hat{X}_3$	相对误差
2006	103.7	103.700 0	0	103.744 3	0.04%	134.98	23.17%
2007	309.0	272.546 2	11.8%	311.406 2	0.77%	303.48	1.82%
2008	355.3	352.916 8	0.67%	354.803 6	0.14%	401.18	11.44%
2009	407.6	456.987 9	12.12%	404.248 8	0.83%	505.24	19.33%
2010	632.2	591.748 2	6.40%	631.388 8	0.13%	616.09	2.62%
平均相对误差			6.198%		0.382%		11.670%

从相对误差分布情况可知,平滑变权缓冲算子作用后对模型建模拟合精度有明显提高,原始序列直接建模预测的相对拟合精度的平均相对误差为 6.198%,平滑缓冲算子作用后的建模拟合精度相对拟合误差为 0.382%,可见对于波动较大的序列经过平滑变权缓冲算子作用后建模拟合精度明显提高,而同时算术变权缓冲算子作用后所得到的拟合序列误差较大,其原因主要在于算术变权缓冲算子难以平滑序列较大的波动性,甚至在一定程度上放大了序列的波动性对建模的影响。

3.3 调和变权缓冲算子及其作用强度比较

针对传统缓冲算子不能实现作用强度的微调，从而导致缓冲作用效果过强或过弱的问题，本书构造了调和变权弱化缓冲算子和调和变权强化缓冲算子，研究了该类缓冲算子调节度与可变权重之间的关系，比较了调和变权缓冲算子与算术变权缓冲算子、几何变权缓冲算子的作用强度，并探讨了该类缓冲算子的优化问题。结果表明，该类缓冲算子对序列的调节度是可变权重的单调增函数，在控制作用强度方面的灵活性要明显优于传统缓冲算子；算术变权缓冲算了、几何变权缓冲算子与调和变权缓冲算子的弱化缓冲算子和强化缓冲算子的作用强度都是依次递减的。

3.3.1 调和变权缓冲算子的构造

基于冲击扰动系统和变权缓冲算子的基本概念和公理，构造调和变权弱化缓冲算子和调和变权强化缓冲算子。

定理 3.3.1 设 $X = (x(1), x(2), \cdots, x(n))$ 为正的系统行为数据序列，令
$$\mathrm{XD}_1 = \left(x(1)d_1, x(2)d_1, \cdots, x(n)d_1 \right)$$
$$x(k)d_1 = \left(\lambda \left(x(n) \right)^{-1} + (1-\lambda) \left(x(k) \right)^{-1} \right)^{-1}$$
其中，λ 为可变权重，$0 < \lambda < 1$；$k = 1, 2, \cdots, n$。

那么，当 X 为单调增长序列、单调衰减序列或振荡序列时，D_1 皆为弱化缓冲算子。

证明：容易验证，D_1 满足缓冲算子三公理，因而 D_1 为缓冲算子。

（1）若 X 为单调增长序列，则 $x(n) > x(k)$，故
$$
\begin{aligned}
x(k)d_1 &= \left(\lambda \left(x(n) \right)^{-1} + (1-\lambda) \left(x(k) \right)^{-1} \right)^{-1} \\
&\geqslant \left(\lambda \left(x(k) \right)^{-1} + (1-\lambda) \left(x(k) \right)^{-1} \right)^{-1} \\
&= x(k)
\end{aligned}
$$
则 $x(k)d_1 \geqslant x(k)$，即当 X 为单调增长序列时，D_1 为弱化缓冲算子。

（2）同理可证，当 X 为单调衰减序列时，D_1 为弱化缓冲算子。

（3）当 X 为振荡序列时，设 $x(l) = \max\{x(k)|k=1,2,\cdots,n\}$，$x(h) = \min\{x(k)|k=1,2,\cdots,n\}$，因为

$$x(l)d_1 = \left(\lambda\left(x(n)\right)^{-1} + (1-\lambda)\left(x(l)\right)^{-1}\right)^{-1}$$

$$\leqslant \left(\lambda\left(x(l)\right)^{-1} + (1-\lambda)\left(x(l)\right)^{-1}\right)^{-1}$$

$$= x(l)$$

所以，$x(l)d_1 \leqslant x(l)$。

同理可证，$x(h)d_1 \geqslant x(h)$。故当 X 为振荡序列时，D_1 为弱化缓冲算子。

在此，我们称 D_1 为调和变权弱化缓冲算子，并记为 VWHWBO。

定理 3.3.2 设 $X = (x(1), x(2), \cdots, x(n))$ 为正的系统行为数据序列，令

$$XD_2 = (x(1)d_2, x(2)d_2, \cdots, x(n)d_2)$$

$$x(k)d_2 = \left(x(k)\right)^2 \left(\lambda\left(x(n)\right)^{-1} + (1-\lambda)\left(x(k)\right)^{-1}\right)$$

$$= \lambda\frac{\left(x(k)\right)^2}{x(n)} + (1-\lambda)x(k)$$

其中，λ 为可变权重，$0 < \lambda < 1$；$k = 1,2,\cdots,n$。

那么，当 X 为单调增长序列、单调衰减序列或振荡序列时，D_2 皆为强化缓冲算子。

证明：容易验证，D_2 满足缓冲算子三公理，因而 D_2 为缓冲算子。

（1）当 X 为单调增长序列时，因为

$$x(k)d_2 = \lambda\frac{(x(k))^2}{x(n)} + (1-\lambda)x(k)$$

$$\leqslant \lambda\frac{(x(k))^2}{x(k)} + (1-\lambda)x(k)$$

$$= x(k)$$

所以，$x(k)d_2 \leqslant x(k)$。故当 X 为单调增长序列时，D_2 为强化缓冲算子。

（2）同理可证，当 X 为单调衰减序列时，D_2 为强化缓冲算子。

（3）当 X 为振荡序列时，设 $x(l) = \max\{x(k)|k=1,2,\cdots,n\}$，$x(h) = \min\{x(k)|k=1,2,\cdots,n\}$，因为

$$x(l)d_2 = \lambda \frac{\left(x(l)\right)^2}{x(n)} + (1-\lambda)x(l)$$

$$\geqslant \lambda \frac{\left(x(l)\right)^2}{x(l)} + (1-\lambda)x(l)$$

$$= x(l)$$

所以，$x(l)d_2 \geqslant x(l)$。

同理可证，$x(h)d_2 \leqslant x(h)$。故当 X 为振荡序列时，D_2 为强化缓冲算子。

在此，我们称 D_2 为调和变权强化缓冲算子，并记为 VWHSBO。

3.3.2 调和变权缓冲算子的作用强度

以上分别构造了调和变权弱化缓冲算子和调和变权强化缓冲算子，下面将通过缓冲算子调节度来反映可变权重与作用强度之间的关系。

定义 3.3.1 设系统行为数据序列为 $X = (x(1), x(2), \cdots, x(n))$，$r(k)$ 为数据序列 X 中 $x(k)$ 到 $x(n)$ 的平均变化率；D 为作用于 X 的缓冲算子，X 经缓冲算子 D 作用后所得数据序列为 $XD = (x(1)d, x(2)d, \cdots, x(n)d)$，则称

$$\delta(k) = \left| \frac{r(k) - r(k)d}{r(k)} \right|, \quad k = 1, 2, \cdots, n$$

为缓冲算子 D 在 k 点的调节度。

调节度反映了缓冲算子对原始序列的作用强度。不同的缓冲算子对序列的作用强度不同，本书试图通过可变权重来调整缓冲算子对原始序列的作用强度，下面通过以下两个定理来说明调节度和可变权重之间的关系。

定理 3.3.3 当 X 为正的系统行为数据序列时，调和变权弱化缓冲算子 D_1 在各点的调节度 $\delta_1(k)$ 是可变权重 λ 的单调增函数，且 $\delta_1(k) = \frac{\lambda x(k)}{\lambda x(k) + (1-\lambda) \ x(n)}$。

证明： 因为

$$r(k) = \frac{x(n) - x(k)}{n - k + 1}, \quad k = 1, 2, \cdots, n$$

相应的缓冲算子作用序列的平均变化率为

$$r(k)d_1 = \frac{x(n) - x(k)d_1}{n - k + 1}$$

$$= \frac{x(n) - \left(\lambda \left(x(n) \right)^{-1} + (1-\lambda) \left(x(k) \right)^{-1} \right)^{-1}}{n - k + 1}$$

所以

$$\delta_1(k) = \left| \frac{r(k) - r(k)d_1}{r(k)} \right|$$

$$= \left| \frac{\lambda x(k)}{\lambda x(k) + (1-\lambda)x(n)} \right|$$

又由于上式中的分子与分母同号，则

$$\delta_1(k) = \frac{\lambda x(k)}{\lambda x(k) + (1-\lambda)x(n)}$$

其中，λ 为可变权重，$0 < \lambda < 1$；$x(n) \neq x(k)$；$k = 1, 2, \cdots, n-1$。

进一步计算

$$\frac{\mathrm{d}\delta_1(k)}{\mathrm{d}\lambda} = \frac{x(n)}{\lambda^2(\delta_1(k))^2} > 0$$

由此可见，变权强化缓冲算子 D_1 对序列的调节度 $\delta_1(k)$ 是可变权重 λ 的单调增函数。

定理 3.3.4　当 X 为正的系统行为数据序列时，调和变权强化缓冲算子 D_2 在各点的调节度 $\delta_2(k)$ 是可变权重 λ 的单调增函数，且 $\delta_2(k) = \dfrac{\lambda x(k)}{x(n)}$。

证明： 因为

$$r(k) = \frac{x(n) - x(k)}{n - k + 1}, \quad k = 1, 2, \cdots, n$$

相应的缓冲算子作用序列的平均变化率为

$$r(k)d_2 = \frac{x(n) - x(k)d_2}{n - k + 1}$$

$$= \frac{x(n) - \lambda \dfrac{(x(k))^2}{x(n)} - (1-\lambda)\, x(k)}{n - k + 1}$$

所以

$$\delta_2(k) = \left| \frac{r(k) - r(k)d_2}{r(k)} \right| = \left| \frac{\lambda x(k)}{x(n)} \right|$$

又由于上式中的分子与分母同号，则

$$\delta_2(k) = \frac{\lambda x(k)}{x(n)}$$

其中，λ 为可变权重，$0 < \lambda < 1$；$x(n) \neq x(k)$；$k = 1, 2, \cdots, n-1$。

进一步计算

$$\frac{\mathrm{d}\delta_2(k)}{\mathrm{d}\lambda}=1>0$$

由此可见，变权强化缓冲算子 D_2 对序列的调节度 $\delta_2(k)$ 是可变权重 λ 的单调增函数。

由定理 3.3.3 和定理 3.3.4 中 $\delta_1(k)$ 和 $\delta_2(k)$ 的表达式可知，无论是调和变权弱化缓冲算子还是强化缓冲算子，可变权重与调节度有着紧密的联系。显然，调节度 $\delta(k)=0$ 的充要条件是可变权重 $\lambda=0$。

在研究实际问题时，我们可以通过一定的方法选取适当的 λ 值来调节缓冲算子对序列的作用强度，实现缓冲算子作用强度的微调，因此，可变权重在控制缓冲算子作用强度方面的灵活性要明显优于高阶缓冲算子。

3.3.3　几种变权缓冲算子作用强度的比较

下面分析算术变权缓冲算子、几何变权缓冲算子及调和变权缓冲算子作用强度的大小关系。

引理 3.3.1　设一组变量为 $x_1, x_2, \cdots x_n$，其加权算术平均数、加权几何平均数和加权调和平均数分别为 $\dfrac{\sum\limits_{i=1}^{n} f_i x_i}{\sum\limits_{i=1}^{n} f_i}$、$\sqrt[\sum\limits_{i=1}^{n} f_i]{x_1^{f_1} x_2^{f_2} \cdots x_n^{f_n}}$ 和 $\dfrac{\sum\limits_{i=1}^{n} f_i}{\sum\limits_{i=1}^{n} \dfrac{f_i}{x_i}}$，则三者大小关系为

$$\frac{\sum\limits_{i=1}^{n} f_i}{\sum\limits_{i=1}^{n} \frac{f_i}{x_i}} \leqslant \sqrt[\sum\limits_{i=1}^{n} f_i]{x_1^{f_1} x_2^{f_2} \cdots x_n^{f_n}} \leqslant \frac{\sum\limits_{i=1}^{n} f_i x_i}{\sum\limits_{i=1}^{n} f_i} 。$$

定理 3.3.5　当 X 为正的系统行为数据序列，且可变权重 λ 取值相同时，算术变权弱化缓冲算子 $x(k)d_{11}=\lambda x(n)+(1-\lambda)x(k)$、几何变权弱化缓冲算子 $x(k)d_{12}=\left(x(n)\right)^{\lambda}\left(x(k)\right)^{1-\lambda}$ 和调和变权弱化缓冲算子 $x(k)d_{13}=\left(\lambda\left(x(n)\right)^{-1}+(1-\lambda)\left(x(k)\right)^{-1}\right)^{-1}$ 的调节度的大小关系为 $x(k)d_{13}<x(k)d_{12}<x(k)d_{11}$。

证明：由于

$$\delta(k) = \left| \frac{r(k) - r(k)d}{r(k)} \right|$$

$$= \left| \frac{\dfrac{x(n) - x(k)}{n-k+1} - \dfrac{x(n) - x(k)d}{n-k+1}}{\dfrac{x(n) - x(k)}{n-k+1}} \right|$$

$$= \left| \frac{x(k)d - x(k)}{x(n) - x(k)} \right|$$

当 D 为弱化缓冲算子时，上式分子分母同号，则 $\delta(k) = \dfrac{x(k)d - x(k)}{x(n) - x(k)}$。

对同一序列来说，不同缓冲算子的 $\delta(k)$ 的大小顺序由 $x(k)d$ 决定。又由引理 3.3.1 可知，

$$\left(\lambda \left(x(n) \right)^{-1} + (1-\lambda) \left(x(k) \right)^{-1} \right)^{-1}$$

$$< \left(x(n) \right)^{\lambda} \left(x(k) \right)^{1-\lambda}$$

$$< \lambda x(n) + (1-\lambda) x(k)$$

其中，λ 为可变权重，$0 < \lambda < 1$；$x(n) \neq x(k)$；$k = 1, 2, \cdots, n-1$。

故 λ 取值相同时，三个弱化缓冲算子作用强度的强弱关系为 $x(k)d_{13} < x(k)d_{12} < x(k)d_{11}$。

定理 3.3.6 当 X 为正的系统行为数据序列，且可变权重 λ 取值相同时，算术变权强化缓冲算子 $x(k)d_{21} = \dfrac{\left(x(k) \right)^2}{\lambda x(n) + (1-\lambda) x(k)}$、几何变权强化缓冲算子

$x(k)d_{22} = \dfrac{\left(x(k) \right)^{1+\lambda}}{\left(x(n) \right)^{\lambda}}$ 和调和变权强化缓冲算子 $x(k)d_{23} = \left(x(k) \right)^2 \left(\lambda \left(x(n) \right)^{-1} + (1-\lambda) \right.$

$\left. \left(x(k) \right)^{-1} \right)^{-1}$ 的调节度的大小关系为 $x(k)d_{23} < x(k)d_{22} < x(k)d_{21}$。

证明： 由于

$$\delta(k) = \left| \frac{r(k) - r(k)d}{r(k)} \right| = \left| \frac{x(k)d - x(k)}{x(n) - x(k)} \right|$$

当 D 为强化缓冲算子时，上式分子分母异号，则 $\delta(k) = \dfrac{x(k) - x(k)d}{x(n) - x(k)}$。

对同一序列来说，不同缓冲算子的 $\delta(k)$ 的大小顺序与 $x(k)d$ 大小相反。

又因为 $x(k)d_{21} = \dfrac{\left(x(k) \right)^2}{x(k)d_{21}}$，$x(k)d_{22} = \dfrac{\left(x(k) \right)^2}{x(k)d_{22}}$，$x(k)d_{23} = \dfrac{\left(x(k) \right)^2}{x(k)d_{23}}$，而弱化缓冲算子的作用强度关系为 $x(k)d_{13} < x(k)d_{12} < x(k)d_{11}$，所以 λ 取值相同时，三个强

化缓冲算子的作用强度关系为 $x(k)d_{23} > x(k)d_{22} > x(k)d_{21}$。

3.3.4 算例分析

为了便于比较说明调和变权缓冲算子的有效性，本部分对我国能源消耗进行分析。1998~2009 年我国能源消耗总量的原始数据见表 3.4。

表3.4　1998~2009年我国能源消耗总量　　　　　单位：亿吨标准煤

年份	1998	1999	2000	2001	2002	2003
能源消耗总量	13.22	13.38	13.86	14.32	15.18	17.50
年份	2004	2005	2006	2007	2008	2009
能源消耗总量	20.32	22.47	24.63	26.56	29.10	31.00

资料来源：1999~2008 年《中国统计年鉴》、2009 年国家统计公报

由表 3.4 可以计算出，1998~2009 年我国能源消耗增长速度分别为：1.2%、3.6%、3.3%、6.0%、15.3%、16.1%、10.6%、9.6%，7.8%，9.6%，6.53%。2003 年以前的增长速度显著慢于 2003 年以后的增长速度，但是 2006 年以后增长速度又慢了下来。数据变化规律不好把握。

下面将以此为例，首先运用 1998~2007 年的数据直接建立 GM(1,1)，运用传统缓冲算子作用于 1998~2007 年的数据后建立 GM(1,1)，预测 2008~2009 年我国能源消耗总量，并与实际值进行对比分析；其次，利用本书构造的调和变权缓冲算子作用于 1998~2005 年的数据后进行建模，为了把握序列的最新发展规律，用 2006 年与 2007 年的模拟误差进行检验和可变权重的确定，再对 2008~2009 年我国能源消耗总量进行预测，以验证调和变权缓冲算子的有效性与优越性；最后，取相同权重，分别将算术变权、几何变权与调和变权缓冲算子作用于 1998~2005 年的数据后进行建模，并将结果进行比对，验证三者调节度的大小。

（1）原始数据序列 X 直接建模和经传统弱化缓冲算子作用后建模。

1998~2007 年的原始数据利用弱化缓冲算子 $x(k)d = \dfrac{1}{n-k+1}[x(k)+x(k+1)$ $+\cdots+x(n)]$ 对原始数据进行作用，那么原始数据序列 X 一阶弱化缓冲算子作用后的数据序列 XD 分别为

$$X = (13.22, 13.38, 13.86, 14.32, 15.18, 17.5, 20.32, 22.47, 24.63, 26.56)$$
$$XD = (16.28, 16.71, 17.27, 17.95, 18.86, 20.09, 21.39, 22.47, 24.63, 26.56)$$

分别得 GM(1,1)的时间响应式：

$$\hat{x}^{(1)}(k+1) = 119.118\,2\,e^{0.097\,66k} - 105.898$$

$$\hat{x}^{(1)}(k+1)=258.7611\mathrm{e}^{0.060\,13k}-242.48$$

具体预测结果见表 3.5。

表3.5　两种模型的模拟预测精度比较

年份	能源消耗实际值/亿吨标准煤	原始数据建模		一阶弱化缓冲算子作用	
		预测值/亿吨标准煤	APE[1]	预测值/亿吨标准煤	APE[1]
2008	29.10	29.43	1.13%	27.55	5.33%
2009	31.00	32.45	4.68%	29.25	5.65%
	MAPE	—	2.9%	—	5.49%

1）APE：absolute percentage error，绝对误差百分比；2）MAPE：mean absolute percentage error，平均绝对误差百分比

由表 3.5 可以看出，用原始数据直接建模的 MAPE 为 2.9%，而且 2009 年的预测 APE 已达 4.68%；进一步用一阶弱化缓冲算子作用，其预测结果又低于实际能源消耗总量，MAPE 高达 5.49%，可见，无论是直接建模还是用一阶弱化缓冲算子，都难以得到令人满意的预测效果。问题的关键就在于，传统的缓冲算子不能实现作用强度的微调，从而导致缓冲作用的效果过强或过弱。本书提出的调和变权缓冲算子恰好可以实现这种微调。

（2）以本书的调和变权强化缓冲算子 D_1 作用于序列 X 后建模。

基于以上定性分析，我们认为应该对序列 XD 施以较弱的作用强度，分别考虑 $\lambda=0.1,0.2,0.3$ 三种情况，得 GM(1,1) 的时间响应式：

$$\hat{x}^{(1)}(k+1)=139.254\,9\mathrm{e}^{0.088\,52k}-125.467$$
$$\hat{x}^{(1)}(k+1)=162.942\,8\mathrm{e}^{0.080\,11k}-148.537$$
$$\hat{x}^{(1)}(k+1)=193.889\,3\mathrm{e}^{0.071\,42k}-178.807$$

具体预测结果见表 3.6、表 3.7。

表3.6　可变权重不同取值的预测结果　　　　单位：亿吨标准煤

年份	实际值	$\lambda=0.1$	$\lambda=0.2$	$\lambda=0.3$
2006	24.63	23.95	23.81	23.66
2007	26.56	26.16	25.79	25.41

表3.7　可变权重不同取值预测的APE与MAPE

年份	$\lambda=0.1$	$\lambda=0.2$	$\lambda=0.3$
2006	2.76%	3.33%	3.94%
2007	1.51%	2.90%	4.33%
MAPE	2.14%	3.12%	4.14%

其中，$\mathrm{MAPE}=\dfrac{1}{2}\displaystyle\sum_{i=2006}^{2007}\dfrac{\left|\hat{x}^{(0)}(i)-x^{(0)}(i)\right|}{x^{(0)}(i)}$。

由表 3.6 及表 3.7 可以看出，随着 λ 的增大，2006 年、2007 年的预测误差逐渐增大，故相对来说 λ 取 0.1 较合适。确定 $\lambda=0.1$ 后，对 2008~2009 年我国能源消耗总量进行预测，结果如表 3.8 所示。

表3.8　$\lambda=0.1$ 时预测2008~2009年我国能源消耗总量的结果及APE

年份	能源消耗实际值/亿吨标准煤	预测值/亿吨标准煤	APE
2008	29.10	28.59	1.75%
2009	31.00	31.23	0.74%
	MAPE	1.25%	

如表 3.7 和表 3.8 所示，经过调和变权强化缓冲算子作用后，建立 GM(1,1) 预测精度显著提高。取 $\lambda=0.1$ 的调和变权强化缓冲算子作用后再建模预测的 2006~2009 年 APE 均小于直接建模和原缓冲算子，并且 2008 年、2009 年的预测 MAPE 只有 1.25%，远小于原缓冲算子作用后的误差。

（3）$\lambda=0.1$ 时，调和变权弱化缓冲算子、算术变权弱化缓冲算子和几何变权弱化缓冲算子分别作用于序列 X 后建模。

基于上述（2）中的分析，取 $\lambda=0.1$ 的调和变权强化缓冲算子作用后再建模，下面依然取 $\lambda=0.1$，用算术变权弱化缓冲算子 $x(k)d_{11}(k)=\lambda x(n)+(1-\lambda)x(k)$、几何变权弱化缓冲算子 $x(k)d_{12}(k)=\left(x(n)\right)^{\lambda}\left(x(k)\right)^{1-\lambda}$ 和调和变权弱化缓冲算子 $x(k)d_{13}(k)=\left(\lambda\left(x(n)\right)^{-1}+(1-\lambda)\left(x(k)\right)^{-1}\right)^{-1}$ 分别作用于序列 X，以便比较三者的作用强度。

三种缓冲算子对 1998~2005 年的数据作用后的数据为
$$XD_{11}=(14.14,14.29,14.72,15.13,15.91,17.99,20.53,22.47)$$
$$XD_{12}=(13.94,14.09,14.54,14.98,15.78,17.94,20.52,22.47)$$
$$XD_{13}=(13.78,13.94,14.41,14.85,15.69,17.89,20.51,22.47)$$

分别得 GM(1,1) 的时间响应式：
$$\hat{x}_{11}^{(1)}(k+1)=151.620\,2\,e^{0.083\,72k}-137.475$$
$$\hat{x}_{12}^{(1)}(k+1)=144.453\,8\,e^{0.086\,43k}-130.513$$
$$\hat{x}_{13}^{(1)}(k+1)=139.254\,9\,e^{0.088\,52k}-125.467$$

具体预测结果见表 3.9、表 3.10。

表3.9　$\lambda=0.1$ 时三种缓冲算子作用后建模的预测结果　　　　单位：亿吨标准煤

年份	能源消耗实际值	缓冲算子作用后建模的预测值		
		算术变权缓冲算子	几何变权缓冲算子	调和变权缓冲算子
2008	29.10	28.12	28.38	28.58
2009	31.00	30.58	30.95	31.23

表3.10　　λ = 0.1 时三种缓冲算子作用后建模预测的APE

年份	缓冲算子作用后建模预测的 APE		
	算术变权缓冲算子	几何变权缓冲算子	调和变权缓冲算子
2008	3.37%	2.47%	1.79%
2009	1.36%	0.16%	0.74%
MAPE	2.37%	1.32%	1.27%

由缓冲算子作用后的数据及表 3.9 与表 3.10 的预测结果可以看出，权重相同时三个缓冲算子调节度的大小关系为 $x(k)d_{13}(k) < x(k)d_{12}(k) < x(k)d_{11}(k)$ ，且缓冲算子遵循不动点公理，因此调和变权缓冲算子作用后数据的增长速度最快，对此序列的预测 MAPE 最小，算术变权缓冲算子作用后数据的增长速度最慢，对此序列的预测 MAPE 最大，几何变权缓冲算子的作用强度居中。

3.4　基于正切三角函数与余切三角函数的组合函数变换

函数变换技术能有效平滑数据序列，避免异常扰动，凸显数据序列特征。相比单一初等函数变换，组合函数变换技术能够融合不同函数的特点，因而有着更大的调整和应用范围。本节分别运用基于正切三角函数和余切三角函数的组合函数变换对不同情形的递增或递减区间灰数序列进行组合函数变换，旨在对存在扰动项影响的区间灰数序列进行处理，提高序列准光滑特性，从而提高模型精度。

3.4.1　基于正切三角函数与余切三角函数的数据变换

选取三角函数中的正切三角函数或余切三角函数作为函数变换的主体，其函数图像在区间 $(0, \pi/2)$ 上斜率的巨大变化（图 3.1、图 3.2），说明正切三角函数或余切三角函数是对数据调节范围更广、适用性更强的函数变换形式，并且在提高原始数据的光滑度方面，比对数函数法及幂函数法更加有效（Ye et al., 2013）。考虑到发展趋势的一致性，由于正切三角函数在 $(0, \pi/2)$ 上是递增的，正切三角函数适合于递增序列；同理，余切三角函数适合于递减序列。此外，运用正切三角函数或余切三角函数之前，需把数据处理到 $(0, \pi/2)$ 的区间上，本书选择幂函数和线性函数进行数据标准化处理。

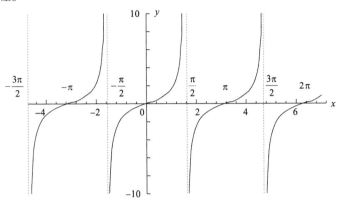

图 3.1 函数 $y = \tan x$ 的图像

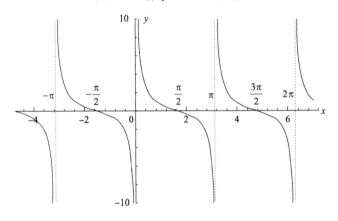

图 3.2 函数 $y = \cot x$ 的图像

综上，本章提出的新型组合函数主要由幂函数（$v = h(x) = x^{\frac{1}{T}}$，$T > 1$且取整数）、线性函数（$u = g(v) = \rho(v + t)(u > 0, \rho \neq 0, t = 0)$），以及正切三角函数或余切三角函数（$y = f(u) = \tan u(0 < u < \pi/2)$ 或 $y = f(u) = \cot u(0 < u < \pi/2)$）构成，即 $y = f(g(h(x))) = \tan\left(\rho(x^{\frac{1}{T}})\right)$（递增序列）或 $y = f(g(h(x))) = \cot\left(\rho(x^{\frac{1}{T}})\right)$（递减序列）。

设 $X^{(0)} = \left(x^{(0)}(1), x^{(0)}(2), \cdots, x^{(0)}(n)\right)$，$k = 1, 2, \cdots, n$ 为非负原始数据序列，其中，取前 $n - m$ 项进行如下变换。

（1）幂函数变换（消除数据的量级差异）。

设

$$x_T^{(0)}(k) = \left(x^{(0)}(k)\right)^{\frac{1}{T}}, \quad x^{(0)}(k) \geqslant 0(k = 1, 2, \cdots, n - m) \tag{3.1}$$

得到新的数据序列 $X_T^{(0)} = \left(x_T^{(0)}(1), x_T^{(0)}(2), \cdots, x_T^{(0)}(n-m) \right)$ ， $X_T^{(0)}(k) \geqslant 0(k=1,2,\cdots, n-m)$ 。

分别取 $T=1, T=2, T=3, \cdots\cdots$ 直至当 $T=t$ 时，若得到数据序列中 $\max\left[x_t^{(0)}(k) \right]$ $-\min\left[x_t^{(0)}(k) \right] \leqslant 0.1(k=1,2,\cdots,n-m)$ ，则停止该步骤运算。

（2）线性函数变换（把数据处理到同一数量等级）。

当 $T=t$ 时，得到 $X_t^{(0)} = \left(x_t^{(0)}(1), x_t^{(0)}(2), \cdots, x_t^{(0)}(n-m) \right)$ ， $x_t^{(0)}(k) \geqslant 0(k=1,2,\cdots, n-m)$ ，

令

$$p = \frac{1}{n-m} \sum_{k=1}^{n-m} x_t^{(0)}(k) , \quad x_t^{(0)}(k) \geqslant 0(k=1,2,\cdots,n-m) \tag{3.2}$$

将 $X_t^{(0)} = \left(x_t^{(0)}(1), x_t^{(0)}(2), \cdots, x_t^{(0)}(n-m) \right)$ ， $x_t^{(0)}(k) \geqslant 0(k=1,2,\cdots,n-m)$ 中各数据分别除以 p ，得到新的数据序列：

$X_{tp}^{(0)} = \left(x_{tp}^{(0)}(1), x_{tp}^{(0)}(2), \cdots, x_{tp}^{(0)}(n-m) \right)$ ， $x_{tp}^{(0)}(k) \geqslant 0(k=1,2,\cdots,n-m)$ ，其中，

$$x_{tp}^{(0)}(k) = x_t^{(0)}(k)/p \tag{3.3}$$

基于以上公式计算数据序列 $X_{tp}^{(0)}$ 中的数据均处于 1 左右。由于正切三角函数 $y=\tan x(0<x<\pi/2)$ 和余切三角函数 $y=\cot x(0 \leqslant x \leqslant \pi/2)$ 斜率变化巨大，考虑到计算方便并体现不同序列的调节度差异，本书选择了 4 个调节系数的取值（0.1、0.5、1 及接近 1.5）以代表对不同斜率下数据的处理。

将数据序列 $X_{tp}^{(0)}$ 分别处理到 0~1.5 的不同等级。当把数据处理到相应的等级 q 时，需要 $X_{tp}^{(0)}$ 与 q 相乘，得到数据序列 $X_{Fq}^{(0)} = \left(x_{Fq}^{(0)}(1), x_{Fq}^{(0)}(2), \cdots, x_{Fq}^{(0)}(n-m) \right)$ ， $x_{Fq}^{(0)}(k) \geqslant 0(k=1,2,\cdots,n-m)$ 。此过程可表示为

$$x_{Fq}^{(0)}(k) = x_{tp}^{(0)}(k) \times q \tag{3.4}$$

为便于计算处理，这里将 4 个数量强度等级（0.1、0.5、1 及接近 1.5），记为 i ， $i=1,2,3,4$ 。

（3）正切或余切三角函数变换（为建模做准备）。

对于递增序列 $X_{Fq}^{(0)}$ ，需要进行正切三角函数变换 $y=\tan x(0<x<\pi/2)$ ：

$$y_{Fq}(k) = \tan x_{Fq}(k)(k=1,2,\cdots,n-m) \tag{3.5}$$

对于递减序列 $X_{Fq}^{(0)}$ ，需要进行余切三角函数变换 $y=\cot x(0 \leqslant x \leqslant \pi/2)$ ：

$$y_{Fq}(k) = \cot x_{Fq}(k)(k=1,2,\cdots,n-m) \tag{3.6}$$

由此，新型组合函数变换完成。

3.4.2　最优调节系数 q 的确定

在 3.4.1 小节中，拟合序列数据被分别处理为 0.1、0.5、1 及接近 1.5 等 4 个不同等级。为确定最适合预测建模的调节系数，需要综合考虑拟合序列走势、增长率与正切或余切三角函数的关系及序列的拟合误差。考虑到正切或余切三角函数在区间 $(0, \pi/2)$ 上（图 3.1、图 3.2）明显的曲线变化趋势，调节范围较大，不同变化率的准指数及准光滑数据序列能够被处理到不同数量等级，进一步扩大了灰色预测模型的数据处理范围。根据拟合数据序列的趋势和增长率，结合运用序列 $X_{Fq}^{(0)}$ 的 MAPE 最小化原则，最终确定调节系数 q，具体过程如下。

（1）计算每个调节系数下的 MAPE。

$$\text{MAPE}_{X_{Fq}} = \frac{1}{n-m}\sum_{k=1}^{n-m}\frac{\left|\hat{x}_{Fq}(k) - x_{Fq}(k)\right|}{x_{Fq}(k)} \tag{3.7}$$

（2）确定最优处理等级 T。

通过比较每个调节系数作用下的 MAPE，选择最小 MAPE 对应的处理等级。

$$\text{MAPE}_{X_{FT}} = \min\left\{\text{MAPE}_{X_{F0.1}}, \text{MAPE}_{X_{F0.5}}, \text{MAPE}_{X_{F1}}, \text{MAPE}_{X_{F1.5}}\right\}$$

（3）用最优处理等级调节系数作用的数据序列建立函数变换灰色预测模型得到预测结果。

3.4.3　组合函数变换的性质

根据 3.1.3 小节中的定义与定理，将本章提出的新型组合函数相关特性予以证明。

性质 3.4.1　对于递增正序列，组合函数变换 $y = f(g(h(x))) = \tan\left(\rho\left(x^{\frac{1}{T}}\right)\right)$ 能够提高其光滑度；其中，$T > 1$ 且取整数，$0 < \rho\left(x^{\frac{1}{T}}\right) < \pi/2$。

证明：当 $0 < \rho\left(x^{\frac{1}{T}}\right) < \pi/2$ 时，有 $\dfrac{x\left|\tan\left(\rho\left(x^{\frac{1}{T}}\right)\right)\right|'}{\tan\left(\rho\left(x^{\frac{1}{T}}\right)\right)} = \dfrac{2\rho\left(x^{\frac{1}{T}}\right)}{T\sin\left(2\rho\left(x^{\frac{1}{T}}\right)\right)}$。若令

$y = 2\rho\left(x^{\frac{1}{T}}\right)$，有 $\left|\dfrac{y}{T\sin y}\right|' = \dfrac{1}{T}\left(\dfrac{\sin y - y\cdot\cos y}{\sin(y)^2}\right)$ 在 $0 < y = 2\rho\left(x^{\frac{1}{T}}\right) < \pi$ 上始终大于零。

因此，$\dfrac{2\rho\left(x^{\frac{1}{T}}\right)}{T\sin\left(2\rho\left(x^{\frac{1}{T}}\right)\right)}$ 是增函数，当 $T>1$ 且取整数时，显然有 $\dfrac{2\rho\left(x^{\frac{1}{T}}\right)}{T\sin\left(2\rho\left(x^{\frac{1}{T}}\right)\right)}<1$。

由定理 3.1.1 可知，当 $T>1$ 且取整数及 $0<\rho\left(x^{\frac{1}{T}}\right)<\pi/2$ 时，函数变换 $y=f(g(h(x)))=\tan\left(\rho\left(x^{\frac{1}{T}}\right)\right)$ 能够提高递增正序列的光滑度。

性质 3.4.2　对于递减正序列，组合函数变换 $y=f(g(h(x)))=\cot\left(\rho\left(x^{\frac{1}{T}}\right)\right)$ 能够提高其光滑度；其中，$T>1$ 且取整数，$0<\rho\left(x^{\frac{1}{T}}\right)<\pi/2$。

证明：当 $0<\rho\left(x^{\frac{1}{T}}\right)<\pi/2$，有

$$\left(\dfrac{\cot\left(\rho\left(x^{\frac{1}{T}}\right)\right)}{x}\right)'=\dfrac{-\rho\left(x^{\frac{1}{T}}\right)-\cos\left(\rho\left(x^{\frac{1}{T}}\right)\right)\cdot\sin\left(\rho\left(x^{\frac{1}{T}}\right)\right)}{T\cdot x^2\sin^2\left(\rho\left(x^{\frac{1}{T}}\right)\right)}<0,\quad \dfrac{\cot\left(\rho\left(x^{\frac{1}{T}}\right)\right)}{x}\ \text{为递减}$$

函数。

由定理 3.4.2 可知，当 $T>1$ 且取整数及 $0<\rho\left(x^{\frac{1}{T}}\right)<\pi/2$ 时，函数变换 $y=f(g(h(x)))=\cot\left(\rho\left(x^{\frac{1}{T}}\right)\right)$ 能够提高递减正序列的光滑度。

性质 3.4.3　对于非负序列，$y=\tan x(0<x<\pi/2)$ 数据变换能保持序列的非负凸特性。

证明：对于非负序列，在区间 $(0,\pi/2)$ 上，有 $(\tan x)''=2(\sec x)^2\tan x>0$，故 $y=\tan x(0<x<\pi/2)$ 二阶导数恒大于 0。因此，由定义 3.1.6 知，在非负序列条件下，$y=\tan x(0<x<\pi/2)$ 为严格凹函数。

性质 3.4.4　对于非负序列，$y=\cot x(0\leqslant x\leqslant\pi/2)$ 数据变换能保持序列的非负凸特性。

证明：对于非负序列，在区间 $(0, \pi/2)$ 上，有 $(\cot x)'' = 2(\csc x)^2 \cot x > 0$，故 $y = \cot x (0 < x < \pi/2)$ 二阶导数恒大于 0。因此，由定义 3.1.6 知，在非负序列条件下，$y = \cot x (0 < x < \pi/2)$ 为严格凹函数。

综上，组合函数变换能够提高光滑度及保持严格凹函数特征。

3.4.4　基于区间灰数递增序列的函数变换预测模型研究

对于递增序列区间灰数的预测，应同时考虑上下界数据序列发展趋势的单调性，以免产生因直接对上下界序列建立灰色模型而可能出现的交错情形。此外，应充分运用有限的灰数信息。根据以下四种情形，可对应地建立出两种区间灰数预测模型。

设有区间灰数序列 $X(\otimes) = (\otimes_1, \otimes_2, \cdots, \otimes_n)$，$\otimes_k \in [a_k, b_k]$，$k = 1, 2, \cdots, n$，其上下界序列分别为 $B^{(0)} = \left(b^{(0)}(1), b^{(0)}(2), \cdots, b^{(0)}(n)\right)$ 和 $A^{(0)} = \left(a^{(0)}(1), a^{(0)}(2), \cdots, a^{(0)}(n)\right)$。

首先，计算序列中每项的增长率 g。

上界数据在 k_{th} 时点的增长率为

$$g_b(k+1) = \frac{\left(b^{(0)}(k+1) - b^{(0)}(k)\right)}{b^{(0)}(k)} \cdot 100\% \ (k = 1, 2, \cdots, n - m - 1) \qquad (3.8)$$

下界数据在 k_{th} 时点的增长率为

$$g_a(k+1) = \frac{\left(a^{(0)}(k+1) - a^{(0)}(k)\right)}{a^{(0)}(k)} \cdot 100\% \ (k = 1, 2, \cdots, n - m - 1) \qquad (3.9)$$

对于不同的区间灰数序列，建立基于新型组合函数变换的区间灰数预测模型，不同情形的具体建模过程如下。

1. 区间灰数上界较下界增速快的情形

当今时代，很多新兴领域中数据呈现爆炸性增长趋势，条件成熟的区域指标快速增长。由于某些条件的限制，一些区域的指标变化缓慢。由此，形成了区间灰数上界较下界增速快的情形的现实背景，其趋势示意图详见图 3.3。该情形的识别准则可被表示为

$$\begin{aligned} &\min[g_b(1), g_b(2), \cdots, g_b(k+1) \cdots, g_b(n-m)] \\ &\geqslant \max[g_a(1), g_a(2), \cdots, g_a(k+1), \cdots, g_a(n-m)] \end{aligned} \qquad (3.10)$$

其中，m 为预测期的数据项数。

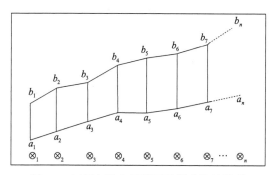

图3.3　区间灰数上界较下界增速快的情形

2. 区间灰数上下界增速相当且上下界差显著情形

界差显著指的是下界数据在预测期内不可能达到上界数据的发展水平。举例来说，某一特定区域内一些数据的区间灰数序列上下界间存在明显的差距，说明相对滞后地区的数据水平较低，比领先地区的数据水平落后数年。在这种情形下，上下界间不存在交错的可能性，具体示意图见图3.4。该情形的识别准则可被表示为

$$b^{(0)}(n-m) \geqslant a^{(0)}(n-m)(1+\max[g_a(1), g_a(2), \cdots, g_a(k+1), \cdots, g_a(n-m)])^m \quad （3.11）$$

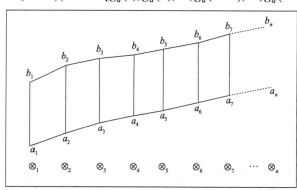

图3.4　区间灰数上下界增速相当且上下界差显著情形

对于以上两种情形，由于上下界差较大，无须顾虑上下界交错的情形，分别根据上下界数据序列的增长率分别建模，具体过程如下。

（1）计算上下界序列增长率，确定区间灰数序列是否属于本情形。

（2）运用3.4.1小节的函数变换原则对上下界序列分别进行新型组合函数变换，得到变换后的上下界序列分别为：$Y_{bFq}^{(0)} = \left(y_{bFq}^{(0)}(1), y_{bFq}^{(0)}(2), \cdots, y_{bFq}^{(0)}(n-m) \right)$ 和 $Y_{aFq}^{(0)} = \left(y_{aFq}^{(0)}(1), y_{aFq}^{(0)}(2), \cdots, y_{aFq}^{(0)}(n-m) \right)$。

（3）对建模序列取前 $(n-m)$ 项，分别进行GM(1,1)建模，后 m 项作为对 m 步

预测值预测精度的验证数据，即分别将 $Y_{bFq}^{(0)} = \left(y_{bFq}^{(0)}(1), y_{bFq}^{(0)}(2), \cdots, y_{bFq}^{(0)}(n-m) \right)$ 和
$Y_{aFq}^{(0)} = \left(y_{aFq}^{(0)}(1), y_{aFq}^{(0)}(2), \cdots, y_{aFq}^{(0)}(n-m) \right)$ 作为 GM(1,1) 的模拟数据，参照区间灰数灰色预测建模步骤，分别得到预测模型：

$$\hat{y}_{bFq}^{(0)}(k+1) = (1-\mathrm{e}^a)\left(y_{bFq}^{(0)}(1) - \frac{b}{a} \right)\mathrm{e}^{-ak}, \quad k = 1, 2, \cdots, n-m \qquad (3.12)$$

$$\hat{y}_{aFq}^{(0)}(k+1) = (1-\mathrm{e}^{a'})\left(y_{aFq}^{(0)}(1) - \frac{b'}{a'} \right)\mathrm{e}^{-a'k}, \quad k = 1, 2, \cdots, n-m \qquad (3.13)$$

由此，得到灰色预测模型关于上界序列和下界序列的 m 步预测值：

$$\hat{y}_{bFq}(n-m+1), \cdots, \hat{y}_{bFq}(n) ; \quad \hat{y}_{aFq}(n-m+1), \cdots, \hat{y}_{aFq}(n)$$

（4）还原预测值（组合函数变换方法的逆运算）：

$$y'_{bFq}(k) = \arctan(\hat{y}_{bFq}(k)), \quad k = n-m+1, \cdots, n \qquad (3.14)$$

$$y'_{aFq}(k) = \arctan(\hat{y}_{aFq}(k)), \quad k = n-m+1, \cdots, n \qquad (3.15)$$

$$x_{bFq}(k) = [y'_{bFq}(k) \cdot p \cdot (1/q)^m], \quad k = n-m+1, \cdots, n \qquad (3.16)$$

$$x_{aFq}(k) = [y'_{aFq}(k) \cdot p \cdot (1/q)^m], \quad k = n-m+1, \cdots, n \qquad (3.17)$$

最终，得到原始数据序列的上下界预测值为

$$x_{bFq}(n-m+1), \cdots, x_{bFq}(n) , \quad x_{aFq}(n-m+1), \cdots, x_{aFq}(n)$$

3. 区间灰数上界较下界增速慢的情形

不同于朝阳产业的数据膨胀，在很多成熟产业中数据发展相对平缓，因此，该类区间灰数的上下界序列数据逐渐接近。形成了区间灰数上界较下界增速慢的情形的现实背景，具体趋势示意图详见图 3.5。该情形的识别准则可被表示为

$$\max[g_b(1), g_b(2), \cdots, g_b(k+1), \cdots, g_b(n-m)] \leqslant \min[g_a(1), g_a(2), \cdots, g_a(k+1), \cdots, g_a(n-m)] \qquad (3.18)$$

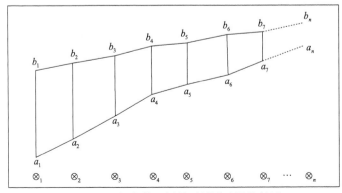

图 3.5　区间灰数上界较下界增速慢的情形

4. 区间灰数上下界增速相当且上下界接近情形

上下界接近是指下界数据在预测期内很可能会达到上界数据的水平。例如，某一特定区域内一些数据的区间灰数序列上下界趋向同一水平。在这种情形下，如果直接用上下界序列分别建立 GM(1,1)，很可能出现上下界相交的情况，具体示意图见图 3.6。该情形的识别准则可被表示为

$$b^{(0)}(n-m) \leqslant a^{(0)}(n-m)(1+\max[g_a(1),g_a(2),\cdots,g_a(k+1),\cdots g_a(n-m)])^m \quad （3.19）$$

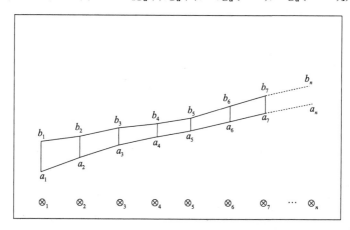

图 3.6　区间灰数上下界增速相当且上下界接近情形

对于以上两种情形，要特别注意上下界分别建模产生交错的可能性。基于此，引入"核"与测度的概念（定义 3.4.1、定义 3.4.2），用于建立基于区间灰数"核"与测度的预测模型。

定义 3.4.1　设区间灰数 $\otimes \in [a,b]$，$a < b$，在缺乏灰数 $\otimes$ 取值信息分布的情况下，

（1）若 $\otimes$ 为连续灰数，则称 $\hat{\otimes} = \dfrac{1}{2}(a+b)$ 为灰数 $\otimes$ 的"核"；

（2）若 $\otimes$ 为离散灰数，$a_i \in [a,b](i=1,2,\cdots,n)$ 为灰数 $\otimes$ 的所有可能取值，则称 $\hat{\otimes} = \dfrac{1}{n}\sum_{i=1}^{n}a_i$ 为灰数 $\otimes$ 的"核"。则灰数的"核"序列，记作 $X(\hat{\otimes}) = (\hat{\otimes}_1, \hat{\otimes}_2, \cdots, \hat{\otimes}_n)$。

定义 3.4.2　设灰数 $\otimes \in [a,b]$，$a < b$，上界和下界的差值称为区间灰数的测度，记作 $l(\otimes) = b - a$。则灰数的测度序列，记作 $L(\otimes) = (l(\otimes_1), l(\otimes_2), \cdots, l(\otimes_n))$。

分别根据"核"序列和测度序列的增长率进行建模，具体过程如下。

（1）计算上下界序列增长率，确定区间灰数序列是否属于本情形。

（2）根据 GM(1,1)，分别得到区间灰数的"核"序列和测度序列 $X^{(0)}(\hat{\otimes}) =$

$\left(\hat{\otimes}_1^{(0)},\hat{\otimes}_2^{(0)},\cdots,\hat{\otimes}_n^{(0)}\right)$ 和 $L^{(0)}(\otimes)=\left(l^{(0)}(\otimes_1),l^{(0)}(\otimes_2),\cdots,l^{(0)}(\otimes_n)\right)$。

（3）运用 3.4.1 小节的函数变换原则对"核"序列与测度序列分别进行新型组合函数变换，得到变换后的"核"序列和测度序列分别为：$Y_{\hat{\otimes}Fq}^{(0)}=\left(y_{\hat{\otimes}Fq}^{(0)}(1),\right.$ $\left.y_{\hat{\otimes}Fq}^{(0)}(2),\cdots,y_{\hat{\otimes}Fq}^{(0)}(n-m)\right)$ 和 $Y_{lFq}^{(0)}=\left(y_{lFq}^{(0)}(1),y_{lFq}^{(0)}(2),\cdots,y_{lFq}^{(0)}(n-m)\right)$。

（4）对建模序列取前 $n-m$ 项，分别进行 GM(1,1) 建模，后 m 项作为对 m 步预测值预测精度的验证数据，即分别将 $Y_{\hat{\otimes}Fq}^{(0)}=\left(y_{\hat{\otimes}Fq}^{(0)}(1),y_{\hat{\otimes}Fq}^{(0)}(2),\cdots,y_{\hat{\otimes}Fq}^{(0)}(n-m)\right)$ 和 $Y_{lFq}^{(0)}=\left(y_{lFq}^{(0)}(1),y_{lFq}^{(0)}(2),\cdots,y_{lFq}^{(0)}(n-m)\right)$ 作为 GM(1,1) 的模拟数据，参照 GM(1,1) 建模步骤，分别得到预测模型：

$$\hat{y}_{\hat{\otimes}Fq}^{(0)}(k+1)=\left(1-\mathrm{e}^a\right)\left(y_{\hat{\otimes}Fq}^{(0)}(1)-\frac{b}{a}\right)\mathrm{e}^{-ak}, \quad k=1,2,\cdots,n-m \quad (3.20)$$

$$\hat{y}_{lFq}^{(0)}(k+1)=\left(1-\mathrm{e}^a\right)\left(y_{lFq}^{(0)}(1)-\frac{b}{a}\right)\mathrm{e}^{-ak}, \quad k=1,2,\cdots,n-m \quad (3.21)$$

由此，得到灰色预测模型关于"核"序列和测度序列的 m 步预测值：

$\hat{y}_{\hat{\otimes}Fq}^{(0)}(n-m+1),\hat{y}_{\hat{\otimes}Fq}^{(0)}(n-m+2),\cdots,\hat{y}_{\hat{\otimes}Fq}^{(0)}(n)$，$\hat{y}_{lFq}^{(0)}(n-m+1),\hat{y}_{lFq}^{(0)}(n-m+2),\cdots,\hat{y}_{lFq}^{(0)}(n)$

（5）还原预测值（组合函数变换方法的逆运算）：

$$y_{\hat{\otimes}Fq}'(k)=\arctan\left(\hat{y}_{\hat{\otimes}Fq}(k)\right), \quad k=n-m+1,\cdots,n \quad (3.22)$$

$$y_{lFq}'(k)=\arctan\left(\hat{y}_{lFq}(k)\right), \quad k=n-m+1,\cdots,n \quad (3.23)$$

$$x_{\hat{\otimes}Fq}(k)=[y_{\hat{\otimes}Fq}'(k)\cdot p\cdot(1/q)]^m, \quad k=n-m+1,\cdots,n \quad (3.24)$$

$$x_{lFq}(k)=[y_{lFq}'(k)\cdot p\cdot(1/q)]^m, \quad k=n-m+1,\cdots,n \quad (3.25)$$

$$x_{\bar{b}Fq}(k)=\frac{2x_{\hat{\otimes}Fq}(k)+x_{lFq}(k)}{2}, \quad k=n-m+1,\cdots,n \quad (3.26)$$

$$x_{\bar{a}Fq}(k)=\frac{2x_{\hat{\otimes}Fq}(k)-x_{lFq}(k)}{2}, \quad k=n-m+1,\cdots,n \quad (3.27)$$

最终，得到原始数据序列的上下界预测值为

$$x_{\bar{a}Fq}(n-m+1),\cdots,x_{\bar{a}Fq}(n), \quad x_{\bar{b}Fq}(n-m+1),\cdots,x_{\bar{b}Fq}(n)$$

3.4.5　基于区间灰数递减序列的函数变换预测模型研究

与递增序列区间灰数的预测相同，对递减序列区间灰数的预测，也要同时考虑到数据序列的上界和下界的发展趋势，以及区间灰数信息的充分利用原则，并避免直接进行灰色预测建模可能导致的上下界交错的情形。类似地，根据以下四种情形，可对应地建立两种区间灰数预测模型。

设有区间灰数序列 $X(\otimes) = (\otimes_1, \otimes_2, \cdots \otimes_n)$，$\otimes_k \in [a_k, b_k]$，$k = 1, 2, \cdots, n$，其上下界序列分别为 $B^{(0)} = \left(b^{(0)}(1), b^{(0)}(2), \cdots b^{(0)}(n)\right)$ 和 $A^{(0)} = \left(a^{(0)}(1), a^{(0)}(2), \cdots a^{(0)}(n)\right)$。序列中各项增长率 g 的计算见式（3.8）、式（3.9），取值时取绝对值。

对于不同的区间灰数序列，建立基于新型组合函数变换的区间灰数预测模型，不同情形的具体建模情形如下。

1. 区间灰数上界较下界减速慢的情形

在一些夕阳产业中，数据往往呈现出萎缩态势。对于某特定区域，上界数据本身量级和基数较大，调整转型的难度和阻力相对较大，因此，在下降过程中速度较慢；下界数据受政策调整等因素变化相对灵活，转变较快，下降速度较快，形成了区间灰数上界较下界减速慢的情形的现实背景，其趋势示意图详见图 3.7。该情形的识别准则，同 3.4.4 小节中的情形 3。

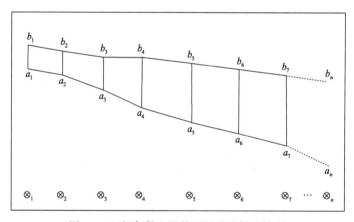

图 3.7　区间灰数上界较下界减速慢的情形

2. 区间灰数上下界减速相当且上下界差显著情形

界差显著指的是上界数据在预测期内不可能下降到下界数据的发展水平。举例来说，某特定区域内一些数据的区间灰数序列上下界间存在明显的差距，说明处在上界地区的数据在预测期内无法下降到处于下界地区的数据水平。在这种情形下，不存在建模后上下界相交的情况（图 3.8）。该情形的识别准则，同 3.4.4 小节中的情形 2。

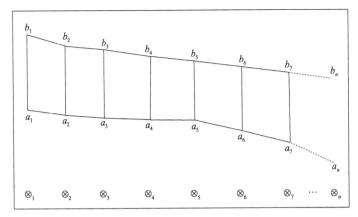

图 3.8 区间灰数上下界减速相当且上下界差显著情形

对于以上两类区间函数的灰色预测，考虑到上下界差较大，无须顾虑上下界交错的情形，可分别根据上下界数据序列的增长率分别建模。组合函数中三角函数运用余切三角函数，具体过程详见 3.4.4 小节中情形 1、情形 2，此处略。

3. 区间灰数上界较下界减速快的情形

对于某特定区域，上界数据受一定条件的影响，表现出明显的下降趋势，而下界数据较为稳定，下降趋势相对平缓，此时，在预测期内，上界数据可能会与下界数据相遇，具体趋势示意图详见图 3.9。该情形的识别准则，同 3.4.4 小节中的情形 1。

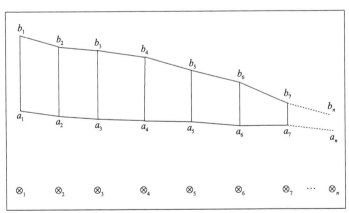

图 3.9 区间灰数上界较下界减速快的情形

4. 区间灰数上下界减速相当且上下界接近的情形

在这里，上下界接近是指上界数据在预测期内很可能下降到下界数据的发展水平。例如，某特定区域内一些数据的区间灰数序列上下界间没有明显的差距，且下降趋势略有起伏，上界地区的数据在预测期内很有可能下降到处于下界地区的数据水平。在这种情形下，存在建模后上下界相交的可能性（图 3.10）。该情形的识别准则，同 3.4.4 小节中的情形 4。

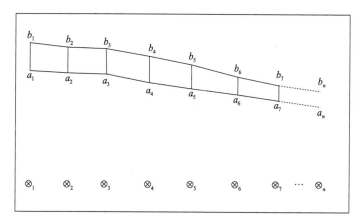

图 3.10　区间灰数上下界减速相当且上下界接近的情形

对于以上两种情形，在考虑灰色预测建模时尤其要注意分别进行上下界建模可能产生的上下界相交的问题。对此，同样引入区间灰数的"核"与测度的概念，在充分利用区间灰数信息的基础上，将上下界序列转化为区间灰数的"核"序列与测度序列，再进行数据变换建模。组合函数中三角函数运用余切三角函数，具体过程详见 3.4.4 小节中情形 3、情形 4，此处略。

3.4.6　算例分析

1. 基于递增区间灰数序列的算例分析

设有四组原始区间灰数数据序列（表 3.11）分别对应 3.4.4 小节中的四种情形，选取各序列前五项为模拟数据，最后两项作为预测数据对预测结果进行验证。

表3.11　原始区间灰数数据序列

序列	区间灰数数据
$X_1(\otimes)$	[0.60,1.20],[1.20,2.96],[2.70,6.01],[4.00,10.27],[5.50,15.41],[6.80,20.86],[7.90,26.63]
$X_2(\otimes)$	[1.20,10.20],[2.77,12.96],[6.01,16.25],[9.98,20.27],[14.93,25.41],[19.84,30.86],[25.45,36.63]
$X_3(\otimes)$	[1.20,10.60],[2.96,11.20],[4.89,12.70],[7.52,14.00],[10.03,15.50],[13.20,17.60],[16.30,19.90]
$X_4(\otimes)$	[6.13,10.87],[7.88,12.96],[11.06,16.25],[15.94,21.27],[21.33,26.81],[29.20,34.80],[39.70,45.42]

　　通过 3.4.4 小节的建模方法，得到的结果见表 3.12、表 3.13。另外，为与本章模型的结果进行对比，选用区间灰数建模中两种基本的建模方法，即直接建模法和基于区间灰数"核"与测度的建模方法。其中，直接建模法分别用 GM(1,1) 拟合区间灰数上下界序列，预测各自发展趋势；基于区间灰数"核"与测度的建模方法需要先确定区间灰数的"核"与测度进行分别建模，之后再做还原处理，得到上下界的预测值。通过计算，结果见表 3.12、表 3.13。此外，拟合误差与预测误差的比较示意图见图 3.11、图 3.12。其中，MAPE 用以表征与比较不同模型的拟合误差[式（3.28）]和预测误差[式（3.29）]。

$$\mathrm{MAPE}_{X_{i(\otimes)}} = \frac{1}{n-m} \sum_{k=1}^{n-m} \frac{|\hat{x}_{i(\otimes)}(k) - x_{i(\otimes)}(k)|}{x_{i(\otimes)}(k)} , \quad i=1,2,3,4 \qquad (3.28)$$

$$\mathrm{MAPE}_{x_{i(\otimes)}} = \frac{1}{m} \sum_{k=n-m+1}^{n} \frac{|\hat{x}_{i(\otimes)}(k) - x_{i(\otimes)}(k)|}{x_{i(\otimes)}(k)} , \quad i=1,2,3,4 \qquad (3.29)$$

表3.12　三种方法对四种区间灰数递增序列的拟合结果与拟合误差

序列	拟合结果与拟合误差	直接建模法		基于区间灰数"核"与测度的建模方法		本章方法	
		下界	上界	下界	上界	下界	上界
$\hat{X}_1(\otimes)$	拟合结果	0.60	1.20	0.60	1.20	0.60	1.20
		1.65	3.64	1.65	3.64	1.34	2.83
		2.48	5.88	2.49	5.87	2.50	5.90
		3.74	9.51	3.77	9.49	3.93	10.13
		5.63	15.38	5.66	15.36	5.46	15.12
	MAPE	10.90%	6.55%	10.70%	6.61%	4.07%	1.88%
$\hat{X}_2(\otimes)$	拟合结果	1.20	10.20	1.20	10.20	1.20	10.21
		3.58	12.91	2.95	13.11	2.74	12.94
		5.77	16.13	5.77	16.02	5.75	16.24
		9.30	20.17	9.58	19.93	9.88	20.32
		14.99	25.21	14.77	25.21	14.65	25.35
	MAPE	8.09%	0.48%	3.14%	1.02%	1.67%	0.14%
$\hat{X}_3(\otimes)$	拟合结果	1.20	10.60	1.20	10.60	1.20	10.60
		3.32	11.29	2.95	11.42	2.96	11.31
		4.81	12.56	5.01	12.41	5.00	12.49
		6.97	13.96	7.33	13.80	7.35	13.93
		10.11	15.53	9.98	15.63	10.05	15.66
	MAPE	4.38%	0.48%	1.22%	1.29%	0.95%	0.82%
$\hat{X}_4(\otimes)$	拟合结果	6.13	10.87	6.13	10.87	6.15	10.89
		7.98	12.82	7.85	12.92	7.87	12.94
		11.05	16.36	11.10	16.30	11.25	16.45
		15.29	20.87	15.44	20.77	15.67	21.01
		21.16	26.63	21.17	26.64	21.39	26.86
	MAPE	1.25%	0.86%	0.95%	0.74%	0.85%	0.62%

表3.13　　三种方法对四种区间灰数递增序列的预测结果与预测误差

序列	预测结果与预测误差	直接建模法		基于区间灰数"核"与测度的建模方法		本章方法	
		下界	上界	下界	上界	下界	上界
$\hat{X}_1(\otimes)$	预测结果	8.48	24.88	8.44	24.88	6.94	20.33
		12.77	40.24	12.48	40.34	8.28	25.35
	MAPE	43.14%	35.28%	41.09%	35.50%	3.50%	3.67%
$\hat{X}_2(\otimes)$	预测结果	24.16	31.51	21.83	32.36	19.54	31.64
		38.95	39.39	31.40	42.03	24.15	39.43
	MAPE	37.51%	4.82%	16.68%	9.79%	3.31%	5.09%
$\hat{X}_3(\otimes)$	预测结果	14.65	17.27	13.05	17.99	13.09	17.71
		21.24	19.20	16.67	20.98	16.51	20.16
	MAPE	20.65%	2.70%	1.69%	3.81%	1.05%	0.97%
$\hat{X}_4(\otimes)$	预测结果	29.29	33.99	28.76	34.37	29.14	34.75
		40.54	43.37	38.80	44.56	39.66	45.42
	MAPE	1.21%	3.42%	1.90%	1.57%	0.15%	0.07%

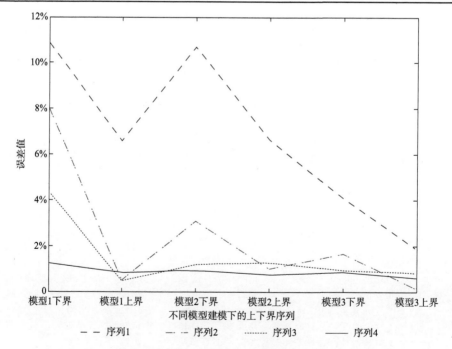

图 3.11　三种方法对四种区间灰数递增序列的拟合误差比较示意图

序列 1——$\hat{X}_1(\otimes)$；序列 2——$\hat{X}_2(\otimes)$；序列 3——$\hat{X}_3(\otimes)$；序列 4——$\hat{X}_4(\otimes)$；模型 1——直接建模法；
模型 2——基于区间灰数"核"与测度的建模方法；模型 3——本章方法

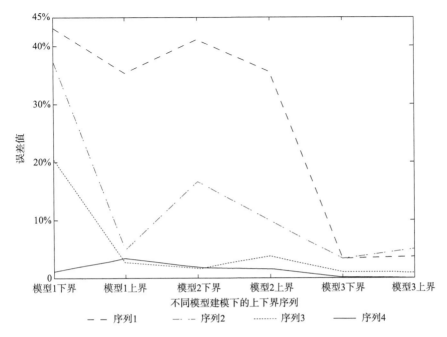

图 3.12　三种方法对四种区间灰数递增序列的预测误差比较示意图

序列 1——$\hat{X}_1(\otimes)$；序列 2——$\hat{X}_2(\otimes)$；序列 3——$\hat{X}_3(\otimes)$；序列 4——$\hat{X}_4(\otimes)$；模型 1——直接建模法；
模型 2——基于区间灰数"核"与测度的建模方法；模型 3——本章方法

　　通过比较四种情形区间灰数序列的数据拟合结果和预测结果，本章方法的 MAPE 明显小于基于区间灰数上下界的 GM(1,1) 直接建模法及基于区间灰数"核"与测度的建模方法。

　　其中，对于 $\hat{X}_1(\otimes)$ 序列，本章方法上下界拟合误差分别为 1.88% 和 4.07%，均低于前两种模型结果产生的误差（前两种模型产生的下界拟合误差接近 11%，上界拟合误差为 6.5% 左右）。另外，在预测误差方面，本章方法产生上下界的误差（分别 3.67% 和 3.50%）也优于另外两种现有模型（误差均大于 30%）。这说明本章方法对不适合直接运用传统灰色模型建模的较高增长率数据预测十分有效。从一定程度来说，本章模型拓展了区间灰数预测模型的应用范围。

　　对于 $\hat{X}_2(\otimes)$ 序列，本章模型的拟合和预测精度普遍比另外两种模型高，除了在上界预测误差中，直接建模法的误差（4.82%）比本章方法的误差（5.09%）略低，这主要是由于该情形上界序列数据较平滑，适合于传统灰色模型建模。从拟合数据的 MAPE 来看，相比直接建模法下界和上界的拟合误差 8.09% 和 0.48%，以及基于"核"与测度建模方法的 3.14% 和 1.02%，本章方法所得误差结果均较小（1.67% 和 0.14%）。值得提及的是下界预测结果，前两种方法的预测误差均大于 15%（37.51% 和 16.68%），误差水平过大，预测效果较差，一般是难以被接受的；而本章方法的预测误差仅为3.31%，精度较高，预测效果较好。

对于 $\hat{X}_3(\otimes)$ 序列，本章模型对上下界序列数据的拟合误差结果总体上看仍是三种模型中最小的（仅为0.82%和0.95%），而直接建模法的拟合误差分别为下界序列的4.38%及上界序列的0.48%，基于区间灰数"核"与测度的建模方法的拟合误差分别为下界序列的1.22%和上界序列的1.29%。就预测效果而言，三种模型对上界序列的预测误差均在可接受范围内（均小于4%），不过本章模型的结果误差仍然是最小值（0.97%）。对于上界序列这类光滑序列，传统灰色预测模型本身就十分适用，本章方法仍得到了更小的预测误差，可见本章方法的有效性和实用性。对于下界序列，直接建模法得到的预测MAPE相对较高，达到了20.65%，而基于区间灰数"核"与测度的建模方法和本章方法的结果相对较小，分别为1.69%和1.05%。

对于 $\hat{X}_4(\otimes)$ 序列，与其他两种方法相比，本章方法仍保持更高的拟合和预测精度：上下界拟合误差分别为0.62%和0.85%；上下界预测误差分别为0.07%和0.15%。

通过以上三种模型，本章模型在处理四种情形的区间灰数序列中得到了比另外两种模型更好的结果，从而在一定程度上说明了本章模型更大的适用范围和更高的准确性。对于传统GM(1,1)，往往在平滑数据下能得到有效的预测结果。

2. 基于递减区间灰数序列的实例分析

设有四组原始区间灰数数据序列（表3.14）分别对应3.4.5小节中的四种情形，选取各序列前五项为模拟数据，最后两项作为预测数据对预测结果进行验证。

表3.14　原始区间灰数数据序列

序列	区间灰数数据
$X_1(\otimes)$	[16.30, 19.90], [13.20, 17.60], [10.03, 16.01], [7.01, 14.30], [4.58, 13.34], [3.01, 11.89], [2.11, 10.67]
$X_2(\otimes)$	[25.45, 36.63], [19.84, 30.86], [14.93, 25.41], [9.98, 20.27], [6.01, 16.25], [3.10, 12.96], [1.10, 10.20]
$X_3(\otimes)$	[7.90, 26.63], [6.80, 20.86], [5.50, 15.41], [4.00, 10.27], [2.70, 6.01], [2.00, 3.80], [1.45, 2.50]
$X_4(\otimes)$	[39.70, 42.71], [29.20, 32.40], [20.81, 23.77], [13.94, 17.16], [10.03, 13.10], [6.72, 9.79], [4.53, 7.51]

为与本章模型的结果进行对比，同样选用区间灰数建模中两种基本的建模方法，即直接建模法和基于区间灰数"核"与测度的建模方法。通过计算，得到的结果见表3.15、表3.16。此外，具体的拟合误差与预测误差的比较示意图见图3.13、图3.14。

表3.15 三种方法对四种区间灰数递减序列的拟合结果和拟合误差

序列	拟合结果与拟合误差	直接建模法		基于区间灰数"核"与测度的建模方法		本章方法	
		下界	上界	下界	上界	下界	上界
$\hat{X}_1(\otimes)$	拟合结果	16.30	19.90	16.30	19.90	16.30	19.90
		13.32	17.55	13.10	17.73	13.74	17.52
		9.58	15.96	9.99	15.73	9.67	15.98
		6.89	14.51	7.16	14.29	6.78	14.55
		4.95	13.19	4.53	13.36	4.74	13.20
	MAPE	3.06%	0.63%	0.89%	0.55%	2.91%	0.68%
$\hat{X}_2(\otimes)$	拟合结果	25.45	36.63	25.45	36.63	25.45	36.62
		20.11	30.93	20.07	30.97	19.28	31.03
		14.01	25.03	14.25	24.88	15.18	25.23
		9.76	20.25	9.82	20.19	10.59	20.34
		6.80	16.38	6.44	16.57	6.14	16.28
	MAPE	4.57%	0.53%	2.91%	0.95%	2.56%	0.36%
$\hat{X}_3(\otimes)$	拟合结果	7.90	26.63	7.90	26.63	7.89	26.63
		6.92	21.10	6.91	21.10	7.05	22.21
		5.20	14.51	5.22	14.51	5.29	14.61
		3.91	9.98	3.91	9.98	3.88	9.64
		2.94	6.87	2.91	6.88	2.80	6.37
	MAPE	3.66%	4.80%	3.31%	4.85%	2.86%	4.68%
$\hat{X}_4(\otimes)$	拟合结果	39.70	42.71	39.70	3.01	39.70	42.71
		29.06	32.13	29.03	32.16	29.19	32.32
		20.35	23.66	20.45	23.57	20.56	23.67
		14.25	17.43	14.29	17.39	14.35	17.46
		9.98	12.84	9.85	12.94	9.89	12.98
	MAPE	1.09%	0.97%	1.32%	19.42%	1.12%	0.66%

表3.16　三种方法对四种区间灰数递减序列的预测结果与预测误差

序列	预测结果 与预测误差	直接建模法		基于区间灰数"核" 与测度的建模方法		本章方法	
		下界	上界	下界	上界	下界	上界
$\hat{X}_1(\otimes)$	预测结果	3.56	11.99	1.99	12.94	3.31	11.96
		2.56	10.90	−0.57	13.01	2.30	10.81
	MAPE	19.76%	1.52%	80.40%	15.38%	9.49%	0.93%
$\hat{X}_2(\otimes)$	预测结果	4.74	13.26	3.88	13.76	2.68	12.92
		3.30	10.73	1.94	11.59	0.76	10.18
	MAPE	126.45%	3.73%	50.85%	9.91%	22.34%	0.26%
$\hat{X}_3(\otimes)$	预测结果	2.21	4.72	2.15	4.75	1.99	4.21
		1.66	3.25	1.58	3.28	1.40	2.79
	MAPE	12.44%	27.15%	8.00%	27.99%	1.87%	8.85%
$\hat{X}_4(\otimes)$	预测结果	6.99	9.45	6.66	9.74	6.69	9.77
		4.89	6.96	4.37	7.43	4.38	7.45
	MAPE	6.01%	5.36%	2.24%	0.76%	1.90%	0.57%

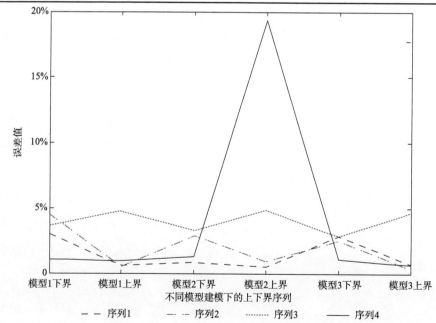

图 3.13　三种方法对四种区间灰数递减序列的拟合误差比较示意图

序列 1——$\hat{X}_1(\otimes)$；序列 2——$\hat{X}_2(\otimes)$；序列 3——$\hat{X}_3(\otimes)$；序列 4——$\hat{X}_4(\otimes)$；模型 1——直接建模法；
模型 2——基于区间灰数"核"与测度的建模方法；模型 3——本章方法

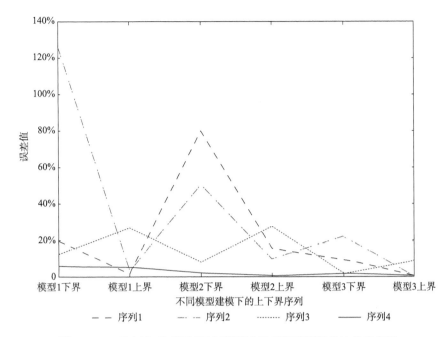

图 3.14　三种方法对四种区间灰数递减序列的预测误差比较示意图

序列 1——$\hat{X}_1(\otimes)$；序列 2——$\hat{X}_2(\otimes)$；序列 3——$\hat{X}_3(\otimes)$；序列 4——$\hat{X}_4(\otimes)$；模型 1——直接建模法；
模型 2——基于区间灰数"核"与测度的建模方法；模型 3——本章方法

从图 3.13 可以直观地看出，大部分拟合误差均在 5%以下，并且本章方法的拟合误差数值相对平稳。从图 3.14 来看，本章方法总体上普遍好于直接建模法和基于区间灰数"核"与测度的建模方法的结果。

具体来说，对于 $\hat{X}_1(\otimes)$ 序列，三种方法得到的上界拟合误差基本持平，下界拟合误差差异较大。其中，本章方法下界拟合误差为 2.91%，略低于直接建模法的 3.06%，高于基于区间灰数"核"与测度的建模方法的 0.89%。从预测误差来看，本章方法的预测误差最小，均在 10%以下；而直接建模法的下界预测误差达到了 19.76%；基于区间灰数"核"与测度的建模方法的下界误差更是达到了 80.40%，上界误差为 15.38%。由于算例建模序列较短（仅有 5 组数值），拟合精度在一定范围内均可接受，还需兼顾其对未来发展趋势的预测潜力，即不可苛求过高的拟合精度，而忽略其对总体趋势潜在态势的判断。例如，虽然在运用基于区间灰数"核"与测度的建模方法对下界进行拟合时，得到的拟合误差很小，但是其第二步预测值却出现了−0.57 的预测值，造成了巨大的预测误差。

对于 $\hat{X}_2(\otimes)$ 序列，各建模方法的拟合误差均在 5%以下，且本章方法得到的上下界拟合误差是三种方法中最小的，分别为 0.36%和 2.56%。从预测误差上看，直接建模法和基于区间灰数"核"与测度的建模方法对下界的预测误差分别达到了 126.45%和 50.85%，本章方法为 22.34%，明显优于前两者；对于上界预测误差，本章方法仅为 0.26%，仍优于另外两种方法的结果。

对于 $\hat{X}_3(\otimes)$ 序列，三种方法的拟合精度差距不大，本章方法略优于其他两种方法。预测精度方面，本章方法上下界结果（8.85%和 1.87%）均明显优于另两种方法（分别为 27.15%和 12.44%；27.99%和 8.00%）。

对于 $\hat{X}_4(\otimes)$ 序列，三种方法对下界序列的拟合误差均在 2%之内，表现相当；对于上界序列，直接建模法和本章方法结果更好，仅分别为 0.97%和 0.66%，而基于区间灰数"核"与测度的建模方法却达到了 19.42%。从预测效果来看，本章方法结果相较于另两种方法保持了较高的预测精度，对于下界误差，本章方法得到的预测误差为 1.90%，小于另外两种方法的 6.01%和 2.24%；上界误差 0.57%也同样低于另外两种方法的 5.36%和 0.76%。

纵观三种方法对比结果，本章方法在处理多种情形的区间灰数上取得了优于其他两种方法的结果，适用范围较大，精度较高。

第4章　基于截面数据的灰色关联评价模型

灰色关联理论以其计算简单、实用性强等特点成为灰色系统理论中十分活跃的一个分支，常作为灰色评价、预测和决策的基础。灰色关联理论的基本思想是通过线性插值的方法将离散的行为序列转化为分段连续折线，然后根据折线间的特征相似性测度其关联程度。本章对截面数据进行灰色关联建模，分别构建了基于灰色准指数律的等间距和非等间距灰色关联分析模型、基于灰关联等价关系的熵集分类评价模型、灰色投影关联度模型和基于灰色变化率的关联度模型。

4.1　基于灰色准指数律的等间距灰色关联分析模型

4.1.1　基于灰色准指数律的生成速率关联模型的构建

定义 4.1.1　设 $X^{(0)} = \left(x^{(0)}(1), x^{(0)}(2), \cdots, x^{(0)}(n)\right)$ 为原始序列，D 为序列算子，

$$X^{(1)} = X^{(0)}D = \left(x^{(1)}(1), x^{(1)}(2), \cdots, x^{(1)}(n)\right)$$

其中，

$$x^{(1)}(k) = \sum_{i=1}^{k} x^{(0)}(i) , \quad k=1,2,\cdots,n \tag{4.1}$$

则称 D 为 $X^{(0)}$ 的一阶累加生成算子，$X^{(1)}$ 为 $X^{(0)}$ 的一阶累加生成序列。

定义 4.1.2　若序列 X 的光滑比为 $\rho(k) = \dfrac{x(k)}{\sum\limits_{i=1}^{k-1} x(i)}$，$k = 1, 2, \cdots, n$，满足

（1）$\dfrac{\rho(k+1)}{\rho(k)} < 1$，$k = 2, 3, \cdots, n-1$；

（2）$\rho(k) \in [0, \varepsilon]$，$k = 3, 4, \cdots, n$；

（3）$\varepsilon < 0.5$。

则称序列 X 为准光滑序列。

定义 4.1.3　对序列 $X = (x(1), x(2), \cdots, x(n))$，令 $\sigma(k) = \dfrac{x(k)}{x(k-1)}$，

（1）若 $\forall k$，$\sigma(k) \in (0, 1)$，称序列 X 具有负的灰指数规律；

（2）若 $\forall k$，$\sigma(k) \in (1, b)$，称序列 X 具有正的灰指数规律；

（3）若 $\forall k$，$\sigma(k) \in [a, b]$，$b - a = \delta$，称序列 X 具有绝对灰度为 δ 的灰指数规律；进一步，当 $\delta < 0.5$ 时，称序列 X 具有准指数规律。

定理 4.1.1　设 $X^{(0)}$ 为非负准光滑序列，则 $X^{(0)}$ 的一次累加生成序列 $X^{(1)}$ 具有准指数规律。

设原始非负准光滑序列为 $X^{(0)} = \left(x^{(0)}(1), x^{(0)}(2), \cdots, x^{(0)}(n)\right)$，由定理 4.1.1 可知其一阶累加生成序列 $X^{(1)}$ 具有准指数规律，因而可用准指数曲线进行拟合。运用 GM(1,1) 的思想和建模方法，对原始数据的累加生成序列进行曲线拟合，得到拟合方程。

用 GM(1,1) 的白化方程 $\dfrac{\mathrm{d}x^{(1)}}{\mathrm{d}t} + ax^{(1)} = b$ 的解来拟合累加生成序列的准指数曲线，得拟合曲线方程为

$$\hat{x}^{(1)}(t) = c\mathrm{e}^{-at} + \frac{b}{a} \tag{4.2}$$

其中，

$$c = x^{(0)}(1) - \frac{b}{a}，(a, b)^{\mathrm{T}} = (B^{\mathrm{T}}B)^{-1}B^{\mathrm{T}}Y，z^{(1)}(k) = \frac{1}{2}\left(x^{(1)}(k-1) + x^{(1)}(k)\right)，k = 2, 3, \cdots, n$$

$$Y = \begin{bmatrix} x^{(0)}(2) \\ x^{(0)}(3) \\ \vdots \\ x^{(0)}(n) \end{bmatrix}，\quad B = \begin{bmatrix} -z^{(1)}(2) & 1 \\ -z^{(1)}(3) & 1 \\ \vdots & \vdots \\ -z^{(1)}(n) & 1 \end{bmatrix} \tag{4.3}$$

由 $X^{(1)}$ 拟合曲线方程及斜率含义可知拟合曲线 t 时刻切线斜率为

$$h(t) = \frac{\mathrm{d}\hat{x}^{(1)}(t)}{\mathrm{d}t} = -ac\mathrm{e}^{-at} \tag{4.4}$$

闭区间 $[1,n]$ 内 $X^{(1)}$ 拟合函数的均值为

$$\overline{X}^{(1)} = \frac{1}{n-1}\int_1^n \hat{x}^{(1)}(t)\mathrm{d}t = \frac{1}{n-1}\int_1^n (ce^{-at} + \frac{b}{a})\mathrm{d}t = \frac{c}{(n-1)a}(e^{-a} - e^{-an}) + \frac{b}{a} \quad (4.5)$$

定义 4.1.4　设 $t \in [a,b]$，称

$$s(t) = \frac{h(t)}{\overline{X}^{(1)}} \quad\quad (4.6)$$

为 $X^{(0)}$ 在 t 时刻的生成速率。

斜率是直线的倾斜程度的量度，$X^{(1)}$ 拟合曲线 t 时刻切线斜率是 $X^{(1)}$ 在 t 时刻的导数值，即 $X^{(1)}$ 在 t 时刻变化的速度，但没有消除数量级的影响，再除以均值构造生成速率便达到了消除数量级的作用，用生成速率的接近程度可以有效表示生成序列变化速度的相似性，生成速率越接近则原序列关联度越大。

定义 4.1.5　$s_0(k) = \dfrac{h_0(k)}{\overline{X}_0^{(1)}}$，$s_i(k) = \dfrac{h_i(k)}{\overline{X}_i^{(1)}}$ 为 $X_0^{(0)}$ 与 $X_i^{(0)}$ $(i=1,2,\cdots,m)$ 在 k 时刻的生成速率，则 $S_0 = (s_0(1),s_0(2),\cdots,s_0(n))$ 为系统特征序列 X_0 的生成速率序列，$S_i = (s_i(1),s_i(2),\cdots,s_i(n))$ 为系统行为序列 X_i $(i=1,2,\cdots,m)$ 的生成速率序列。其中，

$$h_0(k) = -a_0 c_0 e^{-a_0 k}, \quad h_i(k) = -a_i c_i e^{-a_i k}, \quad k=1,2,\cdots,n$$

$$\overline{X}_0^{(1)} = \frac{c_0}{(n-1)a_0}(e^{-a_0} - e^{-a_0 n}) + \frac{b_0}{a_0}, \quad \overline{X}_i^{(1)} = \frac{c_i}{(n-1)a_i}(e^{-a_i} - e^{-a_i n}) + \frac{b_i}{a_i}, \quad i=1,2,\cdots,m$$

定义 4.1.6　设系统特征序列为 $X_0^{(0)} = \left(x_0^{(0)}(1), x_0^{(0)}(2), \cdots, x_0^{(0)}(n)\right)$，系统行为序列 $X_i^{(0)} = \left(x_i^{(0)}(1), x_i^{(0)}(2), \cdots, x_i^{(0)}(n)\right)$ $(i=1,2,\cdots,m)$，称

$$\xi_i(k) = \frac{|s_0(k)|}{|s_0(k)| + |s_0(k) - s_i(k)|}, \quad i=1,2,\cdots,m \quad (4.7)$$

为 $X_0^{(0)}$ 与 $X_i^{(0)}$ 在 k 时刻的灰色生成速率关联系数。

$|s_0(k) - s_i(k)|$ 体现了 $X_0^{(0)}$ 与 $X_i^{(0)}$ 在 k 时刻的生成速率的接近程度。从式（4.7）可以看出，k 时刻 $X_0^{(0)}$ 与 $X_i^{(0)}$ 的生成速率越接近，$|s_0(k) - s_i(k)|$ 越趋于 0，$X_0^{(0)}$ 与 $X_i^{(0)}$ 在此时段的关联系数就越大，趋近于 1；反之，就越小。这符合模型构造的基本思想。

定义 4.1.7　设系统特征序列为 $X_0 = (x_0(1), x_0(2), \cdots, x_0(n))$，系统行为序列 $X_i = (x_i(1), x_i(2), \cdots, x_i(n))$ $(i=1,2,\cdots,m)$，称

$$\zeta_i = \frac{1}{n}\sum_{k=1}^n \xi_i(k), \quad i=1,2,\cdots,m \quad (4.8)$$

为 $X_0^{(0)}$ 与 $X_i^{(0)}$ 的灰色生成速率关联度。

灰色生成速率关联系数反映了两序列在某一时刻的生成速率的接近程度，而灰色生成速率关联度则表示在整个区间上灰色生成速率关联系数的均值。

由灰色生成速率关联系数与灰色生成速率关联度的定义，生成速率关联度的值仅由 $X_0^{(0)}$ 与 $X_i^{(0)}$ 确定，且不受系统其他序列的影响，因此灰色生成速率关联度 ζ_i 满足唯一性与干扰因素独立性。

$X_0^{(0)}$ 与 $X_i^{(0)}$ 的生成速率越接近，$|s_0(k)-s_i(k)|$ 越趋于 0，$X_0^{(0)}$ 与 $X_i^{(0)}$ 在此时段的关联系数就越大，趋近于 1，则 ζ_i 越大。因此，灰色生成速率关联度 ζ_i 满足接近性。

4.1.2　基于灰色准指数律的生成速率关联度的性质

定理 4.1.2　灰色生成速率关联度 ζ_i 具有如下性质：

（1）规范性，即 $0<\zeta_i\leqslant1$，当且仅当 $\forall k\in\{1,2,\cdots,n\}$，$s_0(k)=s_i(k)$ 成立时，$\zeta_i=1$。特别地，若系统行为序列 $X_i^{(0)}=\left(x_i^{(0)}(t_1),x_i^{(0)}(t_2),\cdots x_i^{(0)}(t_n)\right)$，满足 $x_i^{(0)}(t_k)=\theta x_0^{(0)}(t_k)$，$\theta=\mathrm{const}$，$k=1,2,\cdots n$，则 $\zeta_i=1$；

（2）唯一性，干扰因素独立性，即对于确定的序列 ζ_i 值唯一确定，且不受系统其他序列的影响。

证明：（1）$\zeta_i=0\Leftrightarrow|s_0(k)|=0$，$\forall k\in\{1,2,\cdots,n\}\Leftrightarrow x_0^{(1)}(k)=r,\forall k\in\{1,2,\cdots,n\}$，其中 $r=\mathrm{const}$，则：

$$x_0^{(0)}(k)=x_0^{(1)}(k)-x_0^{(1)}(k-1)=r-r=0，k=2,3,\cdots,n$$

研究此序列的关联性没有意义，因此 $\zeta_i\neq0$。

又因为 $|s_0(k)|>0$，$|s_0(k)-s_i(k)|\geqslant0$，所以 $0<\dfrac{|s_0(k)|}{|s_0(k)|+|s_0(k)-s_i(k)|}\leqslant1$，即

$0<\xi_i(k)\leqslant1$，且 $0<\dfrac{1}{n}\sum_{k=1}^n\xi_i(k)\leqslant1$，所以 $0<\zeta_i\leqslant1$。

当且仅当 $s_0(k)=s_i(k)$ 时，$\xi_i(k)=1$，若 $\forall k\in\{1,2,\cdots,n\}$，有 $s_0(k)=s_i(k)$，则 $\zeta_i=1$。

原始特征序列 $X_0^{(0)}$ 与原始行为特征序列 $X_i^{(0)}$ $(i=1,2,\cdots,m)$ 在 k 时刻的生成速率为

$$s_0(k)=\frac{-a_0^2\left(x_0^{(0)}(1)-\dfrac{b_0}{a_0}\right)(n-1)\mathrm{e}^{-a_0k}}{\left(x_0^{(0)}(1)-\dfrac{b_0}{a_0}\right)(\mathrm{e}^{-a_0}-\mathrm{e}^{-a_0n})+(n-1)b_0}$$

$$s_i(k) = \frac{-a_i^2 \left(x_i^{(0)}(1) - \dfrac{b_i}{a_i} \right)(n-1)\mathrm{e}^{-a_i k}}{\left(x_i^{(0)}(1) - \dfrac{b_i}{a_i} \right)(\mathrm{e}^{-a_i} - \mathrm{e}^{-a_i n}) + (n-1)b_i} , \quad k = 1, 2, \cdots, n$$

若 $x_i^{(0)}(t_k) = \theta x_0^{(0)}(t_k)$，由刘思峰等（2010b）知 $a_0 = a_i$，$b_i = \theta b_0$ $(i = 1, 2, \cdots, m)$，从而 $s_i(k) = s_0(k)$，则：

$$\xi_i(k) = \frac{|s_0(k)|}{|s_0(k)| + |s_0(k) - s_i(k)|} = \frac{|s_0(k)|}{|s_0(k)|} = 1$$

故 $\zeta_i = \dfrac{1}{n} \displaystyle\sum_{k=1}^{n} \xi_i(k) = 1$。

（2）由灰色生成速率关联系数与灰色生成速率关联度的定义，灰色生成速率关联度的值唯一确定，且不受系统其他序列的影响，仅由 $X_0^{(0)}$ 与 $X_i^{(0)}$ 确定，因此灰色生成速率关联度 ζ_i 满足唯一性与干扰因素独立性。

定理 4.1.3　数据处理不改变灰色生成速率关联度 ζ_i 的值。设 $[a,b]$ 上的系统特征序列为 $X_0^{(0)} = \left(x_0^{(0)}(t_1), x_0^{(0)}(t_2), \cdots, x_0^{(0)}(t_n) \right)$，系统行为序列为 $X_i^{(0)} = \left(x_i^{(0)}(t_1), x_i^{(0)}(t_2), \cdots, x_i^{(0)}(t_n) \right)$ $(i = 1, 2, \cdots, m)$，则序列经过初值化、均值化、倍数化、百分比化等数据处理不改变灰色生成速率关联度的值。

证明：设原始特征序列 $X_0^{(0)}$ 与原始行为特征序列 $X_i^{(0)}$ $(i = 1, 2, \cdots, m)$ 的累加生成序列，即 $X_0^{(1)}$ 与 $X_i^{(1)}$ 的拟合曲线为

$$\hat{x}_0^{(1)}(t) = \left(x_0^{(0)}(1) - \frac{b_0}{a_0} \right)\mathrm{e}^{-a_0 t} + \frac{b_0}{a_0} , \quad \hat{x}_i^{(1)}(t) = \left(x_i^{(0)}(1) - \frac{b_i}{a_i} \right)\mathrm{e}^{-a_i t} + \frac{b_i}{a_i} ,$$

则原始序列 k 时刻的生成速率为

$$s_0(k) = \frac{-a_0^2 \left(x_0^{(0)}(1) - \dfrac{b_0}{a_0} \right)(n-1)\mathrm{e}^{-a_0 k}}{\left(x_0^{(0)}(1) - \dfrac{b_0}{a_0} \right)(\mathrm{e}^{-a_0} - \mathrm{e}^{-a_0 n}) + (n-1)b_0}$$

$$s_i(k) = \frac{-a_i^2 \left(x_i^{(0)}(1) - \dfrac{b_i}{a_i} \right)(n-1)\mathrm{e}^{-a_i k}}{\left(x_i^{(0)}(1) - \dfrac{b_i}{a_i} \right)(\mathrm{e}^{-a_i} - \mathrm{e}^{-a_i n}) + (n-1)b_i} , \quad k = 1, 2, \cdots, n , \quad i = 1, 2, \cdots, m$$

设 $Y_0^{(0)} = \lambda X_0^{(0)}$，$Y_i^{(0)} = \beta_i X_i^{(0)}$ $(i = 1, 2, \cdots, m)$，$Y_0^{(1)}$、$Y_i^{(1)}$ $(i = 1, 2, \cdots, m)$ 分别为其累加生成序列，且拟合曲线为

$$\hat{y}_0^{(1)}(t) = \left(y_0^{(0)}(1) - \frac{b_0'}{a_0'} \right) e^{-a_0' t} + \frac{b_0'}{a_0'} , \quad \hat{y}_i^{(1)}(t) = \left(y_i^{(0)}(1) - \frac{b_i'}{a_i'} \right) e^{-a_i' t} + \frac{b_i'}{a_i'} \ (i = 1, 2, \cdots, m)$$

数据经过无量纲变换后序列 k 时刻的生成速率为

$$s_0'(k) = \frac{-a_0'^2 \left(y_0^{(0)}(1) - \dfrac{b_0'}{a_0'} \right)(n-1) e^{-a_0' k}}{\left(y_0^{(0)}(1) - \dfrac{b_0'}{a_0'} \right)(e^{-a_0'} - e^{-a_0' n}) + (n-1) b_0'} ,$$

$$s_i'(k) = \frac{-a_i'^2 \left(y_i^{(0)}(1) - \dfrac{b_i'}{a_i'} \right)(n-1) e^{-a_i' k}}{\left(y_i^{(0)}(1) - \dfrac{b_i'}{a_i'} \right)(e^{-a_i'} - e^{-a_i' n}) + (n-1) b_i'} , \quad k = 1, 2, \cdots, n$$

原始数据经过数乘变换以后，$Y_0^{(0)} = \lambda X_0^{(0)}$，$Y_i^{(0)} = \beta_i X_i^{(0)}\ (i = 1, 2, \cdots, m)$，模型中参数的关系为：$a_0 = a_0'$，$a_i = a_i'$，$b_0' = \lambda b_0$，$b_i' = \beta_i b_i\ (i = 1, 2, \cdots, m)$，又因为 $y_0^{(0)}(1) = \lambda x_0^{(0)}(1)$，$y_i^{(0)}(1) = \beta_i x_i^{(0)}(1)$，所以 $s_0'(k) = s_0(k)$，$s_i'(k) = s_i(k)$，则：

$$\xi_i'(k) = \frac{\left| s_0'(k) \right|}{\left| s_0'(k) \right| + \left| s_0'(k) - s_i'(k) \right|} = \frac{\left| s_0(k) \right|}{\left| s_0(k) \right| + \left| s_0(k) - s_i(k) \right|} = \xi_i(k)$$

因此，序列经过初值化、均值化、倍数化、百分比化等无量纲化处理，灰色生成速率关联系数的值不变，从而灰色生成速率关联度的值也不变。

由定理 4.1.3 可知，灰色生成速率关联度不受非负序列限制，也适用于负数序列。基于灰色准指数律的生成速率关联模型先对原始数据进行累加生成，然后对生成的准指数序列进行拟合，从而用拟合曲线在各时刻处切线斜率与均值的比值来构造生成速率序列，用生成速率序列的接近性来表征原序列的动态变化趋势的相似性。原始数据有关联关系的序列进行累加生成后也具有准指数规律，因此新的关联度模型不仅适用于原始数据可以直接做关联分析的序列，也适用于具有累积效应需要累加才能显现规律再进行关联分析的序列。新的关联分析模型拓展了对序列进行关联分析的思路，挖掘数据更多的规律，也扩展了灰色关联分析模型的应用范围。

基于灰色准指数律的生成速率关联模型的步骤如下。

步骤 1：对系统特征序列 X_0 进行定性分析，确定系统行为序列 X_i。

步骤 2：根据式（4.1）对系统特征序列及行为特征序列进行累加生成。

步骤 3：根据式（4.2）和式（4.3）求解累加生成序列的拟合曲线方程。

步骤 4：由拟合曲线方程及式（4.4）~式（4.6）构建生成速率序列。

步骤 5：由生成速率序列及式（4.7）计算系统特征序列与各行为特征序列各时刻的灰色生成速率关联系数。

步骤 6：由系统特征序列与各行为特征序列各时刻的灰色生成速率关联系数及式（4.8）计算系统特征序列与各行为特征序列的灰色生成速率关联度，确定系统特征序列与各行为特征序列的关联序，得到系统序列间生成速率关联程度大小的量化关系。

4.1.3　实例分析

城市化进程的加快使城市空间不断扩大、人口大量积聚，交通拥堵成为世界各城市面临的普遍问题，交通拥堵带来的交通事故、大气污染、噪声污染、资源短缺等问题，越来越成为阻碍全球经济甚至威胁人类生存的主要问题，也因此成为全世界各国政府普遍关注的焦点和学术研究的热点之一。对交通拥堵度的关键因素进行识别有利于交通管理与拥堵的防治，具有重要意义。根据现有文献对相关因素的分析并通过专家咨询，确定新增人口、人均 GDP 增加值、新注册民用汽车、新建公路、公路密度作为系统行为因素。《中国交通运输统计年鉴》中用汽车保有量与公路可容纳汽车量的比值来度量交通拥堵度，本书采用数据更易准确获取的私人汽车保有量与全国公路里程的比值来度量，原始数据见表 4.1。

表4.1　我国交通拥堵度相关影响因素原始数据

年份	交通拥堵度 x_0	新增人口 x_1/万人	人均 GDP 增加值 x_2/元	新注册民用汽车 x_3/辆	新建公路 x_4/万千米	公路密度 x_5/（千米/万人）
2007	8.025 8	681	3 669.757	6 079 209	12.67	27.41
2008	9.386 7	673	3 538.253	7 631 839	14.64	28.53
2009	11.849 6	648	1 899.816	12 459 452	13.07	29.22
2010	14.816 3	641	4 407.517	15 288 186	14.74	30.03
2011	17.842 4	644	5 182.742	16 242 474	9.82	30.62
2012	20.858 0	669	3 222.587	17 725 011	13.11	31.45

资料来源：《中国统计年鉴》《中国交通运输统计年鉴》

由于选取的行为因素中新增人口、新注册民用汽车、新建公路都具有累积效应，用基于灰色准指数律的灰色生成速率关联度对交通拥堵度的相关因素进行识别（表 4.2）。

表4.2　计算过程参数

预测结果	指标					
	交通拥堵度	新增人口	人均 GDP 增加值	新注册民用汽车	新建公路	公路密度
a	−0.192 5	0.001 9	−0.067 3	−0.161 2	0.049 3	−0.024 2
b	7.326 2	659.324 2	2 824.916 3	8 073 944.793 9	15.376 4	27.532 8
MAPE	2.17%	1.95%	26.50%	10.05%	10.24%	0.12%
$s_i(2007)$	0.004 962 8	0.044 150 8	0.002 321 9	0.004 279 7	−0.008 064 2	0.000 998 2
$s_i(2008)$	0.006 016 3	0.044 067 0	0.002 483 5	0.005 028 31	−0.007 676 2	0.001 022 6
$s_i(2009)$	0.007 293 4	0.043 983 4	0.002 656 4	0.005 907 9	−0.007 306 9	0.001 047 8
$s_i(2010)$	0.008 841 6	0.043 899 9	0.002 841 4	0.006 941 3	−0.006 955 5	0.001 073 3
$s_i(2011)$	0.010 718 5	0.043 816 5	0.003 039 2	0.008 155 4	−0.006 620 9	0.001 099 7
$s_i(2012)$	0.012 993 8	0.043 733 6	0.003 250 7	0.009 582 0	−0.006 302 4	0.001 126 6

最终得到相关因素与交通拥堵度的灰色生成速率关联度与其排序, 见表 4.3。

表4.3　交通拥堵度相关因素与交通拥堵度的灰色生成速率关联度及其排序

关联	指标				
	新增人口	人均 GDP 增加值	新注册民用汽车	新建公路	公路密度
关联度	0.497 181	0.607 309	0.833 408	0.342 921	0.537 174
关联度排序	4	2	1	5	3

根据表 4.3 的计算结果, 我国交通拥堵度相关的影响因素排名依次为新注册民用汽车、人均 GDP 增加值、公路密度、新增人口、新建公路, 分别代表了需求因素、驱动因素、现状因素、人口因素、供应因素, 结果与现实基本相符。新注册民用汽车对交通拥堵度的影响最大, 新注册民用汽车越多, 所需要的公路也就越多, 交通拥堵度越大。人均 GDP 增加值次之, 这是交通拥堵的驱动因素, 人均 GDP 增长, 一方面民用汽车增多, 另一方面经济活跃对交通运输的需求也越旺盛。公路密度与新增人口的影响程度低于前两个因素。新建公路影响最小, 这是由于新建公路增多一定程度上会缓解交通拥堵, 因此它们的关联度较低。同时可以发现, 本实例中关联度的最大值与最小值差为 0.490 487, 分辨率也较高。根据我国交通拥堵度相关影响因素排名的分析, 可知本章构建的生成速率关联模型是有效和实用的。

4.2 基于灰色准指数律的非等间距灰色关联分析模型

本节针对非等间距数据进行 AGRA 建模, 先对原始数据进行累加灰生成, 然后对生成的准指数序列进行拟合, 进而对原序列进行等间距等时长生成, 从而用拟合曲线在各时刻处切线斜率与均值的比值构造的生成速率序列的接近性来表征原时间序列动态变化趋势的相似性, 并对非等间距序列的生成速率关联分析模型的性质进行研究。

4.2.1 非等间距非等时长序列灰色生成速率关联模型的构建

定义 4.2.1 序列 $X^{(0)} = \left(x^{(0)}(t_1), \, x^{(0)}(t_2), \, \cdots, \, x^{(0)}(t_n) \right)$, 若时间间距 $\Delta t_k = t_k - t_{k-1} \neq \text{const}$, 则称 $X^{(0)}$ 为非等间距序列。

定义 4.2.2 序列 $X^{(1)} = \left(x^{(1)}(t_1), \, x^{(1)}(t_2), \, \cdots, \, x^{(1)}(t_n) \right)$, 其中,

$$x^{(1)}(t_k) = \sum_{k=1}^{n} x^{(0)}(t_k)\Delta t_k, \quad k = 1, 2, \cdots, n \tag{4.9}$$

则称 $X^{(1)}$ 为非等间距序列 $X^{(0)}$ 的一次累加生成序列。

利用对背景值优化的非等间距 GM(1,1) 对非等间距生成序列进行拟合。对一次累加生成序列 $X^{(1)}$ 建立 GM(1,1), 对应的微分方程为

$$\frac{\mathrm{d}x^{(1)}(t)}{\mathrm{d}t} + ax^{(1)}(t) = b$$

离散形式为

$$x^{(0)}(t_k)\Delta t_k + az^{(1)}(t_k) = b\Delta t_k$$

最小二乘估计参数序列为

$$(a, b)^{\mathrm{T}} = (B^{\mathrm{T}}B)^{-1}B^{\mathrm{T}}Y \tag{4.10}$$

其中,

$$Y = \begin{bmatrix} x^{(0)}(2) & \Delta t_2 \\ x^{(0)}(3) & \Delta t_3 \\ \vdots \\ x^{(0)}(n) & \Delta t_n \end{bmatrix}, \quad B = \begin{bmatrix} -z^{(1)}(2) & \Delta t_2 \\ -z^{(1)}(3) & \Delta t_3 \\ \vdots & \vdots \\ -z^{(1)}(n) & \Delta t_n \end{bmatrix} \tag{4.11}$$

$$z^{(1)}(k) = \frac{(\Delta t_k)^2 x^{(0)}(t_k)}{\ln x^{(0)}(t_k) - \ln x^{(0)}(t_{k-1})} + x^{(0)}(t_1)\Delta t_k - \frac{[x^{(0)}(t_k)]^2 \left[\dfrac{x^{(0)}(t_k)}{x^{(0)}(t_{k-1})}\right]^{\frac{t_1-t_k}{\Delta t_k}} (\Delta t_k)^2}{x^{(0)}(t_k) - x^{(0)}(t_{k-1})} \tag{4.12}$$

$$\hat{x}^{(1)}(t_k) = \left(x^{(1)}(t_1) - \frac{b}{a}\right)e^{-a(t_k-t_1)} + \frac{b}{a} \tag{4.13}$$

其连续的时间响应函数为

$$\hat{x}^{(1)}(t) = ce^{-a(t-t_1)} + \frac{b}{a}$$

其中，$c = x^{(1)}(t_1) - \dfrac{b}{a}$。

设有非负系统特征序列为 $X_0^{(0)} = \left(x_0^{(0)}(t_0^1), x_0^{(0)}(t_0^2), \cdots, x_0^{(0)}(t_0^{q_0})\right)$，非负系统行为序列 $X_i^{(0)} = \left(x_i^{(0)}(t_i^1), x_i^{(0)}(t_i^2), \cdots, x_i^{(0)}(t_i^{q_i})\right)$ $(i=1,2,\cdots,m)$，取 $n = \max\{q_i\}$ $(i=0,1,2,\cdots,m)$，根据 $X_0^{(1)}$ 与 $X_i^{(1)}$ 的时间响应函数可得 $X_0^{(1)}$ 与 $X_i^{(1)}$ 在 $1,2,\cdots,n$ 时刻的空缺值，则非等间距原始数据可以生成为时距为 1、长度为 n 的等间距等时长序列，新的等间距等时长序列为 $X_0' = (x_0'(1), x_0'(2), \cdots x_0'(n))$ 与 $X_i' = (x_i'(1), x_i'(2), \cdots, x_i'(n))$。

4.2.2　非等间距非等时长序列灰色生成速率关联度的构造

由 $X^{(1)}$ 拟合曲线方程及斜率含义可知拟合曲线 t 时刻切线斜率为

$$h(t) = \frac{d\hat{x}^{(1)}(t)}{dt} = -ace^{-a(t-t_1)} \tag{4.14}$$

闭区间 $[1,n]$ 内 $X^{(1)}$ 拟合函数的均值为

$$\begin{aligned} \overline{X}^{(1)} &= \frac{1}{n-1}\int_1^n \hat{x}^{(1)}(t)dt \\ &= \frac{1}{n-1}\int_1^n \left(ce^{-a(t-t_1)} + \frac{b}{a}\right)dt \\ &= \frac{c}{(n-1)a}\left(e^{-a(1-t_1)} - e^{-a(n-t_1)}\right) + \frac{b}{a} \end{aligned} \tag{4.15}$$

定义 4.2.3 设 $t \in [a, b]$ ，称

$$s(t) = \frac{h(t)}{\overline{X}^{(1)}} \tag{4.16}$$

为 $X^{(0)}$ 在 t 时刻的生成速率。

斜率是直线的倾斜程度的量度，$X^{(1)}$ 拟合曲线 t 时刻切线斜率 $h(t)$ 是 $X^{(1)}$ 在 t 时刻的导数值，即 $X^{(1)}$ 在 t 时刻变化的速度，再除以均值构造生成速率便达到了消除数量级的作用。用生成速率的接近程度可以有效表示序列变化速度的相似性，生成速率越接近则序列关联度越大。

定义 4.2.4 $s_0(k) = \dfrac{h_0(k)}{\overline{X}_0^{(1)}}$ ，$s_i(k) = \dfrac{h_i(k)}{\overline{X}_i^{(1)}}$ 为 $X_0^{(0)}$ 与 $X_i^{(0)}$ $(i = 1, 2, \cdots, m)$ 在 k 时刻的生成速率，则 $S_0 = (s_0(1), s_0(2), \cdots s_0(n))$ 为系统特征序列 X_0 的生成速率序列，$S_i = (s_i(1), s_i(2), \cdots s_i(n))$ 为系统行为序列 X_i $(i = 1, 2, \cdots, m)$ 的生成速率序列。其中，

$$h_0(k) = -a_0 c_0 e^{-a_0(k - t_0^1)} , \quad h_i(k) = -a_i c_i e^{-a_i(k - t_i^1)} , \quad k = 1, 2, \cdots, n$$

$$\overline{X}_0^{(1)} = \frac{c_0}{(n-1)a_0}\left(e^{-a_0(1 - t_0^1)} - e^{-a_0(n - t_0^1)}\right) + \frac{b_0}{a_0} , \quad \overline{X}_i^{(1)} = \frac{c_i}{(n-1)a_i}\left(e^{-a_i(1 - t_i^1)} - e^{-a_i(n - t_i^1)}\right) + \frac{b_i}{a_i} ,$$

$$i = 1, 2, \cdots, m$$

定义 4.2.5 设非负系统特征序列为 $X_0^{(0)} = \left(x_0^{(0)}(t_0^1), x_0^{(0)}(t_0^2), \cdots, x_0^{(0)}(t_0^{q_0})\right)$ ，非负系统行为序列 $X_i^{(0)} = \left(x_i^{(0)}(t_i^1), x_i^{(0)}(t_i^2), \cdots, x_i^{(0)}(t_i^{q_i})\right)$ $(i = 1, 2, \cdots, m)$ ，等时长等间距生成后的序列为 $X_0' = (x_0'(1), x_0'(2), \cdots, x_0'(n))$ 与 $X_i' = (x_i'(1), x_i'(2), \cdots, x_i'(n))$ ，称

$$\xi_i(k) = \frac{|s_0(k)|}{|s_0(k)| + |s_0(k) - s_i(k)|} , \quad i = 1, 2, \cdots, m \tag{4.17}$$

为 $X_0^{(0)}$ 与 $X_i^{(0)}$ 在 k 时刻的灰色生成速率关联系数。

$|s_0(k) - s_i(k)|$ 体现了 $X_0^{(0)}$ 与 $X_i^{(0)}$ 在 k 时刻的生成速率的接近程度。从式（4.17）可以看出，k 时刻 $X_0^{(0)}$ 与 $X_i^{(0)}$ 的生成速率越接近，$|s_0(k) - s_i(k)|$ 越趋于 0，$X_0^{(0)}$ 与 $X_i^{(0)}$ 在此时段的关联系数就越大，趋近于 1；反之，就越小。这符合模型构造的基本思想。

定义 4.2.6 称

$$\zeta_i = \frac{1}{n}\sum_{k=1}^{n}\xi_i(k) , \quad i = 1, 2, \cdots, m \tag{4.18}$$

为 $X_0^{(0)}$ 与 $X_i^{(0)}$ 的灰色生成速率关联度。

灰色生成速率关联系数反映了两序列在某一时刻的生成速率的一致程度，而灰色生成速率关联度则表示在整个区间上灰色生成速率关联系数的均值。

4.2.3　非等间距非等时长灰色生成速率关联模型的性质

定理 4.2.1　非等间距非等时长灰色生成速率关联度 ζ_i 具有如下性质：

（1）$0 < \zeta_i \leqslant 1$，当且仅当 $\forall k \in \{1, 2, \cdots, n\}$，$s_0(k) = s_i(k)$ 成立时，$\zeta_i = 1$；

（2）唯一性，干扰因素独立性，即对于确定的序列 ζ_i 值唯一确定，且不受系统其他序列的影响；

（3）接近性，即行为序列与特征序列的生成速率越接近，ζ_i 越大；

（4）传递性，$\zeta_i \geqslant \zeta_j$ 且 $\zeta_j \geqslant \zeta_q$，则 $\zeta_i \geqslant \zeta_q$。

证明：（1）$\zeta_i = 0 \Leftrightarrow |s_0(k)| = 0$，$\forall k \in \{1, 2, \cdots, n\} \Leftrightarrow x_0^{(1)}(k) = r$，$\forall k \in \{1, 2, \cdots, n\}$，其中 r 为常数，则：

$$x_0^{(0)}(k) = x_0^{(1)}(k) - x_0^{(1)}(k-1) = r - r = 0，\quad k = 2, 3, \cdots, n$$

研究此序列的关联性没有意义，因此 $\zeta_i \neq 0$。

又因为 $|s_0(k)| > 0$，$|s_0(k) - s_i(k)| \geqslant 0$，所以 $0 < \dfrac{|s_0(k)|}{|s_0(k)| + |s_0(k) - s_i(k)|} \leqslant 1$，即

$0 < \xi_i(k) \leqslant 1$，且 $0 < \dfrac{1}{n} \sum\limits_{k=1}^{n} \xi_i(k) \leqslant 1$，所以 $0 < \zeta_i \leqslant 1$。

当且仅当 $s_0(k) = s_i(k)$ 时，$\xi_i(k) = 1$，若 $\forall k \in \{1, 2, \cdots, n\}$，有 $s_0(k) = s_i(k)$，则 $\zeta_i = 1$。

（2）由灰色生成速率关联系数与灰色生成速率关联度的定义，灰色生成速率关联度的值唯一确定，且不受系统其他序列的影响，仅由 $X_0^{(0)}$ 与 $X_i^{(0)}$ 确定，因此灰色生成速率关联度 ζ_i 满足唯一性与干扰因素独立性。

（3）$X_0^{(0)}$ 与 $X_i^{(0)}$ 的生成速率越接近，$|s_0(k) - s_i(k)|$ 越趋于 0，$X_0^{(0)}$ 与 $X_i^{(0)}$ 在此时段的关联系数就越大，趋近于 1；反之，就越小。则 $X_0^{(0)}$ 与 $X_i^{(0)}$ 整体的生成速率越接近，ζ_i 越大。

（4）由性质（2）、性质（3）知性质（4）成立。

定理 4.2.2　设 $[a, b]$ 上的非负特征序列为 $X_0^{(0)} = \left(x_0^{(0)}(t_0^1), x_0^{(0)}(t_0^2), \cdots, x_0^{(0)}(t_0^{q_0}) \right)$，非负系统行为序列 $X_i^{(0)} = \left(x_i^{(0)}(t_i^1), x_i^{(0)}(t_i^2), \cdots, x_i^{(0)}(t_i^{q_i}) \right)(i = 1, 2, \cdots, m)$，等间距等时长序列为

$X_0' = (x_0'(1), x_0'(2), \cdots, x_0'(n))$ 与 $X_i' = (x_i'(1), x_i'(2), \cdots, x_i'(n))$，$n = \max\{q_i\}$，$i = 0, 1, 2, \cdots, m$ 则序列经过初值化、均值化、倍数化、百分比化无量纲化处理不改变灰色生成速率关联度的值。

证明：设原始特征序列 $X_0^{(0)}$ 与原始行为特征序列 $X_i^{(0)}$ $(i=1,2,\cdots,m)$ 的累加生成序列，即 $X_0^{(1)}$ 与 $X_i^{(1)}$ 的拟合曲线为

$$\hat{x}_0^{(1)}(t)=\left(x_0^{(0)}(t_0^1)-\frac{b_0}{a_0}\right)e^{-a_0(t-t_0^1)}+\frac{b_0}{a_0}\ ,\quad \hat{x}_i^{(1)}(t)=\left(x_i^{(0)}(t_i^1)-\frac{b_i}{a_i}\right)e^{-a_i(t-t_i^1)}+\frac{b_i}{a_i}$$

则原始序列 k 时刻的生成速率为

$$s_0(k)=\frac{-a_0^{\ 2}\left(x_0^{(0)}(t_0^1)-\dfrac{b_0}{a_0}\right)(n-1)e^{-a_0(k-t_0^1)}}{\left(x_0^{(0)}(t_0^1)-\dfrac{b_0}{a_0}\right)\left(e^{-a_0(1-t_0^1)}-e^{-a_0(n-t_0^1)}\right)+(n-1)b_0}$$

$$s_i(k)=\frac{-a_i^{\ 2}\left(x_i^{(0)}(t_i^1)-\dfrac{b_i}{a_i}\right)(n-1)e^{-a_i(k-t_i^1)}}{\left(x_i^{(0)}(t_i^1)-\dfrac{b_i}{a_i}\right)\left(e^{-a_i(1-t_i^1)}-e^{-a_i(n-t_i^1)}\right)+(n-1)b_i}\ ,\quad k=1,2,\cdots,n\ ,\ i=1,2,\cdots,m$$

设 $Y_0^{(0)}=\lambda X_0^{(0)}$ ，$Y_i^{(0)}=\beta X_i^{(0)}$ $(i=1,2,\cdots,m)$ ，$Y_0^{(1)}$ 、$Y_i^{(1)}$ $(i=1,2,\cdots,m)$ 分别为其累加生成序列，且拟合曲线为

$$\hat{y}_0^{(1)}(t)=\left(y_0^{(0)}(t_0^1)-\frac{b_0'}{a_0'}\right)e^{-a_0(t-t_0^1)}+\frac{b_0'}{a_0'}\ ,\quad \hat{y}_i^{(1)}(t)=\left(y_i^{(0)}(t_i^1)-\frac{b_i'}{a_i'}\right)e^{-a_i(t-t_i^1)}+\frac{b_i'}{a_i'}\ ,$$
$$i=1,2,\cdots,m$$

数据经过无量纲变换后序列 k 时刻的生成速率为

$$s_0'(k)=\frac{-a_0'^{2}\left(y_0^{(0)}(t_0^1)-\dfrac{b_0'}{a_0'}\right)(n-1)e^{-a_0'(k-t_0^1)}}{\left(y_0^{(0)}(t_0^1)-\dfrac{b_0'}{a_0'}\right)\left(e^{-a_0'(1-t_0^1)}-e^{-a_0'(n-t_0^1)}\right)+(n-1)b_0'}$$

$$s_i'(k)=\frac{-a_i'^{2}\left(y_i^{(0)}(t_i^1)-\dfrac{b_i'}{a_i'}\right)(n-1)e^{-a_i'(k-t_i^1)}}{\left(y_i^{(0)}(t_i^1)-\dfrac{b_i'}{a_i'}\right)\left(e^{-a_i'(1-t_i^1)}-e^{-a_i'(n-t_i^1)}\right)+(n-1)b_i'}\ ,\quad k=1,2,\cdots,n,\ i=1,2,\cdots,m$$

根据李希灿（1999）的研究结果，原始数据经过数乘变换后，模型中参数的关系为

$$a_0=a_0'\ ,\quad a_i=a_i'\ ,\quad b_0'=\lambda b_0\ ,\quad b_i'=\beta b_i\ ,\quad i=1,2,\cdots,m$$

故 $s_0'(k)=s_0(k)$ ，$s_i'(k)=s_i(k)$ ，则：

$$\xi_i'(k) = \frac{|s_0'(k)|}{|s_0'(k)| + |s_0'(k) - s_i'(k)|}$$

$$= \frac{|s_0(k)|}{|s_0(k)| + |s_0(k) - s_i(k)|}$$

$$= \xi_i(k)$$

因此，原始序列经过初值化、均值化、倍数化、百分比化等数据处理，灰色生成速率关联系数的值不变，从而灰色生成速率关联度的值也不变。由此可知，灰色生成速率关联度不受非负序列限制，也适用于负数序列。

针对非等间距非等时长序列构建的生成速率关联分析模型，通过用拟合曲线在各时刻处切线斜率与均值的比值构造的生成速率序列的接近性来表征原时间序列动态变化趋势的相似性。非等间距非等时长序列灰色生成速率关联模型不仅适用于等间距序列，也可以对非等间距的序列关联度进行度量；既适用于与原始数据有直接关联关系的序列，也适用于具有累积效应需要累加才能显现规律再进行关联分析的序列。

4.2.4　实例分析

对我国民用载客汽车数量的影响因素进行排序有利于交通管理，具有重要意义。根据现有文献对相关因素的分析并通过专家咨询，从社会容量、社会需求角度确定我国年末公路里程、公路旅客周转量为系统行为因素。原始数据见表4.4。

表4.4　我国民用载客汽车数量相关影响因素原始数据

指标	2005 年	2006 年	2007 年	2008 年	2009 年	2010 年	2011 年	2012 年
民用载客汽车数量/万辆	2 132.46	—	—	3 838.92	4 845.09	6 124.13	7 478.37	8 943.01
年末公路里程/万千米	334.52	345.70	358.37	373.02	386.08	400.82	410.64	423.75
公路旅客周转量/亿人千米	9 292.08	10 130.85	11 506.7	12 476.11	13 511.44	15 020.81	16 760.25	18 467.55

资料来源：《中国交通年鉴》（2013 刊）

由于数据来源所限，2006 年、2007 年民用载客汽车数量数据欠缺，而年末公路里程、公路旅客周转量数据齐全，为了充分利用现有数据，用本章构建的非等间距非等时长的关联分析模型对我国民用载客汽车数量相关影响因素进行排序（表4.5）。

表4.5　计算过程参数

预测参数	指标		
	民用载客汽车数量	年末公路里程	公路旅客周转量
a	−0.140 2	−0.033 9	−0.098 2
b	3 403.675 3	330.234 5	8 799.985 6
$s_i(2005)$	0.179 629 964	0.209 492 877	0.184 574 986
$s_i(2006)$	0.206 658 637	0.216 716 433	0.203 620 060
$s_i(2007)$	0.237 754 276	0.224 189 066	0.224 630 271
$s_i(2008)$	0.273 528 834	0.231 919 364	0.247 808 386
$s_i(2009)$	0.314 686 340	0.239 916 211	0.273 378 097
$s_i(2010)$	0.362 036 760	0.248 188 798	0.301 586 179
$s_i(2011)$	0.416 511 931	0.256 746 634	0.332 704 866
$s_i(2012)$	0.479 183 907	0.265 599 555	0.367 034 485

最终得到关联度及其排序计算结果见表 4.6。

表4.6　我国民用载客汽车数量相关影响因素与民用载客汽车数量的生成速率关联度及其排序

关联	指标	
	年末公路里程	公路旅客周转量
关联度	0.826 0	0.900 5
关联度排序	2	1

由表 4.6 可知，社会容量与社会需求相比，我国民用载客汽车数量更受社会需求的影响。社会容量对民用载客汽车数量的限制作用小于社会需求对我国民用载客汽车数量增长的驱动作用。

4.3　基于灰关联等价关系的熵集分类评价模型

现有的灰色关联模型的关联度不具有传递性，导致灰色聚类结果存在类内矛盾、类间无差异等缺陷。本节在接近性灰关联思想上，提出了基于最优理想集的接近性视角的灰色关联度（简称灰色接近关联度），将等价关系与熵集的概念引入灰关联聚类模型中，并以此构建评价集合的等价关系。基于最优理想集的灰关联熵集分类模型，不仅有效地优化了聚类结果，消除了类内矛盾，体现出类间层次性，并且一定程度减少了计算量。

4.3.1　基于等价关系分类的基本概念

定义 4.3.1　设 A 是一个非空集合，$R \subseteq A \times A$，对任意 $a, b \in A$，如果 $(a, b) \in R$，则称 a 和 b 有关系 R，记为 aRb，并称 R 为 A 内的一个二元关系。

由定义可知，集合 A 内的一个二元关系就是笛卡儿积集 $A \times A$。

定义 4.3.2　设 A 是一个集合，如果 A 内一个二元关系 R 满足

（1）自反性：对 $\forall a \in A$，有 aRa；

（2）对称性：对 $\forall a, b \in A$，若 aRb，则 bRa；

（3）传递性：对 $\forall a, b, c \in A$，若 aRb、bRc，则 aRc。

则称二元关系 R 为集合 A 内的一个等价关系。对 $\forall a, b \in A$，若 aRb，则称 a 与 b 等价。

定义 4.3.3　设 R 是集合 A 内的一个等价关系，$a \in A$。A 中所有与 a 有等价关系的元素组成的子集 $\{x \mid xRa, x \in A\}$ 称为由 a 确定的等价类，记为 $[a]$。

定理 4.3.1　设 R 是集合 A 内的一个等价关系，$a, b \in A$，则 $[a] = [b]$ 当且仅当 aRb。

证明： 设 aRb。任取 $c \in [a]$。由传递性得 cRb，从而 $c \in [b]$。因此，$[a] \subseteq [b]$。由对称性得 bRa，同理得到 $[b] \subseteq [a]$。得证 $[a] = [b]$。

反之，设 $[a] = [b]$。因为 $a \in [a] = [b]$，所以得到 aRb。

定义 4.3.4　设 R 是集合 A 内的一个等价关系，A 的所有元素关于 R 的等价类集合 $A / R = \{[a] \mid a \in A\}$ 称为 A 关于 R 的熵集。

定义 4.3.5　设每个 $B_i (i \in I)$ 都是集合 A 的非空子集，如果 $A = \bigcup_{i \in I} B_i$，并且对任意 $i, j \in I$，当 $i \neq j$ 时有 $B_i I B_j = \varnothing$，则称 B_i 是 A 的一个分类。

根据定理 4.3.1 和定义 4.3.5 可以得到等价关系与集合的分类间的联系。

定理 4.3.2　集合 A 上的每个等价关系都决定 A 的一个分类。反之，集合 A 的每一个分类都决定集合 A 上的一个等价关系。

证明： 如果 R 是 A 上的等价关系，则 A / R 给出了 A 的一个分类。反之，如果 $\{B_i\}$ 是 A 的一个分类，令

$$R = \{(x, y) \mid 存在 B_i (i \in I), 使得 x, y \in B_i\}$$

则 R 是 A 上的等价关系。

4.3.2　基于最优理想集的灰色接近关联度构建及其等价关系

接近关联度不满足传递性，因此无法直接利用接近关联度构建等价关系，本章提出基于最优理想集的灰色接近关联度，并以此构建等价关系。

定义 4.3.6　设某分类问题中的分类对象集合为 $A=\{A_1, A_2,\cdots, A_i,\cdots, A_n\}$，评价指标集合为 $S=\{S_1, S_2,\cdots, S_j,\cdots, S_m\}$，对象 A_i 在指标 S_j 下的评价值为 a_{ij}，则矩阵

$$B=\begin{bmatrix} a_{11} & a_{12} & \cdots & a_{1m} \\ a_{21} & a_{22} & \cdots & a_{2m} \\ \vdots & \vdots & & \vdots \\ a_{n1} & a_{n2} & \cdots & a_{nm} \end{bmatrix} 为对象评价矩阵。$$

由于指标中存在成本型指标和效益型指标，对评价矩阵根据指标类型分别进行标准化，方法如下：

$$a_{ij}^* = \frac{a_{ij} - \min_j a_{ij}}{\max_j a_{ij} - \min_j a_{ij}} \quad （效益型）$$

$$a_{ij}^* = \frac{\max_j a_{ij} - a_{ij}}{\max_j a_{ij} - \min_j a_{ij}} \quad （成本型）$$

定义 4.3.7　设有系统行为序列 $X_i=(x_i(1), x_i(2),\cdots, x_i(t),\cdots, x_i(n))$，$X_j=(x_j(1), x_j(2),\cdots, x_j(t),\cdots, x_j(n))$ 长度相同，令 $\left|S_i - S_j\right| = \left|\int_1^n (X_i - X_j)\mathrm{d}t\right| = \left|\sum_{k=2}^{n-1}(x_i(k) - x_j(k)) + \frac{1}{2}(x_i(n) - x_j(n))\right|$，则称 $\rho_{ij} = \dfrac{1}{1+\left|S_i - S_j\right|}$ 为 X_i 与 X_j 的灰色接近关联度。

定义 4.3.8　设有 n 个评价对象，m 个评价指标，得到如下序列：

$$X_1 = (x_1(1), x_1(2),\cdots, x_1(m))$$
$$X_2 = (x_2(1), x_2(2),\cdots, x_2(m))$$
$$\vdots$$
$$X_n = (x_n(1), x_n(2),\cdots, x_n(m))$$

选取每个指标的最优值构造理想向量 $X^* = \left(x_1^*, x_2^*,\cdots, x_m^*\right)$，将每个对象的各指标与理想向量进行灰色关联分析，令 $M_j = \max_i\left|x_j^* - x_i(j)\right|$，$m_j = \min_i\left|x_j^* - x_i(j)\right|$，

$\Delta x_j^* = \left| x_j^* - x_i(j) \right|$，其中 $i = 1, 2, \cdots, n$，$j = 1, 2, \cdots, m$，分辨系数 $\rho \in (0,1)$，则灰色关联系数为 $\gamma(x_j^*, x_i(j)) = \dfrac{m_j + \rho M_j}{\Delta x_j^* + \rho M_j}$。

若已知指标权重为 $\eta = (\eta_1, \eta_2, \cdots, \eta_m)$，则关联度为 $\gamma(X^*, X_i) = \displaystyle\sum_{j=1}^{m} \eta_j \gamma\left(x_j^*, x_i(j) \right)$，称为邓氏关联度。

定义 4.3.9 设对象分类决策矩阵 P，$\varepsilon_{0i} = \dfrac{1}{1 + \left| s_0 - s_i \right|}$ 为对象 i 与理想方案间的接近关联度。令二元关系为 $R = \left\{ (A_0, A_i) \big| b \leqslant \varepsilon_{0i}, 0 \leqslant b \leqslant 1 \right\}$，则二元关系 R 为评价集合内的一个等价关系。则集合中所有与 A_0 存在等价关系 $R(b)$ 的元素构成的子集 $\left\{ A_i \big| A_i R A_0, i \in [1, n] \right\}$ 称为由 A_0 确定的等价类，记为 $[A_0]$。

证明： 评价矩阵通过标准化后，$a_{ij}^* \in [0,1]$。$\left| s_0 - s_i \right|$ 为理想方案与对象 i 在坐标轴上围成的面积，根据梯形面积计算公式，得到 $\left| s_0 - s_i \right| = m - 0.5a_{i1}^* - 0.5a_{im}^* - \displaystyle\sum_{j=2}^{m-1} a_{ij}^*$，故 $\left| s_0 - s_i \right| \in [0, m]$，$\varepsilon_{0i} \in (0,1)$。

（1）自反性：对于 $\forall A_i$，$\varepsilon_{ii} = \dfrac{1}{1 + \left| s_i - s_i \right|} = 1 \geqslant b$，故有 $A_i R A_i$，满足自反性。

（2）对称性：对于 $\forall A_i$，$\varepsilon_{0i} = \varepsilon_{i0}$，因此若 $A_i R A_0$，即 $\varepsilon_{i0} \geqslant b$，则 $A_0 R A_i$。

（3）传递性：对于 $\forall A_i, A_s$，若 $A_i R A_0$、$A_s R A_0$，则 $A_i R A_s$。因为由 $A_i R A_0$ 和 $A_s R A_0$ 可推出 $\dfrac{1}{1 + \left| s_0 - s_i \right|} \geqslant b$ 和 $\dfrac{1}{1 + \left| s_0 - s_s \right|} \geqslant b$，观测数据均经过标准化，$A_0$ 为理想方案，所以 $s_0 \geqslant s_i$ 和 $s_0 \geqslant s_s$，可以将绝对值号去除后移项得到 $1 + m - \dfrac{1}{b} \leqslant s_i \leqslant m$ 和 $1 + m - \dfrac{1}{b} \leqslant s_s \leqslant m$，所以 $0 \leqslant \left| s_i - s_s \right| \leqslant \dfrac{1}{b} - 1$，故 $b \leqslant \varepsilon_{is} = \dfrac{1}{1 + \left| s_i - s_s \right|} \leqslant 1$，$A_i R A_s$ 得证。

因此，最优理想集的灰色接近关联度构建的二元关系 R 是等价关系，利用等价关系 R 确定阈值 b 下最优理想集 A_0 的等价类，从而对评价对象进行分类评价。

综上，基于灰色接近性关联等价关系的分类评价步骤如下。

步骤 1：对原始观测数据进行标准化后计算最优理想方案，并构建对象分类决策矩阵 P。

步骤 2：计算各个对象 A_i 与最优理想集 A_0 之间的灰色接近关联度 ε_{0i} $(i = 1, 2, \cdots, n)$。

步骤 3：构建集合内的等价关系 $R = \left\{ (A_0, A_i) \big| b \leqslant \varepsilon_{0i}, 0 \leqslant b \leqslant 1 \right\}$，确定阈值 b，b

的计算方法如下：首先，确定类别个数 k；其次，计算 $\max_i \varepsilon_{0i}$ 和 $\min_i \varepsilon_{0i}$，确定类间距 $l = \dfrac{\max_i \varepsilon_{0i} - \min_i \varepsilon_{0i}}{k}$，根据类差的实际情况，引入调整系数 γ，对类间距根据实际情况进行微调；最后，计算每一个类别对应的等价关系 R 中的阈值 b，$b(t) = \max_i \varepsilon_{0i} - l(t-1) \cdot \gamma$，$t = 1, 2, \cdots, k$。

步骤 4：先将 $b(1)$ 代入等价关系 R 中，求解在阈值 $b(1)$ 下的 $\left[A_0 \right]_{(1)}$，确定第 1 个类别中的对象，然后将该类别中的对象从决策矩阵中去除，再将 $b(2)$ 代入等价关系 R 中，求解在阈值 $b(2)$ 下的 $\left[A_0 \right]_{(2)}$，以此类推，直到求解出阈值 $b(k)$ 下 $\left[A_0 \right]_{(k)}$ 结束。至此，已将评价对象分为 k 类。

4.4 灰色投影关联度模型

4.4.1 灰色投影关联度与求解

若 $X_0 = (x_0(1), x_0(2), \cdots, x_0(n))$ 为系统特征序列，系统相关因素序列为 $X_i = (x_i(1), x_i(2), \cdots, x_i(n))$。将序列中相邻时点的数据相连，构成一个二维向量，分析可知在同一时段内，若特征序列 X_0 与因素序列 X_i 变化趋势越相似，则因素序列向量在特征序列向量上的投影值与特征序列向量的模就越接近，因此我们考虑用两者的差来表征序列的关联程度，提出一种新的灰色关联度模型。

定义 4.4.1 设系统特征序列为 $X_0 = (x_0(1), x_0(2), \cdots, x_0(n))$，系统相关因素序列为 $X_i = (x_i(1), x_i(2), \cdots, x_i(n))$。设 X_0 与 X_i 为长度相同的等时长等间距序列，令 $\overrightarrow{\alpha(k)} = \left(t_k - t_{k-1}, x_0(t_k) - x_0(t_{k-1}) \right)$ 为系统特征序列中相邻时点构成的向量，$\overrightarrow{\beta_i(k)} = \left(t_k - t_{k-1}, x_i(t_k) - x_i(t_{k-1}) \right)$ 为系统相关因素序列中相邻时点构成的向量，$\mathrm{Pr} j_{\overrightarrow{\alpha(k)}} \overrightarrow{\beta_i(k)}$ 为向量 $\overrightarrow{\beta_i(k)}$ 在向量 $\overrightarrow{\alpha(k)}$ 上的投影值，$\left| \overrightarrow{\alpha(k)} \right|$ 为向量 $\alpha(k)$ 的模，令

$$\xi_{0i}(k) = \frac{1}{1 + \left| \mathrm{Pr} j_{\overrightarrow{\alpha(k)}} \overrightarrow{\beta_i(k)} - \left| \overrightarrow{\alpha(k)} \right| \right|}, \quad k = 2, 3, \cdots, n \qquad (4.19)$$

称 $\xi_{0i}(k)$ 为 X_0 与 X_i 在 t_k 时刻的灰色投影关联系数。

令

$$\xi_{0i} = \frac{1}{n-1} \sum_{k=2}^{n} \xi_{0i}(k) \qquad (4.20)$$

称 ξ_{0i} 为 X_0 与 X_i 的灰色投影关联度。

设 X_0 与 X_i 是长度相同且间距皆为 1 的等时长等间距序列，则 $\overrightarrow{\alpha(k)} = (1, x_0(k) - x_0(k-1))$，$\overrightarrow{\beta_i(k)} = (1, x_i(k) - x_i(k-1))$，那么，

$$\mathrm{Pr}\, j_{\overrightarrow{\alpha(k)}} \overrightarrow{\beta_i(k)} = \frac{\overrightarrow{\alpha(k)} \cdot \overrightarrow{\beta_i(k)}}{\left|\overrightarrow{\alpha(k)}\right|} = \frac{1 + (x_0(k) - x_0(k-1))(x_i(k) - x_i(k-1))}{\sqrt{1 + (x_0(k) - x_0(k-1))^2}}$$

因此，

$$\xi_{0i}(k) = \cfrac{1}{1 + \left| \cfrac{(x_0(k) - x_0(k-1))(x_i(k) - x_i(k-1)) - (x_0(k) - x_0(k-1))^2}{\sqrt{1 + (x_0(k) - x_0(k-1))^2}} \right|}$$

4.4.2 灰色投影关联度模型的性质分析

通过分析可以得出，灰色投影关联度模型具有如下性质。

定理 4.4.1 灰色投影关联度 ξ_{0i} 具有如下性质：

（1）规范性，即 $0 < \xi_{0i} \leqslant 1$；

（2）整体性，对于不同的相关因素序列 X_i 与 X_j，有 $\xi_{ij} \neq \xi_{ji}$；

（3）接近性，即序列变化趋势越接近，ξ_{0i} 越大；

（4）可比性和唯一性；

（5）平行性。

证明：（1）$0 < \cfrac{1}{1 + \left| \mathrm{Pr}\, j_{\overrightarrow{\alpha(k)}} \overrightarrow{\beta_i(k)} - \left|\overrightarrow{\alpha(k)}\right| \right|} \leqslant 1$，因此 $0 < \xi_{0i} \leqslant 1$。

（2）由投影的定义可知结论显然成立。

（3）在同一时段内，序列变化趋势越接近，则向量 $\overrightarrow{\beta_i(k)}$ 与向量 $\overrightarrow{\alpha(k)}$ 夹角越小，因此 $\mathrm{Pr}\, j_{\overrightarrow{\alpha(k)}} \overrightarrow{\beta_i(k)}$ 与 $\left|\overrightarrow{\alpha(k)}\right|$ 的值越接近，ξ_{0i} 越大。

（4）由于 $\xi_{0i} = \frac{1}{n-1} \sum_{k=2}^{n} \xi_{0i}(k)$ 不含其他未知参数，该模型具有唯一性和可比性。

（5）对于序列 $X_0 = (x_0(1), x_0(2), \cdots, x_0(n))$ 和 $X_i = (x_i(1), x_i(2), \cdots, x_i(n))$，若 $x_i(k) = x_0(k) + c$，$c = \mathrm{const}$，$k = 1, 2, \cdots, n$，称序列 X_0 与 X_i 是平行的，由式（4.19）和式（4.20）可知 $\xi_{0i} = 1$，则灰色投影关联度满足平行性。

需要说明的是，由灰色投影关联度定义可知，该模型不满足对称性。

如果由灰色关联度导出的灰色关联序 $X_i \succ X_j$，增加或减少若干因素后，X_i 和 X_j 的灰色关联序不变，则称由灰色关联度导出的灰色关联序满足干扰因素独立性。

定理 4.4.2　灰色投影关联度满足干扰因素独立性。

证明：由灰色投影关联度 ξ_{0i} 的定义式可知，ξ_{0i} 仅与 X_0 和 X_i 有关，与其他因素无关，故满足干扰因素独立性。

设系统行为序列 $X_i = (x_i(1), x_i(2), \cdots, x_i(n))$，$D$ 为序列算子，且

$$X_iD = (x_i(1)d, x_i(2)d, \cdots, x_i(n)d)$$

其中，$x_i(k)d = x_i(k) - x_i(1)$，$k = 1, 2, \cdots, n$。则称 D 为始点零化算子，X_iD 为 X_i 的始点零化像，记为 $X_iD - X_i^0 = \left(x_i^0(1), x_i^0(2), \cdots, x_i^0(n)\right)$。

定理 4.4.3　设 X_0 与 X_i 均为间距为 1 的等时长等间距序列，且灰色投影关联度为 ξ_{0i}，而 $X_0^0 = \left(x_0^0(1), x_0^0(2), \cdots, x_0^0(n)\right)$ 与 $X_i^0 = \left(x_i^0(1), x_i^0(2), \cdots, x_i^0(n)\right)$ 分别为 X_0 与 X_i 的始点零化像，则 X_0^0 与 X_i^0 的灰色投影关联度等于 ξ_{0i}。

证明：设序列 X_0^0 中相邻时点构成的向量为 $\overrightarrow{\eta(k)}$，则：

$$\overrightarrow{\eta(k)} = \left(1, x_0^0(k) - x_0^0(k-1)\right) = \left(1, x_0(k) - x_0(1) - x_0(k-1) + x_0(1)\right) = \overrightarrow{\alpha(k)}$$

序列 X_i^0 中相邻时点构成的向量为 $\overrightarrow{\gamma_i(k)}$，则：

$$\overrightarrow{\gamma_i(k)} = \left(1, x_i^0(k) - x_i^0(k-1)\right) = \left(1, x_i(k) - x_i(1) - x_i(k-1) + x_i(1)\right) = \overrightarrow{\beta_i(k)},$$

$$k = 2, 3, \cdots, n$$

因此，X_0^0 与 X_i^0 的灰色投影关联度等于 ξ_{0i}。

4.4.3　算例分析

利用灰色投影关联模型研究影响煤矿生产中百万吨死亡率的因素之间的主次关系，数据序列如下。

（1）百万吨死亡率：$X_0 = (14.15, 13.98, 7.72, 13.31, 17.82, 13.69)$。

（2）死亡人数（人）：$X_1 = (51, 51, 25, 40, 52, 41)$。

（3）煤炭产量（吨）：$X_2 = (3\,604\,466, 3\,648\,120, 3\,236\,619, 3\,005\,796, 2\,917\,628,$
$2\,994\,886)$

（4）事故次数（起）：$X_3 = (41, 51, 25, 36, 44, 37)$。

根据邓氏关联度计算公式得：

$$r_{01} = 0.544\,69，\quad r_{02} = -0.507\,92，\quad r_{03} = 0.536\,46$$

故灰色关联序为 $X_1 > X_3 > X_2$。

利用本章提出的投影关联度计算得:

$$\xi_{01} = 0.27382, \quad \xi_{02} = 0.00003, \quad \xi_{03} = 0.16610$$

故灰色关联序为 $X_1 > X_3 > X_2$。

两种分析均表明死亡人数对百万吨死亡率的影响程度最高,事故次数对于百万吨死亡率的影响较高于煤炭产量,这与实际情况一致,死亡事故的发生对生产系统的影响极为恶劣,进而会影响煤炭产量。因此,减少与控制事故的发生是降低死亡率的主要途径。从计算结果看,本章提出的投影关联度能真实反映实际情况,并且计算量小,结果区分度较大,是一种有效的计算方法。

本章以灰色关联分析基本思想为出发点,基于数据序列构成的向量变化相近性构建了灰色投影关联度模型,经过分析,得出该模型具有规范性、接近性、可比性和唯一性、平行性等性质,同时指出该模型不满足灰色关联四公理中的对称性。经过进一步探讨,指出该模型具有干扰因素独立性。在始点零化像算子作用下,灰色投影关联度值不发生变化。实例计算表明,该模型具有良好的实用性,可以进一步应用于更广泛的领域。

4.5　基于灰色变化率的关联度模型

现有关联度模型一般从数据本身的相似性、接近性出发考察序列的关联度,有部分关联度从序列数据的变化量角度出发考察序列的关联度,但是很多没有考虑变化量的量纲。斜率关联度及各种改进的斜率关联度考虑了接近性的量纲,但是有的将数据的均值作为分母,在均值为零或接近于零时,斜率关联度失效,事实上,因为研究需要,常将数据进行主成分分析、因子分析或标准化处理,得到数据均值接近于零,此时无法进行斜率关联度分析。也有的研究考虑序列变化量的关联度而没有考虑变化量的正负性质。本节提出衡量变化率接近程度的灰色变化率关联度,对变化率的构成比与构成差设置权重,模型应用更为灵活。同时,本节也考虑了变化率的正负性质,并讨论了灰色变化率关联度的一些性质,进而基于变化率关联度提出了灰关联空间分解的新方法。根据行为特征序列与系统特征序列变化率正负性的一致性,构建空间分解指数,对灰关联空间进行分解,基于序列的变化率特征对序列实现分类,能够识别出与系统特征序列的变化趋势基本保持同步的行为特征序列,在子空间内部再根据变化率关联度进行排序,从而分别在同步子空间与异向子空间识别出关键因素与次要因素。

4.5.1　灰色变化率关联度的构建

灰色变化率关联度的基本思想是，按照因素的时间序列曲线的变化率的相似程度来计算关联度。对于离散时间序列，两曲线的变化率的相似程度是由两时间序列在对应各时段 $\Delta t_k = t_k - t_{k-1}$（$k = 2,3,\cdots,n$）上数据变化率的大小来判定的，若在时段 Δt_k 变化率接近，则该两时间序列在时段 Δt_k 间的关联系数就大；反之，就小。两时间序列的关联度定义为各时段 Δt_k 间的关联系数的加权平均数。

本章构造的灰色变化率关联度综合利用两序列变化率的构成差与构成比来定义关联系数，这样能够更充分地利用数据序列所包含的信息，从而更全面地反映数据序列间变化率的关联程度，同时引入一个符号函数来反映序列的正负关联关系，使得当两序列在对应时段变化率相等或者方向一致时，关联系数为正值，当平均变化率方向相反时，关联系数为负值。

综合上述基本思想和建模思路，下面给出灰色变化率关联度的计算方法，同时对模型的构造做出分析。

对于时间区间 $[a,b]$，$b > a \geqslant 0$，令

$$\Delta t_k = t_k - t_{k-1}, \quad k = 2,3,\cdots,n, \quad [a,b] = \bigcup_{k=2}^{n} \Delta t_k, \quad \Delta t_k \bigcap \Delta t_{k-1} = \varphi, \quad k = 2,3,\cdots,n$$

有下面的定义。

定义 4.5.1　设 $[a,b]$ 上的系统特征序列为 $X_0 = (x_0(t_1),x_0(t_2),\cdots,x_0(t_n))$，系统行为序列为 $X_i = (x_i(t_1),x_i(t_2),\cdots,x_i(t_n))$ $(i = 1,2,\cdots,m)$，称

$$\xi_i(t_k) = \mathrm{sgn}(y_0(t_k) \cdot y_i(t_k)) \frac{1}{1 + \alpha|y_0(t_k) - y_i(t_k)| + (1-\alpha)\left|1 - \dfrac{\min\{|y_0(t_k)|,|y_i(t_k)|\}}{\max\{|y_0(t_k)|,|y_i(t_k)|\}}\right|}$$

$$0 \leqslant \alpha \leqslant 1, \quad k = 2,3,\cdots,n \tag{4.21}$$

为 X_0 与 X_i 在时点 t_{k-1} 到时点 t_k 的灰色变化率关联系数。其中，

$$\mathrm{sgn}(y_0(t_k) \cdot y_i(t_k)) = \begin{cases} 1, & y_0(t_k) \cdot y_i(t_k) \geqslant 0 \\ -1, & y_0(t_k) \cdot y_i(t_k) < 0 \end{cases} \tag{4.22}$$

$$y_0(t_k) = \frac{x_0(t_k) - x_0(t_{k-1})}{|x_0(t_{k-1})| \cdot \Delta t_k}, \quad y_i(t_k) = \frac{x_i(t_k) - x_i(t_{k-1})}{|x_i(t_{k-1})| \cdot \Delta t_k} \tag{4.23}$$

引入 $\mathrm{sgn}(y_0(t_k) \cdot y_i(t_k))$ 这个符号函数来反映两序列间的正负关联性，即

当 $y_0(t_k) \cdot y_i(t_k) \geqslant 0$ 时，关联系数 $\xi_i(t_k) > 0$，表示 X_1 与 X_2 在时点 t_{k-1} 到时点 t_k 这一时段 Δt_k 是同方向变化的，即正关联。

当 $y_0(t_k) \cdot y_i(t_k) < 0$ 时，关联系数 $\xi_i(t_k) < 0$，表示 X_1 与 X_2 在时点 t_{k-1} 到时点 t_k 这一时段 Δt_k 是反方向变化的，即负关联。

$$\frac{\Delta x_i(t_k)}{|x_i(t_{k-1})| \cdot \Delta t_k} \quad (i = 0,1,2,\cdots,m;\ k = 2,3,\cdots,n)$$

为系统行为序列 X_i 在时点 t_{k-1} 到时点 t_k 的变化率，其中 $\Delta x_i(t_k) = x_i(x_k) - x_i(t_{k-1})$。

$0 \leqslant \alpha \leqslant 1$，一般可取 0.5，或者根据实际需要对关联系数或其函数设定某个目标，然后用智能优化算法确定 α 的取值。

从上述公式我们可以看出，当两时间序列在对应各时段 Δt_k 变化率相等或接近于相等时，变化率的构成比 $1 - \dfrac{\min\{|y_0(t_k)|,|y_i(t_k)|\}}{\max\{|y_0(t_k)|,|y_i(t_k)|\}}$ 与构成差 $|y_0(t_k) - y_i(t_k)|$ 均趋于 0，两时间序列在此时段的关联系数就大，趋近于 1；反之，就小。这符合模型构造的基本思想。

定义 4.5.2　设 $[a,b]$ 上的系统特征序列为 $X_0 = (x_0(t_1), x_0(t_2), \cdots, x_0(t_n))$，系统行为序列 $X_i = (x_i(t_1), x_i(t_2), \cdots, x_i(t_n))\ (i = 1,2,\cdots,m)$，称

$$\zeta_i = \frac{1}{b-a} \sum_{k=2}^{n} \Delta t_k \cdot \xi_i(t_k) \tag{4.24}$$

为 X_0 与 X_i 的灰色变化率关联度。

当 $-1 \leqslant \zeta_i < 0$ 时，X_0 与 X_i 为负关联，$|\zeta_i|$ 越大，负关联程度越强；当 $0 < \zeta_i \leqslant 1$ 时，X_0 与 X_i 为正关联，ζ_i 越大，正关联程度越强；当 $\zeta_i = 0$ 时，X_0 与 X_i 为无关联关系。

当 $t_k = k$，$k = 1,2,\cdots,n$ 时，定义 4.5.1 的灰色变化率关联系数公式等价于

$$\xi_i(k) = \mathrm{sgn}(y_0(k) \cdot y_i(k)) \frac{1}{1 + \alpha|y_0(k) - y_i(k)| + (1-\alpha)\left|1 - \dfrac{\min\{|y_0(k)|,|y_i(k)|\}}{\max\{|y_0(k)|,|y_i(k)|\}}\right|}$$

$$0 \leqslant \alpha \leqslant 1,\quad k = 2,3,\cdots,n$$

以上公式表示在时点 $k-1$ 到时点 k 的灰色变化率关联系数。其中，

$$\mathrm{sgn}(y_0(k) \cdot y_i(k)) = \begin{cases} 1, & y_0(k) \cdot y_i(k) \geqslant 0 \\ -1, & y_0(k) \cdot y_i(k) < 0 \end{cases}$$

$$y_0(k) = \frac{x_0(k) - x_0(k-1)}{|x_0(k-1)|}, \quad y_i(k) = \frac{x_i(k) - x_i(k-1)}{|x_i(k-1)|}$$

则 $\zeta_i = \dfrac{1}{n-1} \sum_{k=2}^{n} \xi_i(k)$ 为 X_0 与 X_i 的灰色变化率关联度。

4.5.2 灰色变化率关联度的性质分析

定理 4.5.1 灰色变化率关联度 ζ_i 具有如下性质：

（1）规范性，即 $-1 \leqslant \zeta_i \leqslant 1$；

（2）对称性，即 X_i 若为系统特征序列，X_0 为行为特征序列，两者关联度不变；

（3）唯一性，干扰因素独立性，即对于确定的序列值 ζ_i 唯一确定，且不受系统其他序列的影响；

（4）传递性，即若 $\zeta_i \geqslant \zeta_j$ 且 $\zeta_j \geqslant \zeta_q$，则 $\zeta_i \geqslant \zeta_q$；

（5）接近性，即行为特征序列与系统特征序列的变化率越接近，ζ_i 越大；

（6）一致性，即若行为特征序列 $X_i = (x_i(t_1), x_i(t_2), \cdots x_i(t_n))$，满足 $x_i(t_k) = \lambda x_0(t_k)$，$\lambda = \text{const}$，$k = 1, 2, \cdots n$，则 $\zeta_i = 1$。

证明：（1）$-1 \leqslant \xi_i(t_k) \leqslant 1$，$i = 1, 2, \cdots, m$；$k = 2, 3, \cdots, n$，$[a, b] = \bigcup_{k=2}^{n} \Delta t_k$，因此

$$-1 \leqslant \zeta_i = \frac{1}{b-a} \sum_{k=2}^{n} \Delta t_k \cdot \xi_i(t_k) \leqslant 1 。$$

（2）由灰色变化率关联系数及灰色变化率关联度的定义，性质（2）显然成立。

（3）灰色变化率关联系数及灰色变化率关联度只与参与计算的两个序列的变化率有关，一旦序列确定，变化率也确定，因此，对于确定的序列 ζ_i 值唯一确定，且不受系统其他序列的影响。

（4）由性质（3）可知性质（4）成立。

（5）序列间变化率越接近，变化率的构成比 $1 - \dfrac{\min\left\{|y_0(t_k)|, |y_i(t_k)|\right\}}{\max\left\{|y_0(t_k)|, |y_i(t_k)|\right\}}$ 与构成差 $|y_0(t_k) - y_i(t_k)|$ 均越小，两时间序列在此时段间的关联系数越大，由此关联度 ζ_i 也越大。

（6）若 $x_i(t_k) = \lambda x_0(t_k)$，$\lambda = \text{const}$，$k = 1, 2, \cdots n$，则：

$$y_i(t_k) = \frac{x_i(t_k) - x_i(t_{k-1})}{|x_i(t_{k-1})|} = \frac{\lambda x_0(t_k) - \lambda x_0(t_{k-1})}{|\lambda x_0(t_{k-1})|} = \frac{x_0(t_k) - x_0(t_{k-1})}{|x_0(t_{k-1})|} = y_0(t_k) ，\text{因此}$$

$$|y_0(t_k) - y_i(t_k)| = 1 - \frac{\min\left\{|y_0(t_k)|, |y_i(t_k)|\right\}}{\max\left\{|y_0(t_k)|, |y_i(t_k)|\right\}} = 0$$

进而

$$\zeta_i = \frac{1}{b-a}\sum_{k=2}^{n}\Delta t_k \cdot \xi_i(t_k) = \frac{1}{b-a}\sum_{k=2}^{n}\Delta t_k \cdot 1 = 1$$

定理 4.5.2　设 $[a,b]$ 上的系统特征序列为 $X_0 = (x_0(t_1), x_0(t_2), \cdots, x_0(t_n))$，系统行为序列为 $X_i = (x_i(t_1), x_i(t_2), \cdots, x_i(t_n))$ $(i=1,2,\cdots,m)$，若对序列进行无量纲化处理，即经过初值化、均值化、倍数化、百分比化不改变灰色变化率关联度的值。

证明：（1）设对原始序列 X_0 与 X_i 进行初值化，记初值化后的序列为 X'_0 与 X'_i，则：

$$x'_0(t_k) = \frac{x_0(t_k)}{x_0(t_1)}, \quad x'_0(t_{k-1}) = \frac{x_0(t_{k-1})}{x_0(t_1)}$$

因此，

$$y'_0(t_k) = \frac{x'_0(t_k) - x'_0(t_{k-1})}{\left|x'_0(t_{k-1})\right| \cdot \Delta t_k} = \frac{\dfrac{x_0(t_k)}{x_0(1)} - \dfrac{x_0(t_{k-1})}{x_0(1)}}{\left|\dfrac{x_0(t_{k-1})}{x_0(1)}\right| \cdot \Delta t_k} = \frac{x_0(t_k) - x_0(t_{k-1})}{\left|x_0(t_{k-1})\right| \cdot \Delta t_k} = y_0(t_k)$$

同理可得：$y'_i(t_k) = y_i(t_k)$。

又因为 $\text{sgn}(y'_0(t_k) \cdot y'_i(t_k)_i) = \text{sgn}(y_0(t_k) \cdot y_i(t_k))$，所以关联系数值不变，关联度值也不变。

（2）同理可证，对原始序列进行均值化、倍数化、百分比化等数据处理都不改变灰色变化率关联系数和灰色变化率关联度的值。

定理 4.5.3　对于 $[a,b]$ 上的系统特征序列 $X_0 = (x_0(t_1), x_0(t_2), \cdots, x_0(t_n))$，系统行为序列 $X_i = (x_i(t_1), x_i(t_2), \cdots, x_i(t_n))$ $(i=1,2,\cdots,m)$，计算其灰色变化率关联度：

（1）$\alpha=0$ 时，灰色变化率关联系数为

$$\xi_i(t_k) = \text{sgn}(y_0(t_k) \cdot y_i(t_k)) \frac{1}{1 + \left|1 - \dfrac{\min\{|y_0(t_k)|, |y_i(t_k)|\}}{\max\{|y_0(t_k)|, |y_i(t_k)|\}}\right|}, \quad k=2,3,\cdots,n$$

灰色变化率关联度为

$$\zeta_i = \frac{1}{b-a}\sum_{k=2}^{n}\Delta t_k \cdot \xi_i(t_k)$$

（2）$\alpha=1$ 时，灰色变化率关联系数为

$$\xi_i(t_k) = \text{sgn}(y_0(t_k) \cdot y_i(t_k)) \frac{1}{1 + |y_0(t_k) - y_i(t_k)|}, \quad k=2,3,\cdots,n$$

灰色变化率关联度为

$$\zeta_i = \frac{1}{b-a}\sum_{k=2}^{n}\Delta t_k \cdot \xi_i(t_k)$$

4.5.3 基于灰色变化率关联度的灰色趋势分析

定义 4.5.3 X 为行为序列集合，Γ 为关联度集合，记 (X,Γ) 为灰关联空间，若以某种规则将 (X,Γ) 划分为 τ 个子空间 (X^γ,Γ^γ)，$\gamma \in N = \{1,2,\cdots,\tau\}$，满足

若 $X^\gamma = X$，则 $X^\eta = \varnothing$，$\forall \eta \in N$，$\eta \neq \gamma$；

若 $X^\gamma \neq X$，则有：① $X^\gamma \bigcap X^\eta = X_0$，$\Gamma^\gamma \bigcap \Gamma^\eta = \varnothing$，$\forall \gamma,\eta \in N$，$\gamma \neq \eta$；

② $\bigcup\limits_{\gamma=1}^{\tau} X^\gamma = X$，$\bigcup\limits_{\gamma=1}^{\tau} \Gamma^\gamma = \Gamma$。

则称 (X^γ,Γ^γ)，$\gamma = 1,2,\cdots,\tau$ 为 (X,Γ) 的一个分解，称 (X^γ,Γ^γ) 为分解子空间。其中，X_0 为行为特征序列。

记 P_i 为 x_i 关于 x_0 的空间分解指数，P 为空间分解指数集合 $P = \{P_i, i = 1,2,\cdots,m\}$，$M$ 为指标集 $M = \{1,2,\cdots,m\}$，且

$$P_i = \mathrm{sgn}_2\left[\sum_{k=2}^{n} \mathrm{sgn}_1 y_0(t_k) \cdot y_i(t_k)\right] \tag{4.25}$$

其中，

$$\mathrm{sgn}_1 y_0(t_k) \cdot y_i(t_k) = \begin{cases} 1, & y_0(t_k) \cdot y_i(t_k) > 0 \\ 0, & y_0(t_k) \cdot y_i(t_k) = 0 \\ -1, & y_0(t_k) \cdot y_i(t_k) < 0 \end{cases} \tag{4.26}$$

$$\mathrm{sgn}_2\left[\sum_{k=2}^{n} \mathrm{sgn}_1 y_0(t_k) \cdot y_i(t_k)\right] = \begin{cases} 1, & \sum\limits_{k=2}^{n} \mathrm{sgn}_1 y_0(t_k) \cdot y_i(t_k) \geqslant 0 \\ -1, & \sum\limits_{k=2}^{n} \mathrm{sgn}_1 y_0(t_k) \cdot y_i(t_k) < 0 \end{cases} \tag{4.27}$$

则可将灰关联空间 (X,Γ) 按序列的空间分解指数做如下分解：

$$X^+ = \{X_i, P_i = 1, \forall i \in M\} = \{X_i^+\} \tag{4.28}$$

$$\Gamma^+ = \{\zeta_i, P_i = 1, \forall i \in M\} = \{\zeta_i^+\} \tag{4.29}$$

$$X^- = \{X_i, P_i = -1, \forall i \in M\} = \{X_i^-\} \tag{4.30}$$

$$\Gamma^- = \{\zeta_i, P_i = -1, \forall i \in M\} = \{\zeta_i^+\} \tag{4.31}$$

称 X_i^+ 为 X_0 的变化率同步序列，X^+ 为变化率同步序列集合，(X^+,Γ^+) 为变化率同步子空间，简称同步子空间。

称 X_i^- 为 X_0 的变化率异向序列，X^- 为变化率异向序列集合，(X^-,Γ^-) 为变化率异向子空间，简称异向子空间。

定理 4.5.4 定义集合 $\xi_i(t_k)^+ = \{\xi_i(t_k) > 0, i = 1,2,\cdots,m, k = 1,2,\cdots,n\}$，记 $|x|$ 为

集合 X 的元素个数，$\forall i \in M$，若 $\left|\xi_i(t_k)^+\right| \geqslant \dfrac{n}{2}$，则 $X_i \in X^+$；若 $\left|\xi_i^+(t_k)\right| < \dfrac{n}{2}$，则 $X_i \in X^-$。

证明： 因为 $\dfrac{1}{1 + \alpha\left|y_0(k) - y_i(k)\right| + (1-\alpha)\left|1 - \dfrac{\min\left\{\left|y_0(k)\right|, \left|y_i(k)\right|\right\}}{\max\left\{\left|y_0(k)\right|, \left|y_i(k)\right|\right\}}\right|} > 0$，所以

$$\operatorname{sgn}\xi_{0i}(t_k) = \operatorname{sgn}_1(y_0(t_k) \cdot y_i(t_k))$$

则 $P_i = \operatorname{sgn}_2\left[\displaystyle\sum_{k=2}^{n} \operatorname{sgn}_1 y_0(t_k) \cdot y_i(t_k)\right] = \operatorname{sgn}_2\left[\displaystyle\sum_{k=2}^{n} \operatorname{sgn}_1 \xi_{0i}(t_k)\right]$。

若 $\left|\xi_i(t_k)^+\right| \geqslant \dfrac{n}{2}$，则 $\displaystyle\sum_{k=2}^{n} \operatorname{sgn}_1 \xi_i(t_k) \geqslant 0$，故此时 $P_i = \operatorname{sgn}_2\left[\displaystyle\sum_{k=2}^{n} \operatorname{sgn}_1 \xi_i(t_k)\right] = 1$，再由灰空间分解方法可知 $X_i \in X^+$。

同理可证：若 $\left|\xi_i^+(t_k)\right| < \dfrac{n}{2}$，则 $X_i \in X^-$。

由定理 4.5.4 可知，当行为特征序列的变化率至少一半的正负性与系统特征序列一致时，行为特征序列属于系统特征序列的变化率同步序列；当少于一半的正负性与系统特征序列一致时，行为特征序列属于系统特征序列的变化率异向序列。通过这个划分，可以明确促进和阻碍系统特征序列发展的因素。

考虑序列间动态变化趋势的相似性，本章提出的灰色变化率关联度也考虑了变化率的正负性质，进而基于灰色变化率关联度提出了灰关联空间分解的新方法。根据行为特征序列与系统特征序列灰色变化率正负性的一致性，构建空间分解指数，对灰关联空间进行分解，对系统特征序列与行为特征序列进行灰色趋势分析，能够识别出与系统特征序列的变化趋势基本保持同步的行为特征序列。

4.5.4　实例分析

为了验证上述灰色变化率关联度的灰色趋势分析方法的合理性和有效性，选择阜新煤炭产业集群的相关数据加以应用和分析。资源型产业集群是依托自然资源的开发和利用而发展起来的特色产业集群，其发展动力和成长轨迹都与传统的制造业产业集群具有显著差异，目前我国很多资源型产业集群在经过长期高强度开采后，开始陷入资源枯竭、产业衰退、开采成本上升、富余下岗人员激增的困境，如何有效识别那些影响和制约资源型产业集群发展的核心因素，成为实现资源型产业集群可持续发展的关键所在。

阜新煤炭产业集群作为我国典型的资源型产业集群，其发展过程能够较为

典型地反映我国资源型产业集群的发展历程和状况，本书以该产业集群
2005~2010 年的历史数据为基础（数据来源于《中国煤炭工业年鉴》《中国工业
统计年鉴》《阜新统计年鉴》及阜新市矿务局统计数据），利用灰色变化率关联
度的分析方法，来衡量当煤炭资源趋于枯竭时，不同影响因素对该资源型产业
集群发展作用程度的强弱，从而找出影响资源型产业集群可持续发展的关键因
素，以便资源型产业集群所在地政府能够进行有效的规划和治理，实现这类产
业集群的可持续发展。

　　为了衡量资源型产业集群的发展程度，选择阜新煤炭产业集群的原煤产量
作为状态参量，动态反映该产业集群的发展程度。从资源赋存因素、区域投资
因素、市场需求因素、科技研发因素、劳动力效率因素和环境污染因素等方面
确定指标，这些影响因素分别选择可开采储量、社会固定资产投资额、全国煤
炭消费量、地区科技支出、生产人员效率、工业固体废弃物排放量等指标（原
始数据见表 4.7）。本书对这些影响因素与资源型产业集群发展程度之间的灰色
变化率关联度进行了分析，同时也采用邓氏关联度和绝对关联度计算方法进行
了分析，以便对不同关联度计算方法的计算结果进行对比分析，具体计算结果
如表 4.8 和表 4.9 所示。

表4.7　阜新煤炭产业集群影响因素的原始数据

年份	阜新原煤产量/万吨	可开采储量/万吨	社会固定资产投资额/万元	全国煤炭消费量/万吨	地区科技支出/万元	生产人员效率/（吨/工）	工业固体废弃物排放量/万吨
2005	868.01	22 829.98	731 756.00	167 085.88	1 366.88	2.253	226.11
2006	1 035.04	20 242.38	1 015 000.00	183 918.64	1 579.71	2.607	271.93
2007	856.96	18 099.98	1 040 931.00	199 441.19	1 872.13	2.383	460.00
2008	1 213.00	42 000.00	1 406 613.00	204 887.94	2 067.90	3.173	457.00
2009	1 350.75	38 623.13	2 014 566.00	215 879.49	3 190.89	2.189	553.00
2010	1 351.00	35 245.63	3 506 942.00	197 562.91	3 530.89	2.193	337.75

表4.8　阜新煤炭产业集群影响因素的灰色关联度计算结果

影响因素	关联度计算方法		
	灰色变化率关联度（$\alpha=0.5$）	邓氏关联度	绝对关联度
资源赋存因素	−0.163 2	0.892 4	0.518 1
区域投资因素	0.435 2	0.673 0	0.500 2
市场需求因素	0.156 4	0.887 5	0.504 1
科技研发因素	0.398 6	0.806 5	0.641 7
劳动力效率因素	0.517 5	0.885 5	0.500 7
环境污染因素	0.004 5	0.791 1	0.864 6

表4.9　阜新煤炭产业集群影响因素的灰色关联度计算排名

影响因素	关联度计算方法		
	灰色变化率关联度（$\alpha=0.5$）	邓氏关联度	绝对关联度
资源赋存因素	6（异向）	1	3
区域投资因素	2（同步）	6	6
市场需求因素	4（同步）	2	4
科技研发因素	3（同步）	4	2
劳动力效率因素	1（同步）	3	5
环境污染因素	5（异向）	5	1

通过分析计算可以发现，不同的灰色关联度计算方法所获得的阜新煤炭产业集群影响因素的排名存在较大的差异。利用灰色变化率关联度模型计算的排名前3位的影响因素是劳动力效率因素、区域投资因素和科技研发因素，利用邓氏关联度模型计算的排名前3位的影响因素是资源赋存因素、市场需求因素、劳动力效率因素，利用绝对关联度模型计算的排名前3位的影响因素是环境污染因素、科技研发因素、资源赋存因素。这种排序的差异正体现了灰色变化率关联度计算方法的优势，由于这种关联度的计算不再单纯考虑绝对量，而是从相邻两个时期的绝对量的变化率来衡量两者的关联性，可以有效避免单纯对数据本身关联性的考察可能带来的误解。

从灰色变化率关联度模型的分析看，劳动力效率因素、区域投资因素和科技研发因素的影响更为显著，同属于同步子空间，与阜新煤炭产业集群的灰色变化率方向比较一致。结合对阜新煤炭产业集群的实证研究可以发现，当资源型产业集群进入衰退期，即资源趋于枯竭，资源赋存因素对产业集群发展程度的影响不再起关键性作用，因为资源开采量尽管受制于资源赋存量，但是当资源赋存量上限一定时，即没有新的可采资源被发现时，资源赋存量的上限对于资源型产业的短期发展而言就不再起决定性作用，这也是资源赋存因素属于异向子空间的原因。同样，市场需求因素和环境污染因素等尽管从绝对量而言，与资源型产业的发展具有较强关联性，但是随着需求市场的成熟及环境治理投入的加大，它们的增长趋势与资源型产业集群的发展趋势出现了关联性的弱化。相应的区域投资强弱、科技研发能力、劳动力素质等因素对于资源型产业集群的发展则起到了更为关键的作用，如旧设备的改造、新设备的引入及新开采片区的投产等都涉及社会固定资产的投入，深度加工或精加工及开采和勘探技术的进步都需要科技研发的有效支撑，生产效率的提升和单位成本的节约都需要依赖劳动力素质和技术熟练度的提升。尽管从绝对量来看，这些因素与资源型产业发展的关联度尚不显著，但是从增长趋势而言，其与资源型产业的发展趋势具有强耦合性，且都会在一定程度上直接带来资源产量的增长。综上而言，基于灰色变化率的关联度分析模型，能够更好地从变化趋势角度来客观反映不同影响因素对资源型产业集群发展程度的作用强弱，避免单纯绝对量计算带来的偏差，在关联性分析方面能够更好地体现未来发展的趋势性，同时该计算过程中对灰色变化率正负性的考虑，也可以更加准确地表述这种关联关系的变化方向。

第5章 基于面板数据的灰色关联评价模型

第4章对截面数据从发展趋势、向量投影、等价关系等视角进行灰色关联建模，本章针对面板数据进行关联分析，构建了基于面板数据的灰色变趋势关联模型、基于时空面板数据的相似性灰色关联模型和基于面板数据的灰色指标关联模型。

5.1 基于面板数据的灰色变趋势关联模型

针对灰色关联模型存在无法动态反映序列间趋势变化过程和易受周期性波动影响的问题，结合三角函数变换，本节提出了发展趋势关联测度因子和趋势正负相关判断因子；通过遍历时间和观测周期，分别构建灰色变趋势点关联系数和关联矩阵，形成灰色变趋势关联模型；验证了该模型满足对称性、平移变换不变形、保序性等性质，阐述了特殊情况的物理意义及其动态评估性；将灰色变趋势关联模型拓展至面板数据范畴，分别构建了指标维度灰色变趋势关联模型和对象维度灰色变趋势关联模型。

5.1.1 灰色变趋势关联模型构建

定义 5.1.1 设 $x_i^*(k)$ 为对象（指标）i 的第 $k(k=1,2,\cdots,n)$ 个观测值，称 $X_i^* = \left(x_i^*(1), x_i^*(2), \cdots, x_i^*(n)\right)$ 为原始行为序列。如果当 k 代表时间点时，那么称 $X_i^* = \left(x_i^*(1), x_i^*(2), \cdots, x_i^*(n)\right)$ 为原始时间序列。

定义 5.1.2 设 $X_i^* = \left(x_i^*(1), x_i^*(2), \cdots, x_i^*(n)\right)$ 为原始时间序列，则 $\overline{X_i^*} = \dfrac{1}{n}\sum_{k=1}^{n} x_i^*(k)$

为序列 $X_i^* = \left(x_i^*(1), x_i^*(2), \cdots, x_i^*(n) \right)$ 的平均值，$\sigma_i^* = \sqrt{\dfrac{1}{n-1} \sum_{k=1}^{n} \left(x_i^*(k) - \overline{X_i^*} \right)^2}$ 为序列

X_i^* 的样本标准差，则称 $x_i(k) = \dfrac{x_i^*(k) - \overline{X_i^*}}{\sigma_i^*}$ 为标准化变换。

以下所有时间序列数据或者面板数据均为标准化变换后的数据。

定义 5.1.3　设 $X_i = (x_i(1), x_i(2), \cdots, x_i(k), \cdots, x_i(n))$ 为对象（指标）i 的时间序列数据，并且 X_i 为等间距序列，t $(t \in 1, 2, \cdots, n-1)$ 为发展趋势的观测长度，则称
$$\Delta X_i^t = (\Delta x_i^t(1), \Delta x_i^t(2), \cdots, \Delta x_i^t(k), \cdots, \Delta x_i^t(n-t))$$
为时间序列 X_i 以 t 时段为观测间距的趋势变化序列。其中，$\Delta x_i^t(k) = x_i(k+t) - x_i(k)$ 为时段 $[k, k+t]$ 上的变化趋势。

定义 5.1.4　设 $X_i = (x_i(1), x_i(2), \cdots, x_i(k), \cdots, x_i(n))$ 为指标（对象）i 经过标准化变换后的时间序列，ΔX_i^t 是时间序列 X_i 以 t $(t \in 1, 2, \cdots, n-1)$ 为时间间隔的变化趋势测度序列。$\tan \alpha_i^t(k) = \Delta x_i^t(k)$ 是 X_i 在时段 $[k, k+t]$ 上的斜率，$\alpha_i^t(k)$ 是序列 X_i 的第 k 个观测值经过时间间隔 t 所呈现的趋势线角度，$\alpha_i^t(k) \in \left(-\dfrac{\pi}{2}, \dfrac{\pi}{2} \right)$。

如定义 5.1.2 所示，所有的原始数据均已经过标准化处理，确保不会因指标量级过大而导致 $\alpha_i^t(k)$ 始终较大，保障了指标间趋势发展的可比性。

定义 5.1.5　设 $X_i = (x_i(1), x_i(2), \cdots, x_i(k), \cdots, x_i(n))$ 和 $X_j = (x_j(1), x_j(2), \cdots, x_j(k), \cdots, x_j(n))$ 分别为对象（指标）i 和 j 的时间序列，$\alpha_i^t(k)$ 和 $\alpha_j^t(k)$ 分别为序列 X_i 和 X_j 在 $[k, k+t]$ 上的趋势线角度，则称 $\beta_{ij}^t(k) = \left| \alpha_i^t(k) - \alpha_j^t(k) \right|$ 为序列 X_i 和 X_j 在 $[k, k+t]$ 上的趋势线夹角。则称
$$\gamma_{ij}^1(k) = \psi_{ij}^1(k) \times (1 - \sin \beta_{ij}^1(k))$$
为序列 X_i 和 X_j 在 $[k, k+1]$ 上的变趋势点关联系数。其中，
$$\psi_{ij}^1(k) = \begin{cases} \dfrac{\Delta x_i^1(k) \Delta x_j^1(k)}{\left| \Delta x_i^1(k) \Delta x_j^1(k) \right|}, & \Delta x_i^1(k) \Delta x_j^1(k) \neq 0 \\ 1, & \Delta x_i^1(k) \Delta x_j^1(k) = 0 \end{cases}$$
并且 $\Gamma_{ij}^t = \left(\gamma_{ij}^t(1), \gamma_{ij}^t(2), \cdots, \gamma_{ij}^t(k), \cdots, \gamma_{ij}^t(n-t) \right)$ 称为灰色变趋势关联序。

在定义 5.1.5 中，$1 - \sin \beta_{ij}^1(k)$ 被称为序列间发展趋势关联程度测度因子。$\psi_{ij}^1(k)$ 被称为序列间发展趋势正负相关判断因子，即当 $\Delta x_i^1(k)$ 和 $\Delta x_j^1(k)$ 变化趋势相同时，$\psi_{ij}^1(k) = 1$；当 $\Delta x_i^1(k)$ 和 $\Delta x_j^1(k)$ 变化趋势不同时，$\psi_{ij}^1(k) = -1$；特别地，当 $\Delta x_i^1(k) = 0$ 或者 $\Delta x_j^1(k) = 0$ 时，$\psi_{ij}^1(k) = 1$。

定义 5.1.6　设 $X_i = (x_i(1), x_i(2), \cdots, x_i(n))$ 为系统特征序列，$X_j = (x_j(1), x_j(2), \cdots,$ $x_j(n))$ 为系统相关因素序列，Γ_{ij}^t 为序列 X_i 和序列 X_j 以 t 为间隔的发展趋势关联序，则称矩阵

$$\Upsilon_{ij} = \begin{bmatrix} \Gamma_{ij}^1 \\ \Gamma_{ij}^2 \\ \vdots \\ \Gamma_{ij}^t \\ \vdots \\ \Gamma_{ij}^{n-1} \end{bmatrix} = \begin{bmatrix} \gamma_{ij}^1(1) & \gamma_{ij}^1(2) & \cdots & \cdots & \gamma_{ij}^1(n-2) & \gamma_{ij}^1(n-1) \\ \gamma_{ij}^2(1) & \gamma_{ij}^2(2) & \cdots & \cdots & \gamma_{ij}^2(n-2) & - \\ \vdots & \vdots & & & - & \vdots \\ \gamma_{ij}^t(1) & \gamma_{ij}^t(2) & \cdots & \gamma_{ij}^t(n-t) & \ddots & \vdots \\ \vdots & \vdots & & \vdots & \vdots & \vdots \\ \gamma_{ij}^{n-1}(1) & - & \cdots & - & \cdots & - \end{bmatrix}$$

为灰色变趋势关联矩阵。

$X_i = (x_i(1), x_i(2), \cdots, x_i(k), \cdots, x_i(n))$ 和 $X_j = (x_j(1), x_j(2), \cdots, x_j(k), \cdots, x_j(n))$ 分别为对象（指标）i 和 j 的等间距时间序列，设趋势变化的观测间隔为 t ($t \in 1, 2, \cdots,$ $n-1$)，

（1）当观测时间点 k 固定时，则称

$$\gamma_{ij}^t(k) = \psi_{ij}^t(k) \times \left(1 - \sin \left| \arctan \frac{(x_i(k+t) - x_i(k))}{t} - \arctan \frac{(x_j(k+t) - x_j(k))}{t} \right| \right) \quad (5.1)$$

为序列 X_i 和 X_j 在第 k 个时间点的灰色变趋势点关联系数，其中，

$$\psi_{ij}^t(k) = \begin{cases} \dfrac{\Delta x_i^t(k) \Delta x_j^t(k)}{\left| \Delta x_i^t(k) \Delta x_j^t(k) \right|}, & \Delta x_i^t(k) \Delta x_j^t(k) \neq 0 \\ 1, & \Delta x_i^t(k) \Delta x_j^t(k) = 0 \end{cases} \quad \text{且 } \alpha_l^t(k) \in \left(-\frac{\pi}{2}, \frac{\pi}{2} \right), \ l = i, j \text{。}$$

（2）当遍历时间点 k 时，可以得到时间序列 X_i 和 X_j 在整个发展过程中的关联性变化过程，称

$$\Gamma_{ij}^t = \left(\gamma_{ij}^t(1), \gamma_{ij}^t(2), \cdots, \gamma_{ij}^t(k), \cdots, \gamma_{ij}^t(n-t) \right) \quad (5.2)$$

为 X_i 和 X_j 的全过程动态灰色变趋势关联序。

5.1.2　灰色变趋势关联模型的性质分析

性质 5.1.1（灰色变趋势点关联系数）　$\gamma_{ij}^t(k)$ 具有以下四点性质：

（1）$\gamma_{ij}^t(k) \in (-1, 1]$；

（2）$\gamma_{ij}^t(k)$ 满足对称性，即 $\gamma_{ij}^t(k) = \gamma_{ji}^t(k)$；

（3）$\gamma_{ij}^{t}(k)$ 满足平移变换不变性；

（4）如果 $\alpha_{i}^{t}(k) \times \alpha_{j}^{t}(k) < 0$，则 $\gamma_{ij}^{t}(k) < 0$；反之，$\alpha_{i}^{t}(k) \times \alpha_{j}^{t}(k) > 0$，则 $\gamma_{ij}^{t}(k) > 0$。

证明：（1）依据灰色变趋势点关联系数 $\gamma_{ij}^{t}(k)$ 的计算公式，结合定义 5.1.4 中

的 $\alpha_{i}^{t}(k) \in (-\frac{\pi}{2}, \frac{\pi}{2})(l = i, j)$ 可得，$\left| \arctan \dfrac{(x_i(k+t) - x_i(k))}{t} - \arctan \dfrac{(x_j(k+t) - x_j(k))}{t} \right|$

$\in [0, \pi)$，故 $1 - \sin\beta_{ij}^{1}(k) \in [0, 1)$，由于 $\beta_{ij}^{t}(k)$ 取不到 π，$\gamma_{ij}^{t}(k) \in (-1, 1]$。

（2）根据定义 5.1.5，可得当观测间隔 t 和观测时间点 k 固定时，$\beta_{ij}^{t}(k) = \beta_{ji}^{t}(k)$

并且 $\psi_{ij}^{t}(k) = \psi_{ji}^{t}(k)$，再结合式（5.1），可证 $\gamma_{ij}^{t}(k) = \gamma_{ji}^{t}(k)$，满足对称性。

（3）假设时间序列 $X_b = X_i + b$，b 为固定常数，则可得到 $\Delta x_i^{t}(k) = \Delta x_b^{t}(k)$ 和

$\alpha_i^{t}(k) = \alpha_b^{t}(k)$。因此，$\beta_{ij}^{t}(k) = \beta_{bj}^{t}(k)$，可证 $\gamma_{ij}^{t}(k) = \gamma_{bj}^{t}(k)$，满足平移变换不变性。

（4）当 $\alpha_i^{t}(k) \times \alpha_j^{t}(k) < 0$ 时，$\psi_{ij}^{t}(k) < 0$，则 $\gamma_{ij}^{t}(k) < 0$；反之则反之。

以上从数学推导的角度验证灰色变趋势点关联系数 $\gamma_{ij}^{t}(k)$ 的性质，以下从实际情况出发，揭示其物理意义。图 5.1 为模型中的三种特殊情形。

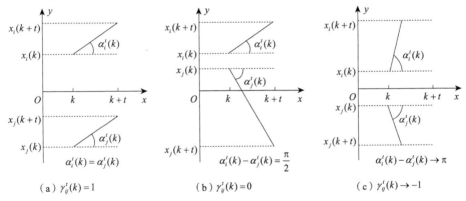

图 5.1　灰色变趋势点关联系数的三种特殊情形

（1）如图 5.1（a）所示，当序列 X_i 和 X_j 在区间 $[k, k+t]$ 上平行或者重合时，从发展趋势的角度看，两条折线的发展趋势完全相同，因此灰色变趋势点关联系数 $\gamma_{ij}^{t}(k)$ 达到最大值。对应到式（5.1），当两条折线平行或者重叠时，$\beta_{ij}^{t}(k) = 0$，故 $\gamma_{ij}^{t}(k) = \max_{k} \gamma_{ij}^{t}(k) = 1$，数学结果与物理意义相符。

（2）如图 5.1（b）所示，当序列 X_i 和 X_j 在区间 $[k, k+t]$ 上垂直时，依据向量的基本内涵，一条折线在另外一条折线上的投影为 0。折线的发展趋势包括了方向和速度，与向量的方向与长度相对应，因此，当相互垂直时，代表折线之间

相互没有关联。对应式（5.1），当两条折线垂直时，$\beta_{ij}^t(k)=\dfrac{\pi}{2}$，故 $\gamma_{ij}^t(k)=0$，理论意义与实际情况相符。

（3）如图 5.1（c）所示，当序列 X_i 和 X_j 在区间 $[k,k+t]$ 上夹角无限接近 π 时，代表一个指标（对象）的发展使得另外一个指标（对象）向反方向发展，对应式（5.1），$\beta_{ij}^t(k)\to\pi$，$\gamma_{ij}^t(k)\to-1$，数学推导结果与实际意义相符。

性质 5.1.2　$\varGamma_{ij}^t$ 能动态反映序列间关联性变化趋势。

依据定义 5.1.6，$\varGamma_{ij}^t$ 是针对不同时间点 k 逐一测算序列 X_i 与 X_j 之间的灰色变趋势关联系数，因此可动态地描述两个指标（对象）之间关联关系的变化规律，全过程地刻画两时间序列间的关联系数是逐渐变大、逐步缩小还是稳定不变。

性质 5.1.3　$\varUpsilon_{ij}$ 可剔除等周期性波动对灰色关联度的影响。

当不断变换观测间隔 t，使得 t 与周期性时间序列的周期长度相等时，可有效避免周期内剧烈波动导致周期内趋势性模糊的弊端。

5.1.3　面板数据的灰色变趋势关联模型构建及求解

灰色变趋势关联模型[gray dynamic trend incidence model，记为 GDTIM(t)]基于时间序列的角度分析对象间发展趋势的相关性。因此，构建面板数据的灰色等周期变趋势关联模型时，若以时间维度为研究对象，分析发展趋势关联性则没有意义。对于复杂的面板数据，分析其灰色趋势关联序时，研究对象可以是指标维度（grey dynamic trend incidence model of equally periodic data for index，指标维度灰色变趋势关联模型，记为 GDTEP$_i$(t)）或者对象维度（grey dynamic trend incidence model of equally periodic data for objects，对象维度灰色变趋势关联模型，记为 GDTEP$_o$(t)），即根据指标维度和时间维度分析对象间的趋势关联性或者根据对象维度和时间维度分析指标间的趋势关联性。

定义 5.1.7　设系统中有 $i\,(i=1,2,\cdots,m)$ 个指标，$s\,(s=1,2,\cdots,N)$ 个对象，$k\,(k=1,2,\cdots,n)$ 个离散的连续观测时间点，则称 $x_i(s,k)$ 和 $x_s(i,k)$ 为第 s 个对象的第 i 个指标在时间点 k 的观测值，称

$$X_i(s,k)=\begin{bmatrix} x_i(1,1) & x_i(1,2) & \cdots & x_i(1,n) \\ x_i(2,1) & x_i(2,2) & \cdots & x_i(2,n) \\ \vdots & \vdots & & \vdots \\ x_i(N,1) & x_i(N,2) & \cdots & x_i(N,n) \end{bmatrix}$$

为第 i 个指标的面板数据，$X^{\mathrm{PI}}=\left\{X_1(s,k),\cdots,X_i(s,k),\cdots,X_m(s,k)\,|\,s=1,2,\cdots,\right.$ $\left.N;k=1,2,\cdots,n\right\}$ 为指标维度的行为矩阵序列；

称

$$X_s(i,k)=\begin{bmatrix} x_s(1,1) & x_s(1,2) & \cdots & x_s(1,n) \\ x_s(2,1) & x_s(2,2) & \cdots & x_s(2,n) \\ \vdots & \vdots & & \vdots \\ x_s(m,1) & x_s(m,2) & \cdots & x_s(m,n) \end{bmatrix}$$

为第 s 个对象的面板数据，$X^{\mathrm{PO}}=\left\{X_1(i,k),\cdots,X_s(i,k),\cdots,X_N(i,k)\,|\,i=1,2,\cdots,\right.$ $\left.m;k=1,2,\cdots,n\right\}$ 为对象维度的行为矩阵序列。

面板数据的灰色趋势关联系数与式（5.1）的求解相似，只需确定各指标或者各对象的权重即可求解出面板数据的灰色趋势关联序。

定义 5.1.8（GDTEP$_i(t)$ 模型）　设 $X^{\mathrm{PI}}=\left\{X_1(s,k),\cdots,X_i(s,k),\cdots,X_m(s,k)\right\}$ 为指标维度的行为矩阵序列，$X_i(s,k)$ 和 $X_j(s,k)$ 分别为 i 指标和 j 指标的面板数据，则面板数据 i 指标和 j 指标在 $[k,k+t]$ 时段的灰色变趋势点关联系数 $\gamma_{ij}^t(k)^{\mathrm{PI}}$ 计算公式如下：

$$
\begin{aligned}
\gamma_{ij}^t(k)^{\mathrm{PI}}=&\sum_{s=1}^{N}\omega_s\psi_{ij}^t(s,k)\\
&\times\left(1-\sin\left|\arctan\frac{x_i(s,k+t)-x_i(s,k)}{t}-\arctan\frac{x_j(s,k+t)-x_j(s,k)}{t}\right|\right)
\end{aligned}
\tag{5.3}
$$

其中，ω_s 为第 s 个对象在所有对象中的权重；$\psi_{ij}^t(s,k)$ 为 i 指标和 j 指标在 $[k,k+t]$ 时段的发展趋势正负相关判断因子，计算方法与定义 5.1.4 一致。

对于指标维度的面板数据，本书认为选取面板数据中的研究对象时，按照统计学中对象抽取的随机性、公平性和平等性原则，对象间的权重采用等权权重，因此 $\omega_s=\dfrac{1}{N}$。

定义 5.1.9（GDTEP$_o(t)$ 模型）　设 $X^{\mathrm{PO}}=\left\{X_1(i,k),\cdots,X_s(i,k),\cdots,X_N(i,k)\right\}$ 为对象维度的行为矩阵序列，$X_s(i,k)$ 和 $X_q(i,k)$ 分别为 s 对象和 q 对象的面板数据，则面板数据 s 对象和 q 对象在 $[k,k+t]$ 时段的灰色变趋势点关联系数 $\gamma_{ij}^t(k)^{\mathrm{PO}}$ 计算公式如下：

$$
\gamma_{sq}^t(k)=\sum_{i=1}^{m}\omega_i\psi_{sq}^t(i,k)\times\left(1-\sin\left|\arctan\frac{x_s(i,\tau+t)-x_s(i,k)}{t}-\arctan\frac{x_q(i,\tau+t)-x_q(i,k)}{t}\right|\right)
$$

其中，ω_i 为第 i 个指标在所有指标中的权重；$\psi_{sq}^t(i,k)$ 为 s 对象和 q 对象在 $[k,k+t]$

时段的发展趋势正负相关判断因子，计算方法与定义 5.1.4 一致。

对于 ω_i 权重的计算，基于灰色系统处理对象具有贫信息、少数据的特征，因此不同指标对系统提供的信息有效性显得格外重要。指标提供的信息与其他指标差异性越大，说明对系统认知的贡献程度越大；指标提供的信息越少、同质性越强，说明指标对系统研究的作用越小。该思想与熵权法不谋而合，因此此处选择熵权法确定指标权重 ω_i，具体步骤如下所示。

步骤 1：令 $X = \left\{ X_1(i,s), \cdots, X_\tau(i,s), \cdots, X_n(i,s) \middle| i = 1,2,\cdots,m; \ s = 1,2,\cdots,N \right\}$ 为时间维度的面板数据，在时刻 τ 的界面数据为

$$X_\tau(i,s) = \begin{bmatrix} x_\tau(1,1) & x_\tau(1,2) & \cdots & x_\tau(1,N) \\ x_\tau(2,1) & x_\tau(2,2) & \cdots & x_\tau(2,N) \\ \vdots & \vdots & & \vdots \\ x_\tau(m,1) & x_\tau(m,2) & \cdots & x_\tau(m,N) \end{bmatrix}, \ \text{先对矩阵} \ X_\tau(i,s) \ \text{中的元素标准化,}$$

使其满足非负性，并且 $x_\tau(i,s) \in [0,1]$，标准化公式如下：

$$x'_\tau(i,s) = \frac{x_\tau(i,s) - \min_s\{x_\tau(i,s)\}}{\max_s\{x_\tau(i,s)\} - \min_s\{x_\tau(i,s)\}}, \ i = 1,2,\cdots,m, \ s = 1,2,\cdots,N$$

步骤 2：第 i 个评价指标在 τ 时刻的熵定义为

$$H_i(\tau) = -p \sum_{s=1}^{N} f_\tau(i,s) \ln f_\tau(i,s), \ i = 1,2,\cdots,m$$

其中，$f_\tau(i,s) = \dfrac{x'_\tau(i,s)}{\sum_{s=1}^{N} x'_\tau(i,s)}$；$p = \dfrac{1}{\ln N}$。

步骤 3：第 i 个评价指标在 τ 时刻的熵权定义为

$$w_i(\tau) = \frac{1 - H_i(\tau)}{m - \sum_{i=1}^{m} H_i(\tau)}$$

步骤 4：第 i 个评价指标的熵权定义为

$$w_i = \frac{1}{n} \sum_{\tau=1}^{n} w_i(\tau)$$

因此，对象维度面板数据灰色趋势关联系数求解公式如下：

$$\gamma_{sq}^t(\tau) = \sum_{i=1}^{m} \left(\frac{1}{n} \sum_{\tau=1}^{n} \omega_i(\tau) \times \psi_{sq}^t(i,\tau) \times \left(1 - \sin \left| \arctan \frac{x_s(i,\tau+t) - x_s(i,\tau)}{t} \right. \right. \right.$$
$$\left. \left. \left. - \arctan \frac{x_q(i,\tau+t) - x_q(i,\tau)}{t} \right| \right) \right) \tag{5.4}$$

指标的熵值越大说明该指标在各对象间的差异性越小，熵权则越小。熵值最大值为 1，此时熵权为 0，说明该指标未向评价者提供任何有效信息。根据熵权的定义式，可以得到 $0 \leqslant w_i \leqslant 1$，且 $\sum_{i=1}^{m} w_i = 1$。

5.1.4　灰色趋势关联模型在雾霾影响因素分析中的应用

根据中国气象局的统计数据，入冬后，我国中东部地区大部分城市雾霾现象频发，雾霾天数逐步上升，其中江苏冬季雾霾天数在 20 天以上。雾霾主要由 PM_{10}（可吸入颗粒物）、SO_2（二氧化硫）及氮氧化合物组成，其中 PM_{10} 是加重雾霾污染的罪魁祸首。PM_{10} 更易与雾结合在一起，影响空气质量和可视距离。雾霾污染中又以 $PM_{2.5}$（细颗粒物）对人类健康危害最大。气态污染物在扩散过程中产生化学反应，成为颗粒物二次形成的重要来源。因此，本书选取江苏的苏南五市（南京、镇江、常州、无锡和苏州）为研究对象，以 $PM_{2.5}$ 为雾霾系统特征序列，以 PM_{10}、SO_2、CO（一氧化碳）、NO_2（二氧化氮）和 O_3（臭氧）为雾霾系统相关因素序列，探究苏南地区雾霾环境影响因素的动态变化规律。根据中国空气质量在线监测分析平台提供的数据，搜集苏南五市从 2014 年 2 月到 2015 年 9 月的大气环境数据（表 5.1~表 5.3），利用 $GDTEP_i(t)$ 模型，分析影响因素的动态变化过程。

表5.1　苏南五市2014年2月至2015年9月的$PM_{2.5}$和PM_{10}原始数据

时间	$PM_{2.5}$/（微克/米³）					PM_{10}/（微克/米³）				
	南京	镇江	常州	苏州	无锡	南京	镇江	常州	苏州	无锡
2014.02	78.2	67.5	68.3	67.0	70.6	108.6	78.3	92.0	76.2	94.2
2014.03	74.8	77.3	70.5	70.6	69.6	141.1	114.8	115.3	100.6	114.6
2014.04	59.8	63.6	62.7	61.8	61.6	107.7	102.0	95.1	83.4	94.8
2014.05	84.7	73.2	74.4	76.1	69.8	172.2	164.0	136.7	120.1	131.3
2014.06	89.6	80.3	65.3	61.1	62.6	128.5	122.4	97.3	84.1	91.6
2014.07	64.8	65.3	53.8	55.6	54.3	92.3	96.3	81.2	78.2	82.4
2014.08	42.2	44.3	47.5	51.7	49.8	59.4	79.7	72.4	71.7	76.7
2014.09	50.7	37.0	44.3	41.7	45.7	82.2	74.5	73.0	63.3	73.5
2014.10	67.0	50.8	59.7	54.4	58.2	120.0	106.5	105.6	87.5	99.9
2014.11	81.8	65.8	68.7	70.9	79.5	132.0	108.9	103.2	90.4	122.1
2014.12	63.3	69.2	74.1	80.6	80.9	136.2	125.7	120.1	122.3	135.6
2015.01	95.8	87.1	108.1	96.2	100.8	153.8	124.3	151.1	112.4	146.8
2015.02	73.0	67.6	79.2	72.0	74.3	114.8	96.7	114.1	90.4	105.5
2015.03	55.9	56.1	64.8	60.1	59.3	95.5	89.9	101.1	74.1	87.6
2015.04	50.1	51.1	60.7	62.6	62.8	95.5	100.1	106.4	91.7	105.4

续表

时间	PM₂.₅/（微克/米³）					PM₁₀/（微克/米³）				
	南京	镇江	常州	苏州	无锡	南京	镇江	常州	苏州	无锡
2015.05	51.7	48.6	45.8	45.7	49.1	89.6	91.7	96.2	68.9	82.1
2015.06	45.8	52.4	40.9	43.2	44.5	77.2	77.0	84.6	64.5	73.2
2015.07	36.1	43.6	37.7	39.1	42.2	64.3	52.7	69.1	59.2	66.2
2015.08	32.8	41.8	35.4	41.6	41.9	64.7	49.3	71.2	67.3	68.3
2015.09	30.1	38.2	30.7	38.6	40.5	61.6	45.5	68.1	62.2	65.2

表5.2　苏南五市2014年2月至2015年9月的SO₂和CO原始数据

时间	SO₂/（微克/米³）					CO/（毫克/米³）				
	南京	镇江	常州	苏州	无锡	南京	镇江	常州	苏州	无锡
2014.02	24.3	17.5	30.9	15.5	25.9	1.02	1.10	1.10	0.91	1.10
2014.03	32.7	26.3	44.4	21.7	30.4	0.82	1.17	1.23	0.95	1.04
2014.04	21.9	20.1	35.9	19.4	22.5	0.71	1.06	0.90	0.80	1.16
2014.05	25.8	32.4	38.6	21.0	26.2	0.89	1.15	1.00	0.86	1.07
2014.06	20.1	21.2	36.8	21.1	20.1	0.82	1.10	1.04	0.86	0.98
2014.07	13.2	24.3	23.8	14.2	17.2	0.82	1.21	1.00	0.84	0.99
2014.08	10.7	15.7	22.8	15.6	20.6	0.76	1.26	0.96	0.96	1.10
2014.09	13.2	18.0	27.7	16.2	23.0	0.73	1.10	0.95	0.84	0.87
2014.10	17.2	22.0	30.7	22.7	29.2	0.79	1.16	0.99	0.83	0.94
2014.11	21.0	24.4	37.6	29.9	36.6	1.04	1.22	1.25	1.04	1.23
2014.12	29.8	38.2	46.5	40.5	46.0	1.07	1.22	1.28	1.20	1.55
2015.01	30.2	32.6	41.0	30.7	39.8	1.32	1.33	1.45	1.15	1.50
2015.02	21.3	22.5	24.2	21.0	24.2	1.18	1.17	1.14	0.95	1.07
2015.03	19.7	24.4	32.9	18.3	24.5	1.11	1.27	1.08	0.89	1.04
2015.04	19.7	28.6	34.9	23.4	26.0	0.92	1.25	1.14	0.95	0.93
2015.05	18.1	25.8	32.3	16.1	20.9	0.88	0.93	1.07	0.77	0.83
2015.06	14.3	22.6	22.9	13.2	18.1	0.85	0.83	1.06	0.78	0.88
2015.07	12.4	23.8	19.3	13.7	18.1	0.71	0.76	0.87	0.75	0.89
2015.08	14.1	21.9	23.1	16.8	21.6	0.74	0.76	0.81	0.78	0.97
2015.09	14.8	20.9	24.3	19.5	27.7	0.73	0.67	0.71	0.77	1.08

表5.3　苏南五市2014年2月至2015年9月的NO₂和O₃原始数据

时间	NO₂/（微克/米³）					O₃/（微克/米³）				
	南京	镇江	常州	苏州	无锡	南京	镇江	常州	苏州	无锡
2014.02	43.7	31.6	32.7	42.5	41.0	66.3	56.5	69.2	53.9	59.2
2014.03	62.2	46.0	47.8	55.5	56.0	107.0	77.3	93.5	91.1	82.5
2014.04	53.2	48.1	43.1	48.7	51.5	125.4	102.6	101.9	102.6	97.6

续表

时间	NO₂/（微克/米³)					O₃/（微克/米³)				
	南京	镇江	常州	苏州	无锡	南京	镇江	常州	苏州	无锡
2014.05	56.2	49.2	58.2	47.7	44.1	177.1	131.7	148.9	139.0	153.6
2014.06	45.2	39.6	45.5	39.3	35.6	161.1	115.3	158.7	137.8	157.7
2014.07	35.9	34.5	37.7	35.0	29.0	127.8	92.4	137.8	129.0	151.3
2014.08	31.0	29.7	37.5	45.0	32.9	63.7	109.9	106.6	114.0	121.2
2014.09	37.4	40.9	35.7	42.5	31.6	105	100.9	108.4	111.3	117.0
2014.10	54.2	49.9	45.0	57.9	39.9	104.9	108.6	120.4	111.7	119.3
2014.11	59.6	58.3	50.4	67.5	51.7	58.2	80.5	77.0	66.6	68.5
2014.12	58.1	58.1	51.9	72.8	53.5	40.6	58.5	49.4	39.7	43.4
2015.01	66.0	61.9	51.5	68.3	53.3	39.5	55.1	56.0	48.3	49.2
2015.02	43.8	36.0	37.4	49.1	37.2	69.9	62.3	78.6	72.1	71.2
2015.03	49.4	46.8	45.5	56.8	43.1	82.6	79.8	87.7	82.2	84.1
2015.04	56.1	48.1	51.0	62.6	45.4	122.9	131.7	134.8	120.9	130.7
2015.05	46.5	41.3	47.6	46.3	36.6	140.7	117.4	135.4	136.1	130.1
2015.06	38.6	36.1	39.6	41.3	31.7	132.4	151.7	71.3	121.8	120.8
2015.07	35.9	28.4	35.3	38.1	29.2	117.0	147.1	86.1	113.4	111.5
2015.08	37.9	31.1	34.3	37.5	30.8	146.6	157.3	120.7	133.0	135.3
2015.09	43.6	30.4	33.1	44.7	32.0	138.0	142.9	131.3	133.8	140.5

对所有原始数据依据定义 5.1.2 进行标准化，考虑到雾霾污染气候的季节性因素，分别假设周期长度为 $t=1$，$t=3$，$t=6$，即月度、季度和半年周期，来观测影响因素与 $PM_{2.5}$ 之间的动态变化关系。根据指标维度的灰色变趋势关联模型计算不同周期长度下的动态关联关系，具体计算结果如表 5.4～表 5.6 所示。

表5.4　$PM_{2.5}$ 与5个相关因素在 $t=1$ 时的灰色变趋势关联系数

时间	关联系数				
	$\gamma_{PM_{2.5}\&PM_{10}}^{t=1}$	$\gamma_{PM_{2.5}\&SO_2}^{t=1}$	$\gamma_{PM_{2.5}\&CO}^{t=1}$	$\gamma_{PM_{2.5}\&NO_2}^{t=1}$	$\gamma_{PM_{2.5}\&O_3}^{t=1}$
2014.02	0.188	0.150	0.669	0.210	0.259
2014.03	0.756	0.722	0.510	0.709	−0.197
2014.04	0.594	0.671	0.643	0.221	0.771
2014.05	0.297	0.210	−0.076	0.366	−0.216
2014.06	0.931	0.575	0.165	0.818	0.840
2014.07	0.866	0.273	0.185	0.253	0.562
2014.08	0.490	−0.094	0.473	0.658	0.411
2014.09	0.823	0.861	0.413	0.824	0.325

时间	关联系数				
	$\gamma_{PM_{2.5}\&PM_{10}}^{t=1}$	$\gamma_{PM_{2.5}\&SO_2}^{t=1}$	$\gamma_{PM_{2.5}\&CO}^{t=1}$	$\gamma_{PM_{2.5}\&NO_2}^{t=1}$	$\gamma_{PM_{2.5}\&O_3}^{t=1}$
2014.10	0.355	0.818	0.690	0.888	−0.018
2014.11	0.454	0.296	0.472	0.471	−0.035
2014.12	0.331	0.028	0.420	0.152	0.154
2015.01	0.935	0.905	0.879	0.863	−0.019
2015.02	0.813	0.165	0.490	−0.028	−0.140
2015.03	0.162	0.301	0.239	0.124	0.096
2015.04	0.556	0.509	0.367	0.577	0.277
2015.05	0.649	0.514	0.016	0.460	0.669
2015.06	0.837	0.288	0.445	0.840	0.594
2015.07	−0.149	−0.016	−0.079	−0.375	−0.172
2015.08	0.924	−0.236	0.567	0.052	−0.051
平均	0.569	0.365	0.394	0.425	0.216

如表 5.4 所示，当以月度为观测周期测算面板数据间的变趋势关联序时，关联系数的变化波动较大，稳定性无法达到提取关键因素的标准，因此以季度为观测周期。

表5.5　PM$_{2.5}$与5个相关因素在 $t = 3$ 时的灰色变趋势关联系数

时间	关联系数				
	$\gamma_{PM_{2.5}\&PM_{10}}^{t=3}$	$\gamma_{PM_{2.5}\&SO_2}^{t=3}$	$\gamma_{PM_{2.5}\&CO}^{t=3}$	$\gamma_{PM_{2.5}\&NO_2}^{t=3}$	$\gamma_{PM_{2.5}\&O_3}^{t=3}$
2014.02	0.220	0.331	0.226	0.259	0.213
2014.03	0.582	0.277	0.294	0.316	0.220
2014.04	0.340	0.489	0.271	0.296	0.008
2014.05	0.803	0.821	0.141	0.798	0.775
2014.06	0.873	0.546	0.412	0.401	0.743
2014.07	0.198	0.386	−0.071	0.211	−0.063
2014.08	0.921	0.871	0.566	0.837	−0.044
2014.09	0.852	0.777	0.739	0.841	−0.153
2014.10	0.745	0.778	0.850	0.682	−0.218
2014.11	0.604	−0.182	−0.124	0.132	0.015
2014.12	0.734	0.554	0.288	0.838	−0.040
2015.01	0.778	0.681	0.791	0.481	−0.277
2015.02	0.667	0.326	0.788	0.052	−0.108

续表

时间	关联系数				
	$\gamma_{PM_{2.5}\&PM_{10}}^{t=3}$	$\gamma_{PM_{2.5}\&SO_2}^{t=3}$	$\gamma_{PM_{2.5}\&CO}^{t=3}$	$\gamma_{PM_{2.5}\&NO_2}^{t=3}$	$\gamma_{PM_{2.5}\&O_3}^{t=3}$
2015.03	0.790	0.894	0.574	0.725	0.106
2015.04	0.811	0.841	0.656	0.687	0.426
2015.05	0.758	0.223	0.269	0.706	0.213
2015.06	0.869	−0.070	0.592	0.055	−0.093
平均	0.679	0.503	0.427	0.489	0.101

　　从表 5.5 可以看出，$\gamma_{PM_{2.5}\&PM_{10}}^{t=3}$ 相较于 $\gamma_{PM_{2.5}\&PM_{10}}^{t=1}$ 的趋势程度显著增强（结合图 5.2），但是其他几个因素与 PM$_{2.5}$ 的相关趋势依然不明显。

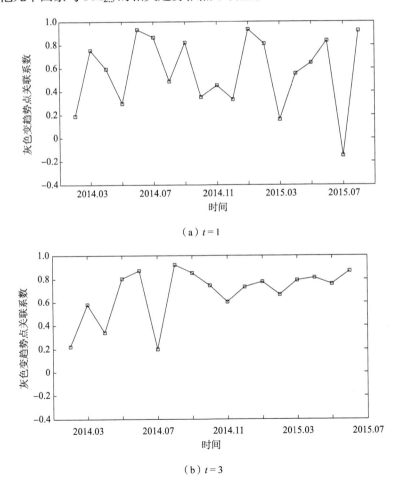

（a）$t=1$

（b）$t=3$

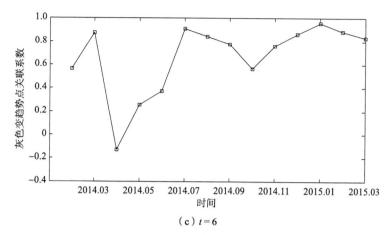

（c）$t=6$

图 5.2　$PM_{2.5}$ 与 PM_{10} 在不同观测周期下灰色变趋势点关联系数的变化曲线

图 5.2 中的三幅小图分别展示了以月度、季度和半年为观测周期下的灰色变趋势点关联系数。可以清晰地观测到，当 $t=6$ 时，$\gamma_{PM_{2.5}\&PM_{10}}^{t=6}$ 的波动性显著降低，仅在 2014 年 4 月发生一次剧烈波动。结合实际情况，2014 年 4 月是第二届青年奥林匹克运动会开幕前期，诸多化工厂、钢铁厂、小作坊均临时关闭与停业。因此，外界因素促使图 5.2（c）中的异常波动现象发生。其他时刻，$\gamma_{PM_{2.5}\&PM_{10}}^{t=6}$ 均在 0.8 左右，保持较高、稳定的趋势关联水平。

因此，调整观测周期，以 6 个月为观测周期长度比较影响因素间的关联程度，其计算结果如表 5.6 所示。

表5.6　$PM_{2.5}$与5个相关因素在 $t=6$ 时的灰色变趋势关联系数

时间	关联系数				
	$\gamma_{PM_{2.5}\&PM_{10}}^{t=6}$	$\gamma_{PM_{2.5}\&SO_2}^{t=6}$	$\gamma_{PM_{2.5}\&CO}^{t=6}$	$\gamma_{PM_{2.5}\&NO_2}^{t=6}$	$\gamma_{PM_{2.5}\&O_3}^{t=6}$
2014.02	0.567	0.534	0.289	0.345	−0.016
2014.03	0.874	0.732	0.630	0.706	0.036
2014.04	−0.131	−0.022	0.104	0.037	−0.298
2014.05	0.256	0.486	0.047	0.148	0.220
2014.06	0.372	0.341	0.341	0.421	0.196
2014.07	0.909	0.933	0.860	0.859	−0.254
2014.08	0.845	0.668	0.274	0.453	0.007
2014.09	0.778	0.631	0.676	0.747	−0.064
2014.10	0.665	0.495	0.204	0.510	0.552
2014.11	0.761	0.585	0.873	0.821	−0.112
2014.12	0.862	0.744	0.841	0.852	−0.150
2015.01	0.958	0.893	0.971	0.920	−0.286
2015.02	0.884	0.368	0.805	0.480	−0.190

时间	关联系数				
	$\gamma^{t=6}_{PM_{2.5}\&PM_{10}}$	$\gamma^{t=6}_{PM_{2.5}\&SO_2}$	$\gamma^{t=6}_{PM_{2.5}\&CO}$	$\gamma^{t=6}_{PM_{2.5}\&NO_2}$	$\gamma^{t=6}_{PM_{2.5}\&O_3}$
2015.03	0.832	0.406	0.619	0.859	−0.070
平均	0.674	0.557	0.538	0.583	−0.031

　　如表 5.6 所示，影响因素与雾霾数据间的关联性明显增强，而对雾霾影响不大的 O_3，其关联系数也明显降低，与实际情况相符。为了更清晰地对比不同周期长度下变趋势点关联系数发展趋势，分别绘制图 5.3 和图 5.4 来深入、形象地分析每个因素与 $PM_{2.5}$ 的相关程度及关联趋势。

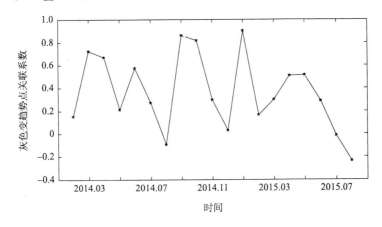

（a）$t=1$

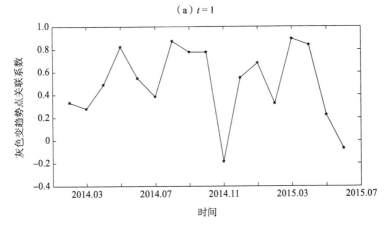

（b）$t=3$

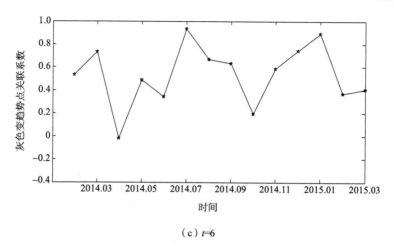

（c）t=6

图 5.3　PM$_{2.5}$ 与 SO$_2$ 在不同观测周期下灰色变趋势点关联系数的变化曲线

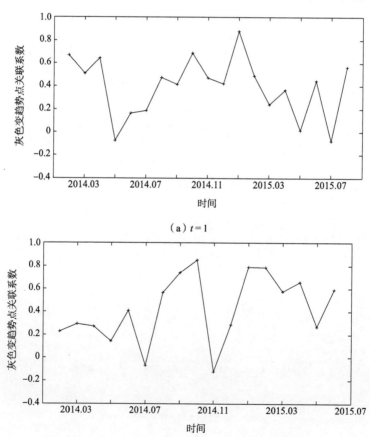

（a）t = 1

（b）t = 3

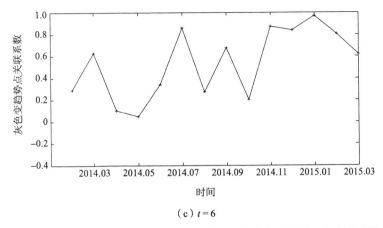

（c）$t=6$

图 5.4　$PM_{2.5}$ 与 CO 在不同观测周期下灰色变趋势点关联系数的变化曲线

如图 5.3 所示，当 $t=6$ 时，$PM_{2.5}$ 与 SO_2 的变趋势点关联系数平均值达到 0.557，显著高于 $t=1$ 时的 0.365，各个时间点的关联系数均保持在 0.4~0.6，稳定性较 $t=3$ 时大幅提高。从图 5.3（c）可以看出，SO_2 对雾霾的影响在 2015 年后较低，这与苏南重工业向苏中、苏北地区的转移密不可分，因为 SO_2 主要来自化石燃料的燃烧，化石燃料在重工业中使用较为频繁。

类似地，当 $t=6$ 时，$PM_{2.5}$ 与 CO 的趋势较为明显，变趋势点关联系数平均值达到了 0.538，且保持在 0.6 上下波动。从图 5.4（c）可以看出，从 2014 年 4 月以来，关联系数不断上升，并且保持在高位，CO 主要来自机动车尾气排放。因此，未来苏南地区需关注机动车保有量对雾霾污染的影响。

比较图 5.5 与图 5.3，$PM_{2.5}$ 和 NO_2 的变趋势点关联系数与 $PM_{2.5}$ 和 SO_2 的变化趋势开始较为相近，但是在 2014 年 11 月以后，对雾霾的影响也逐渐高于 SO_2。因为 NO_2 主要来自机动车尾气排放和化石燃料燃烧，所以机动车尾气排放对雾霾的影响逐步提高，化石燃料污染的现象逐步得到改善。

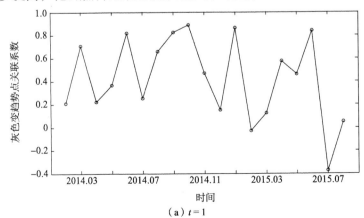

（a）$t=1$

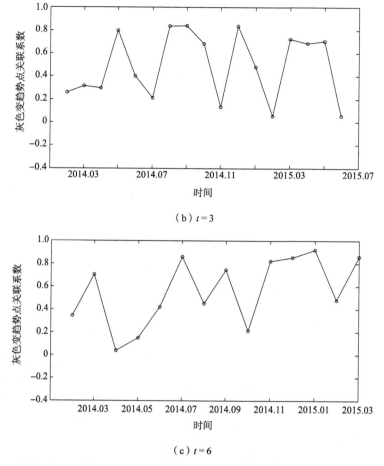

（b）$t=3$

（c）$t=6$

图 5.5　$PM_{2.5}$ 与 NO_2 在不同观测周期下灰色变趋势点关联系数的变化曲线

当利用 $GDTEP_i(t)$ 模型分析 $PM_{2.5}$ 与 O_3 的相关性时，模型效果较为明显。当 $t=1$ 时，如图 5.6（a）所示，变趋势点关联系数的波动最为剧烈，其关联系数的平均值达到 0.216，表明 O_3 对 $PM_{2.5}$ 有一定的正向相关作用。当调整 $t=3$ 时，平均关联系数开始降低，且波动性变小。当调整 $t=6$ 后，从图 5.6（c）可以得出，$PM_{2.5}$ 与 O_3 的关联性系数为负值，说明当 O_3 污染和雾霾污染发生的原因与季节差异性较大。实际上，O_3 污染发生在春末、初秋季节较多，与雾霾发生时间不同。

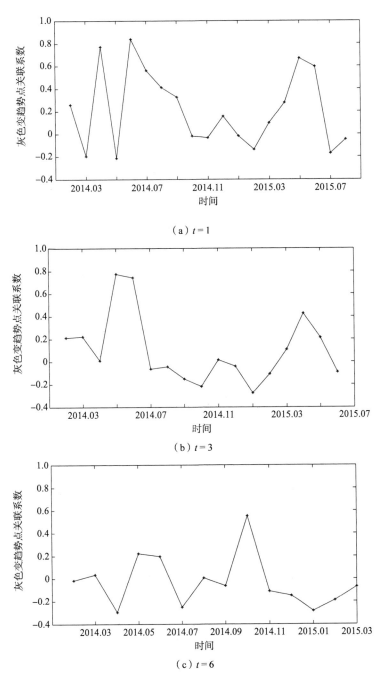

（a）$t=1$

（b）$t=3$

（c）$t=6$

图 5.6　PM$_{2.5}$ 与 O$_3$ 在不同观测周期下灰色变趋势点关联系数的变化曲线

5.2　基于时空数据的相似性灰色关联模型

5.2.1　时空数据的表征

时空数据具有时间维度和空间维度特征，因此其表征较为复杂。从时间维度看，任意对象在某一时段的观测值均构成一个时间序列；从空间维度看，时空数据是在空间位置上有一定关系的某时点指标值构成的离散空间数据，区别于三维面板数据中对象维度顺序可以随意改变，时空数据的空间维度对象位置是相对固定的。

定义 5.2.1　设系统中的研究对象有 N 个，每个个体的特征用 M 个指标表征，时间长度为 T，令 (p_n, q_n) 表示个体 n 的地理位置，其中 p_n 表示个体的纬度，q_n 表示个体的经度，$x_t^*(p_n, q_n, m)$ 表示在 t 时刻 $(t = 1, 2, \cdots, T)$，第 n 个个体 $(n = 1, 2, \cdots, N)$ 关于指标 $m (m = 1, 2, \cdots, M)$ 的观测值，由于三维数据表不便于体现时空数据的几何特征，现将时空数据中的每个指标值作为四维空间中的点，并分维度以矩阵的方式进行表征。将时空数据表示成四维表征矩阵的形式，如表 5.7 所示。

表5.7　时空数据的四维表征矩阵

指标	1					⋯		M				
样本	时间					⋯		时间				
	1	⋯	t	⋯	T	⋯		1	⋯	t	⋯	T
(p_1, q_1)	$x_1^*(p_1, q_1, 1)$	⋯	$x_t^*(p_1, q_1, 1)$	⋯	$x_T^*(p_1, q_1, 1)$	⋯		$x_1^*(p_1, q_1, M)$	⋯	$x_t^*(p_1, q_1, M)$	⋯	$x_T^*(p_1, q_1, M)$
⋮	⋮		⋮		⋮			⋮		⋮		⋮
(p_n, q_n)	$x_1^*(p_n, q_n, 1)$	⋯	$x_t^*(p_n, q_n, 1)$	⋯	$x_T^*(p_n, q_n, 1)$	⋯		$x_1^*(p_n, q_n, M)$	⋯	$x_t^*(p_n, q_n, M)$	⋯	$x_T^*(p_n, q_n, M)$
⋮	⋮		⋮		⋮			⋮		⋮		⋮
(p_N, q_N)	$x_1^*(p_N, q_N, 1)$	⋯	$x_t^*(p_N, q_N, 1)$	⋯	$x_T^*(p_N, q_N, 1)$	⋯		$x_1^*(p_N, q_N, M)$	⋯	$x_t^*(p_N, q_N, M)$	⋯	$x_T^*(p_N, q_N, M)$

注：四维是指时间、指标、对象，其中对象用其所在区域的经度与纬度表示

定义 5.2.2　设 $X_n^{m*} = \left(x_1^*(p_n, q_n, m), \cdots, x_t^*(p_n, q_n, m), \cdots, x_T^*(p_n, q_n, m) \right)$ 表示第 n

个 空 间 对 象 关 于 指 标 m 的 时 间 序 列 矩 阵 ；$X_n^* = \left(X_n^{1*}, \cdots, X_n^{2*}, \cdots, X_n^{M*} \right)^{\mathrm{T}}$ $(m = 1, 2, \cdots, M;\ n = 1, 2, \cdots, N)$ 表 示 第 n 个 空 间 对 象 指 标 的 时 间 序 列 矩 阵 ；$X^* = \left(X_1^*, \cdots, X_n^*, \cdots, X_N^* \right)^{\mathrm{T}}$ 表 示 时 空 数 据 矩 阵 。

定义 5.2.3　设 $X_t^{m*} = \left(x_t^*(p_1, q_1, m), \cdots, x_t^*(p_n, q_n, m), \cdots, x_t^*(p_N, q_N, m) \right)^{\mathrm{T}}$ 表 示 第 m 个 指 标 在 t 时 刻 关 于 所 有 空 间 对 象 的 空 间 数 据 矩 阵 ；$X_t^* = \left(X_t^{1*}, \cdots, X_t^{n*}, \cdots, X_t^{N*} \right)^{\mathrm{T}}$ $(m = 1, 2, \cdots, M;\ t = 1, 2, \cdots, T)$ 表 示 t 时 刻 所 有 空 间 对 象 关 于 各 指 标 的 空 间 数 据 矩 阵 ；$X^* = \left(X_1^*, \cdots, X_t^*, \cdots, X_T^* \right)$ 表 示 时 空 数 据 矩 阵 。

定义 5.2.4　设空间对象距离矩阵为

$$D_{N \times N}^* = \begin{pmatrix} 0 & \cdots & d_{1n_1}^* & \cdots & d_{1n_2}^* & \cdots & d_{1N}^* \\ \vdots & \ddots & \vdots & & \vdots & & \vdots \\ d_{n_1 1}^* & \cdots & 0 & \cdots & d_{n_1 n_2}^* & \cdots & d_{n_1 N}^* \\ \vdots & & \vdots & \ddots & \vdots & & \vdots \\ d_{n_2 1}^* & \cdots & d_{n_2 n_1}^* & \cdots & 0 & \cdots & d_{n_2 N}^* \\ \vdots & & \vdots & & \vdots & \ddots & \vdots \\ d_{N1}^* & \cdots & d_{Nn_1}^* & \cdots & d_{Nn_2}^* & \cdots & 0 \end{pmatrix}$$

其中，

$$d_{n_1 n_2}^* = 2R \cdot \arcsin \left(\sqrt{\sin^2 \left(\frac{p_{n_1}^* - p_{n_2}^*}{2} \right) + \cos\left(p_{n_1}^*\right) \cos\left(p_{n_2}^*\right) \sin^2 \left(\frac{q_{n_1}^* - q_{n_2}^*}{2} \right)} \right) \quad (5.5)$$

表示两对象 n_1、n_2 之间的距离 $(n_1, n_2 = 1, 2, \cdots, N,\ 且\ n_1 \neq n_2)$；$R$ 表示地球半径 $(R=6\,371.004\,千米)$；距离矩阵为主对角线元素为 0 的对称矩阵。

在实际建模计算过程中，根据美国地理学家 W. R. Tobler 于 1970 年提出的地理学第一定律对对象之间的距离进行预处理，即 Tobler 认为距离相近的事物相似性更强。因此，本书采用先取倒数后标准化的方法对对象之间的距离进行预处理。

设经过预处理的空间对象距离矩阵为

$$D_{N \times N} = \begin{pmatrix} 0 & \cdots & d_{1n_1} & \cdots & d_{1n_2} & \cdots & d_{1N} \\ \vdots & \ddots & \vdots & & \vdots & & \vdots \\ d_{n_1 1} & \cdots & 0 & \cdots & d_{n_1 n_2} & \cdots & d_{n_1 N} \\ \vdots & & \vdots & \ddots & \vdots & & \vdots \\ d_{n_2 1} & \cdots & d_{n_2 n_1} & \cdots & 0 & \cdots & d_{n_2 N} \\ \vdots & & \vdots & & \vdots & \ddots & \vdots \\ d_{N1} & \cdots & d_{Nn_1} & \cdots & d_{Nn_2} & \cdots & 0 \end{pmatrix}$$

其中,

$$d_{n_1 n_2} = \frac{\overline{d^*}}{d^*_{n_1 n_2}}, \quad \overline{d^*} = \frac{\sum_{n_1=1}^{N} \sum_{n_2=1}^{N} d^*_{n_1 n_2}}{A_N^2} \tag{5.6}$$

$$A_N^2 = N \times (N-1)$$

定义 5.2.5 设第 m 个指标的时空数据在 t 时刻的空间数据矩阵为

$$X_t^{m*} = \left(x_t^*(p_1, q_1, m), \cdots, x_t^*(p_n, q_n, m), \cdots, x_t^*(p_N, q_N, m) \right)^{\mathrm{T}}$$

经过序列算子 D 作用后的数据矩阵为

$$X_t^m = \left(x_t(p_1, q_1, m), \cdots, x_t(p_n, q_n, m), \cdots, x_t(p_N, q_N, m) \right)^{\mathrm{T}}$$

当

$$x_t(p_n, q_n, m) = k x_t^*(p_n, q_n, m) dk = \frac{k x_t^*(p_n, q_n, m)}{\overline{X}}, \quad \overline{X} = \frac{\sum_{n=1}^{N} \sum_{t=1}^{T} x_t^*(p_n, q_n, m)}{NT} \tag{5.7}$$

称 D 为时空数据的均值化算子,其中 k 为数据规范化因子。

对于三维面板数据,时间维度具有明显的先后顺序,研究对象之间的排列顺序却不是固定的。因此,前人所构造的三维面板数据灰色关联模型中,将时间维度的间隔视为时间长度,却弱化了各对象之间的"距离"概念,依据三维面板数据整体的体积、面积和各维度斜率构造的模型计算结果存在序数效应。时空数据具有四维特征,且各空间对象之间的位置是相互固定的,这是时空数据和三维面板数据的根本区别。若延续三维面板数据中采用整体体积、面积和斜率的模型构造方法,仍会存在空间对象之间的连接顺序不同使得关联度的计算结果产生序数效应的问题。鉴于此,本书从时空数据的时间维度特征和空间维度特征入手,分别从时间维度和空间维度对时空数据的指标相似性进行剖析。

5.2.2 时空面板数据的时间维度和空间维度特征表征

1. 时间维度的特征表征

在时间维度,第 n 个对象 $(n = 1, 2, \cdots, N)$ 的第 i 个指标和第 j 个指标 $(i, j = 1, 2, \cdots, M, \text{且} i \neq j)$,在 $[t, t+1]$ 时段 $(t = 1, 2, \cdots, T-1)$ 的发展方向可能出现相同、相反两种情况,如图 5.7 所示。

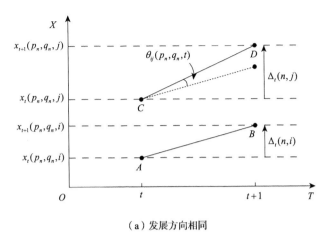

（a）发展方向相同

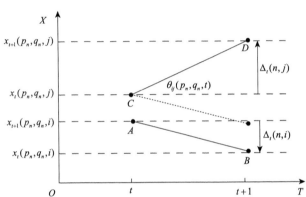

（b）发展方向相反

图 5.7　时间维度指标值发展方向呈现的两种情况

定义 5.2.6　设

$$\Delta_t\left(p_n,q_n,i\right) = x_{t+1}\left(p_n,q_n,i\right) - x_t\left(p_n,q_n,i\right) \tag{5.8}$$

$$\Delta_t\left(p_n,q_n,j\right) = x_{t+1}\left(p_n,q_n,j\right) - x_t\left(p_n,q_n,j\right) \tag{5.9}$$

分别为第 n 个空间对象在 $[t,t+1]$ 时段关于指标 i 和指标 j 的增量，则称

$$T_{ij}\left(p_n,q_n,t\right) = \begin{cases} 1, & \Delta_t\left(p_n,q_n,i\right)\cdot\Delta_t\left(p_n,q_n,j\right) \geqslant 0 \\ -1, & \Delta_t\left(p_n,q_n,i\right)\cdot\Delta_t\left(p_n,q_n,j\right) < 0 \end{cases} \tag{5.10}$$

为第 n 个空间对象在 $[t,t+1]$ 时段关于指标 i 和指标 j 的发展趋势判断。

定义 5.2.7 设

$$x_t(p_n, q_n, i) = (1, x_{t+1}(p_n, q_n, i) - x_t(p_n, q_n, i))$$

$$x_t(p_n, q_n, j) = (1, x_{t+1}(p_n, q_n, j) - x_t(p_n, q_n, j))$$

分别为第 n 个空间对象在 $[t, t+1]$ 时段关于指标 i 和指标 j 的时间序列向量。

记

$$\theta_{ij}(p_n, q_n, t) = \arccos \frac{x_t(p_n, q_n, i) \cdot x_t(p_n, q_n, j)}{|x_t(p_n, q_n, i)| \cdot |x_t(p_n, q_n, j)|} \qquad (5.11)$$

为指标向量 $x_t(p_n, q_n, i)$ 与 $x_t(p_n, q_n, j)$ 的夹角。在时间维度上，对于任意空间对象，其指标向量之间的夹角一定程度上反映了两个指标发展的相似性。基于此思想，可构建时空数据时间维度的相似性灰色关联模型。

2. 空间维度的特征表征

在空间维度，t 时刻关于指标 i 和指标 j 分别在两空间对象 n_1 和 n_2 上的指标值走向可能呈现相同、相反两种不同的情况，如图 5.8 所示。

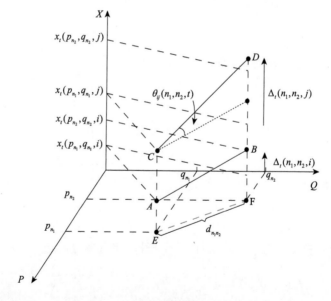

（a）走向相同

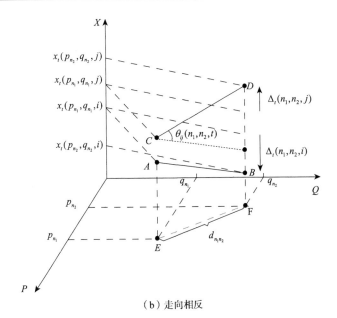

（b）走向相反

图 5.8　空间维度指标值走向呈现的两种不同情况

定义 5.2.8　设

$$\Delta_t\left(n_t,n_2,i\right)=x_t\left(p_{n_1},q_{n_1},i\right)-x_t\left(p_{n_2},q_{n_2},i\right) \tag{5.12}$$

$$\Delta_t\left(n_t,n_2,j\right)=x_t\left(p_{n_1},q_{n_1},j\right)-x_t\left(p_{n_2},q_{n_2},j\right) \tag{5.13}$$

分别为 t 时刻关于指标 i 和指标 j 在空间对象 n_1 和 n_2 上的增量，则称

$$S_{ij}\left(n_t,n_2,t\right)=\begin{cases}1,\ \Delta_t\left(n_t,n_2,i\right)\cdot\Delta_t\left(n_t,n_2,j\right)\geqslant 0\\-1,\Delta_t\left(n_t,n_2,i\right)\cdot\Delta_t\left(n_t,n_2,j\right)<0\end{cases} \tag{5.14}$$

为 t 时刻关于指标 i 和指标 j 在第 n_1 和第 n_2 个空间对象上指标值走向的判断。

定义 5.2.9　设

$$x_t\left(n_t,n_2,i\right)=\left(\left(p_{n_1},q_{n_1},x_t\left(p_{n_1},q_{n_1},i\right)\right),\left(p_{n_2},q_{n_2},x_t\left(p_{n_2},q_{n_2},i\right)\right)\right)$$

$$x_t\left(n_t,n_2,j\right)=\left(\left(p_{n_1},q_{n_1},x_t\left(p_{n_1},q_{n_1},j\right)\right),\left(p_{n_2},q_{n_2},x_t\left(p_{n_2},q_{n_2},j\right)\right)\right)$$

分别为 t 时刻指标 i 和指标 j 在第 n_1 和 n_2 个空间对象上的指标序列。由图 5.9 可知，在空间维度，A、B、C、D 四个点在同一平面内。

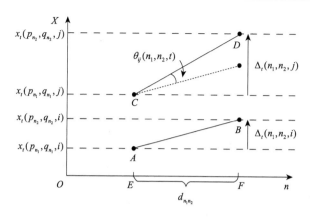

图 5.9 空间坐标点的二维表示

E、F 分别表示第 n_1、n_2 个对象；A、C 表示第 n_1 个对象在指标 i、j 下的值；B、D 表示
第 n_2 个对象在指标 i、j 下的值

因此，可按照如下方式表征空间维度两指标向量：

$$x_t(n_1,n_2,i)=\left(d_{n_1n_2},\Delta_t(n_1,n_2,i)\right)$$

$$x_t(n_1,n_2,j)=\left(d_{n_1n_2},\Delta_t(n_1,n_2,j)\right)$$

记

$$\theta_{ij}(n_1,n_2,t)=\arccos\frac{x_t(n_1,n_2,i)\cdot x_t(n_1,n_2,j)}{|x_t(n_1,n_2,i)|\cdot|x_t(n_1,n_2,j)|} \qquad (5.15)$$

为指标向量 $x_t(n_1,n_2,i)$ 与 $x_t(n_1,n_2,j)$ 的夹角，任意时刻指标值在不同空间对象间的走向夹角可以反映两指标在空间维度的相似性。基于此，可构建时空数据的相似性灰色关联模型。

5.2.3　时空数据的相似性灰色关联模型构建

通过对时空数据的维度特征分析，以指标值之间发展趋势或走向判断方向信息，以指标向量夹角的大小判断相似程度，为提高灰色关联度的分辨率，采用以 e 为底的指数函数为基础，对向量夹角含义的解释构建时空数据的相似性灰色关联模型。

定义 5.2.10　设第 i 个指标和第 j 个指标的时空数据为 X^i 和 X^j($i,j=1,2,\cdots,$ M，且 $i\neq j$)，称

$$\gamma_{ij}^{T}(p_n, q_n, t) = \begin{cases} T_{ij}(p_n, q_n, t) \cdot e^{-|\tan(\theta_{ij}(p_n, q_n, t))|}, & \theta_{ij}(p_n, q_n, t) \in [0, \pi/2) \bigcup (\pi/2, \pi) \\ 0, & \theta_{ij}(p_n, q_n, t) = \pi/2 \end{cases}$$

$$(5.16)$$

为第 n 个空间对象 $(n = 1, 2, \cdots, N)$ 的第 i 个指标和第 j 个指标在 $[t, t+1]$ 时段 $(t = 1, 2, \cdots, T-1)$ 的关联系数。同理，称

$$\gamma_{ij}^{N}(n_1, n_2, t) = \begin{cases} S_{ij}(n_1, n_2, t) \cdot e^{-|\tan(\theta_{ij}(n_1, n_2, t))|}, & \theta_{ij}(n_1, n_2, t) \in [0, \pi/2) \bigcup (\pi/2, \pi) \\ 0, & \theta_{ij}(n_1, n_2, t) = \pi/2 \end{cases}$$

$$(5.17)$$

为 t 时刻 $(t = 1, 2, \cdots, T)$ 的第 i 个指标和第 j 个指标在第 n_1、第 n_2 个空间对象 $(n_1, n_2 = 1, 2, \cdots, N,\ 且 n_1 \neq n_2)$ 的关联系数。

定义 5.2.11　设第 i 个指标和第 j 个指标的时空数据为 X^i 和 X^j $(i, j = 1, 2, \cdots, M,\ 且 i \neq j)$，称

$$T_{ij}(p_n, q_n) = \begin{cases} 1, & \sum_{t=1}^{T-1} \gamma_{ij}^{T}(p_n, q_n, t) \geqslant 0 \\ -1, & \sum_{t=1}^{T-1} \gamma_{ij}^{T}(p_n, q_n, t) < 0 \end{cases}$$

为时空数据 X^i 与 X^j 关于第 n 个空间对象在时间维度的指标值发展趋势判断；称

$$T_{ij} = \begin{cases} 1, & \sum_{n=1}^{N}\sum_{t=1}^{T-1} \gamma_{ij}^{T}(p_n, q_n, t) \geqslant 0 \\ -1, & \sum_{n=1}^{N}\sum_{t=1}^{T-1} \gamma_{ij}^{T}(p_n, q_n, t) < 0 \end{cases}$$

为时空数据 X^i 与 X^j 在时间维度的指标值走向判断。

同理，称

$$S_{ij}(t) = \begin{cases} 1, & \sum_{n_1=1}^{N}\sum_{n_2=1}^{N} \gamma_{ij}^{N}(n_1, n_2, t) \geqslant 0 \\ -1, & \sum_{n_1=1}^{N}\sum_{n_2=1}^{N} \gamma_{ij}^{N}(n_1, n_2, t) < 0 \end{cases}$$

为时空数据 X^i 与 X^j 于 t 时刻在空间维度的指标值走向判断；称

$$S_{ij} = \begin{cases} 1, & \sum_{t=1}^{T}\sum_{n_1=1}^{N}\sum_{n_2=1}^{N} \gamma_{ij}^{N}(n_1, n_2, t) \geqslant 0 \\ -1, & \sum_{t=1}^{T}\sum_{n_1=1}^{N}\sum_{n_2=1}^{N} \gamma_{ij}^{N}(n_1, n_2, t) < 0 \end{cases}$$

为时空数据 X^i 与 X^j 在空间维度的指标值走向判断。

定义 5.2.12　设第 i 个指标和第 j 个指标的时空数据为 X^i 和 $X^j (i,j=1,2,\cdots,$ M，且 $i\ne j$)，称

$$\gamma_{ij}^T(p_n,q_n)=\frac{\sum_{t=1}^{T-1}\left|\gamma_{ij}^T(p_n,q_n,t)\right|}{T-1}$$

为时空数据 X^i 与 X^j 在时间维度关于对象 n 的关联度大小；称

$$\gamma_{ij}^T=\frac{\sum_{n=1}^{N}\sum_{t=1}^{T-1}\left|\gamma_{ij}^T(p_n,q_n,t)\right|}{N(T-1)}=\frac{\sum_{n=1}^{N}\gamma_{ij}^T(p_n,q_n)}{N}$$

为时空数据 X^i 与 X^j 在时间维度的关联度大小；称

$$\xi_{ij}^T(p_n,q_n)=\frac{\sum_{t=1}^{T-1}\gamma_{ij}^T(p_n,q_n,t)}{T-1}$$

为时空数据 X^i 与 X^j 在时间维度关于对象 n 的灰色关联度度量系数。

同理，称

$$\gamma_{ij}^N(t)=\frac{\sum_{n_1=1}^{N}\sum_{n_2=1}^{N}\left|\gamma_{ij}^N(n_1,n_2,t)\right|}{A_N^2}$$

为时空数据 X^i 与 X^j 在空间维度关于时刻 t 的关联度大小；称

$$\gamma_{ij}^N=\frac{\sum_{t=1}^{T}\sum_{n_1=1}^{N}\sum_{n_2=1}^{N}\left|\gamma_{ij}^N(n_1,n_2,t)\right|}{TA_N^2}=\frac{\sum_{t=1}^{T}\gamma_{ij}^N(t)}{T}$$

为时空数据 X^i 与 X^j 在空间维度的关联度大小；称

$$\xi_{ij}^N(t)=\frac{\sum_{n_1=1}^{N}\sum_{n_2=1}^{N}\gamma_{ij}^N(n_1,n_2,t)}{A_N^2}$$

为时空数据 X^i 与 X^j 在空间维度关于时刻 t 的灰色关联度系数。

定义 5.2.13　设第 i 个指标和第 j 个指标的时空数据为 X^i 和 $X^j (i,j=1,2,\cdots,$ M，且 $i\ne j$)，称

$$\varphi_{ij}^T=T_{ij}(p_n,q_n)\cdot\gamma_{ij}^T(p_n,q_n)$$

为时空数据 X^i 与 X^j 在时间维度的关联度；同理，称

$$\varphi_{ij}^N=S_{ij}(t)\cdot\gamma_{ij}^N(t)$$

为时空数据 X^i 与 X^j 在空间维度的关联度。

定义 5.2.14　设第 i 个指标和第 j 个指标的时空数据为 X^i 和 $X^j (i,j=1,2,\cdots,$

M，且 $i \neq j$），称

$$\phi_{ij} = \omega_T \cdot \varphi_{ij}^T + \omega_N \varphi_{ij}^N \tag{5.18}$$

为时空数据为 X^i 与 X^j 的关联度。其中，ω_T 和 ω_N 分别为时空数据 X^i 与 X^j 在时间维度和空间维度的关联度的权重，$\omega_T, \omega_N \in [0,1]$，且 $\omega_T + \omega_N = 1$。在实际运用中，按重要程度对时间维度和空间维度赋予相应权重。

5.2.4　时空面板数据的相似性灰色关联模型性质

性质 5.2.1　$\gamma_{ij}^T(p_n, q_n, t) \in (-1,1]$，$\gamma_{ij}^N(n_1, n_2, t) \in (-1,1]$。

证明：在时间维度，根据定义 5.2.10，由于 $\theta_{ij}(p_n, q_n, t) \in [0, \pi)$，当 $T_{ij}(p_n, q_n, t) = 1$ 时，有 $\gamma_{ij}^T(p_n, q_n, t) \in [0,1]$；当 $T_{ij}(p_n, q_n, t) = -1$ 时，有 $\gamma_{ij}^T(p_n, q_n, t) \in (-1,0)$。在空间维度同理可证。

性质 5.2.2　$\gamma_{ij}^T \in [0,1]$，$\gamma_{ij}^N \in [0,1]$。

证明：在时间维度，根据性质 5.2.1 和定义 5.2.12，有 $\gamma_{ij}^T \in [0,1]$。在空间维度同理可证。

性质 5.2.3　$\varphi_{ij}^T \in (-1,1]$，$\varphi_{ij}^N \in (-1,1]$，且 $X_i = X_j \Rightarrow \phi_{ij} = 1$。

证明：在时间维度，根据性质 5.2.1、性质 5.2.2 和定义 5.2.10，$\varphi_{ij}^T \in (-1,1]$ 易证。在空间维度同理可证。

当 $X_i = X_j$ 时，显然各指标的时空数据均相等，两维度向量数据夹角均为 0，则 $\varphi_{ij}^T = 1$，$\varphi_{ij}^N = 1$，对于任意 $\omega_T, \omega_N \in [0,1]$，且 $\omega_T + \omega_N = 1$，有 $\phi_{ij} = \omega_T \cdot \varphi_{ij}^T + \omega_N \varphi_{ij}^N = 1$。证毕。

性质 5.2.4　在时间维度，第 i 个指标和第 j 个指标的向量数据间的夹角与关联系数之间的关系满足：

$$\lim_{\theta_{ij}(p_n, q_n, t) \to 0} \gamma_{ij}^T(p_n, q_n, t) = \begin{cases} 1, & T_{ij}(p_n, q_n, t) = 1 \\ -1, & T_{ij}(p_n, q_n, t) = -1 \end{cases}, \quad \lim_{\theta_{ij}(p_n, q_n, t) \to \pi/2} \gamma_{ij}^T(p_n, q_n, t) = 0。$$

在空间维度，第 i 个指标和第 j 个指标的向量数据间的夹角与关联系数之间的关系满足：

$$\lim_{\theta_{ij}(n_1, n_2, t) \to \pi/2} \gamma_{ij}^N(n_1, n_2, t) = 0$$

证明：在时间维度，由定义 5.2.6 可知，当 $\Delta_t(p_n, q_n, i)$ 与 $\Delta_t(p_n, q_n, j)$ 同号时，$T_{ij}(p_n, q_n, t) = 1$，由定义 5.2.10，当 $\theta_{ij}(p_n, q_n, t) \to 0$ 时，有 $-\tan(\theta_{ij}(p_n, q_n, t)) \to 0$，

则 $\gamma_{ij}^{T}(p_n,q_n,t)\to 1$；当 $\Delta_t(p_n,q_n,i)$ 与 $\Delta_t(p_n,q_n,j)$ 异号时，$T_{ij}(p_n,q_n,t)=-1$，则 $\gamma_{ij}^{T}(p_n,q_n,t)\to -1$；当 $\theta_{ij}(p_n,q_n,t)\to \pi/2$ 时，有 $-|\tan(\theta_{ij}(p_n,q_n,t))|\to -\infty$，则 $\gamma_{ij}^{T}(p_n,q_n,t)\to 0$。空间维度同理可证。证毕。

性质 5.2.5（数乘变换不变性） 对于时空数据 X^{i*}，X^{j*}，X^{k*}（$i,j,k=1,2,\cdots,M$，且 $i\ne j\ne k$），若任意 $x_t^*(p_n,q_n,k)=ax_t^*(p_n,q_n,j),a=\mathrm{const}$，则 $\phi_{ij}=\phi_{ik}$。

证明：对第 i 个指标的时空数据标准化，

$$x_t(p_n,q_n,i)=\frac{NT\cdot x_t^*(p_n,q_n,i)}{\sum\limits_{n=1}^{N}\sum\limits_{t=1}^{T}x_t^*(p_n,q_n,i)}$$

对第 j 个指标的时空数据标准化，

$$x_t(p_n,q_n,j)=\frac{NT\cdot x_t^*(p_n,q_n,j)}{\sum\limits_{n=1}^{N}\sum\limits_{t=1}^{T}x_t^*(p_n,q_n,j)}$$

对第 k 个指标的时空数据标准化，

$$x_t(p_n,q_n,k)=\frac{NT\cdot x_t^*(p_n,q_n,k)}{\sum\limits_{n=1}^{N}\sum\limits_{t=1}^{T}x_t^*(p_n,q_n,k)}=\frac{NT\cdot ax_t^*(p_n,q_n,j)}{\sum\limits_{n=1}^{N}\sum\limits_{t=1}^{T}ax_t^*(p_n,q_n,j)}=\frac{NT\cdot x_t^*(p_n,q_n,j)}{\sum\limits_{n=1}^{N}\sum\limits_{t=1}^{T}x_t^*(p_n,q_n,j)}$$

$$=x_t(p_n,q_n,j)$$

因此，$\phi_{ij}=\phi_{ik}$。证毕。

性质 5.2.6 时空数据相似性灰色关联模型满足唯一性、对称性和可比性。

证明：给定的时空数据值确定，且关联系数大小的计算均为初等函数计算，关联系数符号的处理方式唯一，因此，计算结果满足唯一性；通过不同维度的时空数据所构成的向量夹角来反映指标值之间的相似性，夹角大小并不受指标值顺序的影响，因此，模型满足对称性；模型求解的关联度具有唯一性，且在比较关联度大小时采取符号与数值分离的方式进行比较，因此，模型具有可比性。

性质 5.2.7 当任意两空间对象之间的距离视为常数 d 时，模型便适用于三维面板数据。

证明：当 $d_{n_1n_2}^*=d$ 时，有

$$d_{n_1n_2}=\frac{\overline{d^*}}{d_{n_1n_2}^*}=\frac{\overline{d^*}}{d},\quad \overline{d^*}=\frac{\sum\limits_{n_1=1}^{N}\sum\limits_{n_2=1}^{N}d_{n_1n_2}^*}{C_N^2}=\frac{\sum\limits_{n_1=1}^{N}\sum\limits_{n_2=1}^{N}d}{C_N^2}=d(n_1,n_2=1,2,\cdots,N,\ 且\ n_1\ne n_2)$$

因此，$d_{n_1n_2}=1$。则经过预处理的空间对象距离矩阵为

$$D_{N \times N} = \begin{pmatrix} 0 & 1 & \cdots & 1 \\ 1 & 0 & \cdots & 1 \\ \vdots & \vdots & \ddots & \vdots \\ 1 & 1 & \cdots & 0 \end{pmatrix}$$

空间对象距离矩阵为主对角线为 0、其他元素均为 1 的对称矩阵，表示不计对象之间的空间位置差异。因此，可适用于对象维度顺序可任意改变的三维面板数据的建模求解。

5.2.5　实例分析

我国的城市化水平逐年提升，城市的工业化进程、能源产业分配等，导致我国空气质量问题较为突出。本书以苏南五市为研究对象，根据 2012 年环境保护部[①]和国家质量监督检验检疫总局[②]联合发布的《环境空气质量标准》（GB 3095—2012），选取 AQI（air quality index，空气质量指数）描述空气质量情况，数值越小空气质量越优；选取 $PM_{2.5}$ 月平均浓度（微克/米^3）、PM_{10} 月平均浓度（微克/米^3）、SO_2 月平均浓度（微克/米^3）、CO 月平均浓度（毫克/米^3）、NO_2 月平均浓度（微克/米^3）和 O_3 月平均浓度（微克/米^3）六种空气质量污染物描述空气污染情况。选取 2018 年 12 个月的上述指标值对模型进行检验，通过对各月数据的关联分析，不仅可以辨别主要污染物，而且可以观察主要污染物随时间的动态变化，探寻污染物在不同空间对象间的分布情况，为不同时段、不同地区针对主要污染物的治理工作提供指导。方便起见，苏南五市任意两市距离均给出，如表 5.8 所示；所选城市的指标数据来源于中国空气质量在线监测分析平台（https://www.aqistudy.cn/historydata/），如表 5.9~表 5.12 所示。

表5.8　苏南五市任意两市之间的距离　　　　　　单位：千米

距离	南京	镇江	常州	无锡	苏州
南京	0	61	115	157	189
镇江	61	0	67	114	148
常州	115	67	0	48	81
无锡	157	114	48	0	34
苏州	189	148	81	34	0

① 现生态环境部。
② 现国家市场监督管理总局。

表5.9　2018年1~12月苏南五市AQI观测值

时间	AQI/（微克/米³）				
	南京	镇江	常州	无锡	苏州
2018.01	113	119	115	103	103
2018.02	77	85	91	74	77
2018.03	70	89	85	72	69
2018.04	71	85	81	83	82
2018.05	65	76	80	77	77
2018.06	96	103	106	86	82
2018.07	71	76	79	68	61
2018.08	73	72	76	66	63
2018.09	70	67	78	68	70
2018.10	73	73	76	66	70
2018.11	83	91	93	79	84
2018.12	77	80	82	72	76

表5.10　2018年1~12月苏南五市PM$_{2.5}$、PM$_{10}$观测值

时间	PM$_{2.5}$/（微克/米³）					PM$_{10}$/（微克/米³）				
	南京	镇江	常州	无锡	苏州	南京	镇江	常州	无锡	苏州
2018.01	82	89	86	74	72	111	102	109	106	84
2018.02	54	61	66	51	54	85	78	94	83	75
2018.03	45	65	60	44	40	80	83	85	75	67
2018.04	35	54	49	39	42	79	88	82	83	82
2018.05	30	47	44	38	39	58	69	69	67	63
2018.06	27	41	40	31	30	52	61	58	55	47
2018.07	23	27	26	23	19	42	47	39	42	37
2018.08	21	22	22	19	16	37	36	35	36	34
2018.09	27	32	33	28	24	53	47	53	55	47
2018.10	34	43	43	33	33	71	60	68	69	58
2018.11	56	67	66	52	54	83	78	89	85	67
2018.12	50	56	56	45	48	78	76	81	79	67

表5.11　2018年1~12月苏南五市SO$_2$、CO观测值

时间	SO$_2$/（微克/米³）					CO/（毫克/米³）				
	南京	镇江	常州	无锡	苏州	南京	镇江	常州	无锡	苏州
2018.01	13	13	17	14	14	0.98	0.86	1.29	1.31	0.95
2018.02	12	11	14	12	11	0.79	0.65	1.04	1.15	0.84
2018.03	12	12	15	11	9	0.66	0.67	0.98	0.97	0.84
2018.04	12	12	17	12	10	0.62	0.66	0.86	0.86	0.68
2018.05	8	6	14	10	7	0.69	0.71	0.90	0.81	0.69
2018.06	9	9	14	10	6	0.55	0.62	0.77	0.66	0.54
2018.07	8	6	10	8	5	0.50	0.65	0.62	0.58	0.45

续表

时间	SO₂/（微克/米³）					CO/（毫克/米³）				
	南京	镇江	常州	无锡	苏州	南京	镇江	常州	无锡	苏州
2018.08	8	6	11	9	4	0.55	0.62	0.53	0.64	0.45
2018.09	8	7	13	11	6	0.61	0.67	0.65	0.85	0.51
2018.10	8	9	14	12	7	0.57	0.60	0.65	0.83	0.54
2018.11	9	8	12	11	6	0.87	0.81	0.91	1.02	0.70
2018.12	10	8	11	13	7	0.79	0.65	0.86	1.06	0.74

表5.12　2018年1~12月苏南五市NO₂、O₃观测值

时间	NO₂/（微克/米³）					O₃/（微克/米³）				
	南京	镇江	常州	无锡	苏州	南京	镇江	常州	无锡	苏州
2018.01	56	49	55	53	61	52	52	52	47	49
2018.02	43	36	43	40	44	67	68	73	73	73
2018.03	48	40	55	51	49	87	89	91	90	81
2018.04	46	39	54	46	49	122	123	133	130	119
2018.05	36	30	44	35	41	114	117	126	124	121
2018.06	28	27	36	27	30	150	158	160	136	133
2018.07	27	24	29	23	28	118	122	129	113	100
2018.08	21	18	25	20	24	124	122	127	113	106
2018.09	34	27	39	33	38	116	116	129	112	111
2018.10	44	38	48	43	47	114	110	116	102	106
2018.11	52	46	60	53	59	70	71	74	64	63
2018.12	47	45	51	53	55	43	46	45	38	40

　　为了探究苏南五市空气质量指数与空气污染物在时间维度、空间维度及时空维度的相关关系，本书根据所选取的数据，按照时空数据相似性灰色关联模型分别从时间维度、空间维度和时空维度探究 AQI 与六种污染物的关联系数和关联度。在计算过程中，本书认为时间维度和空间维度重要程度相同，即令 $\omega_T = \omega_N = 0.5$。为提高模型分辨率，本案例设置数据规范化因子为4，即$b=4$。计算结果如表 5.13 所示。

表5.13　AQI与六种污染物的关联度

指标	时间维度关联度	排序	空间维度关联度	排序	时空综合关联度	排序
AQI-PM₂.₅	0.839 1	4	0.911 8	1	0.875 5	2
AQI-PM₁₀	0.871 1	2	0.881 9	2	0.876 5	1
AQI-SO₂	0.876 6	1	0.817 2	5	0.846 9	4
AQI-CO	0.851 3	3	−0.811 2	6	0.831 3	5
AQI-NO₂	0.819 1	6	0.828 0	4	0.823 6	6
AQI-O₃	0.833 6	5	0.868 9	3	0.851 3	3

　　从表 5.13 中的时空综合关联度可以看出，与 AQI 的关联度排在前三位的是 PM_{10} 和 $PM_{2.5}$ 和 O_3。近年来，诸多学者在对苏南五市大气污染的研究中，均证实了 PM_{10}、$PM_{2.5}$ 和 O_3 为主要污染物，可表明本书研究结论的真实可靠性。通过时空综合关联度即可获得影响苏南五市空气质量的主要因素，提出的模型不仅可以通过时空综合关联度得到主要污染物，还可以通过分析各维度的灰色关联系数得到大气污染物的分布特征。下面将从主要影响因素与 AQI 在时间维度和空间维度的关联系数入手，对各维度的关联系数进行剖析，探寻主要污染物在时间和空间上的分布特点。

　　从图 5.10 可以看出，在空间维度，$PM_{2.5}$ 与 AQI、PM_{10} 与 AQI 的关联系数多为正值，且关联系数绝对值较大。因此，$PM_{2.5}$ 和 PM_{10} 是苏南五市的主要污染物。从图 5.11 可以看出，南京和镇江、镇江和无锡的 AQI 与 NO_2 的关联系数多为负值，表明 NO_2 在这些空间维度上不是主要污染物。南京和常州的关联系数大多为正值，因此，这两个地方空气污染的主要因素是相似的。在常州和苏州、常州和无锡的组合中，AQI 与污染物的关联系数多为正值，说明每种污染物的 AQI 趋势是基本相同的。从关联系数的绝对值来看，$PM_{2.5}$、PM_{10} 和 O_3 是常州和苏州、常州和无锡组合的主要影响因素。在镇江和苏州的组合中，AQI 与 $PM_{2.5}$ 的关联系数符号和 AQI 与 PM_{10} 的关联系数符号几乎相同，此外，关联系数绝对值较大。可以判断，$PM_{2.5}$ 和 PM_{10} 是该城市组合的主要因素。综上所述，$PM_{2.5}$ 和 PM_{10} 是影响苏南五个城市空气质量的主要因素；O_3 是影响常州、无锡、苏州空气质量的主要因素。虽然不同的空间对象可能有不同的主要污染物，但大多数对象之间的主要污染物是 $PM_{2.5}$、PM_{10} 和 O_3。

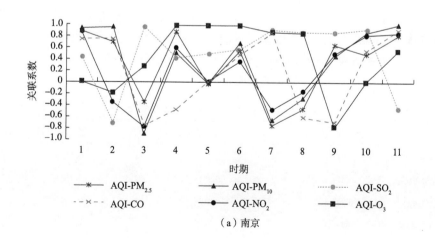

（a）南京

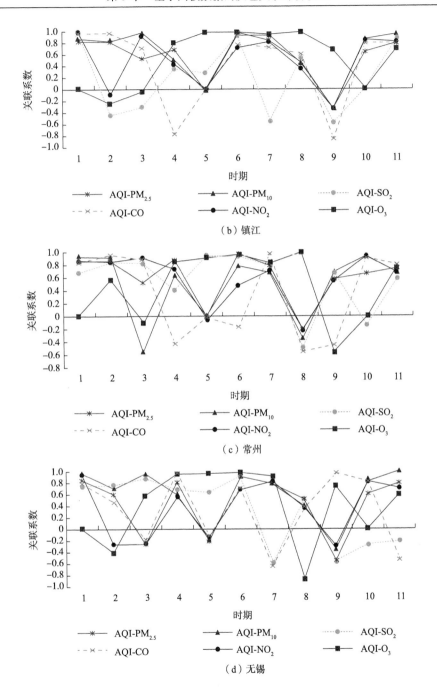

（b）镇江

（c）常州

（d）无锡

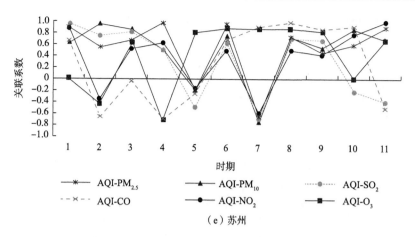

（e）苏州

图 5.10　AQI 与六种污染物在时间维度的关联系数

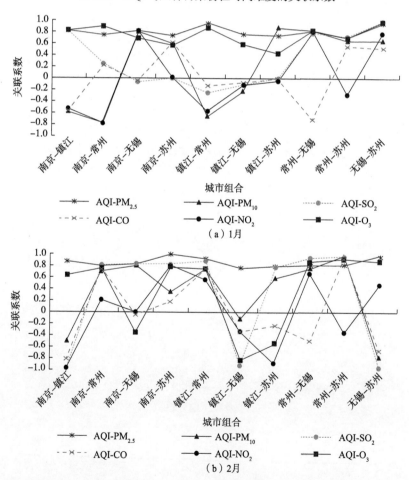

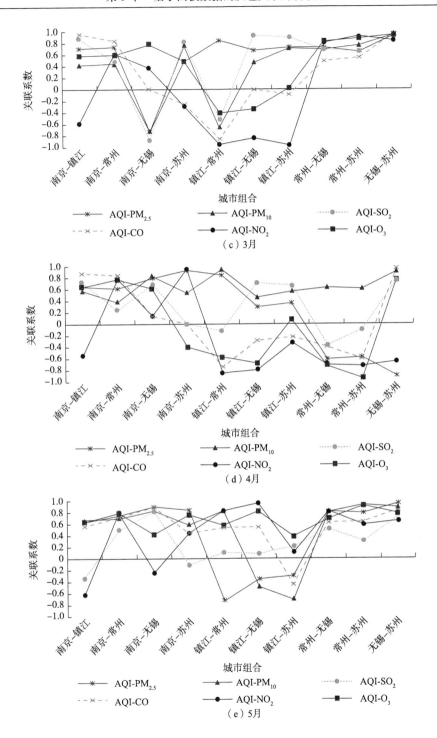

（c）3月

（d）4月

（e）5月

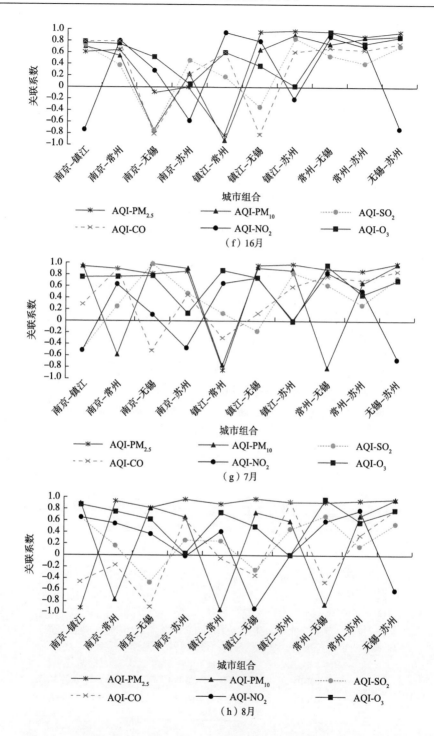

（f）16月

（g）7月

（h）8月

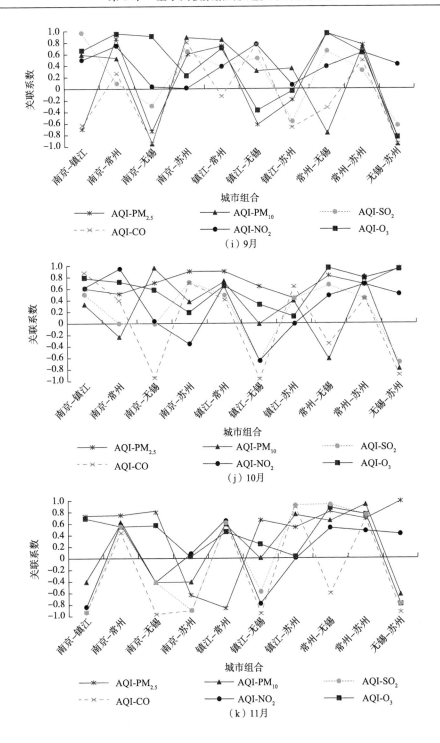

（i）9月

（j）10月

（k）11月

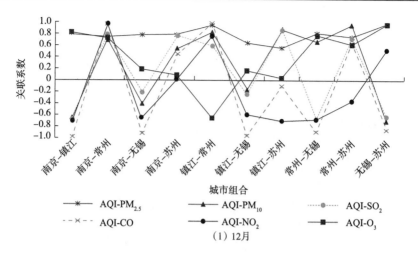

图 5.11　AQI 与六种污染物在空间维度的关联系数

5.3　基于面板数据的灰色指标关联模型

　　针对面板数据中对象排列顺序影响灰色关联序且关联模型存在正负性问题，本章提出了一种基于面板数据的新型灰色指标关联模型。考虑到面板数据的时间维度和对象维度差异特征，分别利用增量和离差表征两维度的指标发展程度，提取指标在两维度上的方向信息，并以此作为正负关联的判断依据，定义时间维度和对象维度基于指数函数的关联系数，进而得到基于面板数据的灰色指标关联模型，并讨论其唯一性和可比性等性质。

5.3.1　面板数据的空间表示及矩阵表征

　　面板数据具有时间维度和对象维度的特征。如图 5.12 所示，以单指标面板数据为例，在三维空间表示中，从时间维度来看，各对象的观测值都组成一个时间序列；从对象维度来看，截面数据是由若干个对象在某一时点构成的截面观测值。对于面板数据中的每一个观测值，可以对应到定义 5.3.1 的矩阵的元素中。

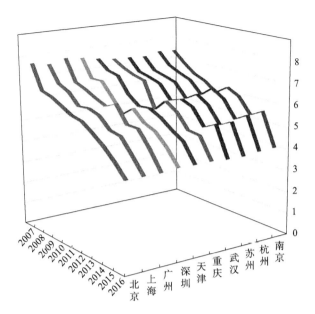

图 5.12 单指标面板数据的三维空间表示图

定义 5.3.1 设系统中有 N 个不同指标、M 个对象, 观测周期为 T。令 $x_n^*(m,t)$ 为第 n 个指标 $(n=1,2,\cdots,N)$、第 m 个对象 $(m=1,2,\cdots,M)$ 在 t 时刻的观测值 $(t=1,2,\cdots,T)$, 则第 n 个指标的面板数据 X_n^* 表示为

$$X_n^* = \begin{bmatrix} x_n^*(1,1) & x_n^*(1,2) & \cdots & x_n^*(1,T) \\ x_n^*(2,1) & x_n^*(2,2) & \cdots & x_n^*(2,T) \\ \vdots & \vdots & & \vdots \\ x_n^*(M,1) & x_n^*(M,2) & \cdots & x_n^*(M,T) \end{bmatrix}, \quad n=1,2,\cdots,N$$

由于不同指标矩阵间可能存在量纲或数量级不同的问题, 会对建模质量与系统分析结果产生影响, 需要对原始数据进行预处理。

定义 5.3.2 设第 n 个指标的面板数据为 X_n^*, 经过序列算子 D_k $(k=1,2)$ 作用后的序列为 X_n, 其中,

$$X_n = \begin{bmatrix} x_n(1,1) & x_n(1,2) & \cdots & x_n(1,T) \\ x_n(2,1) & x_n(2,2) & \cdots & x_n(2,T) \\ \vdots & \vdots & & \vdots \\ x_n(M,1) & x_n(M,2) & \cdots & x_n(M,T) \end{bmatrix}, \quad n=1,2,\cdots,N$$

当

$$x_n(m,t) = MTx_n^*(m,t) \Big/ \sum_{m=1}^{M}\sum_{t=1}^{T} x_n^*(m,t), \quad m=1,2,\cdots,M, \quad t=1,2,\cdots,T \quad （5.19）$$

则称 D_1 为面板数据均值化算子；当

$$x_n(m,t) = \ln(x_n^*(m,t)), \quad m = 1,2,\cdots,M, \quad t = 1,2,\cdots,T \qquad (5.20)$$

则称 D_2 为面板数据对数化算子。

5.3.2　面板数据时间维度和对象维度的特征表征

1. 时间维度的特征表征

在时间维度，第 m 个对象 $(m = 1,2,\cdots,M)$ 的第 i 个指标和第 j 个指标 $(i \neq j$ 且 $i,j = 1,2,\cdots,N)$ 在 $[t,t+1]$ 时段 $(t = 1,2,\cdots,T-1)$ 的发展方向可能出现图 5.13（a）同向和图 5.13（b）反向两种情形。

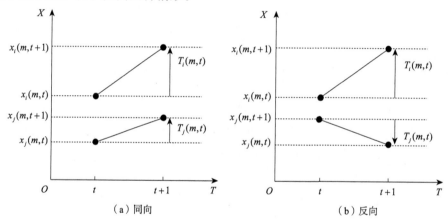

（a）同向　　　　　　　　　　　　　　（b）反向

图 5.13　面板数据时间维度的增量

定义 5.3.3　设第 i 个指标和第 j 个指标的面板数据为 X_i 与 X_j $(i \neq j$ 且 $i,j = 1,2,\cdots,N)$ ，称

$$T_i(m,t) = x_i(m,t+1) - x_i(m,t), \quad t = 1,2,\cdots,T-1 \qquad (5.21)$$

$$T_j(m,t) = x_j(m,t+1) - x_j(m,t), \quad t = 1,2,\cdots,T-1 \qquad (5.22)$$

分别为第 m 个对象的第 i 个指标和第 j 个指标在 $[t,t+1]$ 时段的增量。

定义 5.3.4　设第 i 个指标和第 j 个指标的面板数据为 X_i 与 X_j $(i \neq j$ 且 $i,j = 1,2,\cdots,N)$ ，称

$$\gamma_{ij}^T(m,t) = \left\| T_i(m,t) \right| - \left| T_j(m,t) \right\| \qquad (5.23)$$

为第 m 个对象的第 i 个指标和第 j 个指标在 $[t,t+1]$ 时段的增量差；称

$$\text{sgn}(T_{ij}(m,t)) = \begin{cases} 1, & T_i(m,t) \cdot T_j(m,t) > 0 \text{ or } T_i(m,t) \cdot T_j(m,t) = 0, \quad T_i(m,t) + T_j(m,t) \geqslant 0 \\ -1, & T_i(m,t) \cdot T_j(m,t) < 0 \text{ or } T_i(m,t) \cdot T_j(m,t) = 0, \quad T_i(m,t) + T_j(m,t) < 0 \end{cases}$$

$$（5.24）$$

为第 m 个对象的第 i 个指标和第 j 个指标在 $[t,t+1]$ 时段发展方向的差异。其中，"1"表示 $T_i(m,t)$ 与 $T_j(m,t)$ 发展方向相同；"−1"表示 $T_i(m,t)$ 与 $T_j(m,t)$ 发展方向相反。

2. 对象维度的特征表征

在对象维度，为避免因对象顺序的变化而对关联度造成影响，采用基于点到点的差量来刻画。

定义 5.3.5　设第 n 个指标的面板数据为 X_n（$n=1,2,\cdots,N$），称

$$\overline{x}_n(t) = \frac{1}{M} \sum_{m=1}^{M} x_n(m,t), \quad t = 1,2,\cdots,T \qquad （5.25）$$

为第 n 个指标在 t 时刻的所有对象平均水平。

定义 5.3.6　设第 i 个指标和第 j 个指标的面板数据为 X_i 与 X_j（$i \neq j$ 且 $i,j=1,2,\cdots,N$），称

$$M_i(m,t) = x_i(m,t) - \overline{x}_i(t), \quad m = 1,2,\cdots,M \qquad （5.26）$$

$$M_j(m,t) = x_j(m,t) - \overline{x}_j(t), \quad m = 1,2,\cdots,M \qquad （5.27）$$

分别为 t 时刻的第 i 个指标和第 j 个指标关于对象 m 的离差。

如图 5.14（a）和图 5.14（b）所示，用 $M_i(m,t)$ 和 $M_j(m,t)$ 的数值大小和正负符号反映对象 m 对序列均值水平的"拉升"和"打压"作用。

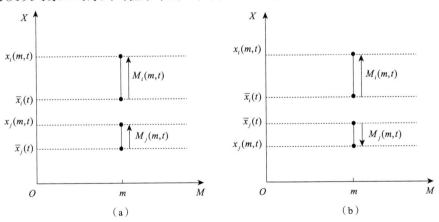

图 5.14　面板数据对象维度的离差

定义 5.3.7　设第 i 个指标和第 j 个指标的面板数据为 X_i 与 X_j $(i \neq j$ 且 $i,j=1,$ $2,\cdots,N)$ ，称

$$\gamma_{ij}^M(m,t) = \left\| \left| M_i(m,t) \right| - \left| M_j(m,t) \right| \right\| \qquad (5.28)$$

为 t 时刻的第 i 个指标和第 j 个指标关于对象 m 的离差的差；称

$$\text{sgn}(M_{ij}(m,t)) = \begin{cases} 1, & M_i(m,t) \cdot M_j(m,t) > 0 \\ & \text{or}\ \ M_i(m,t) \cdot M_j(m,t) = 0, \ \ M_i(m,t) + M_j(m,t) \geqslant 0 \\ -1, & M_i(m,t) \cdot M_j(m,t) < 0 \\ & \text{or}\ \ M_i(m,t) \cdot M_j(m,t) = 0, \ \ M_i(m,t) + M_j(m,t) < 0 \end{cases} \qquad (5.29)$$

为 t 时刻的第 i 个指标和第 j 个指标关于对象 m 作用方向的差异。

5.3.3　基于指数函数的面板数据灰色关联度

通过对面板数据时间维度和对象维度的特征分析，本节模型分别提取了两维度的发展程度和方向的信息，将指标之间"增量差"和"离差的差"的绝对值转化为度量曲线形状的相似程度，并将其方向差异作为正负关联的判断依据。本书在接近性模型思想的启发下，引入下降速度较快的指数函数为关联度测算函数，构建基于指数函数的面板数据灰色关联度。

定义 5.3.8　设第 i 个指标和第 j 个指标的面板数据为 X_i 与 X_j $(i \neq j$ 且 $i,j=1,$ $2,\cdots,N)$ ，称

$$\varUpsilon_{ij}^T(m,t) = \text{sgn}(T_{ij}(m,t)) \mathrm{e}^{-\gamma_{ij}^T(m,t)} \qquad (5.30)$$

为第 m 个对象的第 i 个指标和第 j 个指标在 $[t,t+1]$ 时段的关联系数；同理，有

$$\varUpsilon_{ij}^M(m,t) = \text{sgn}(M_{ij}(m,t)) \mathrm{e}^{-\gamma_{ij}^M(m,t)} \qquad (5.31)$$

为 t 时刻的第 i 个指标和第 j 个指标关于对象 m 的关联系数。

定义 5.3.9　设第 i 个指标和第 j 个指标的面板数据为 X_i 与 X_j $(i \neq j$ 且 $i,j=1,$ $2,\cdots,N)$ ，称

$$\varUpsilon_{ij}^T = \frac{\sum_{m=1}^{M}\sum_{t=1}^{T-1}\varUpsilon_{ij}^T(m,t)}{M(T-1)} \qquad (5.32)$$

$$\varUpsilon_{ij}^M = \frac{\sum_{m=1}^{M}\sum_{t=1}^{T}\varUpsilon_{ij}^M(m,t)}{MT} \qquad (5.33)$$

分别为第 i 个指标面板数据与第 j 个指标面板数据在时间维度和对象维度的关联度。

Υ_{ij}^T 和 Υ_{ij}^M 的绝对值越大表示关联度越大，反之，其绝对值越小表示关联度越小；Υ_{ij}^T 和 Υ_{ij}^M 的正负符号表示关联方向，正号表示存在同向关联，负号表示存在反向关联。

定义 5.3.10　设第 i 个指标和第 j 个指标的面板数据为 X_i 与 X_j $(i \neq j$ 且 $i, j = 1, 2, \cdots, N)$，称

$$\Upsilon_{ij} = \omega_1 \Upsilon_{ij}^T + \omega_2 \Upsilon_{ij}^M \tag{5.34}$$

为第 i 个指标面板数据与第 j 个指标面板数据的综合关联度。其中，ω_1 和 ω_2 分别为面板数据 X_i 与 X_j 在时间维度和对象维度关联度的权重，$\omega_1, \omega_2 \in [0, 1]$ 且 $\omega_1 + \omega_2 = 1$。在实际应用中，按重要性程度对时间维度和对象维度赋予相应的权重。

5.3.4　基于面板数据的灰色指标关联模型性质

性质 5.3.1　若有第 i 个指标和第 j 个指标的面板数据为 X_i 与 X_j $(i \neq j$ 且 $i, j = 1, 2, \cdots, N)$，则关联系数 $\Upsilon_{ij}^T(m, t) \in [-1, 0) \bigcup (0, 1]$，$\Upsilon_{ij}^M(m, t) \in [-1, 0) \bigcup (0, 1]$。

证明： 在时间维度，根据定义 5.3.8，$\Upsilon_{ij}^T(m, t) = \mathrm{sgn}(T_{ij}(m, t)) \mathrm{e}^{-\gamma_{ij}^T(m, t)}$，因此 $\gamma_{ij}^T(m, t) \in [0, \infty)$，当 $\mathrm{sgn}(T_{ij}(m, t)) = 1$ 时，有 $\Upsilon_{ij}^T(m, t) \in (0, 1]$；当 $\mathrm{sgn}(T_{ij}(m, t)) = -1$ 时，有 $\Upsilon_{ij}^T(m, t) \in [-1, 0)$。对象维度 $\Upsilon_{ij}^M(m, t)$ 同理易证。

性质 5.3.2　若有第 i 个指标和第 j 个指标的面板数据为 X_i 与 X_j $(i \neq j$ 且 $i, j = 1, 2, \cdots, N)$，则关联度 $\Upsilon_{ij}^T \in [-1, 1]$，$\Upsilon_{ij}^M \in [-1, 1]$，$\Upsilon_{ij} \in [-1, 1]$。

证明： 由性质 5.3.1 中 $\Upsilon_{ij}^T(m, t)$ 和 $\Upsilon_{ij}^M(m, t)$ 的取值范围，根据式（5.32）与式（5.33），Υ_{ij}^T 与 Υ_{ij}^M 值域易证。根据式（5.34），$\Upsilon_{ij} = \omega_1 \Upsilon_{ij}^T + \omega_2 \Upsilon_{ij}^M$，则 $\Upsilon_{ij} \in [-1, 1]$ 可证。

性质 5.3.3　在时间维度，第 i 个指标和第 j 个指标的增量差与关联系数之间满足 $\lim\limits_{\gamma_{ij}^T(m, t) \to 0} \Upsilon_{ij}^T(m, t) = \begin{cases} 1, & \mathrm{sgn}(T_{ij}(m, t)) = 1 \\ -1, & \mathrm{sgn}(T_{ij}(m, t)) = -1 \end{cases}$；在对象维度，第 i 个指标和第 j 个指标离差的差与关联系数之间满足 $\lim\limits_{\gamma_{ij}^M(m, t) \to 0} \Upsilon_{ij}^M(m, t) = \begin{cases} 1, & \mathrm{sgn}(M_{ij}(m, t)) = 1 \\ -1, & \mathrm{sgn}(M_{ij}(m, t)) = -1 \end{cases}$。

证明：在时间维度，$\varUpsilon_{ij}^{T}(m,t) = \mathrm{sgn}(\gamma_{ij}^{T}(m,t))\mathrm{e}^{-\gamma_{ij}^{T}(m,t)}$，若 $\gamma_{ij}^{T}(m,t) \rightarrow 0$，那么 $\mathrm{e}^{-\gamma_{ij}^{T}(m,t)} \rightarrow 1$，根据式（5.24），当 $T_i(m,t)$ 与 $T_j(m,t)$ 发展方向相同时，$\mathrm{sgn}(T_{ij}(m,t)) = 1$，则 $\varUpsilon_{ij}^{T}(m,t) \rightarrow 1$；当 $T_i(m,t)$ 与 $T_j(m,t)$ 发展方向相反时，$\mathrm{sgn}(T_{ij}(m,t)) = -1$，则 $\varUpsilon_{ij}^{T}(m,t) \rightarrow -1$。对象维度同理可证。

性质 5.3.4　数乘变换保序性。对于面板数据 X_i、X_j 与 X_k（$i \neq j \neq k$ 且 $i, j, k = 1, 2, \cdots, N$），若 $\forall x_k^*(m,t) = a x_j^*(m,t)$，其中 $a = \mathrm{const}$，则 $\varUpsilon_{ij} = \varUpsilon_{ik}$。

证明：根据面板数据预处理算子的作用，

（1）对数化算子：根据 $y = \ln x$ 的性质，在时间维度 $[t, t+1]$ 时段 （$t = 1, 2, \cdots, T-1$），其增量满足

$$\ln x_k^*(m,t+1) - \ln x_k^*(m,t)$$
$$= \ln a x_j^*(m,t+1) - \ln a x_j^*(m,t)$$
$$= (\ln a + \ln x_j^*(m,t+1)) - (\ln a + \ln x_j^*(m,t))$$
$$= \ln x_j^*(m,t+1) - \ln x_j^*(m,t)$$

根据 $y = \ln x$ 的性质，对于第 m 个（$m = 1, 2, \cdots, M$）对象，在 t 时刻，其离差满足

$$\ln x_k^*(m,t) - \ln \overline{x}_k^*(t)$$
$$= \ln a x_j^*(m,t) - \ln a \overline{x}_j^*(t)$$
$$= (\ln a + \ln x_j^*(m,t)) - (\ln a + \ln \overline{x}_j^*(t))$$
$$= \ln x_j^*(m,t) - \ln \overline{x}_j^*(t)$$

因此，$\varUpsilon_{ij} = \varUpsilon_{ik}$。

（2）均值化算子同理可证。

性质 5.3.5　灰色指标关联模型满足唯一性、偶对对称性和可比性。

证明：由于给定面板数据的特征值选取和计算步骤唯一，且相对特征的大小和符号处理方式唯一，结果具有唯一性；由于模型选取两个指标的增量差和离差的差刻画序列的关系，指标的"相对"差异使模型满足偶对对称性；由于模型满足唯一性，根据性质 5.3.1 和性质 5.3.2，模型正负关联度对称且采用关联度符号和数值分离的方式进行关联度排序，模型满足可比性。

5.3.5　实例分析

近年来，我国高频次、大范围的大气环境污染日益严重，已经成为制约我国区域经济社会发展的重要因素，研究区域大气污染影响因素成为当今面临的极为

紧迫和严峻的现实问题，Wang 等（2017）指出研究江苏省大气污染及其相关因素的必要性和迫切性。2012 年我国颁布的《环境空气质量标准》（GB 3095—2012）是根据国家经济社会发展状况和环境保护要求进行的第三次修订，该次修订调整和设置了包括 $PM_{2.5}$、PM_{10}、SO_2、NO_2、CO 和 O_3 共六种环境空气污染物基本项目，并对前四种污染物年平均浓度数据的有效性进行了一致规定。因此，本书以最新《环境空气质量标准》为指导，选取 $PM_{2.5}$、PM_{10}、SO_2 和 NO_2 的年平均浓度四个因素指标，对苏南五市（南京、苏州、无锡、常州、镇江）空气质量达到国家二级标准天数（days that reach the air quality of the national secondary standard, DAQ）及其主要影响因素进行分析，样本区间为 2013~2016 年，数据来源于各城市《环境状况公报》，详见表 5.14。

表5.14　苏南五市2013~2016年DAQ与主要影响因素观测值

指标	城市	2013 年	2014 年	2015 年	2016 年
DAQ/天	南京	202	190	235	242
	苏州	217	232	244	252
	无锡	199	208	234	244
	常州	214	231	258	270
	镇江	223	241	263	268
$PM_{2.5}$/（微克/米^3）	南京	77.00	73.80	57.00	47.90
	苏州	69.00	66.00	58.00	46.00
	无锡	75.00	68.00	61.00	53.00
	常州	72.00	67.00	58.00	49.00
	镇江	72.00	68.00	59.00	50.00
PM_{10}/（微克/米^3）	南京	137.00	123.00	96.00	85.20
	苏州	95.00	86.00	80.00	72.00
	无锡	112.00	105.00	94.00	82.00
	常州	102.00	104.00	93.00	81.00
	镇江	124.00	107.00	82.00	80.00
SO_2/（微克/米^3）	南京	37.00	25.00	19.00	18.20
	苏州	31.00	24.00	21.00	17.00
	无锡	45.00	29.00	26.00	18.00
	常州	41.00	36.00	27.00	19.00
	镇江	30.00	24.00	25.00	24.00

续表

指标	城市	2013 年	2014 年	2015 年	2016 年
$NO_2/$（微克/米^3）	南京	55.00	54.00	50.00	44.30
	苏州	53.00	53.00	54.00	51.00
	无锡	47.00	45.00	41.00	47.00
	常州	48.00	40.00	40.00	37.00
	镇江	42.00	46.00	42.00	38.00

注：常州市 2015 年 PM_{10}、SO_2 和 NO_2 的观测值根据《常州市环境状况公报》推算得出

为了分析苏南五市空气质量与主要污染物年平均浓度之间的关系，对系统中选取的五组面板数据，利用本节提出的基于面板数据的灰色指标关联模型分别计算 DAQ 与 $PM_{2.5}$、PM_{10}、SO_2 和 NO_2 在时间维度和对象维度的关联系数及综合关联系数，从而得出综合关联度。为方便计算，采用本节提出的对数化算子进行数据预处理，式（5.34）中 ω_1 与 ω_2 各取 0.5，计算结果见表 5.15。

表5.15　苏南五市DAQ与主要因素的关联系数及综合关联度

指标	时间维度						对象维度					综合关联度
	南京	苏州	无锡	常州	镇江	综合	2013 年	2014 年	2015 年	2016 年	综合	
DAQ-$PM_{2.5}$	−0.306 4	−0.907 1	−0.948 2	−0.948 8	−0.930 1	−0.808 1	−0.977 7	−0.572 8	0.176 9	0.174 2	−0.299 9	−0.554 0
DAQ -PM_{10}	−0.344 9	−0.958 6	−0.960 8	−0.333 9	−0.921 0	−0.703 8	−0.169 1	−0.574 0	−0.229 2	0.160 4	−0.202 9	−0.453 4
DAQ -SO_2	−0.430 3	−0.861 3	−0.795 6	−0.840 6	−0.321 0	−0.649 8	−0.541 7	−0.275 1	0.484 0	0.499 0	0.041 5	−0.304 1
DAQ -NO_2	−0.287 4	0.297 7	−0.379 4	−0.324 1	−0.357 8	−0.210 2	−0.206 3	−0.213 7	−0.569 7	−0.924 8	−0.478 6	−0.344 4

从表 5.15 可以看出，时间维度和对象维度的各关联系数和综合关联度基本为负值，反映了 $PM_{2.5}$、PM_{10}、SO_2、NO_2 四个主要因素与 DAQ 呈反向关联关系，与预期结果一致。

第一，由综合关联度可知，苏南五市 2013~2016 年与 DAQ 的主要影响因素关联度排序是 $PM_{2.5}$>PM_{10}>NO_2>SO_2，且均呈负向相关关系。关联度最高的是 DAQ 与 $PM_{2.5}$，反映了 $PM_{2.5}$ 对 DAQ 的影响最大，且随着 $PM_{2.5}$ 的增加 DAQ 减小；关联度最低的是 DAQ 与 SO_2，反映了 SO_2 对 DAQ 的影响最小。事实上，各地统计结果显示，苏南五市在这 4 年中所选指标对 DAQ 影响最严重的就是 $PM_{2.5}$，虽然各城市的 $PM_{2.5}$ 年均浓度逐年依次减少，但该组面板数据中 20 个观测值无一达到国家二级标准，从而验证了模型的有效性。

第二，从时间维度来看，与 DAQ 综合关联系数最高的是 $PM_{2.5}$，PM_{10}、SO_2、NO_2 次之，其中各对象的 NO_2 与 DAQ 的关联系数除苏州外均为负值。如图 5.15 所示，2013~2016 年苏州 NO_2 的年平均浓度变化幅度较小，观测值呈"平—增—降"

的动态走势，而 DAQ 呈稳定上升趋势，NO_2 的上下波动直接影响关联系数正负的变化。NO_2 浓度在高位波动致使苏州的 NO_2 与 DAQ 出现正向关联，从而使该维度二者的关联程度较其他影响因素偏低。究其原因，NO_2 主要来源于燃煤烟气和机动车尾气排放，特别是近年来苏州机动车保有量迅速增加，形成了 NO_2 污染的巨大压力。

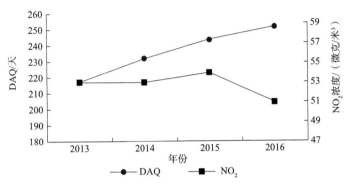

图 5.15　2013~2016 年苏州 DAQ 与 NO_2 年平均浓度

第三，从对象维度来看，与 DAQ 综合关联系数数值最高的是 NO_2，$PM_{2.5}$、PM_{10} 次之，呈负向关联；SO_2 的综合关联系数出现了正值但数值极小，反映了 SO_2 浓度对 DAQ 极其微弱的影响。近些年苏南城市的工厂规模外迁，硫化物排放减少，SO_2 年均浓度逐年达标，但空气质量受 $PM_{2.5}$、PM_{10} 等多种因素的综合影响，DAQ 高的主要原因是其他影响因素浓度的降低。此外，社会经济系统中多数指标都存在包含时间因素的特性，如政府某年以某空气污染物下降百分比为目标进行治理与控制，在剔除了时间因素的作用后，单纯地考虑了对象间的差异，在一定程度上抵消了时间因素对关联度的影响。两维度关联度的综合使指标间的综合关联关系趋于均衡，使模型更具稳定性及全面性。

第6章 基于区间灰数的灰色聚类评价模型

基于区间灰数的白化权函数灰色聚类评价模型将原只适用于实数型的白化权函数推广到区间灰数，通过对区间灰数的标准化，给出了区间灰数型白化权函数的表达式。基于"核"和灰度的区间灰数型白化权函数灰色聚类评价模型在区间灰数的"核"、灰度及"灰度不减公理"的理论基础上，构造了区间灰数型白化权函数的表达式，并将聚类过程中区间灰数运算转化成实数运算，拓宽了灰色聚类应用范围并简化了整个计算过程，提高了模型的实用性。构建了基于区间灰数的中心点三角白化权函数灰色聚类评价模型，对于复杂信息处理具有更广泛的现实意义。

6.1 基于区间灰数的白化权函数
灰色聚类评价模型

针对灰色定权聚类模型中白化权函数转折点只能为实数的情况，本书提出了当转折点为区间灰数时的白化权函数构造方法与计算过程。首先，定义区间灰数的标准化方法，将区间灰数的标准化形式代入实数型白化权函数，给出区间灰数型白化权函数的表达式；其次，分别对区间灰数型白化权函数中分段曲线只有一端为区间灰数和分段曲线两端均为区间灰数的情况进行讨论，得出两种情况下区间灰数型白化权函数值，并给出区间灰数型典型白化权函数的四个转折点均为区间灰数的一般表达式。

6.1.1　区间灰数型白化权函数的构造

定义 6.1.1　既有下界$\otimes^-$又有上界$\otimes^+$的灰数称为区间灰数,记为$\otimes \in [\otimes^-, \otimes^+]$。对于区间灰数$\otimes \in [\otimes^-, \otimes^+]$ ($\otimes^- \leqslant \otimes^+$),记

$$\otimes(\gamma) = \otimes^- + (\otimes^+ - \otimes^-)\gamma, \quad 0 \leqslant \gamma \leqslant 1$$

为区间灰数$\otimes$的标准化形式。

定义 6.1.2　设有 n 个聚类对象,m 个聚类指标,s 个不同灰类,根据第$i(i=1, 2,\cdots,n)$ 个对象关于指标 $j(j=1,2,\cdots,m)$ 的观测值 x_{ij},将第 i 个对象归入第 $k(k \in \{1,2,\cdots,s\})$ 个灰类,称为灰色聚类。将 n 个对象关于指标 j 的取值相应地分为 s 个灰类,称为 j 指标 k 子类。j 指标 k 子类的区间灰数型白化权函数记为 $f_j^k(\otimes)$。

定义 6.1.3　设 j 指标 k 子类的区间灰数型典型白化权函数 $f_j^k(\otimes)$ 如图 6.1 所示(假设分段曲线为分段直线,并且观测值均为实数值),则称 $\otimes_j^k(1)$、$\otimes_j^k(2)$、$\otimes_j^k(3)$、$\otimes_j^k(4)$ 为 $f_j^k(\otimes)$ 的转折点。

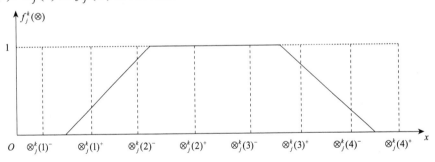

图 6.1　区间灰数型典型白化权函数

(1)若白化权函数 $f_j^k(\otimes)$ 的四个转折点都存在,则称 $f_j^k(\otimes)$ 为区间灰数型典型白化权函数,记为 $f_j^k[\otimes_j^k(1),\otimes_j^k(2),\otimes_j^k(3),\otimes_j^k(4)]$。

(2)若白化权函数 $f_j^k(\otimes)$ 无第一个和第二个转折点 $\otimes_j^k(1)$、$\otimes_j^k(2)$,则称 $f_j^k(\otimes)$ 为区间灰数型下限测度白化权函数,记为 $f_j^k[-,-,\otimes_j^k(3),\otimes_j^k(4)]$。

(3)若白化权函数 $f_j^k(\otimes)$ 第二个和第三个转折点 $\otimes_j^k(2)$、$\otimes_j^k(3)$ 重合,则称 $f_j^k(\otimes)$ 为区间灰数型适中测度白化权函数,记为 $f_j^k[\otimes_j^k(1),\otimes_j^k(2),-,\otimes_j^k(4)]$。

(4)若白化权函数 $f_j^k(\otimes)$ 无第三个和第四个转折点 $\otimes_j^k(3)$、$\otimes_j^k(4)$,则称 $f_j^k(\otimes)$ 为区间灰数型上限测度白化权函数,记为 $f_j^k[\otimes_j^k(1),\otimes_j^k(2),-,-]$。

定义 6.1.4　设 $x_{ij}(i=1,2,\cdots,n;\ j=1,2,\cdots,m)$ 为对象 i 关于指标 j 的观测值，$f_j^k(\otimes)(k=1,2,\cdots,s)$ 为 j 指标 k 子类的区间灰数型白化权函数。若 j 指标 k 子类的权 η_j^k 与 k 无关，此时可将 η_j^k 的上标 k 去掉，记为 η_j，并称

$$\sigma_i^k = \sum_{j=1}^m f_j^k(x_{ij})\eta_j$$

为对象 i 属于 k 灰类的灰色定权聚类系数。若 $\max\limits_{1<k<s}\{\sigma_i^k\}=\sigma_i^{k^*}$，则称对象 i 属于灰类 k^*。

定义 6.1.5　设 $x_{ij}(i=1,2,\cdots,n;\ j=1,2,\cdots,m)$ 为对象 i 关于指标 j 的观测值，$f_j^k(x_{ij})\ (k=1,2,\cdots,s)$ 为 j 指标 k 子类的区间灰数型白化权函数，则：

（1）对于区间灰数型典型白化权函数有

$$f_j^k(x_{ij}) = \begin{cases} 0, & x_{ij} \notin [\otimes_j^k(1),\otimes_j^k(4)] \\[2mm] \dfrac{x_{ij}-\otimes_j^k(1)}{\otimes_j^k(2)-\otimes_j^k(1)}, & x_{ij} \in [\otimes_j^k(1),\otimes_j^k(2)] \\[2mm] 1, & x_{ij} \in [\otimes_j^k(2),\otimes_j^k(3)] \\[2mm] \dfrac{\otimes_j^k(4)-x_{ij}}{\otimes_j^k(4)-\otimes_j^k(3)}, & x_{ij} \in [\otimes_j^k(3),\otimes_j^k(4)] \end{cases} \tag{6.1}$$

（2）对于区间灰数型下限测度白化权函数有

$$f_j^k(x_{ij}) = \begin{cases} 0, & x_{ij} \notin [0,\otimes_j^k(4)] \\[2mm] 1, & x_{ij} \in [0,\otimes_j^k(3)] \\[2mm] \dfrac{\otimes_j^k(3)-x_{ij}}{\otimes_j^k(4)-\otimes_j^k(3)}, & x_{ij} \in [\otimes_j^k(3),\otimes_j^k(4)] \end{cases} \tag{6.2}$$

（3）对于区间灰数型适中测度白化权函数有

$$f_j^k(x_{ij}) = \begin{cases} 0, & x_{ij} \notin [\otimes_j^k(1),\otimes_j^k(4)] \\[2mm] \dfrac{x_{ij}-\otimes_j^k(2)}{\otimes_j^k(2)-\otimes_j^k(1)}, & x_{ij} \in [\otimes_j^k(1),\otimes_j^k(2)] \\[2mm] \dfrac{\otimes_j^k(4)-x_{ij}}{\otimes_j^k(4)-\otimes_j^k(2)}, & x_{ij} \in [\otimes_j^k(2),\otimes_j^k(4)] \end{cases} \tag{6.3}$$

（4）对于区间灰数型上限测度白化权函数有

$$f_j^k(x_{ij}) = \begin{cases} 0, & x_{ij} < \otimes_j^k(1) \\ \dfrac{x_{ij} - \otimes_j^k(1)}{\otimes_j^k(2) - \otimes_j^k(1)}, & x_{ij} \in [\otimes_j^k(1), \otimes_j^k(2)] \\ 1, & x_{ij} \geqslant \otimes_j^k(2) \end{cases} \qquad (6.4)$$

6.1.2　区间灰数型白化权函数的表达式

区间灰数型白化权函数可分为四种，其中区间灰数型上限测度白化权函数、适中测度白化权函数、下限测度白化权函数均为区间灰数型典型白化权函数的特例，因此以下均对区间灰数型典型白化权函数进行讨论。区间灰数型典型白化权函数由分段曲线构成，每条曲线连接两个转折点，以下分别讨论分段曲线一端转折点为区间灰数和两端转折点均为区间灰数的情况，进而推出四个转折点均为区间灰数的情况。根据定义 6.1.3 中的假设，分段曲线均以分段直线代替研究，观测值为实数值。

1. 分段直线的某一端转折点为区间灰数

命题 6.1.1　设 j 指标 k 子类的区间灰数型典型白化权函数为 $f_j^k(\otimes)$，$f_j^k(\otimes)$ 的四个转折点中有且仅有一个为区间灰数。若第一个转折点为区间灰数 $\otimes_j^k(1)$，$\otimes_j^k(1) \in [\otimes_j^k(1)^-, \otimes_j^k(1)^+]$，第二、第三、第四个转折点为实数值 $x_j^k(2)$、$x_j^k(3)$、$x_j^k(4)$，对象 i 在指标 j 下的观测值 x_{ij} 的区间灰数型白化权函数值为 $f_j^k(x_{ij})$，则：

$$f_j^k(x_{ij}) = \begin{cases} 0, & x_{ij} \notin [\otimes_j^k(1)^-, x_j^k(4)] \\[2mm] \left[0, \dfrac{x_{ij} - \otimes_j^k(1)^-}{x_j^k(2) - \otimes_j^k(1)^-}\right], & x_{ij} \in [\otimes_j^k(1)^-, \otimes_j^k(1)^+] \\[2mm] \left[\dfrac{x_{ij} - \otimes_j^k(1)^+}{x_j^k(2) - \otimes_j^k(1)^+}, \dfrac{x_{ij} - \otimes_j^k(1)^-}{x_j^k(2) - \otimes_j^k(1)^-}\right], & x_{ij} \in [\otimes_j^k(1)^+, x_j^k(2)] \\[2mm] 1, & x_{ij} \in [x_j^k(2), x_j^k(3)] \\[2mm] \dfrac{x_j^k(4) - x_{ij}}{x_j^k(4) - x_j^k(3)}, & x_{ij} \in [x_j^k(3), x_j^k(4)] \end{cases} \qquad (6.5)$$

若第二个转折点为区间灰数 $\otimes_j^k(2)$，$\otimes_j^k(2) \in [\otimes_j^k(2)^-, \otimes_j^k(2)^+]$，第一、第三、第四个转折点均为实数值，则：

$$f_j^k(x_{ij}) = \begin{cases} 0, & x_{ij} \notin [x_j^k(1), x_j^k(4)] \\[2mm] \left[\dfrac{x_{ij} - x_j^k(1)}{\otimes_j^k(2)^+ - x_j^k(1)}, \dfrac{x_{ij} - x_j^k(1)}{\otimes_j^k(2)^- - x_j^k(1)} \right], & x_{ij} \in [x_j^k(1), \otimes_j^k(2)^-] \\[4mm] \left[\dfrac{x_{ij} - x_j^k(1)}{\otimes_j^k(2)^+ - x_j^k(1)}, 1 \right], & x_{ij} \in [\otimes_j^k(2)^-, \otimes_j^k(2)^+] \\[4mm] 1, & x_{ij} \in [\otimes_j^k(2)^+, x_j^k(3)] \\[4mm] \dfrac{x_j^k(4) - x_{ij}}{x_j^k(4) - x_j^k(3)}, & x_{ij} \in [x_j^k(3), x_j^k(4)] \end{cases} \quad (6.6)$$

若第三个转折点为区间灰数 $\otimes_j^k(3)$，$\otimes_j^k(3) \in [\otimes_j^k(3)^-, \otimes_j^k(3)^+]$，第一、第二、第四个转折点均为实数值，则：

$$f_j^k(x_{ij}) = \begin{cases} 0, & x_{ij} \notin [x_j^k(1), x_j^k(4)] \\[2mm] \dfrac{x_{ij} - x_j^k(1)}{x_j^k(2) - x_j^k(1)}, & x_{ij} \in [x_j^k(1), x_j^k(2)] \\[4mm] 1, & x_{ij} \in [x_j^k(2), \otimes_j^k(3)^-] \\[4mm] \left[\dfrac{x_j^k(4) - x_{ij}}{x_j^k(4) - \otimes_j^k(3)^-}, 1 \right], & x_{ij} \in [\otimes_j^k(3)^-, \otimes_j^k(3)^+] \\[4mm] \left[\dfrac{x_j^k(4) - x_{ij}}{x_j^k(4) - \otimes_j^k(3)^-}, \dfrac{x_j^k(4) - x_{ij}}{x_j^k(4) - \otimes_j^k(3)^+} \right], & x_{ij} \in [\otimes_j^k(3)^+, x_j^k(4)] \end{cases} \quad (6.7)$$

若第四个转折点为区间灰数 $\otimes_j^k(4)$，$\otimes_j^k(4) \in [\otimes_j^k(4)^-, \otimes_j^k(4)^+]$，第一、第二、第三个转折点均为实数值，则：

$$f_j^k(x_{ij}) = \begin{cases} 0, & x_{ij} \notin [x_j^k(1), x_j^k(4)] \\[2mm] \dfrac{x_{ij} - x_j^k(1)}{x_j^k(2) - x_j^k(1)}, & x_{ij} \in [x_j^k(1), x_j^k(2)] \\[3mm] 1, & x_{ij} \in [x_j^k(2), x_j^k(3)] \\[3mm] \left[\dfrac{\otimes_j^k(4)^- - x_{ij}}{\otimes_j^k(4)^- - x_j^k(3)}, \dfrac{\otimes_j^k(4)^+ - x_{ij}}{\otimes_j^k(4)^+ - x_j^k(3)} \right], & x_{ij} \in [x_j^k(3), \otimes_j^k(4)^-] \\[3mm] \left[0, \dfrac{\otimes_j^k(4)^+ - x_{ij}}{\otimes_j^k(4)^+ - x_j^k(3)} \right], & x_{ij} \in [\otimes_j^k(4)^-, \otimes_j^k(4)^-] \end{cases} \qquad (6.8)$$

此处仅对式（6.5）进行证明，另外三种情况证明以此类推。

证明： 当 $x_{ij} \notin [\otimes_j^k(1)^-, x_j^k(2)]$ 时，由实数型白化权函数即可得到 $f_j^k(x_{ij})$ 的值。

当 $x_{ij} \in [\otimes_j^k(1)^-, x_j^k(2)]$ 时，根据图 6.1，需要将其分为两段区间讨论，即 $x_{ij} \in [\otimes_j^k(1)^+, x_j^k(2)]$ 和 $x_{ij} \in [\otimes_j^k(1)^-, \otimes_j^k(1)^+]$ 两段区间。

设 $\otimes_j^k(\gamma_1) = \otimes_j^k(1)^- + (\otimes_j^k(1)^+ - \otimes_j^k(1)^-)\gamma_1$，$0 \leqslant \gamma_1 \leqslant 1$ 为 $\otimes_j^k(1)$ 的标准化形式，则：

（1）当 $x_{ij} \in [\otimes_j^k(1)^+, x_j^k(2)]$ 时，

$$f_j^k(x_{ij}) = \frac{x_{ij} - [\otimes_j^k(1)^- + (\otimes_j^k(1)^+ - \otimes_j^k(1)^-)\gamma_1]}{x_j^k(2) - [\otimes_j^k(1)^- + (\otimes_j^k(1)^+ - \otimes_j^k(1)^-)\gamma_1]} \qquad (6.9)$$

对式（6.9）求导，得

$$\frac{\mathrm{d}f_j^k(x_{ij})}{\mathrm{d}\gamma_1} = \frac{[x_{ij} - x_j^k(2)][(\otimes_j^k(1)^+ - \otimes_j^k(1)^-)]}{[x_j^k(2) - [\otimes_j^k(1)^- + (\otimes_j^k(1)^+ - \otimes_j^k(1)^-)\gamma_1]]^2}$$

因为 $[x_{ij} - x_j^k(2)] < 0$ 且 $[(\otimes_j^k(1)^+ - \otimes_j^k(1)^-)] > 0$，所以 $\dfrac{\mathrm{d}f_j^k(x_{ij})}{\mathrm{d}\gamma_1} < 0$，则 $f_j^k(x_{ij})$ 随着 γ_1 增

大而减小，故 $f_j^k(x_{ij}) \in \left[\dfrac{x_{ij} - \otimes_j^k(1)^+}{x_j^k(2) - \otimes_j^k(1)^+}, \dfrac{x_{ij} - \otimes_j^k(1)^-}{x_j^k(2) - \otimes_j^k(1)^-} \right]$。

（2）当 $x_{ij} \in [\otimes_j^k(1)^-, \otimes_j^k(1)^+]$ 时，需要再分为两种情况。

情况一，当 $\otimes_j^k(1)^- \leqslant x_{ij} \leqslant \otimes_j^k(1)^- + (\otimes_j^k(1)^+ - \otimes_j^k(1)^-)\gamma_1$ 时，$f_j^k(x_{ij}) = 0$。

情况二，当 $\otimes_j^k(1)^- + (\otimes_j^k(1)^+ - \otimes_j^k(1)^-)\gamma_1 \leqslant x_{ij} \leqslant \otimes_j^k(1)^+$ 时，$f_j^k(x_{ij})$ 可由式（6.9）

求得：$f_j^k(x_{ij}) \in \left[0, \dfrac{x_{ij} - \otimes_j^k(1)^-}{x_j^k(2) - \otimes_j^k(1)^-} \right]$。

由白化权函数本身含义可知，$[x_j^k(2) - \otimes_j^k(\gamma_1)] \geqslant [x_j^k(2) - \otimes_j^k(1)^-] > [\otimes_j^k(1)^+ -$

$\otimes_j^k(1)^-] \geqslant [x_{ij} - \otimes_j^k(1)^-]$，因为若白化权函数的第二个转折点到第一个转折点间的距离与第一个转折点区间灰数的区间长度差不多，那么白化权函数对于各个类的区分度就太小，将导致白化权函数失去分类意义，故 $\dfrac{x_{ij} - \otimes_j^k(1)^-}{x_j^k(2) - \otimes_j^k(1)^-}$ 应当趋近于 0。

因此，可以将 $x_{ij} \in [\otimes_j^k(1)^-, \otimes_j^k(1)^+]$ 的两种情况合并，得到当 $x_{ij} \in [\otimes_j^k(1)^-, \otimes_j^k(1)^+]$ 时，

$$f_j^k(x_{ij}) \in \left[0, \frac{x_{ij} - \otimes_j^k(1)^-}{x_j^k(2) - \otimes_j^k(1)^-}\right].$$

综上所述，式（6.5）得证。

2. 分段直线的两端转折点均为区间灰数

以上讨论了四个转折点中仅有一个为区间灰数的白化权函数求解方法，下面探讨分段直线的两段转折点均为区间灰数的白化权函数值的求解方法。同样取区间灰数型典型白化权函数为研究对象，在此仅讨论第一、第二个转折点为区间灰数的情况，第三、第四个转折点为区间灰数的情况以此类推。

命题 6.1.2　设 j 指标 k 子类的区间灰数型典型白化权函数 $f_j^k(\otimes)$ 有四个转折点，若第一和第二个转折点为区间灰数 $\otimes_j^k(1)$ 和 $\otimes_j^k(2)$，第三、第四个转折点为实数值 $x_j^k(3)$、$x_j^k(4)$，对象 i 在指标 j 下的观测值 x_{ij} 的区间灰数型白化权函数值为 $f_j^k(x_{ij})$，则：

$$f_j^k(x_{ij}) = \begin{cases} 0, & x_{ij} \notin [\otimes_j^k(1)^-, \otimes_j^k(4)^+] \\[2mm] \left[0, \dfrac{x_{ij} - \otimes_j^k(1)^-}{\otimes_j^k(2)^- - \otimes_j^k(1)^-}\right], & x_{ij} \in [\otimes_j^k(1)^-, \otimes_j^k(1)^+] \\[3mm] \left[\dfrac{x_{ij} - \otimes_j^k(1)^+}{\otimes_j^k(2)^+ - \otimes_j^k(1)^+}, \dfrac{x_{ij} - \otimes_j^k(1)^-}{\otimes_j^k(2)^- - \otimes_j^k(1)^-}\right], & x_{ij} \in [\otimes_j^k(1)^+, \otimes_j^k(2)^-] \\[3mm] \left[\dfrac{x_{ij} - \otimes_j^k(1)^+}{\otimes_j^k(2)^+ - \otimes_j^k(1)^+}, 1\right], & x_{ij} \in [\otimes_j^k(2)^-, \otimes_j^k(2)^+] \\[2mm] 1, & x_{ij} \in [\otimes_j^k(2)^+, x_j^k(3)] \\[2mm] \dfrac{x_j^k(4) - x_{ij}}{x_j^k(4) - x_j^k(3)}, & x_{ij} \in [x_j^k(3), x_j^k(4)] \end{cases} \quad (6.10)$$

若第三、第四个转折点为区间灰数 $\otimes_j^k(3)$ 和 $\otimes_j^k(4)$，第一、第二个转折点为实

数值 $x_j^k(1)$、$x_j^k(2)$，则：

$$f_j^k(x_{ij}) = \begin{cases} 0, & x_{ij} \notin [x_j^k(1), \otimes_j^k(4)^+] \\[2mm] \dfrac{x_{ij} - x_j^k(1)}{x_j^k(2) - x_j^k(1)}, & x_{ij} \in [x_j^k(1), x_j^k(2)] \\[2mm] 1, & x_{ij} \in [x_j^k(2), \otimes_j^k(3)^-] \\[2mm] \left[\dfrac{\otimes_j^k(4)^- - x_{ij}}{\otimes_j^k(4)^- - \otimes_j^k(3)^-}, 1 \right], & x_{ij} \in [\otimes_j^k(3)^-, \otimes_j^k(3)^+] \\[2mm] \left[\dfrac{\otimes_j^k(4)^- - x_{ij}}{\otimes_j^k(4)^- - \otimes_j^k(3)^-}, \dfrac{\otimes_j^k(4)^+ - x_{ij}}{\otimes_j^k(4)^+ - \otimes_j^k(3)^+} \right], & x_{ij} \in [\otimes_j^k(3)^+, \otimes_j^k(4)^-] \\[2mm] \left[0, \dfrac{\otimes_j^k(4)^+ - x_{ij}}{\otimes_j^k(4)^+ - \otimes_j^k(3)^+} \right], & x_{ij} \in [\otimes_j^k(4)^-, \otimes_j^k(4)^+] \end{cases} \quad (6.11)$$

此处仅对式（6.10）证明，式（6.11）以此类推。

证明： 当 $x_{ij} \notin [\otimes_j^k(1)^-, x_j^k(4)]$ 时，x_{ij} 不在白化权函数上，故 $f_j^k(x_{ij}) = 0$。

当 $x_{ij} \in [x_j^k(3), x_j^k(4)]$ 时，由实数型白化权函数可直接得到 $f_j^k(x_{ij})$ 的值。

当 $x_{ij} \in [\otimes_j^k(2)^+, x_j^k(3)]$ 时，由图 6.1 可以得到 $f_j^k(x_{ij}) = 1$。

当 $x_{ij} \in [\otimes_j^k(1)^-, \otimes_j^k(1)^+] \bigcup [\otimes_j^k(2)^-, \otimes_j^k(2)^+]$ 时，根据式（6.5）与式（6.6），可以得到 $f_j^k(x_{ij})$，此处不再重复证明。

当 $x_{ij} \in [\otimes_j^k(1)^+, \otimes_j^k(2)^-]$ 时，根据定义 6.1.1，设 $\otimes_j^k(\gamma_i) = \otimes_j^k(i)^- + (\otimes_j^k(i)^+ - \otimes_j^k(i)^-)\gamma_i$，$0 \leqslant \gamma_i \leqslant 1$ 为区间灰数 $\otimes_j^k(1)$ 和 $\otimes_j^k(2)$ 的标准化形式，则根据式（6.1）可得

$$f_j^k(x_{ij}) = \frac{x_{ij} - [\otimes_j^k(1)^- + (\otimes_j^k(1)^+ - \otimes_j^k(1)^-)\gamma_1]}{\otimes_j^k(2)^- + (\otimes_j^k(2)^+ - \otimes_j^k(2)^-)\gamma_2 - [\otimes_j^k(1)^- + (\otimes_j^k(1)^+ - \otimes_j^k(1)^-)\gamma_1]},$$

$\gamma_1 \in [0,1]$，$\gamma_2 \in [0,1]$ 则分别对 γ_1 和 γ_2 求偏导数，得

$$\frac{\partial f_j^k(x_{ij})}{\partial \gamma_1} = \frac{(\otimes_j^k(1)^+ - \otimes_j^k(1)^-)[x_{ij} - \otimes_j^k(2)^- - (\otimes_j^k(2)^+ - \otimes_j^k(2)^-)\gamma_2]}{[\otimes_j^k(2)^- + (\otimes_j^k(2)^+ - \otimes_j^k(2)^-)\gamma_2 - [\otimes_j^k(1)^- + (\otimes_j^k(1)^+ - \otimes_j^k(1)^-)]\gamma_1]^2} < 0$$

$$\frac{\partial f_j^k(x_{ij})}{\partial \gamma_2} = \frac{-(\otimes_j^k(2)^+ - \otimes_j^k(2)^-)[x_{ij} - \otimes_j^k(1)^- - (\otimes_j^k(1)^+ - \otimes_j^k(1)^-)\gamma_1]}{[\otimes_j^k(2)^- + (\otimes_j^k(2)^+ - \otimes_j^k(2)^-)\gamma_2 - [\otimes_j^k(1)^- + (\otimes_j^k(1)^+ - \otimes_j^k(1)^-)]\gamma_1]^2} < 0$$

故 $f_j^k(x_{ij})$ 分别关于 γ_1 和 γ_2 单调递减，根据单调性可以求得

$$f_j^k(x_{ij}) \in \left[\frac{x_{ij} - \otimes_j^k(1)^+}{\otimes_j^k(2)^+ - \otimes_j^k(1)^+}, \frac{x_{ij} - \otimes_j^k(1)^-}{\otimes_j^k(2)^- - \otimes_j^k(1)^-} \right]$$

综上所述，式（6.10）得证。

3. 四个转折点均为区间灰数

以上分别讨论区间灰数型典型白化权函数中某一端转折点为区间灰数和两端转折点均为区间灰数的情况，总结本小节中情形 1 和情形 2 中的六种情况，可以得到区间灰数型典型白化权函数中四个转折点均为区间灰数的一般情况下的 $f_j^k(x_{ij})$ 表达式。

命题 6.1.3　设 j 指标 k 子类的区间灰数型典型白化权函数 $f_j^k(\otimes)$ 有四个转折点，若四个点都是区间灰数，分别为 $\otimes_j^k(1)$、$\otimes_j^k(2)$、$\otimes_j^k(3)$ 和 $\otimes_j^k(4)$，对象 i 在指标 j 下的观测值 x_{ij} 的区间灰数型白化权函数值为 $f_j^k(x_{ij})$，则可得式（6.12）。

$$f_j^k(x_{ij}) = \begin{cases} 0, & x_{ij} \notin [\otimes_j^k(1)^-, \otimes_j^k(4)^+] \\[2mm] \left[0, \dfrac{x_{ij} - \otimes_j^k(1)^-}{\otimes_j^k(2)^- - \otimes_j^k(1)^-} \right], & x_{ij} \in [\otimes_j^k(1)^-, \otimes_j^k(1)^+] \\[3mm] \left[\dfrac{x_{ij} - \otimes_j^k(1)^+}{\otimes_j^k(2)^+ - \otimes_j^k(1)^+}, \dfrac{x_{ij} - \otimes_j^k(1)^-}{\otimes_j^k(2)^- - \otimes_j^k(1)^-} \right], & x_{ij} \in [\otimes_j^k(1)^+, \otimes_j^k(2)^-] \\[3mm] \left[\dfrac{x_{ij} - \otimes_j^k(1)^+}{\otimes_j^k(2)^+ - \otimes_j^k(1)^+}, 1 \right], & x_{ij} \in [\otimes_j^k(2)^-, \otimes_j^k(2)^+] \\[3mm] 1, & x_{ij} \in [\otimes_j^k(2)^+, \otimes_j^k(3)^-] \\[3mm] \left[\dfrac{\otimes_j^k(4)^- - x_{ij}}{\otimes_j^k(4)^- - \otimes_j^k(3)^-}, 1 \right], & x_{ij} \in [\otimes_j^k(3)^-, \otimes_j^k(3)^+] \\[3mm] \left[\dfrac{\otimes_j^k(4)^- - x_{ij}}{\otimes_j^k(4)^- - \otimes_j^k(3)^-}, \dfrac{\otimes_j^k(4)^+ - x_{ij}}{\otimes_j^k(4)^+ - \otimes_j^k(3)^+} \right], & x_{ij} \in [\otimes_j^k(3)^+, \otimes_j^k(4)^-] \\[3mm] \left[0, \dfrac{\otimes_j^k(4)^+ - x_{ij}}{\otimes_j^k(4)^+ - \otimes_j^k(3)^+} \right], & x_{ij} \in [\otimes_j^k(4)^-, \otimes_j^k(4)^+] \end{cases} \tag{6.12}$$

证明与式（6.5）、式（6.10）的证明过程类似。

6.1.3　实例分析

为了分析许昌市民营企业核心竞争力发展情况，在许昌市选取了 8 家本地民营企业进行调研。从以下 5 个方面对民营企业核心竞争力进行评估，即技术能力、管理能力、财政能力、企业家素质和企业文化。8 家民营企业被划分为核心竞争力很强、核心竞争力一般和核心竞争力较弱三个类别。在获取数据时，技术能力、管理能力和财政能力均可通过企业业绩、硬件设备、管理成效等定量分析，但企业家素质和企业文化只能通过定性分析，无法准确量化，因此采用区间灰数来表示更为合理。8 家企业的各类指标得分见表 2.3。

从表 2.3 可以看出，企业家素质和企业文化均为区间灰数，因此构建区间灰数型白化权函数更为合理。传统的灰色聚类模型无法处理这类问题。根据 20 位专家的调研，各指标在不同灰类的区间灰数型白化权函数确定如下。

技术能力指标的三类白化权函数：
$$f_1^1[50,75,-,-]；\quad f_1^2[35,50,-,75]；\quad f_1^3[-,-,35,50]$$
管理能力指标的三类白化权函数：
$$f_2^1[38,60,-,-]；\quad f_2^2[20,38,-,60]；\quad f_2^3[-,-,20,38]$$
财务能力指标的三类白化权函数：
$$f_3^1[47,63,-,-]；\quad f_3^2[29,47,-,63]；\quad f_3^3[-,-,29,47]$$
企业家素质能力指标的三类白化权函数：
$$f_4^1[(77,82),(95,100),-,-]；\ f_4^2[(55,58),(77,82),-,(95,100)]；\ f_4^3[-,-,(55,58),(77,82)]$$
企业文化指标的三类白化权函数：
$$f_5^1[(54,57),(75,80),-,-]；\ f_5^2[(37,40),(54,57),-,(75,80)]；\ f_5^3[-,-,(37,40),(54,57)]$$

采用灰色定权聚类，确定各指标权重为 $\eta_j = \dfrac{1}{5}$。根据定义 6.1.4 中的公式 $\sigma_i^k = \displaystyle\sum_{j=1}^{m} f_j^k(x_{ij})\eta_j$，得到灰色定权聚类系数矩阵：

$$\Sigma = [\sigma_i^k] \in \begin{bmatrix} (0.72,0.75) & (0.27,0.28) & (0,0.02) \\ (0.52,0.60) & (0.36,0.45) & 0 \\ (0.81,0.87) & (0.13,0.16) & 0 \\ 0.05 & 0.26 & 0.69 \\ 0 & (0.48,0.64) & (0.42,0.52) \\ (0.48,0.55) & (0.19,0.27) & 0.26 \\ (0.02,0.06) & (0.51,0.61) & (0.36,0.46) \\ 0.16 & (0.17,0.26) & (0.58,0.65) \end{bmatrix}$$

根据周伟杰等（2013）的区间灰数排序方法，得到如下结果：

$$\max_{1<k<3}\left\{\sigma_1^k\right\} = \sigma_1^1 \in [0.72, 0.75] ; \quad \max_{1<k<3}\left\{\sigma_2^k\right\} = \sigma_2^1 \in [0.52, 0.60]$$

$$\max_{1<k<3}\left\{\sigma_3^k\right\} = \sigma_3^1 \in [0.81, 0.87] ; \quad \max_{1<k<3}\left\{\sigma_4^k\right\} = \sigma_4^3 = 0.69$$

$$\max_{1<k<3}\left\{\sigma_5^k\right\} = \sigma_5^2 \in [0.48, 0.64] ; \quad \max_{1<k<3}\left\{\sigma_6^k\right\} = \sigma_6^1 \in [0.48, 0.55]$$

$$\max_{1<k<3}\left\{\sigma_7^k\right\} = \sigma_7^2 \in [0.51, 0.61] ; \quad \max_{1<k<3}\left\{\sigma_8^k\right\} = \sigma_8^3 \in [0.58, 0.65]$$

总体来看，许昌市民营企业核心竞争力相对较强。其中企业 1、企业 2、企业 3、企业 6 的核心竞争力很强，企业 5 和企业 7 的核心竞争力一般，企业 4 和企业 8 的核心竞争力较弱。聚类过程中也可得到各企业的弱势和强势指标，为提升该企业的核心竞争力提供依据。

6.2　基于"核"和灰度的区间灰数型白化权函数灰色聚类评价模型

对传统灰色聚类模型进行延拓，考虑观测值和白化权函数转折点为区间灰数的情形。本书通过"核"和灰度来表征区间灰数，以"灰度不减公理"作为理论依据，给出区间灰数型白化权函数的表达式，并将聚类过程中区间灰数运算转化为实数运算，进而建立灰色定权聚类模型，最后将该模型应用于南京市江宁区高新技术企业核心竞争力的聚类评估中，说明该方法的有效性和实用性。

6.2.1　基于"核"和灰度的区间灰数型白化权函数表达式构造

定义 6.2.1[①]　设灰数 $\otimes$ 产生的背景或论域为 Ω，$\mu(\otimes)$ 为灰数 $\otimes$ 取数域的测度，则称

$$g^\circ(\otimes) = \mu(\otimes) / \mu(\Omega)$$

---

① 刘思峰等（2010a）。

为灰数 $\otimes$ 的灰度。在同一背景或论域 Ω 下，区间灰数的灰度序列记作 $G^{\circ}(\otimes)$ $=(g^{\circ}(\otimes_1), g^{\circ}(\otimes_2), \cdots, g^{\circ}(\otimes_n))$。

在实数域上给出的灰数，通常以灰区间长度作为灰数的测度，显然，白数的灰度为 0。

定义 6.2.2[①]　设区间灰数 $\otimes \in [\underline{a}, \bar{a}]$ $(\underline{a} < \bar{a})$，$\hat{\otimes}$ 为灰数 $\otimes$ 的"核"，g° 为灰数 $\otimes$ 的灰度，则称 $\hat{\otimes}_{(g^{\circ})}$ 为区间灰数的简化形式。在已知论域情况下，区间灰数的简化形式 $\hat{\otimes}_{(g^{\circ})}$ 与区间灰数 $\otimes \in [\underline{a}, \bar{a}]$ 本身实现一一对应。

公理 6.2.1（灰度不减公理）　两个灰度不同的灰数进行加、减、乘、除运算时，运算结果的灰度不小于灰度较大的区间灰数的灰度。

根据公理 6.2.1，为了简化区间灰数聚类模型的构建，通常将运算结果的灰度取为灰度较大的区间灰数的灰度。

命题 6.2.1　对象 i 关于指标 j 的观测值和 j 指标 k 子类的区间灰数型白化权函数的转折点具有相同的论域 Ω_j。

定义 6.2.3　设 $\otimes_{ij} \in \left[\otimes_{ij}^-, \otimes_{ij}^+\right]$ $(i=1,2,\cdots,n; j=1,2,\cdots,m)$ 是对象 i 关于指标 j 的观测值，$f_{j\otimes}^k(\bullet)(k=1,2,\cdots,s)$ 是 j 指标 k 子类的区间灰数型典型白化权函数，转折点为 $\otimes_j^k(l) \in \left[\otimes_j^k(l)^-, \otimes_j^k(l)^+\right]$ $(l \in \{1,2,3,4\})$。则依据定义 3.4.1、定义 6.2.1、定义 6.2.2 和命题 6.2.1，可将观测值和转折点用"核"和灰度来表示。有

$$\otimes_{ij} = \hat{\otimes}_{ij(g_{ij}^{\circ})}, \quad \otimes_j^k(l) = \hat{\otimes}_j^k(l)_{(g_j^{\circ k}(l))}$$

$$g_{ij}^{\circ} = \frac{\mu(\otimes_{ij})}{\mu(\Omega_j)}, \quad g_j^{\circ k}(l) = \frac{\mu(\otimes_j^k(l))}{\mu(\Omega_j)}$$

其中，$\hat{\otimes}_{ij} = \frac{1}{2}\left(\otimes_{ij}^- + \otimes_{ij}^+\right)$；$\hat{\otimes}_j^k(l) = \frac{1}{2}\left(\otimes_j^k(l)^- + \otimes_j^k(l)^+\right)$。

根据上述定义可以得到如下四种区间灰数型白化权函数的表达式。根据"灰度不减"公理，为了简化区间灰数聚类模型的构建，通常将运算结果的灰度取为灰度较大的区间灰数的灰度。

命题 6.2.2　设 $\otimes_{ij} \in \left[\otimes_{ij}^-, \otimes_{ij}^+\right]$ $(i=1,2,\cdots,n; j=1,2,\cdots,m)$ 是对象 i 关于指标 j 的观测值，$f_{j\otimes}^k(\bullet)(k=1,2,\cdots,s)$ 是 j 指标 k 子类的区间灰数型白化权函数。假设观测值的区间测度小于白化权函数中两相邻转折点间的距离测度，则：

对于区间灰数型典型白化权函数，有

---

① 刘思峰等（2010a）。

$$
f_{j\otimes}^{k}\left(\otimes_{ij}\right)=
\begin{cases}
0, & \otimes_{ij}^{+}\leqslant\otimes_{j}^{k}(1)^{-}\text{或}\otimes_{ij}^{-}\geqslant\otimes_{j}^{k}(4)^{+}\\[2mm]
0_{\left(g_{ij}^{\circ}\vee g_{j}^{\circ k}(1)\right)}, & \hat{\otimes}_{ij}\notin\left[\hat{\otimes}_{j}^{k}(1),\hat{\otimes}_{j}^{k}(4)\right]\text{且}\otimes_{ij}^{+}>\otimes_{j}^{k}(1)^{-}\\[2mm]
\left(\dfrac{\hat{\otimes}_{ij}-\hat{\otimes}_{j}^{k}(1)}{\hat{\otimes}_{j}^{k}(2)-\hat{\otimes}_{j}^{k}(1)}\right)_{\left(g_{ij}^{\circ}\vee g_{j}^{\circ k}(1)\vee g_{j}^{\circ k}(2)\right)}, & \hat{\otimes}_{ij}\in\left[\hat{\otimes}_{j}^{k}(1),\hat{\otimes}_{j}^{k}(2)\right]\\[2mm]
1_{\left(g_{ij}^{\circ}\vee g_{j}^{\circ k}(2)\right)}, & \hat{\otimes}_{ij}\in\left[\hat{\otimes}_{j}^{k}(2),\hat{\otimes}_{j}^{k}(3)\right]\text{且}\otimes_{ij}^{-}<\otimes_{j}^{k}(2)^{+}\\[2mm]
1, & \otimes_{j}^{k}(2)^{+}\leqslant\otimes_{ij}^{-}<\otimes_{ij}^{+}\leqslant\otimes_{j}^{k}(3)^{-}\\[2mm]
1_{\left(g_{ij}^{\circ}\vee g_{j}^{\circ k}(3)\right)}, & \hat{\otimes}_{ij}\in\left[\hat{\otimes}_{j}^{k}(2),\hat{\otimes}_{j}^{k}(3)\right]\text{且}\otimes_{ij}^{+}>\otimes_{j}^{k}(3)^{-}\\[2mm]
\left(\dfrac{\hat{\otimes}_{j}^{k}(4)-\hat{\otimes}_{ij}}{\hat{\otimes}_{j}^{k}(4)-\hat{\otimes}_{j}^{k}(3)}\right)_{\left(g_{ij}^{\circ}\vee g_{j}^{\circ k}(3)\vee g_{j}^{\circ k}(4)\right)}, & \hat{\otimes}_{ij}\in\left[\hat{\otimes}_{j}^{k}(3),\hat{\otimes}_{j}^{k}(4)\right]\\[2mm]
0_{\left(g_{ij}^{\circ}\vee g_{j}^{\circ k}(4)\right)}, & \hat{\otimes}_{ij}\notin\left[\hat{\otimes}_{j}^{k}(1),\hat{\otimes}_{j}^{k}(4)\right]\text{且}\otimes_{ij}^{-}<\otimes_{j}^{k}(4)^{+}
\end{cases}
$$

$$(6.13)$$

对于区间灰数型下限测度白化权函数, 有

$$
f_{j\otimes}^{k}\left(\otimes_{ij}\right)=
\begin{cases}
0, & \otimes_{ij}^{+}\leqslant 0\text{或}\otimes_{ij}^{-}\geqslant\otimes_{j}^{k}(4)^{+}\\[2mm]
1_{\left(g_{ij}^{\circ}\right)}, & \hat{\otimes}_{ij}\in\left[0,\hat{\otimes}_{j}^{k}(3)\right]\text{且}\otimes_{ij}^{-}<0\\[2mm]
1, & 0\leqslant\otimes_{ij}^{-}<\otimes_{ij}^{+}\leqslant\otimes_{j}^{k}(3)^{-}\\[2mm]
1_{\left(g_{ij}^{\circ}\vee g_{j}^{\circ k}(3)\right)}, & \hat{\otimes}_{ij}\in\left[0,\hat{\otimes}_{j}^{k}(3)\right]\text{且}\otimes_{ij}^{+}>\otimes_{j}^{k}(3)^{-}\\[2mm]
\left(\dfrac{\hat{\otimes}_{j}^{k}(4)-\hat{\otimes}_{ij}}{\hat{\otimes}_{j}^{k}(4)-\hat{\otimes}_{j}^{k}(3)}\right)_{\left(g_{ij}^{\circ}\vee g_{j}^{\circ k}(3)\vee g_{j}^{\circ k}(4)\right)}, & \hat{\otimes}_{ij}\in\left[\hat{\otimes}_{j}^{k}(3),\hat{\otimes}_{j}^{k}(4)\right]\\[2mm]
0_{\left(g_{ij}^{\circ}\vee g_{j}^{\circ k}(4)\right)}, & \hat{\otimes}_{ij}>\hat{\otimes}_{j}^{k}(4)\text{且}\otimes_{ij}^{-}<\otimes_{j}^{k}(4)^{+}
\end{cases}
$$

$$(6.14)$$

对于区间灰数型适中测度白化权函数, 有

$$
f_{j\otimes}^{k}\left(\otimes_{ij}\right)=\begin{cases}
0, & \otimes_{ij}^{+}\leqslant\otimes_{j}^{k}(1)^{-}\text{或}\otimes_{ij}^{-}\geqslant\otimes_{j}^{k}(4)^{+}\\[2mm]
0_{\left(g_{ij}^{\circ}\vee g_{j}^{\circ k}(1)\right)}, & \hat{\otimes}_{ij}\notin\left[\hat{\otimes}_{j}^{k}(1),\hat{\otimes}_{j}^{k}(4)\right]\text{且}\otimes_{ij}^{+}>\otimes_{j}^{k}(1)^{-}\\[2mm]
\left(\dfrac{\hat{\otimes}_{ij}-\hat{\otimes}_{j}^{k}(1)}{\hat{\otimes}_{j}^{k}(2)-\hat{\otimes}_{j}^{k}(1)}\right)_{\left(g_{ij}^{\circ}\vee g_{j}^{\circ k}(1)\vee g_{j}^{\circ k}(2)\right)}, & \hat{\otimes}_{ij}\in\left[\hat{\otimes}_{j}^{k}(1),\hat{\otimes}_{j}^{k}(2)\right]\\[4mm]
\left(\dfrac{\hat{\otimes}_{j}^{k}(4)-\hat{\otimes}_{ij}}{\hat{\otimes}_{j}^{k}(4)-\hat{\otimes}_{j}^{k}(2)}\right)_{\left(g_{ij}^{\circ}\vee g_{j}^{\circ k}(2)\vee g_{j}^{\circ k}(4)\right)}, & \hat{\otimes}_{ij}\in\left[\hat{\otimes}_{j}^{k}(2),\hat{\otimes}_{j}^{k}(4)\right]\\[4mm]
0_{\left(g_{ij}^{\circ}\vee g_{j}^{\circ k}(4)\right)}, & \hat{\otimes}_{ij}\notin\left[\hat{\otimes}_{j}^{k}(1),\hat{\otimes}_{j}^{k}(4)\right]\text{且}\otimes_{ij}^{-}<\otimes_{j}^{k}(4)^{+}
\end{cases}
\tag{6.15}
$$

对于区间灰数型上限测度白化权函数，有

$$
f_{j\otimes}^{k}\left(\otimes_{ij}\right)=\begin{cases}
0, & \otimes_{ij}^{+}\leqslant\otimes_{j}^{k}(1)^{-}\\[2mm]
0_{\left(g_{ij}^{\circ}\vee g_{j}^{\circ k}(1)\right)}, & \hat{\otimes}_{ij}<\hat{\otimes}_{j}^{k}(1)\text{且}\otimes_{ij}^{+}>\otimes_{j}^{k}(1)^{-}\\[2mm]
\left(\dfrac{\hat{\otimes}_{ij}-\hat{\otimes}_{j}^{k}(1)}{\hat{\otimes}_{j}^{k}(2)-\hat{\otimes}_{j}^{k}(1)}\right)_{\left(g_{ij}^{\circ}\vee g_{j}^{\circ k}(1)\vee g_{j}^{\circ k}(2)\right)}, & \hat{\otimes}_{ij}\in\left[\hat{\otimes}_{j}^{k}(1),\hat{\otimes}_{j}^{k}(2)\right]\\[4mm]
1_{\left(g_{ij}^{\circ}\vee g_{j}^{\circ k}(2)\right)}, & \hat{\otimes}_{ij}>\hat{\otimes}_{j}^{k}(2)\text{且}\otimes_{ij}^{-}<\otimes_{j}^{k}(2)^{+}\\[2mm]
1, & \otimes_{ij}^{-}>\otimes_{j}^{k}(2)^{+}
\end{cases}
\tag{6.16}
$$

命题 6.2.2 的证明只涉及简单的区间灰数的运算，故此处省略。

6.2.2　区间灰数型白化权函数灰色定权聚类评价模型的构建

定义 6.2.4　设 $\otimes_{ij}\in\left[\otimes_{ij}^{-},\otimes_{ij}^{+}\right]$ $(i=1,2,\cdots,n;\ j=1,2,\cdots,m)$ 是对象 i 关于指标 j 的观测值，$f_{j\otimes}^{k}(\bullet)\,(k=1,2,\cdots,s)$ 是 j 指标 k 子类的区间灰数型白化权函数。若 j 指标 k 子类的权 η_{j}^{k} 与 k 无关，此时可将 η_{j}^{k} 的上标 k 略去，记为 $\eta_{j}\,(j=1,2,\cdots,m)$，并称

$$
\sigma_{i}^{k}=\sum_{j=1}^{m}f_{j\otimes}^{k}\left(\otimes_{ij}\right)\cdot\eta_{j}
$$

为对象 i 关于 k 灰类的区间灰数型灰色定权聚类系数。若 $\max\limits_{1 \leqslant k \leqslant s}\{\sigma_i^k\} = \sigma_i^{k^*}$，则称对象 i 属于灰类 k^*。

显然，σ_i^k 是基于"核"和灰度表示的区间灰数，记为 $\hat{\sigma}_{i(g_{\sigma i}^{\circ k})}^k$。那么，在确定对象 i 属于灰类 k^* 时就涉及区间灰数的排序问题。本书借鉴闫书丽等（2014）提出了基于相对"核"和精确度的区间灰数排序方法，来确定对象 i 属于何种灰类。

定义 6.2.5 设 $\sigma_i^k(i=1,2,\cdots,n;\ k=1,2,\cdots,s)$ 为对象 i 关于 k 灰类的区间灰数型聚类系数，$\hat{\sigma}_i^k$ 为区间灰数 σ_i^k 的"核"，$g_{\sigma i}^{\circ k}$ 为区间灰数 σ_i^k 的灰度，称

$$\delta\left(\sigma_i^k\right) = \frac{\hat{\sigma}_i^k}{1 + g_{\sigma i}^{\circ k}}$$

为 σ_i^k 的相对核。

定义 6.2.6 设 $\sigma_i^{k_1}$、$\sigma_i^{k_2}$ 为对象 i 关于灰类 k_1、k_2 的区间灰数型聚类系数，"核"分别为 $\hat{\sigma}_i^{k_1}$、$\hat{\sigma}_i^{k_2}$，灰度分别为 $g_{\sigma i}^{\circ k_1}$、$g_{\sigma i}^{\circ k_2}$，有

（1）若 $\delta\left(\sigma_i^{k_1}\right) < \delta\left(\sigma_i^{k_2}\right)$，则 $\sigma_i^{k_1} \prec \sigma_i^{k_2}$；

（2）若 $\delta\left(\sigma_i^{k_1}\right) > \delta\left(\sigma_i^{k_2}\right)$，则 $\sigma_i^{k_1} \succ \sigma_i^{k_2}$；

（3）若 $\delta\left(\sigma_i^{k_1}\right) = \delta\left(\sigma_i^{k_2}\right)$，则：

① $g_{\sigma i}^{\circ k_1} = g_{\sigma i}^{\circ k_2}$，则 $\sigma_i^{k_1} = \sigma_i^{k_2}\left(\hat{\sigma}_i^{k_1} = \hat{\sigma}_i^{k_2}, g_{\sigma i}^{\circ k_1} = g_{\sigma i}^{\circ k_2}\right)$；

② $g_{\sigma i}^{\circ k_1} < g_{\sigma i}^{\circ k_2}$，则 $\sigma_i^{k_1} \succ \sigma_i^{k_2}$；

③ $g_{\sigma i}^{\circ k_1} > g_{\sigma i}^{\circ k_2}$，则 $\sigma_i^{k_1} \prec \sigma_i^{k_2}$。

已知对象 i 关于指标 j 的观测值 $\otimes_{ij}(i=1,2,\cdots,n;\ j=1,2,\cdots,m)$，根据命题 6.2.2 和定义 6.2.4 可计算出区间灰数型灰色定权聚类系数集 $\{\sigma_i^k | k=1,2,\cdots,s\}$，再根据定义 6.2.5 和定义 6.2.6 对聚类系数进行排序，从而得到最大聚类系数 $\sigma_i^{k^*} = \max\limits_{1 \leqslant k \leqslant s}\{\sigma_i^k\}$，则可将对象 i 归于灰类 k^*，从而完成区间灰数型灰色定权聚类过程。

6.2.3 实例分析

南京市江宁区作为国家重要的科教中心和创新基地，拥有一批重点高新技术企业。为了分析这些企业核心竞争力的发展情况，选取 5 家企业作为代表，采用技术能力、管理能力、财政能力和创新能力 4 个指标对企业的发展情况进行评估。

5 家企业被划分为三个类别：核心竞争力强、核心竞争力一般、核心竞争力弱。在获取数据时，各指标的影响因素较多，更依赖定性分析，在指标量化过程中难以用具体数值表示，因此可以用区间灰数来赋值，相应地，采用区间灰数型白化权函数进行聚类分析将更显合理。最终，通过专家百分制打分法得到各指标的区间灰数值，以及其关于各个类型的区间灰数型白化权函数，则指标值和白化权函数转折点的论域皆为[0,100]。

对 5 家企业按以上 4 个评价指标打分（百分制）所得的区间灰数矩阵如下：

$$A(\otimes) = \begin{bmatrix} [75,80] & [50,55] & [65,68] & [78,80] \\ [50,54] & [50,52] & [60,63] & [64,66] \\ [60,65] & [55,59] & [54,56] & [54,58] \\ [42,44] & [34,36] & [70,76] & [35,40] \\ [76,78] & [62,64] & [64,68] & [80,82] \end{bmatrix}$$

通过 Delphi 调查确定每个指标关于各个类型的区间灰数型白化权函数如下。

技术能力指标的三类白化权函数：

$$f_1^1[[50,52],[75,78],-,-]\ ;\quad f_1^2[[34,36],[50,52],-,[75,78]]\ ;$$
$$f_1^3[-,-,[34,36],[50,52]]$$

管理能力指标的三类白化权函数：

$$f_2^1[[45,47],[64,66],-,-]\ ;\quad f_2^2[[28,32],[45,47],-,[64,66]]\ ;$$
$$f_2^3[-,-,[28,32],[45,47]]$$

财政能力指标的三类白化权函数：

$$f_3^1[[46,48],[72,74],-,-]\ ;\quad f_3^2[[36,38],[46,48],-,[72,74]]\ ;$$
$$f_3^3[-,-,[36,38],[46,48]]$$

创新能力指标的三类白化权函数：

$$f_4^1[[52,54],[75,77],-,-]\ ;\quad f_4^2[[38,40],[52,54],-,[75,77]]\ ;$$
$$f_4^3[-,-,[38,40],[52,54]]$$

采用灰色定权聚类，确定各指标的权重为

$$\eta(\otimes) = [\eta_1,\eta_2,\eta_3,\eta_4] = [0.26,0.23,0.24,0.27]$$

然后，计算出灰色定权聚类系数，用矩阵形式表示为

$$\varSigma = \left[\sigma_i^k\right]$$

$$= \begin{bmatrix} 0.788\,2_{(0.05)} & 0.211\,8_{(0.05)} & 0 \\ 0.345\,0_{(0.04)} & 0.655\,0_{(0.04)} & 0_{(0.04)} \\ 0.346\,1_{(0.05)} & 0.640\,1_{(0.05)} & 0 \\ 0.240\,0_{(0.06)} & 0.201\,9_{(0.06)} & 0.558\,1_{(0.05)} \\ 0.909\,9_{(0.04)} & 0.090\,1_{(0.04)} & 0 \end{bmatrix}$$

结合定义 6.2.6 的区间灰数排序方法，得到如下结果：

$$\max_{1\leqslant k\leqslant 3}\left\{\sigma_1^k\right\}=\sigma_1^1=0.788\,2_{(0.05)}\,;\quad \max_{1\leqslant k\leqslant 3}\left\{\sigma_2^k\right\}=\sigma_2^2=0.655\,0_{(0.04)}\,;$$

$$\max_{1\leqslant k\leqslant 3}\left\{\sigma_3^k\right\}=\sigma_3^2=0.640\,1_{(0.05)}\,;\quad \max_{1\leqslant k\leqslant 3}\left\{\sigma_4^k\right\}=\sigma_4^3=0.558\,1_{(0.05)}\,;$$

$$\max_{1\leqslant k\leqslant 3}\left\{\sigma_5^k\right\}=\sigma_5^1=0.909\,9_{(0.04)}$$

根据上述聚类结果，企业 1、企业 5 的核心竞争力强，企业 2、企业 3 的核心竞争力一般，企业 4 的核心竞争力弱。以小看大可以获知，南京市江宁区高新技术企业间的核心竞争力存在一定差距，但整体表现较为突出。此外，从聚类系数 $\sigma_1^1=0.788\,2_{(0.05)}$、$\sigma_5^1=0.909\,9_{(0.04)}$ 可知，同属于核心竞争力强的企业 1 和企业 5 之间仍存在较大差距，如果将企业的核心竞争力进一步细化为强、较强、一般、较弱、弱 5 个灰类，则可得出不同的结果。

6.3　基于区间灰数的中心点三角白化权函数灰色聚类评价模型

本节针对观测值为区间灰数的灰色聚类问题，通过构建区间灰数集上的积分均值函数，提出中心点三角白化权函数的区间灰数形式，把基于实数观测值的中心点白化权函数的灰色聚类模型推广到区间灰数的范畴上，进而建立区间灰数的灰色定权聚类模型，最后将该模型应用于实例，验证了该模型的有效性和实用性。

6.3.1　基本概念

定义 6.3.1　设 $\otimes_a \in \left[a^L, a^U\right]$，$a^L \leqslant a^U$，$a^L$、$a^U \in R$，称 $\otimes_a$ 为实数域 R 上的区间灰数，若 $a^L = a^U$，则 $\otimes_a$ 退化为实数 $a = a^L$。全体区间灰数集合记为 $[R]$。

定义 6.3.2　设 $A \subseteq R$，$\forall a$、$b \in A$，则称 $\otimes \in [a,b]$ 或 $\otimes \in [b,a]$ 为由 A 中元素生成的区间灰数，由 A 中任意元素生成的全体区间灰数集合记为 $[A]$。

定义 6.3.3　设 $f : A \to R$ 是 A 上的连续函数，令

$$F : [A] \to R$$

$$\otimes \mapsto F(\otimes) = \frac{\int_x^y f(t)\mathrm{d}t}{y - x}$$

其中，$\otimes \in [x, y]$；称 F 为函数 f 在区间灰数集 $[A]$ 上的积分均值函数。

从 F 的构造形式来看，F 属于二元单值函数，当给定区间灰数的上下限至少有一个变动时，均影响函数值。

性质 6.3.1[①]　设 F 为函数 f 在区间灰数集 $[A]$ 上的积分均值函数，令 $\otimes_{\Delta x} \in [x, x + \Delta x]$，则：

$$\lim_{\Delta x \to 0^+} F(\otimes_{\Delta x}) = \lim_{\Delta x \to 0^-} F(\otimes_{\Delta x}) = f(x)$$

性质 6.3.2[①]　设 $f : A \to R$ 是 A 上的连续函数，F 为函数 f 在区间灰数集 $[A]$ 上的积分均值函数，则 $N \leqslant F(\otimes) \leqslant M$，其中 $M = \max\limits_{x \in [a,b]} f(x)$，$N = \min\limits_{x \in [a,b]} f(x)$。

定义 6.3.4　设灰色聚类指标值为单一值时的白化权函数 $f_j^k(\cdot)$ 已知（其中，j 为指标，k 为灰类），则观测值为区间灰数 $\otimes_{a_{ij}} \in \left[a_{ij}^L, a_{ij}^U\right]$ 时，其白化权函数值为

$$F_j^k\left(\otimes_{a_{ij}}\right) = \frac{\int_{a_{ij}^L}^{a_{ij}^U} f_j^k(x)\mathrm{d}x}{a_{ij}^U - a_{ij}^L}$$

当观测值为区间灰数时，即 $\otimes \in [a,b]$，$[a,b]$ 中任何一个实数都可能取到。从几何上讲，区间灰数白化权函数 $F_j^k(\otimes)$ 表示白化权函数 $f_j^k(\cdot)$ 与 $x = a$、$x = b$ 及 x 轴所围成的面积在区间 $[a,b]$ 上的均值，它反映了区间灰数取值偏好的整体情况。

---

① 周伟杰等（2013）。

6.3.2　基于区间灰数的中心点三角白化权函数

1. 中心点三角白化权函数

按照评估要求所需划分的灰类数 s，分别确定灰类 $1,2,\cdots,s$ 的中心点（即属于某灰类程度最大的点）$\lambda_1,\lambda_2,\cdots,\lambda_s$，将各个指标的取值范围也相应地划分为 s 个灰类，分别以 $\lambda_1,\lambda_2,\cdots,\lambda_s$ 作为各个灰类的代表。

将灰类向不同方向进行延拓，考虑增加 0 灰类和 $s+1$ 灰类，并确定其中心点 λ_0,λ_{s+1}，从而得到新的中心点序列 $\lambda_0,\lambda_1,\lambda_2,\cdots,\lambda_s,\lambda_{s+1}$。分别连接点 $(\lambda_k,1)$ 与第 $k-1$ 个和第 $k+1$ 个中心点 $(\lambda_{k-1},0),(\lambda_{k+1},0)$，得到 j 指标关于 k 灰类的中心点三角白化权函数 $f_j^k(\cdot)$ $(j=1,2,\cdots,m;\ k=1,2,\cdots,s)$，如图 6.2 所示（刘思峰和谢乃明，2011）。

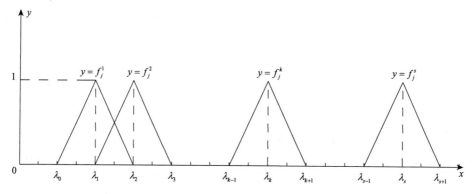

图 6.2　中心点三角白化权函数示意

对于指标 j 的一个观测值 x，可由

$$f_j^k(x)=\begin{cases}0, & x\notin[\lambda_{k-1},\lambda_{k+1}]\\[2mm]\dfrac{x-\lambda_{k-1}}{\lambda_k-\lambda_{k-1}}, & x\in(\lambda_{k-1},\lambda_k]\\[4mm]\dfrac{\lambda_{k+1}-x}{\lambda_{k+1}-\lambda_k}, & x\in(\lambda_k,\lambda_{k+1})\end{cases}\qquad(6.17)$$

计算出其属于灰类 k $(k=1,2,\cdots,s)$ 的白化权值 $f_j^k(x)$。

性质 6.3.3　由于 $0\leqslant f_j^k(x)\leqslant 1$，由性质 6.3.2 可知：

$$0\leqslant \min_{x\in[a^L,a^U]}f_j^k(x)\leqslant F_j^k(\otimes_a)\leqslant \max_{x\in[a^L,a^U]}f_j^k(x)\leqslant 1$$

这表明区间灰数的白化权函数取值范围在 $[0,1]$，与观测值单一的白化权函数取值具有一致性。

2. 基于区间灰数的中心点三角白化权函数

由图 6.2 所示的中心点三角白化权函数和定义 6.3.4，对于区间灰数 $\otimes_{a_{ij}} \in \left[a_{ij}^L, a_{ij}^U\right]$ 上下界所处的不同区间，可得以下几种情况。

（1）$a^U \leqslant \lambda_{k-1}$ 或 $a^L \geqslant \lambda_{k+1}$ 时，即 $\otimes_{a_{ij}} \in \left[a_{ij}^L, a_{ij}^U\right] \notin \left[\lambda_{k-1}, \lambda_{k+1}\right]$，由图 6.3、图 6.4，则 $F_j^k\left(\otimes_{a_{ij}}\right) = 0$。

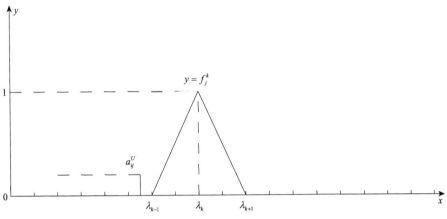

图 6.3　区间灰数的中心点三角白化权函数（$a^U \leqslant \lambda_{k-1}$）

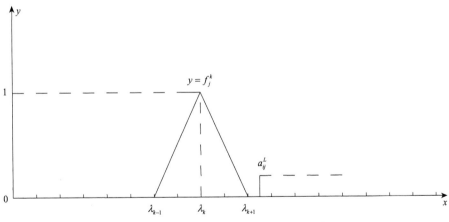

图 6.4　区间灰数的中心点三角白化权函数（$a^L \geqslant \lambda_{k+1}$）

（2）$a^L \leqslant \lambda_{k-1} \leqslant a^U \leqslant \lambda_k$ 时，由图 6.5，则：

$$F_j^k\left(\otimes_{a_{ij}}\right) = \frac{\int_{\lambda_{k-1}}^{a_{ij}^U} f_j^k(x)\mathrm{d}x}{a_{ij}^U - a_{ij}^L} = \frac{\int_{\lambda_{k-1}}^{a_{ij}^U}\left(\dfrac{x - \lambda_{k-1}}{\lambda_k - \lambda_{k-1}}\right)\mathrm{d}x}{a_{ij}^U - a_{ij}^L} = \frac{\left(a_{ij}^U - \lambda_{k-1}\right)^2}{2\left(\lambda_k - \lambda_{k-1}\right)\left(a_{ij}^U - a_{ij}^L\right)}$$

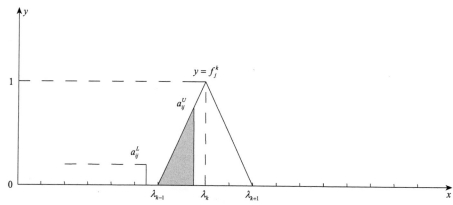

图 6.5　区间灰数的中心点三角白化权函数（ $a^L \leqslant \lambda_{k-1} \leqslant a^U \leqslant \lambda_k$ ）
阴影面积即白化权函数值

（3） $\lambda_{k-1} \leqslant a^L \leqslant a^U \leqslant \lambda_k$ 时，由图 6.6，则：

$$F_j^k\left(\otimes_{a_{ij}}\right)=\frac{\displaystyle\int_{a_{ij}^L}^{a_{ij}^U} f_j^k(x)\mathrm{d}x}{a_{ij}^U-a_{ij}^L}=\frac{\displaystyle\int_{a_{ij}^L}^{a_{ij}^U}\left(\frac{x-\lambda_{k-1}}{\lambda_k-\lambda_{k-1}}\right)\mathrm{d}x}{a_{ij}^U-a_{ij}^L}=\frac{a_{ij}^U+a_{ij}^L-2\lambda_{k-1}}{2(\lambda_k-\lambda_{k-1})}$$

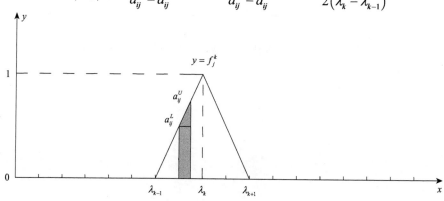

图 6.6　区间灰数的中心点三角白化权函数（ $\lambda_{k-1} \leqslant a^L \leqslant a^U \leqslant \lambda_k$ ）
阴影面积即白化权函数值

（4） $\lambda_{k-1} \leqslant a^L \leqslant \lambda_k \leqslant a^U \leqslant \lambda_{k+1}$ 时，由图 6.7，则：

$$F_j^k\left(\otimes_{a_{ij}}\right)=\frac{\displaystyle\int_{a_{ij}^L}^{a_{ij}^U} f_j^k(x)\mathrm{d}x}{a_{ij}^U-a_{ij}^L}=\frac{\displaystyle\int_{a_{ij}^L}^{\lambda_k}\left(\frac{x-\lambda_{k-1}}{\lambda_k-\lambda_{k-1}}\right)\mathrm{d}x}{a_{ij}^U-a_{ij}^L}+\frac{\displaystyle\int_{\lambda_k}^{a_{ij}^U}\left(\frac{\lambda_{k+1}-x}{\lambda_{k+1}-\lambda_k}\right)\mathrm{d}x}{a_{ij}^U-a_{ij}^L}$$

$$=\frac{\left[\left(\dfrac{a_{ij}^L-\lambda_{k-1}}{\lambda_k-\lambda_{k-1}}+1\right)\left(\lambda_k-a_{ij}^L\right)+\left(\dfrac{\lambda_{k+1}-a_{ij}^U}{\lambda_{k+1}-\lambda_k}+1\right)\left(a_{ij}^U-\lambda_k\right)\right]}{2\left(a_{ij}^U-a_{ij}^L\right)}$$

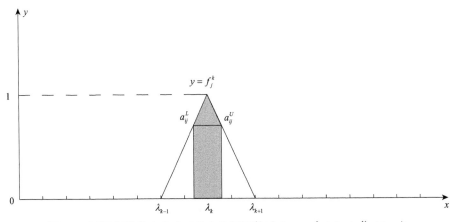

图 6.7　区间灰数的中心点三角白化权函数（$\lambda_{k-1} \leqslant a^L \leqslant \lambda_k \leqslant a^U \leqslant \lambda_{k+1}$）

阴影面积即白化权函数值

（5）$\lambda_k \leqslant a^L \leqslant a^U \leqslant \lambda_{k+1}$ 时，由图 6.8，则：

$$F_j^k\left(\otimes_{a_{ij}}\right)=\frac{\displaystyle\int_{a_{ij}^L}^{a_{ij}^U} f_j^k(x)\,\mathrm{d}x}{a_{ij}^U-a_{ij}^L}=\frac{\displaystyle\int_{a_{ij}^L}^{a_{ij}^U}\left(\frac{\lambda_{k+1}-x}{\lambda_{k+1}-\lambda_k}\right)\mathrm{d}x}{a_{ij}^U-a_{ij}^L}=\frac{2\lambda_{k+1}-a_{ij}^U-a_{ij}^L}{2\left(\lambda_{k+1}-\lambda_k\right)}$$

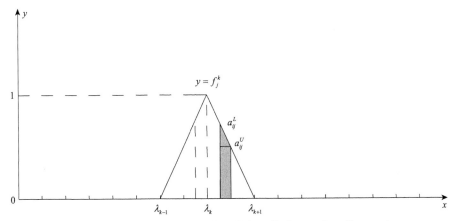

图 6.8　区间灰数的中心点三角白化权函数（$\lambda_k \leqslant a^L \leqslant a^U \leqslant \lambda_{k+1}$）

阴影面积即白化权函数值

（6）$\lambda_k \leqslant a^L \leqslant \lambda_{k+1} \leqslant a^U$ 时，由图 6.9，则：

$$F_j^k\left(\otimes_{a_{ij}}\right)=\frac{\displaystyle\int_{a_{ij}^L}^{\lambda_{k+1}} f_j^k(x)\,\mathrm{d}x}{a_{ij}^U-a_{ij}^L}=\frac{\displaystyle\int_{a_{ij}^L}^{\lambda_{k+1}}\left(\frac{\lambda_{k+1}-x}{\lambda_{k+1}-\lambda_k}\right)\mathrm{d}x}{a_{ij}^U-a_{ij}^L}=\frac{\left(\lambda_{k+1}-a_{ij}^L\right)^2}{2\left(\lambda_{k+1}-\lambda_k\right)\left(a_{ij}^U-a_{ij}^L\right)}$$

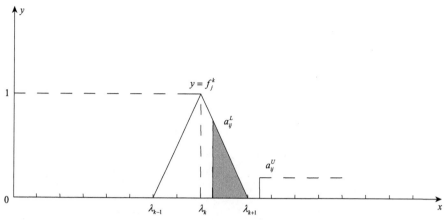

图 6.9　区间灰数的中心点三角白化权函数（$\lambda_k \leqslant a^L \leqslant \lambda_{k+1} \leqslant a^U$）

阴影面积即白化权函数值

综上，有区间灰数 $\otimes_a \in \left[a^L, a^U\right]$ 的中心点三角白化权函数：

$$F_j^k(\otimes_a) = \begin{cases} 0, & a^U \leqslant \lambda_{k-1} \text{或} a^L \geqslant \lambda_{k+1} \\[2mm] \dfrac{\left(a^U - \lambda_{k-1}\right)^2}{2\left(\lambda_k - \lambda_{k-1}\right)\left(a^U - a^L\right)}, & a^L \leqslant \lambda_{k-1} \leqslant a^U \leqslant \lambda_k \\[4mm] \dfrac{a^L + a^U - 2\lambda_{k-1}}{2\left(\lambda_k - \lambda_{k-1}\right)}, & \lambda_{k-1} \leqslant a^L \leqslant a^U \leqslant \lambda_k \\[4mm] \dfrac{\left[\left(\dfrac{a^L - \lambda_{k-1}}{\lambda_k - \lambda_{k-1}} + 1\right)\left(\lambda_k - a^L\right) + \left(\dfrac{\lambda_{k+1} - a^U}{\lambda_{k+1} - \lambda_k} + 1\right)\left(a^U - \lambda_k\right)\right]}{2\left(a^U - a^L\right)}, & \lambda_{k-1} \leqslant a^L \leqslant \lambda_k \leqslant a^U \leqslant \lambda_{k+1} \\[4mm] \dfrac{2\lambda_{k+1} - a^L - a^U}{2\left(\lambda_{k+1} - \lambda_k\right)}, & \lambda_k \leqslant a^L \leqslant a^U \leqslant \lambda_{k+1} \\[4mm] \dfrac{\left(\lambda_{k+1} - a^L\right)^2}{2\left(\lambda_{k+1} - \lambda_k\right)\left(a^U - a^L\right)}, & \lambda_k \leqslant a^L \leqslant \lambda_{k+1} \leqslant a^U \end{cases}$$

6.3.3　基于区间灰数的中心点三角白化权函数灰色定权聚类评价模型

定义 6.3.5　设 $\otimes_{a_{ij}} \in \left[a_{ij}^L, a_{ij}^U\right]$ 为对象 i 关于指标 j 的区间灰数观测值，$F_j^k(\cdot)$ $(j = 1, 2, \cdots, m;\ k = 1, 2, \cdots, s)$ 为 j 指标关于 k 子类的中心点三角白化权函数，j 指标

的权为 $\eta_j\,(j=1,2,\cdots,m)$ ，则称 $\sigma_i^k=\sum\limits_{j=1}^{m}F_j^k\left(\otimes_{a_{ij}}\right)\eta_j$ 为对象 i 属于 k 子类的灰色定权

聚类系数。

定义 6.3.6 称

$$\sigma_i=\left[\sigma_i^1,\sigma_i^2,\cdots,\sigma_i^s\right]=\left[\sum_{j=1}^{m}F_j^1\left(\otimes_{a_{ij}}\right)\cdot\eta_j,\sum_{j=1}^{m}F_j^2\left(\otimes_{a_{ij}}\right)\cdot\eta_j,\cdots,\sum_{j=1}^{m}F_j^s\left(\otimes_{a_{ij}}\right)\cdot\eta_j\right]$$

为对象 i 的聚类系数向量，称 $\varSigma=\left[\sigma_i^k\right]=\begin{bmatrix}\sigma_1^1 & \sigma_1^2 & \cdots & \sigma_1^s \\ \sigma_2^1 & \sigma_2^2 & \cdots & \sigma_2^s \\ \vdots & \vdots & & \vdots \\ \sigma_n^1 & \sigma_n^2 & \cdots & \sigma_n^s\end{bmatrix}$ 为聚类系数矩阵。

定义 6.3.7 设 $\max\limits_{1\leqslant k\leqslant s}\left\{\sigma_i^k\right\}=\sigma_i^{k*}$ ，则称对象 i 属于灰类 k^* 。

综上，区间灰数基于中心点三角白化权函数的灰色定权聚类评价模型的构建遵循以下步骤。

步骤 1：给出 j 指标关于 k 子类的中心点三角白化权函数 $F_j^k(\cdot)$ $(j=1,2,\cdots,m;$ $k=1,2,\cdots,s)$ 。

步骤 2：确定各指标的聚类权 η_j 。

步骤 3：从步骤 1 和步骤 2 得出的中心点三角白化权函数 $F_j^k(\cdot)$ 、聚类权 η_j 及

对象 i 关于指标 j 的观测值 $\otimes_{a_{ij}}$ ，计算出灰色定权聚类系数 $\sigma_i^k=\sum\limits_{j=1}^{m}F_j^k\left(\otimes_{a_{ij}}\right)\eta_j^k$

$(i=1,2,\cdots,n)$ 。

步骤 4：若 $\max\limits_{1\leqslant k\leqslant s}\left\{\sigma_i^k\right\}=\sigma_i^{k*}$ ，则判定对象 i 属于灰类 k^* 。

6.3.4　实例分析

本书选取周伟杰等（2013）中的高校教师工作绩效评价的案例进行方法验证与对比。案例中，对具有教授职称的高校教师工作绩效进行评估，主要从实际授课量、研究生培养、课题数量及类型、科学论文发表、科技奖励等方面进行评价。采用专家百分制打分法，得到对甲、乙、丙 3 位教授按以上 5 个评价指标打分的区间灰数矩阵：

$$A(\otimes)=\begin{bmatrix}[80,85] & [60,70] & [70,75] & [70,80] & [40,50] \\ [75,80] & [80,85] & [80,90] & [90,95] & [70,80] \\ [85,90] & [70,75] & [60,65] & [65,70] & [45,55]\end{bmatrix}$$

运用区间灰数的中心点三角白化权函数灰色聚类评价模型进行综合评价。

首先，按照评估要求将实际授课量绩效划分为"中""良""优"3个灰类。确定各灰类的中心点：$\lambda_1 = 50, \lambda_2 = 70, \lambda_3 = 90$。

其次，将灰类向不同方向进行延拓，如增加一个"特优类"和一个"差类"，其中心点分别设定为 $\lambda_0 = 40$，$\lambda_4 = 100$，从而得到新的中心点序列为

$$\lambda_0^1 = 40 , \quad \lambda_1^1 = 50 , \quad \lambda_2^1 = 70 , \quad \lambda_3^1 = 90 , \quad \lambda_4^1 = 100$$

同理，得到研究生培养绩效划分的中心点序列（延拓后）为

$$\lambda_0^2 = 40 , \quad \lambda_1^2 = 50 , \quad \lambda_2^2 = 70 , \quad \lambda_3^2 = 85 , \quad \lambda_4^2 = 90$$

课题数量及类型绩效划分的中心点序列（延拓后）为

$$\lambda_0^3 = 50 , \quad \lambda_1^3 = 60 , \quad \lambda_2^3 = 75 , \quad \lambda_3^3 = 85 , \quad \lambda_4^3 = 90$$

科学论文发表绩效划分的中心点序列（延拓后）为

$$\lambda_0^4 = 50 , \quad \lambda_1^4 = 55 , \quad \lambda_2^4 = 65 , \quad \lambda_3^4 = 80 , \quad \lambda_4^4 = 100$$

科技奖励绩效划分的中心点序列（延拓后）为

$$\lambda_0^5 = 30 , \quad \lambda_1^5 = 35 , \quad \lambda_2^5 = 40 , \quad \lambda_3^5 = 75 , \quad \lambda_4^5 = 80$$

对5个评价指标选择平均权重，因此 $\eta_j = 0.2$，$j = 1,2,3,4,5$。

根据区间灰数的中心点三角白化权函数灰色定权聚类模型步骤 3，可得聚类系数矩阵为

$$(\sigma_i) = \begin{bmatrix} 0.08 & 0.63 & 0.29 \\ 0 & 0.19 & 0.56 \\ 0.17 & 0.53 & 0.30 \end{bmatrix}$$

根据 $\max_{1 \leqslant k < 3}\{\sigma_1^k\} = \sigma_1^2 = 0.63$，$\max_{1 \leqslant k < 3}\{\sigma_2^k\} = \sigma_2^3 = 0.56$，$\max_{1 \leqslant k < 3}\{\sigma_3^k\} = \sigma_3^2 = 0.53$，甲教授和丙教授的工作绩效属于"良"灰类，而乙教授的工作绩效属于"优"灰类。此外，$\sigma_1^3 = 0.29 \geqslant \sigma_1^1 = 0.08$，$\sigma_3^3 = 0.30 \geqslant \sigma_3^1 = 0.17$，说明甲教授和丙教授尽管属于"良"灰类，但他们更接近于"优"灰类。

值得注意的是，乙教授的各聚类评估值之和不为 1。这说明中心点三角白化权函数并不能完全保证白化权函数对同一指标各灰类聚类系数之和为 1，换句话说，其规范性还有待改进。由于中心点三角白化权函数在整个指标取值范围的上下界表示上，是单调递增或单调递减的斜线，而实际上，当某个观测值小于取值范围的下界或超过上界时，该观测值就应完全属于取值范围的下界或上界属的灰类。由此，得到规范后的混合型中心点三角白化权函数，如图6.10所示。

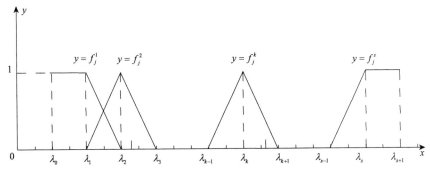

图 6.10　规范后的混合型中心点三角白化权函数

采用规范后的中心点三角白化权函数，修正乙教授不同灰类的取值，得到 $\sigma_2^k = (0 \quad 0.19 \quad 0.81)\,(k = 1, 2, 3)$。

最后，得到标准的聚类系数矩阵：

$$\left(\sigma_i\right)' = \begin{bmatrix} 0.08 & 0.63 & 0.29 \\ 0 & 0.19 & 0.81 \\ 0.17 & 0.53 & 0.30 \end{bmatrix}$$

对比周伟杰等（2013），本书所得结果区分度更大，对各灰类的归属更加明显。例如，对甲教授的评估结果中，本章所得结果中属于"优"灰类和"良"灰类、"优"灰类和"中"灰类、"中"灰类和"良"灰类的等级差更大，有利于提高决策效率。

第7章　基于区间灰数的灰色预测模型研究

　　针对灰色系统理论的"灰度不减"公理，本章在灰度最大化的统一运算基础上构建基于"灰度不减"公理的区间灰数预测模型。针对残差灰色模型，本章通过验证区间灰数序列的残差建模条件，运用区间灰数"核"序列与上下信息域序列建立区间灰数残差灰色模型，将残差思想推广到区间灰数序列。

7.1　基于"灰度不减"公理的区间灰数预测模型

　　在区间灰数的运算法则体系中，包括区间灰数的代数运算等在内的预测建模必然会导致灰度增加，因此，在建模全过程中考虑"灰度不减"公理十分必要。本节提出基于"灰度不减"公理的区间灰数预测模型，首先利用准灰度因子对区间灰数建模序列进行灰度最大化处理，不仅为区间灰数的建模运算提供了灰度一致的运算基础，标准化了建模序列的灰度信息，也是对数据序列的一次平滑处理。其次，对处理后的区间灰数上下界分别进行预测，避免上下界直接建模可能存在的交叉情况，并在建模运算中充分体现了"灰度不减"的公理。为进一步修正模型的预测精度，对于灰度序列，本书分两种情形进行处理，完成对基于"灰度不减"公理的区间灰数预测模型的构建。最后，将模型运用在实例中，验证模型的有效性和其实际意义。

7.1.1　基本概念

定义 7.1.1　设区间灰数的灰度序列为 $G^\circ(\otimes) = \left(g^\circ(\otimes_1), g^\circ(\otimes_2), \cdots, g^\circ(\otimes_n)\right)$，由"灰度不减"公理，在灰度序列中选取灰度的最大值 $g^\circ(\otimes_{\max})$，有 $g^\circ(\otimes_{\max}) \geqslant g^\circ(\otimes_i)$，$i = 1, 2, \cdots n$，则称 $g^\circ(\otimes_{\max})$ 为准灰度因子。

公理 7.1.1　（广义"灰度不减"公理）在同一背景或论域 Ω 下的灰数序列中，对任意具有不同灰度的灰数进行乘、除及基本初等函数运算时，运算结果的灰度不小于灰数中灰度最大的灰数的灰度。

7.1.2　基于"灰度不减"公理的区间灰数 GM(1,1)

传统区间灰数预测方法多直接对区间灰数上下界分别建模或将区间灰数上下界所含的信息转化成相应的实数序列进行建模，在建模过程中鲜少考虑区间灰数序列的灰度变化。本书基于公理 7.1.1，将"灰度不减"公理推广到区间灰数预测模型的建模过程中。其主要思想为：建模前，对区间灰数序列的灰度进行计算，掌握其灰度序列中各灰度值的大小，选择拟合区间灰数灰度序列中灰度最大的值作为准灰度因子。对区间灰数序列的上下界进行准灰度因子的统一处理，保证建模过程中区间灰数上下界序列的"灰度不减"。进一步地，随着预测模型的建立，为保证"灰度不减"公理在预测值中的实现，要进一步修正预测模型。修正过程分以下两种情形考虑：对于拟合区间灰数灰度序列发展趋势递减的情形，其灰度值逐渐减小，已选择的准灰度因子（拟合区间灰数序列灰度最大值）已能够代表该区间灰数序列的最大值，体现了广义"灰度不减"公理在其建模过程中的作用，因此，无须进一步修正；对于拟合区间灰数灰度序列发展趋势递增的情形，其灰度值逐渐增加，已选择的准灰度因子可能被预测值的灰度取代，因此，需要对准灰度因子进行修正处理，即根据灰度序列发展情况建立 GM(1,1)，得到灰度序列预测值，记为灰度因子，并由灰度因子取代准灰度因子对各步预测值进行修正。最终，完成对区间灰数序列的预测。具体建模过程如下。

设有区间灰数序列 $X(\otimes) = (\otimes_1, \otimes_2, \cdots, \otimes_n)$，$\otimes_i \in [a_i, b_i] (i = 1, 2, \cdots, n)$，其上下界序列分别为 $B^{(0)} = (b_1, b_2, \cdots, b_n)$，$A^{(0)} = (a_1, a_2, \cdots, a_n)$。由定义 3.4.1、定义 3.4.2、定义 6.2.1，分别得到区间灰数序列的"核"序列 $X(\hat{\otimes}) = (\hat{\otimes}_1, \hat{\otimes}_2, \cdots, \hat{\otimes}_n)$，测度序列 $L(\otimes) = (l(\otimes_1), l(\otimes_2), \cdots, l(\otimes_n))$，灰度序列 $G^\circ(\otimes) = \left(g^\circ(\otimes_1), g^\circ(\otimes_2), \cdots, g^\circ(\otimes_n)\right)$。

1. 基于准灰度因子的区间灰数上下界序列灰度统一化

对区间灰数上下界进行 GM(1,1) 建模之前，运用准灰度因子进行统一处理，使原区间灰数序列的测度（即界差）进一步拉大（图 7.1），不仅可避免上下界直接建模可能产生的交叉情况，而且保证了"灰度不减"公理在建模过程中的充分体现。

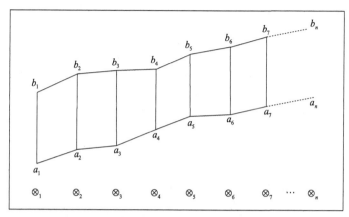

图 7.1　灰度统一化后的区间灰数序列走势示意

具体如下。

首先，计算区间灰数序列各项的灰度，选取其中的灰度最大值 $g°(\otimes_{max})$ 作为准灰度因子。

其次，由灰度计算公式 $g°(\otimes) = \dfrac{l(\otimes)}{\tilde{\otimes}}$，则经准灰度因子处理后，得到新的测度（其中，$i = 1, 2, \cdots, n$）：

$$l(\otimes_i)' = l(\otimes_i) \cdot g°(\otimes_{max}) / g(\otimes_i) \qquad (7.1)$$

从而，得到新的上界值（其中，$i = 1, 2, \cdots, n$）：

$$b_i' = (a_i + b_i) / 2 + l(\otimes_i)' / 2 \qquad (7.2)$$

新的下界值（其中，$i = 1, 2, \cdots, n$）：

$$a_i' = (a_i + b_i) / 2 - l(\otimes_i)' / 2 \qquad (7.3)$$

最后，得到新的上下界序列 $B'^{(0)} = (b_1', b_2', \cdots, b_n')$，$A'^{(0)} = (a_1', a_2', \cdots, a_n')$。

2. 区间灰数上下界序列的 GM(1,1) 的构建

对新的上下界序列 $B'^{(0)} = (b_1', b_2', \cdots, b_n')$，$A'^{(0)} = (a_1', a_2', \cdots, a_n')$ 分别进行 GM(1,1) 建模。

（1）对新的上界序列，有 GM(1,1) 的白化方程：

$$b'^{(0)}(k) + a_{b'}z^{(1)}{}_{b'}(k) = b_{b'} \tag{7.4}$$

得到其时间响应序列为

$$\hat{b}'^{(1)}(k+1) = \left(b'^{(0)}(1) - \frac{b_{b'}}{a_{b'}}\right)\mathrm{e}^{-a_{b'}k} + \frac{b_{b'}}{a_{b'}}, \quad k=1,2,\cdots,n \tag{7.5}$$

还原值为

$$\hat{b}'^{(0)}(k+1) = \hat{b}'^{(1)}(k+1) - \hat{b}'^{(1)}(k) = (1-\mathrm{e}^{a_{b'}})\left(b'^{(0)}(1) - \frac{b_{b'}}{a_{b'}}\right)\mathrm{e}^{-a_{b'}k}, \quad k=1,2,\cdots,n \tag{7.6}$$

式（7.6）为区间灰数上界序列的 GM(1,1) 预测模型，求得上界的预测值为

$$\hat{b}'^{(0)}(k+1), \hat{b}'^{(0)}(k+2),\cdots$$

其中，$B'^{(1)} = \left(b'^{(1)}(1), b'^{(1)}(2),\cdots,b'^{(1)}(n)\right)$；$b'^{(1)}(k) = \sum\limits_{i=1}^{k} b'^{(0)}_i (k=1,2,\cdots,n)$；$Z^{(1)}{}_{b'} = \left(z^{(1)}{}_{b'}(2), z^{(1)}{}_{b'}(2),\cdots,z^{(1)}{}_{b'}(n)\right)$；$z^{(1)}{}_{b'}(k) = \frac{1}{2}\left(b'^{(1)}(k) + b'^{(1)}(k-1)\right) (k=2,3,\cdots,n)$。

（2）对新的下界序列，有 GM(1,1) 的白化方程：

$$a'^{(0)}(k) + a_{a'}z^{(1)}{}_{a'}(k) = b_{a'} \tag{7.7}$$

得到其时间响应序列为

$$\hat{a}'^{(1)}(k+1) = \left(a'^{(0)}(1) - \frac{b_{a'}}{a_{a'}}\right)\mathrm{e}^{-a_{a'}k} + \frac{b_{a'}}{a_{a'}}, \quad k=1,2,\cdots,n \tag{7.8}$$

还原值为

$$\hat{a}'^{(0)}(k+1) = \hat{a}'^{(1)}(k+1) - \hat{a}'^{(1)}(k) = (1-\mathrm{e}^{a_{a'}})\left(a'^{(0)}(1) - \frac{b_{a'}}{a_{a'}}\right)\mathrm{e}^{-a_{a'}k}, \quad k=1,2,\cdots,n \tag{7.9}$$

式（7.9）为区间灰数下界序列的 GM(1,1) 预测模型，求得下界的预测值为

$$\hat{a}'^{(0)}(k+1), \hat{a}'^{(0)}(k+2),\cdots$$

其中，$A'^{(1)} = \left(a'^{(1)}(1), a'^{(1)}(2),\cdots,a'^{(1)}(n)\right)$；$a'^{(1)}(k) = \sum\limits_{i=1}^{k} a'^{(0)}_i (k=1,2,\cdots,n)$；$Z^{(1)}{}_{a'} = \left(z^{(1)}{}_{a'}(2), z^{(1)}{}_{a'}(2),\cdots,z^{(1)}{}_{a'}(n)\right)$；$z^{(1)}{}_{a'}(k) = \frac{1}{2}\left(a'^{(1)}(k) + a'^{(1)}(k-1)\right) (k=2,3,\cdots,n)$。

3. 区间灰数灰度因子的确定

对于区间灰数的灰度序列而言，要先考察其发展趋势，再做进一步处理。若灰度序列呈递减趋势，为保证区间灰数预测过程中的"灰度不减"，则仍选用准灰度因子做统一处理，上下界预测值仍由该准灰度因子取得，无须对新的区间灰数

上下界序列预测值进一步处理。

若区间灰数的灰度序列呈递增趋势，则需对灰度序列进行灰色预测建模，对灰度趋势进行预测，得到的灰度预测值作为灰度因子。因此，下面仅考虑区间灰数的灰度序列呈递增趋势的情形，具体过程如下。

根据灰度序列 $G^\circ(\otimes) = \left(g^\circ(\otimes_1), g^\circ(\otimes_2), \cdots, g^\circ(\otimes_n)\right)$ 发展趋势，若存在明显波动可选用第 3 章的函数变换技术对灰度序列进行处理。灰度序列经幂函数、线性函数、正切函数变换等步骤后分别被处理到 $[0, \pi/2]$ 区间上的 4 个数量等级上（$0.1, 0.5, 1, \pi/2$），得到序列 $G^\circ(\otimes_i) = \left(g^\circ(\otimes_{1i}), g^\circ(\otimes_{2i}), \cdots, g^\circ(\otimes_{ni})\right)$，其中，数量等级记为 $i(i=1,2,3,4)$。根据拟合误差最小化原则，得到最佳调节系数处理后的灰度序列 $G^\circ(\otimes_{i*}) = \left(g^\circ(\otimes_{1i*}), g^\circ(\otimes_{2i*}), \cdots, g^\circ(\otimes_{ni*})\right)$，其中，$i^*$ 为最佳调节系数所处的数量等级。

对灰度序列 $G^\circ(\otimes_{i*}) = \left(g^\circ(\otimes_{1i*}), g^\circ(\otimes_{2i*}), \cdots, g^\circ(\otimes_{ni*})\right)$，建立 GM(1,1) 有

$$g_{i*}^{\circ(0)}(k+1) = \left(1 - e^{a_{g_{i*}^{\circ(0)}}}\right)\left(g_{i*}^{\circ(0)}(1) - \frac{b_{g_{i*}^{\circ(0)}}}{a_{g_{i*}^{\circ(0)}}}\right)e^{-a_{g_{i*}^{\circ(0)}} \cdot k}, \quad k = 1, 2, \cdots, n \quad (7.10)$$

得到灰度预测后，需进行函数变换技术的逆运算还原序列，见式（3.14）~式（3.17）。最终得到灰度预测序列 $\hat{G}^\circ(\otimes_{i*}) = \left(\hat{g}^\circ(\otimes_{1i*}), \hat{g}^\circ(\otimes_{2i*}), \cdots, \hat{g}^\circ(\otimes_{ni*})\right)$。

对于不需函数变换技术处理的灰度序列 $G^\circ(\otimes) = \left(g^\circ(\otimes_1), g^\circ(\otimes_2), \cdots, g^\circ(\otimes_n)\right)$，直接建立 GM(1,1)，其时间响应序列为

$$\hat{g}^{\circ(1)}(k+1) = \left(g^{\circ(0)}(1) - \frac{b_{g^\circ}}{a_{g^\circ}}\right)e^{-a_{g^\circ} k} + \frac{b_{g^\circ}}{a_{g^\circ}}, \quad k = 1, 2, \cdots, n \quad (7.11)$$

还原值为

$$\hat{g}^{\circ(0)}(k+1) = \hat{g}^{\circ(1)}(k+1) - \hat{g}^{\circ(1)}(k) = \left(1 - e^{a_{g^\circ}}\right)\left(g^{\circ(0)}(1) - \frac{b_{g^\circ}}{a_{g^\circ}}\right)e^{-a_{g^\circ} k}, \quad k = 1, 2, \cdots, n$$

$$(7.12)$$

式（7.12）为区间灰数灰度序列的 GM(1,1) 预测模型，得到灰度预测序列为

$$\hat{G}^\circ(\otimes) = \left(\hat{g}^\circ(\otimes_1), \hat{g}^\circ(\otimes_2), \cdots, \hat{g}^\circ(\otimes_n)\right)$$

其中，$g^{\circ(1)} = \left(g^{\circ(1)}(1), g^{\circ(1)}(2), \cdots, g^{\circ(1)}(n)\right)$；$g^{\circ(1)}(k) = \sum_{i=1}^{k} g_i^{\circ(0)}(k=1,2,\cdots,n)$；$Z^{(1)}_{g^\circ} = \left(z^{(1)}_{g^\circ}(2), z^{(1)}_{g^\circ}(2), \cdots, z^{(1)}_{g^\circ}(n)\right)$；$z^{(1)}_{g^\circ}(k) = \frac{1}{2}\left(g^{\circ(1)}(k) + g^{\circ(1)}(k-1)\right)(k=2,3,\cdots,n)$。

4. 基于灰度因子对区间灰数预测模型的修正

考虑到灰度序列预测模型中区间灰数的灰度序列呈递增趋势的情形下新的灰度因子被选择，相应地，区间灰数新的上下界序列的预测值需运用对应的灰度因子进行修正处理。

根据上下界各步预测值，求出各步上下界预测值的中心点，即区间灰数"核"的预测值 $\hat{\otimes}_{k+1}, \hat{\otimes}_{k+2}, \cdots$：

$$\hat{\otimes}_{k+1} = \frac{\hat{a}'^{(0)}(k+1) + \hat{b}'^{(0)}(k+1)}{2} \tag{7.13}$$

由灰度定义 $g^\circ(\otimes) = \frac{l(\otimes)}{\tilde{\otimes}}$ 知，引入灰度序列预测模型中的各步灰度因子及式（7.13）中的各步"核"的预测值，求得区间灰数测度的预测值 $l(k+1), l(k+2), \cdots$，其中，

$$l(k+1) = \hat{g}^{\circ(0)}(k+1) \cdot \hat{\otimes}_{k+1} \tag{7.14}$$

而后，由区间灰数"核"的预测值及区间灰数测度预测值，求出上下界的预测值：

$$b'(k+1) = \hat{\otimes}_{k+1} + \frac{l(k+1)}{2} \tag{7.15}$$

$$a'(k+1) = \hat{\otimes}_{k+1} - \frac{l(k+1)}{2} \tag{7.16}$$

5. 基于"灰度不减"公理的区间灰数预测模型建模步骤

步骤 1：根据定义 3.4.1、定义 3.4.2、定义 6.2.1，计算区间灰数序列中模拟数据的灰度，形成灰度模拟序列。

步骤 2：根据定义 7.1.1，选取准灰度因子。

步骤 3：利用准灰度因子对模拟数据进行灰度统一处理，得到新的灰度统一化后区间灰数序列的上下界。

步骤 4：对新的区间灰数序列上下界分别建立 GM(1,1)，得到区间灰数上下界的预测值。

步骤 5：研究灰度序列走势，若呈下降趋势，则步骤 2 选取的准灰度因子代表了"灰度不减"公理中的最大灰度值，即可作为灰度因子，预测值无须修正，区间灰数预测模型建模完成，在步骤 4 所得的上下界预测值即最终预测值。

步骤 6：研究灰度序列走势，若呈上升趋势，则对灰度模拟序列建立 GM(1,1)，得到灰度预测值，形成灰度因子序列。

步骤 7：根据步骤 4 的上下界各步预测值，求出各步上下界预测值的中心点，

即区间灰数"核"的预测值。

步骤 8：由定义 6.2.1 知，引入步骤 6 的各步灰度因子及步骤 7 的各步"核"的预测值，求得修正后的区间灰数测度的预测值。

步骤 9：由步骤 7 的区间灰数"核"的预测值及步骤 8 的区间灰数测度的预测值，求出上下界的预测值，最终得到修正后的区间灰数序列各步上下界的预测值。

7.1.3   实例分析

近年来，智能终端市场迅速崛起，企业 A 在评估同行发展状况时，因缺少企业 B 销售额的准确资料，通过对在共同竞标等经营活动中收集到的信息进行分析，对企业 B 的销售额进行区间估计，认为 2007~2014 年企业 B 的销售额如表 7.1 所示。

表7.1	2007~2014年企业B智能终端销售额的区间灰数						单位：亿元
年份	2007	2008	2009	2010	2011	2012	2013	2014
区间	$\otimes_1$	$\otimes_2$	$\otimes_3$	$\otimes_4$	$\otimes_5$	$\otimes_6$	$\otimes_7$	$\otimes_8$
灰数	[54, 61]	[71, 81]	[96, 113]	[121, 147]	[143, 179]	[168, 220]	[202, 282]	[230, 357]

选取 2007~2012 年企业 B 智能终端销售额的区间灰数进行建模，2013 年、2014 年的数据作为误差验证数据。通过对 2007~2012 年企业 B 智能终端销售额的区间灰数拟合序列灰度的计算，得到灰度序列走势呈上升趋势（图 7.2），因此，同样需要对灰度序列进行 GM(1,1) 建模处理。经新模型和传统 GM(1,1) 建模，结果见表 7.2。

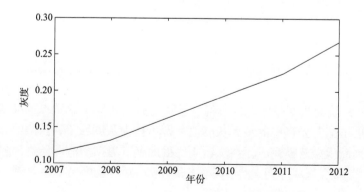

图 7.2   2007~2012 年企业 B 智能终端销售额的区间灰数灰度序列趋势

表7.2　2013~2014年企业B智能终端销售额的区间灰数预测结果与误差

预测结果	本节方法		GM(1,1)	
	2013 年	2014 年	2013 年	2014 年
预测值下界	205.31	245.85	208.42	254.03
预测值上界	282.62	359.70	279.85	352.45
预测误差下界	1.64%	6.89%	3.18%	10.45%
预测误差上界	0.22%	0.76%	−0.76%	−1.27%
平均误差	2.38%		3.92%	

由表 7.2 结果可知，本节方法得到的预测精度高于传统 GM(1,1)。原始区间灰数序列较为平稳，因此本身较适合运用 GM(1,1) 建模，不存在上下界交叉的可能性，平均误差仅为 3.92%，但最大误差达到了 10.45%。本节方法在充分考虑区间灰数上下界信息的基础上，在遵循"灰度不减"公理的前提下，所得到的结果更加满意，平均误差为 2.38%，最大误差仅为 6.89%。概述本案例数据特征并推广，本节提出的基于"灰度不减"公理的区间灰数预测模型尤其适用于前期处于孕育阶段，而近期出现大爆发形态的新兴领域的相关预测。对于该类数据，前期区间灰数绝对值较小、测度范围较窄，导致区间灰数的灰度较小，增长缓慢；后期由于井喷式发展，其绝对值显著增长，但又牵涉政策、市场等诸多因素，企业作为保守估计的区间灰数下界值会与其乐观值，即上界值相差较大，从而区间灰数的测度大大增加，进而序列灰度也相对增加。因此，本节提出的模型对该类实际问题有着良好的解读性，体现了"灰度不减"公理在建模过程中的实际意义。

7.2　基于区间灰数的残差灰色预测模型

本节从误差视角对区间灰数信息转化进行研究，基于区间灰数的"核"与信息域的理论基础，引入残差修正思想，对区间灰数序列进行处理。在信息域处理上，运用累加和函数变换等数据生成技术提高信息域数据序列的光滑性；通过区间灰数全信息转化，得到上下界序列的预测模型，构建出基于区间灰数的残差灰色预测模型。最后，选取长江三角洲地区人均工业废水排放量作为实例，验证基于区间灰数的残差灰色预测模型的实用性和可靠性。基于区间灰数的残差灰色预测模型在建模过程中体现了灰色系统理论"信息充分利用"的思想，并结合残差修正和函数变换等数据处理方法，进一步拓展了区间灰数预测的理论体系。

7.2.1　残差 GM(1,1)

当 GM(1,1) 精度不符合要求时，可用残差序列建立 GM(1,1)，对原模型进行修正，具体过程如下。

设 $\varepsilon^{(0)} = \left(\varepsilon^{(0)}(1), \varepsilon^{(0)}(2), \cdots, \varepsilon^{(0)}(n-m) \right)$，其中，

$$\varepsilon^{(0)}(k) = x^{(1)}(k) - \hat{x}^{(1)}(k)，\quad k = 1, 2, \cdots, n-m \tag{7.17}$$

为 $X^{(1)}$ 的残差序列。若存在 k_0，满足 $\begin{cases} \forall k \geqslant k_0, \ \varepsilon^{(0)}(k) \geqslant 0 \\ n - k_0 \geqslant 4 \end{cases}$ 或者 $\begin{cases} \forall k \geqslant k_0, \ \varepsilon^{(0)}(k) \leqslant 0 \\ n - k_0 \geqslant 4 \end{cases}$，

则称 $\left(\left| \varepsilon^{(0)}(k_0) \right|, \left| \varepsilon^{(0)}(k_0 + 1) \right|, \cdots, \left| \varepsilon^{(0)}(n-m) \right| \right)$ 为可建模残差尾段，仍记为

$$\varepsilon^{(0)} = \left(\varepsilon^{(0)}(k_0), \varepsilon^{(0)}(k_0 + 1), \cdots, \varepsilon^{(0)}(n-m) \right)$$

对序列 $\varepsilon^{(0)} = \left(\varepsilon^{(0)}(k_0), \varepsilon^{(0)}(k_0 + 1), \cdots, \varepsilon^{(0)}(n-m) \right)$ 建立 GM(1,1)，得到还原时间响应式为

$$\hat{\varepsilon}^{(0)}(k+1) = (-a_\varepsilon) \left(\varepsilon^{(0)}(k_0) - \frac{b_\varepsilon}{a_\varepsilon} \right) e^{-a_\varepsilon(k-k_0)}，\quad k \geqslant k_0 \tag{7.18}$$

若用 $\hat{\varepsilon}^{(0)}$ 修正 $\hat{X}^{(1)}$，则称修正后的时间响应式

$$\hat{x}^{(1)}(k+1) = \begin{cases} \left(x^{(0)}(1) - \dfrac{b}{a} \right) e^{-ak} + \dfrac{b}{a}, & k < k_0 \\[3mm] \left(x^{(0)}(1) - \dfrac{b}{a} \right) e^{-ak} + \dfrac{b}{a} \pm a_\varepsilon \left(\varepsilon^{(0)}(k_0) - \dfrac{b_\varepsilon}{a_\varepsilon} \right) e^{-a_\varepsilon(k-k_0)}, & k \geqslant k_0 \end{cases} \tag{7.19}$$

为残差修正 GM(1,1)，简称残差 GM(1,1)。其中，残差修正值 $\hat{\varepsilon}^{(0)}(k+1) = (-a_\varepsilon) \left(\varepsilon^{(0)}(k_0) - \dfrac{b_\varepsilon}{a_\varepsilon} \right) e^{-a_\varepsilon(k-k_0)}$，$k \geqslant k_0$ 的符号应与残差尾段 $\varepsilon^{(0)}$ 的符号保持一致。

7.2.2　区间灰数残差 GM(1,1) 的构建

定义 7.2.1[①]　设 $\otimes \in [a, b]$ 为连续区间灰数，其中，$a \leqslant b$，a、b 分别为区间灰数的下界、上界，上界和下界的差值称为区间灰数的信息域（也称为测度），记作 $l_\otimes = b - a$。区间灰数序列 $X(\otimes)$ 中所有元素的信息域数值所构成的序列称为区

---

① 刘思峰和林益（2004）。

间灰数序列 $X(\otimes)$ 的信息域①值序列，记为 $X(L_\otimes) = (l_\otimes(1), l_\otimes(2), \cdots, l_\otimes(n))$。

定义 7.2.2　设 $\otimes \in \left[a, \tilde{\otimes}, b \right]$ 为连续区间灰数，其中，$a \leqslant \tilde{\otimes} \leqslant b$，上界与"核"的差值称为上信息域，记作 $\overline{l_\otimes} = b - \tilde{\otimes}$。区间灰数序列 $X(\otimes)$ 中所有元素的上信息域数值所构成的序列称为区间灰数序列 $X(\otimes)$ 的上信息域值序列，记为 $X(\overline{L_\otimes}) = (\overline{l_\otimes}(1), \overline{l_\otimes}(2), \cdots, \overline{l_\otimes}(n))$。

类似地，"核"与下界的差值称为下信息域，记作 $\underline{l_\otimes} = \tilde{\otimes} - a$。区间灰数序列 $X(\otimes)$ 中所有元素的下部信息域数值所构成的序列称为区间灰数序列 $X(\otimes)$ 的下信息域值序列，记为 $X(\underline{L_\otimes}) = (\underline{l_\otimes}(1), \underline{l_\otimes}(2), \cdots, \underline{l_\otimes}(n))$。显然，信息域是上信息域与下信息域的和。

定义 7.2.3　设序列 $X = (x(1), x(2), \cdots, x(n))$，称 $\rho(k) = \dfrac{x(k)}{\sum\limits_{i=1}^{k-1} x(i)} (k = 2, 3, \cdots, n)$ 为序列 X 的光滑比。

若序列 X 满足 $\begin{cases} \dfrac{\rho(k+1)}{\rho(k)} < 1, & k = 2, 3, \cdots, n-1 \\ \rho(k) \in [0, \varepsilon], & k = 3, 4, \cdots, n \\ \varepsilon < 0.5 \end{cases}$，则称 X 为准光滑序列。

设有连续区间灰数序列 $X(\otimes) = (\otimes(1), \otimes(2), \cdots, \otimes(n))$，将 $X(\otimes)$ 中的所有元素在二维直角平面坐标体系中进行映射，分别顺次连接相邻区间灰数的上界、"核"序列、下界形成上界线、"核"序列线、下界线，如图 7.3 所示。其中，上界线数据形成的序列称为区间灰数上界序列，记为 $X(\overline{\otimes}) = (b(1), b(2), \cdots, b(n))$；区间灰数序列"核"序列，记为 $X(\hat{\otimes}) = (\hat{\otimes}(1), \hat{\otimes}(2), \cdots, \hat{\otimes}(n))$；下界线数据形成的序列称为区间灰数下界序列，记为 $X(\underline{\otimes}) = (a(1), a(2), \cdots, a(n))$。

1. 基于"核"序列的 GM(1,1)

对于区间灰数"核"序列 $X(\hat{\otimes}) = (\hat{\otimes}(1), \hat{\otimes}(2), \cdots, \hat{\otimes}(n))$。为验证模型预测精度，选取前 $n - m$ 项作为建模数据，最后 m 项 $(\hat{\otimes}(n-m+1), \hat{\otimes}(n-m+2), \cdots, \hat{\otimes}(n))$ 作为预测数据。参考 GM(1,1) 的建模步骤，得到区间灰数"核"序列的预测模型：

---

① 由于本节主要讨论灰数区间所包含的信息，用信息域代替测度能更好地表达实际意义。

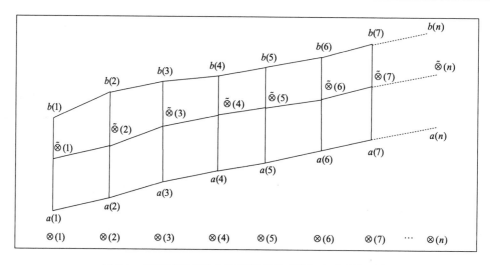

图 7.3　连续区间灰数上下界序列及"核"序列连线示意

$$\hat{\hat{\otimes}}^{(0)}(k+1) = \left(1 - e^{a_{\hat{\otimes}}}\right)\left(\hat{\otimes}^{(0)}(1) - \frac{b_{\hat{\otimes}}}{a_{\hat{\otimes}}}\right)e^{-a_{\hat{\otimes}}k}, \quad k = 1, 2, \cdots, n-1 \qquad (7.20)$$

运用式（7.20）可得到"核"序列的拟合值和预测值，分别表示为 $\left(\hat{\hat{\otimes}}^{(0)}(1), \hat{\hat{\otimes}}^{(0)}(2), \cdots, \hat{\hat{\otimes}}^{(0)}(n-m)\right)$ 和 $\left(\hat{\hat{\otimes}}^{(0)}(n-m+1), \hat{\hat{\otimes}}^{(0)}(n-m+2), \cdots, \hat{\hat{\otimes}}^{(0)}(n)\right)$。

2. 基于残差修正思想的上下信息域序列构建

由定义 7.2.2 知，"核"序列的拟合值与原始区间灰数上下界序列可构成上下信息域序列。由上信息域 $\overline{l}_{\otimes} = b - \tilde{\otimes}$ 和下信息域 $\underline{l}_{\otimes} = \tilde{\otimes} - a$ 知，上信息域序列 $X\left(\overline{L}_{\otimes}\right) = \left(\overline{l}_{\otimes}(1), \overline{l}_{\otimes}(2), \cdots, \overline{l}_{\otimes}(n)\right)$ 及下信息域序列 $X\left(\underline{L}_{\otimes}\right) = \left(\underline{l}_{\otimes}(1), \underline{l}_{\otimes}(2), \cdots, \underline{l}_{\otimes}(n)\right)$ 中各元素均非负实数，这完全符合残差 GM(1,1) 建模条件：存在 k_0，满足 $\begin{cases} \forall k \geq k_0, \ \varepsilon^{(0)}(k) \geq 0 \\ n - k_0 \geq 4 \end{cases}$。由此，可建立基于上下信息域序列的 GM(1,1)。

但是，由于上下信息域序列受上下界元素及区间灰数的"核"的影响，可能呈现非平滑趋势，运用定义 7.2.3 中准光滑条件进行判别，根据判别结果分为以下两种情形。

（1）若满足准光滑条件，则直接对上下信息域分别建立 GM(1,1)。

对于区间灰数上信息域序列 $X\left(\overline{L}_{\otimes}\right) = \left(\overline{l}_{\otimes}(1), \overline{l}_{\otimes}(2), \cdots, \overline{l}_{\otimes}(n)\right)$，为验证模型预测精度，选取前 $n-m$ 项作为建模数据，最后 m 项 $\left(\overline{l}_{\otimes}(n-m+1), \overline{l}_{\otimes}(n-m+2), \cdots, \overline{l}_{\otimes}(n)\right)$ 作为预测数据。参考 GM(1,1) 的建模步骤，得到区间灰数上信息域序列的预测模型：

$$\hat{\overline{l}}_{\otimes}^{(0)}(k+1)=\left(1-\mathrm{e}^{a_{\overline{l}}}\right)\left(\overline{l}_{\otimes}^{(0)}(1)-\frac{b_{\overline{l}}}{a_{\overline{l}}}\right)\mathrm{e}^{-a_{\overline{l}}k}\ ,\quad k=1,2,\cdots,n-1 \qquad (7.21)$$

运用式（7.21）可得到上信息域序列的拟合值和预测值，分别表示为 $\hat{X}^{(0)}\left(\overline{L}_{\otimes}\right)=$ $\left(\hat{\overline{l}}_{\otimes}^{(0)}(1),\hat{\overline{l}}_{\otimes}^{(0)}(2),\cdots,\hat{\overline{l}}_{\otimes}^{(0)}(n-m)\right)$ 和 $\hat{X}^{(0)}\left(\overline{L}_{\otimes}\right)=\left(\hat{\overline{l}}_{\otimes}^{(0)}(n-m+1),\hat{\overline{l}}_{\otimes}^{(0)}(n-m+2),\cdots,\hat{\overline{l}}_{\otimes}^{(0)}(n)\right)$。

同理，得到区间灰数下信息域序列 $X\left(\underline{L}_{\otimes}\right)=\left(\underline{l}_{\otimes}(1),\underline{l}_{\otimes}(2),\cdots,\underline{l}_{\otimes}(n)\right)$ 的预测模型：

$$\hat{\underline{l}}_{\otimes}^{(0)}(k+1)=\left(1-\mathrm{e}^{a_{\underline{l}}}\right)\left(\underline{l}_{\otimes}^{(0)}(1)-\frac{b_{\underline{l}}}{a_{\underline{l}}}\right)\mathrm{e}^{-a_{\underline{l}}k}\ ,\quad k=1,2,\cdots,n-1 \qquad (7.22)$$

运用式（7.22）可得到下信息域序列的拟合值和预测值，分别表示为 $\hat{X}^{(0)}\left(\underline{L}_{\otimes}\right)=$ $\left(\hat{\underline{l}}_{\otimes}^{(0)}(1),\hat{\underline{l}}_{\otimes}^{(0)}(2),\cdots,\hat{\underline{l}}_{\otimes}^{(0)}(n-m)\right)$ 和 $\hat{X}^{(0)}\left(\underline{L}_{\otimes}\right)=\left(\hat{\underline{L}}_{\otimes}^{(0)}(n-m+1),\hat{\underline{L}}_{\otimes}^{(0)}(n-m+2),\cdots,\hat{\underline{L}}_{\otimes}^{(0)}(n)\right)$。

（2）若不满足准光滑条件，还需对上下信息域进行累加处理和函数变换等，具体步骤如下。

步骤 1：数据预处理。首先，观察上下信息域序列是否为单调序列，若不是，将序列做累加处理 $\left(x^{(1)}(k)=\sum_{i=1}^{k}x^{(0)}(i)\right)$，保证序列的单调性。

步骤 2：函数变换，详见 3.4 节。考虑到数据拟合的精度及计算的简便，数据序列经幂函数、线性函数等过程步骤后分别被处理到 $[0,\pi/2]$ 区间上的 4 个数量等级上（$0.1,0.5,1,\pi/2$），得到区间灰数上下信息域序列 $X\left(\overline{L}_{\otimes i}\right)=\left(\overline{l}_{\otimes i}(1),\overline{l}_{\otimes i}(2),\cdots,\overline{l}_{\otimes i}(n)\right)$ 和 $X\left(\underline{L}_{\otimes i}\right)=\left(\underline{l}_{\otimes i}(1),\underline{l}_{\otimes i}(2),\cdots,\underline{l}_{\otimes i}(n)\right)$，其中，数量等级记为 $i(i=1,2,3,4)$。对递增序列进行正切三角函数变换，即 $y=\tan x(0\leqslant x\leqslant\pi/2)$，对递减序列进行余切三角函数变换，即 $y=\cot x(0\leqslant x\leqslant\pi/2)$。得到函数变换数据处理后的上下信息域序列 $Y\left(\overline{L}_{\otimes i}\right)=\left(\overline{l}'_{\otimes i}(1),\overline{l}'_{\otimes i}(2),\cdots,\overline{l}'_{\otimes i}(n)\right)$ 和 $Y\left(\underline{L}_{\otimes i}\right)=\left(\underline{l}'_{\otimes i}(1),\underline{l}'_{\otimes i}(2),\cdots,\underline{l}'_{\otimes i}(n)\right)$，其中，数量等级记为 $i(i=1,2,3,4)$。

步骤 3：建立 GM(1,1)。分别运用 4 个数量等级的函数变换数据处理后的上下信息域序列 $Y\left(\overline{L}_{\otimes i}\right)=\left(\overline{l}'_{\otimes i}(1),\overline{l}'_{\otimes i}(2),\cdots,\overline{l}'_{\otimes i}(n)\right)$ 和 $Y\left(\underline{L}_{\otimes i}\right)=\left(\underline{l}'_{\otimes i}(1),\underline{l}'_{\otimes i}(2),\cdots,\underline{l}'_{\otimes i}(n)\right)$，其中，数量等级记为 $i(i=1,2,3,4)$，建立 GM(1,1) 进行拟合计算，分别得到序列 $Y\left(\overline{L}_{\otimes i}\right)=\left(\overline{l}'_{\otimes i}(1),\overline{l}'_{\otimes i}(2),\cdots,\overline{l}'_{\otimes i}(n)\right)$ 及 $Y\left(\underline{L}_{\otimes i}\right)=\left(\underline{l}'_{\otimes i}(1),\underline{l}'_{\otimes i}(2),\cdots,\underline{l}'_{\otimes i}(n)\right)$（其中 $i=1,2,3,4$）的拟合模型：

$$\hat{\overline{l}}_{\otimes i}^{(0)}(k+1)=\left(1-\mathrm{e}^{a_{\overline{l}i}}\right)\left(\overline{l}_{\otimes}^{(0)}(1)-\frac{b_{\overline{l}i}}{a_{\overline{l}i}}\right)\mathrm{e}^{-a_{\overline{l}i}k}\ ,\quad k=1,2,\cdots,n-m\ ;\ i=1,2,3,4 \qquad (7.23)$$

$$\hat{\underline{l}}^{(0)}_{\otimes i}(k+1) = \left(1-\mathrm{e}^{a_{\underline{l}i}}\right)\left(\overline{l}^{(0)}_{\otimes}(1) - \frac{b_{\underline{l}i}}{a_{\underline{l}i}}\right)\mathrm{e}^{-a_{\underline{l}i}k} , \quad k=1,2,\cdots,n-m ; \quad i=1,2,3,4 \quad （7.24）$$

步骤 4：逆数据变换运算还原。首先，进行函数变换技术的逆运算，对于递增序列，同式（3.14）~式（3.17）处理；对于递减序列，组合函数中三角函数运用余切三角函数，同式（3.14）~式（3.17）处理。其次，进行累减还原。得到还原上 下 信 息 域 序 列 $\hat{X}^{(0)}\left(\overline{L}_{\otimes i}\right) = \left(\hat{\overline{l}}''^{(0)}_{\otimes i}(1),\hat{\overline{l}}''^{(0)}_{\otimes i}(2),\cdots,\hat{\overline{l}}''^{(0)}_{\otimes i}(n)\right)$ 和 $\hat{X}^{(0)}\left(\underline{L}_{\otimes i}\right) = \left(\hat{\underline{l}}''^{(0)}_{\otimes i}(1),\right.$ $\left.\hat{\underline{l}}''^{(0)}_{\otimes i}(2),\cdots,\hat{\underline{l}}''^{(0)}_{\otimes i}(n)\right)$。

步骤 5：选择合适的数量等级。计算 4 个数量等级的拟合 MAPE，并根据误差最小的原则，确定上下信息域序列的数量等级，有

$$\mathrm{MAPE}\left(\overline{l}_{\otimes i}\right) = \frac{1}{n-m-1}\sum_{k=2}^{n-m}\frac{\left|\hat{\overline{l}}''^{(0)}_{\otimes i}(k) - \overline{l}_{\otimes}(k)\right|}{\overline{l}_{\otimes}(k)} , \quad i=1,2,3,4 \quad （7.25）$$

和

$$\mathrm{MAPE}\left(\underline{l}_{\otimes i}\right) = \frac{1}{n-m-1}\sum_{k=2}^{n-m}\frac{\left|\hat{\underline{l}}'^{(0)}_{\otimes i}(k) - \underline{l}_{\otimes}(k)\right|}{\underline{l}_{\otimes}(k)} , \quad i=1,2,3,4 \quad （7.26）$$

得到上信息域序列数量等级（*）及下信息域序列数量等级（#）：

$$\overline{l}_{\otimes *} = \min\left[\mathrm{MAPE}(\underline{l}_{\otimes 1}),\mathrm{MAPE}(\underline{l}_{\otimes 2}),\mathrm{MAPE}(\underline{l}_{\otimes 3}),\mathrm{MAPE}(\underline{l}_{\otimes 4})\right]$$

和

$$\underline{l}_{\otimes \#} = \min[\mathrm{MAPE}(\underline{l}_{\otimes 1}),\mathrm{MAPE}(\underline{l}_{\otimes 2}),\mathrm{MAPE}(\underline{l}_{\otimes 3}),\mathrm{MAPE}(\underline{l}_{\otimes 4})]$$

步骤 6：选取确定的数量等级（*和#）处理后的上下信息域序列数据建立预测模型：

$$\hat{\overline{l}}^{(0)}_{\otimes *}(k+1) = \left(1-\mathrm{e}^{a_{\overline{l}*}}\right)\left(\overline{l}^{(0)}_{\otimes}(1) - \frac{b_{\overline{l}*}}{a_{\overline{l}*}}\right)\mathrm{e}^{-a_{\overline{l}*}k} , \quad k=n-m+1,n-m+2,\cdots,n \quad （7.27）$$

$$\hat{\underline{l}}^{(0)}_{\otimes \#}(k+1) = \left(1-\mathrm{e}^{a_{\underline{l}\#}}\right)\left(\overline{l}^{(0)}_{\otimes}(1) - \frac{b_{\underline{l}\#}}{a_{\underline{l}\#}}\right)\mathrm{e}^{-a_{\underline{l}\#}k} , \quad k=n-m+1,m-m+2,\cdots,n \quad （7.28）$$

得到预测值，并按照步骤 4 的处理方法还原预测值，最终，得到该情形下上下信息域序列的拟合值和预测值，分别表示为 $\hat{X}^{m(0)}\left(\overline{L}_{\otimes *}\right) = \left(\hat{\overline{l}}^{m(0)}_{\otimes *}(1),\hat{\overline{l}}^{m(0)}_{\otimes *}(2),\cdots,\right.$ $\left.\hat{\overline{l}}^{m(0)}_{\otimes *}(n)\right)$ 和 $\hat{X}^{m(0)}\left(\underline{L}_{\otimes \#}\right) = \left(\hat{\underline{l}}^{m(0)}_{\otimes \#}(1),\hat{\underline{l}}^{m(0)}_{\otimes \#}(2),\cdots,\hat{\underline{l}}^{m(0)}_{\otimes \#}(n)\right)$。

3. 区间灰数上下界预测模型的构建

通过对"核"序列和上下信息域序列的构造，以及由上信息域 $\bar{l}_\otimes = b - \hat{\otimes}$ 和下信息域 $\underline{l}_\otimes = \hat{\otimes} - a$ 知，区间灰数的上下界可表示为

$$\begin{cases} a = \hat{\otimes} - \underline{l}_\otimes \\ b = \bar{l}_\otimes - \hat{\otimes} \end{cases} \tag{7.29}$$

并且可得到，

$$\begin{cases} \hat{\otimes} = (a+b)/2 \\ \underline{l}_\otimes = \hat{\otimes} - a \\ \bar{l}_\otimes = b - \hat{\otimes} \end{cases} \Leftrightarrow \begin{cases} a = \left(2\hat{\otimes} - \underline{l}_\otimes - \bar{l}_\otimes/2\right) \\ b = \left(2\hat{\otimes} + \underline{l}_\otimes + \bar{l}/2\right) \end{cases} \tag{7.30}$$

可见，该模型构造的区间灰数上下界信息转化基于有限的全信息提取。

由式（7.20）、式（7.21）、式（7.22）或式（7.20）、式（7.27）、式（7.28）及式（7.29）、式（7.30），得到区间灰数上下界预测模型。

（1）对于上下信息域满足准光滑条件的情形，有

$$\hat{a}^{(0)}(k+1) = \hat{\hat{\otimes}}^{(0)}(k+1) - \hat{\underline{l}}_\otimes^{(0)}(k+1)$$
$$= \left(1 - e^{a_{\hat{\otimes}}}\right)\left(\hat{\otimes}^{(0)}(1) - \frac{b_{\hat{\otimes}}}{a_{\hat{\otimes}}}\right)e^{-a_{\hat{\otimes}}k} - \left(1 - e^{a_l}\right)\left(\underline{l}_\otimes^{(0)}(1) - \frac{b_l}{a_l}\right)e^{-a_{\underline{l}}k} \tag{7.31}$$

$$\hat{b}^{(0)}(k+1) = \hat{\bar{l}}_\otimes^{(0)}(k+1) - \hat{\hat{\otimes}}^{(0)}(k+1)$$
$$= \left(1 - e^{a_{\bar{l}}}\right)\left(\bar{l}_\otimes^{(0)}(1) - \frac{b_{\bar{l}}}{a_{\bar{l}}}\right)e^{-a_{\bar{l}}k} - \left(1 - e^{a_{\hat{\otimes}}}\right)\left(\hat{\otimes}^{(0)}(1) - \frac{b_{\hat{\otimes}}}{a_{\hat{\otimes}}}\right)e^{-a_{\hat{\otimes}}k} \tag{7.32}$$

（2）对于上下信息域不满足准光滑条件的情形，有

$$\hat{a}^{(0)}(k+1) = \hat{\hat{\otimes}}^{(0)}(k+1) - \hat{\underline{l}}_{\otimes\#}'^{(0)}(k+1)$$
$$= \left(1 - e^{a_{\hat{\otimes}}}\right)\left(\hat{\otimes}^{(0)}(1) - \frac{b_{\hat{\otimes}}}{a_{\hat{\otimes}}}\right)e^{-a_{\hat{\otimes}}k} - \left(1 - e^{a_{\underline{l}\#}}\right)\left(\bar{l}_\otimes^{(0)}(1) - \frac{b_{\underline{l}\#}}{a_{\underline{l}\#}}\right)e^{-a_{\underline{l}\#}k} \tag{7.33}$$

$$\hat{b}^{(0)}(k+1) = \hat{\bar{l}}_{\otimes*}'^{(0)}(k+1) - \hat{\hat{\otimes}}^{(0)}(k+1)$$
$$= \left(1 - e^{a_{\bar{l}*}}\right)\left(\bar{l}_\otimes^{(0)}(1) - \frac{b_{\bar{l}*}}{a_{\bar{l}*}}\right)e^{-a_{\bar{l}*}k} - \left(1 - e^{a_{\hat{\otimes}}}\right)\left(\hat{\otimes}^{(0)}(1) - \frac{b_{\hat{\otimes}}}{a_{\hat{\otimes}}}\right)e^{-a_{\hat{\otimes}}k} \tag{7.34}$$

其中，$k = n - m + 1, n - m + 2, \cdots, n - 1$。

7.2.3 实例分析

长江三角洲地区作为中国最大的经济圈,在中国社会经济发展进程中扮演着举足轻重的角色,对中国经济社会的发展有一定的指向性作用。本部分从产业结构升级的视角,窥探长江三角洲地区第二产业污染排放的发展变化,为全国相关产业优化改造提供参考。选取 2005~2014 年长江三角洲地区(包括上海市、江苏省和浙江省)人均工业废水排放量(吨/人)的区域数据作为实例验证本节模型。由于 2010 年数据出现明显波动,故采取均值化方法(即用 2009 年与 2011 年数据的均值)替换 2010 年的实际值,由此得到表 7.3 中的数据序列。同时,比较本节模型与已有文献方法的拟合及预测结果,验证本节模型的有效性和实用性。其中,以 2005~2012 年数据为拟合数据建立预测模型,用 2013~2014 年数据来验证预测模型的精度。

表7.3　2005~2014年长江三角洲地区人均工业废水排放量　　　单位:吨/人

年份	人均工业废水排放量	年份	人均工业废水排放量	年份	人均工业废水排放量
2005	[27.03, 39.05]	2009	[18.64, 38.56]	2013	[18.80, 29.77]
2006	[24.61, 39.35]	2010	[18.82, 35.98]	2014	[18.10, 27.12]
2007	[23.05, 39.03]	2011	[19.00, 33.39]		
2008	[20.60, 38.46]	2012	[20.04, 32.03]		

资料来源:《上海统计年鉴》(2006~2015 年)、《江苏统计年鉴》(2006~2015 年)、《浙江统计年鉴》(2006~2015 年)中工业废水排放量和常住人口数相除获得

从数据来看,总体呈现下降趋势,并且在下界序列中有一定的数值波动,给预测建模造成了一定的困难。参照本书提出的预测模型,首先得到该数据的"核"序列,并对其进行预测;其次,得到上下信息域序列,由于不满足准光滑条件,需要按照 7.2.2 小节中第(2)种情形进行处理,而后进行预测;最后,经过数据还原得到表 7.4 的拟合结果及表 7.5 的预测结果。为验证本节模型,结果对比还选取了直接建模法、基于区间灰数"核"与信息域的建模方法(曾波,2011)。其中,直接建模法分别对原始区间灰数序列上下界建立模型;基于区间灰数"核"与信息域的建模方法分别将原始区间灰数序列转化成"核"与信息域序列之后分别建模再还原成上下界数据。各模型拟合误差和预测误差分别见表 7.4 和表 7.5。

表7.4　三种方法对长江三角洲地区人均工业废水排放量的拟合误差

拟合误差	直接建模法		基于区间灰数"核"与信息域的建模方法		本节模型	
区间灰数误差	4.66%	2.16%	0.62%	11.08%	2.90%	2.43%
平均误差	3.41%		5.85%		2.67%	

表7.5　三种方法对长江三角洲地区人均工业废水排放量的预测误差

MAPE	预测误差					
	直接建模法		基于区间灰数"核"与信息域的建模方法		本节模型	
	下界	上界	下界	上界	下界	上界
2013 年	−7.72%	7.29%	−7.46%	7.20%	−4.64%	4.38%
平均值	7.51%		7.33%		4.51%	
2014 年	−8.18%	13.82%	−7.89%	13.72%	2.27%	6.99%
平均值	11.00%		10.81%		4.63%	

从平均误差上看，本节模型得到的拟合误差最小，说明本节模型对拟合数据序列趋势模拟得更准确。直接建模法的拟合误差较小，为 3.41%。基于区间灰数"核"与信息域的建模方法的拟合误差为 5.85%。三种方法的拟合误差均小于 10%，处在可接受范围内，不过本节模型的拟合程度最优。从上下界拟合误差看，本节模型上下界拟合误差均在 3%以下，较为平均。相比本节模型，基于区间灰数"核"与信息域的建模方法的上界拟合误差大于 10%，拟合效果不太理想。直接建模法的下界拟合误差大于本节模型，下界拟合误差稍优于本节模型，优势并不明显。总的来说，与其他两种方法对比，本节模型体现了良好的拟合效果。

表 7.5 的平均值显示，本节模型对长江三角洲地区人均工业废水排放量的预测误差是三种方法中最优的。从 2013 年的上下界预测值来看，本节模型上下界预测误差绝对值均在 5%以内，其他两种方法各预测误差绝对值均处于 6%~8%。对于二步预测，2014 年的预测值进一步显示了本节模型的有效性，误差平均值仍在 5%以内，其中，下界误差为 2.27%，上界误差为 6.99%。另外两种方法 2014 年数据上界误差均接近 14%；下界误差绝对值均大于 6%，在 7%~9%。从 2013 年和 2014 年预测值来看，本节模型显示出稳定的预测效果和明显优于其他两种方法的准确性。

7.3　基于中心点区间灰数的离散预测模型

本章研究基于中心点区间灰数序列的预测问题。一般来说，在区间灰数范围内，属于真实值的最大可能性的点被称为中心点，含有中心点的区间灰数可简称为中心点区间灰数。中心点区间灰数比一般区间灰数能显示出更多的有效信息。本章针对中心点区间灰数序列，把每个区间中的中心点连线形成中心点序列，结合上下界序列转化区间灰数信息，构建基于中心点区间灰数的离散预测模型，并对模型的初始条件进行优化。

7.3.1　基于中心点的区间灰数信息提取

设 $\otimes = [a,b,c]$ 为区间灰数，其中，$a \leqslant b \leqslant c$，$a$、$c$ 分别为区间灰数的下界、上界，b 为在此区间中取值可能性最大的数，即区间灰数的中心点，该区间灰数为含中心点的区间灰数。含中心点的区间灰数序列可表示为 $X(\otimes) = ([a_1,b_1,c_1], [a_2,b_2,c_2],\cdots,[a_n,b_n,c_n])$，其中，$\otimes_m \in [a_m,b_m,c_m], a_m \leqslant b_m \leqslant c_m$，$m = 1,2,\cdots,n$。

将 $X(\otimes)$ 中的所有元素在二维直角平面坐标体系中进行映射，分别顺次连接相邻区间灰数的上界、中心点、下界形成上界线、中心点线、下界线，如图 7.4 所示。其中，上界线数据形成的序列称为区间灰数上界序列，记为 $X(\bar{\otimes}) = (c_1,c_2,\cdots,c_n)$；中心点线数据形成的序列称为区间灰数中心点线序列，记为 $X(\hat{\otimes}) = (b_1,b_2,\cdots,b_n)$；下界线数据形成的序列称为区间灰数下界序列，记为 $X(\underline{\otimes}) = (a_1,a_2,\cdots,a_n)$。其中，区间灰数上界序列与区间灰数下界序列所围成的图形称为灰数带；相邻区间灰数围成的图形称为灰数层。根据灰数层在灰数带中的位置，依次记为灰数层，如图 7.4 所示。并且，每个灰数层被中心线序列分为两部分，分别称作上灰数层和下灰数层。

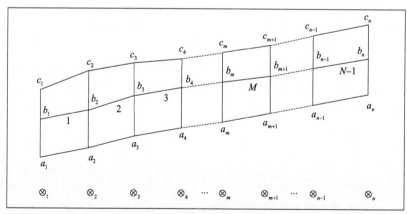

图 7.4　含中心点的区间灰数序列及其灰数带

下面通过构造上下界值构成的中位线序列、下界线与中心线所属梯形面积序列，以及上界线与中心线所属梯形面积序列，构建基于中心点的区间灰数信息提取序列。

定理 7.3.1　在第 m 个灰数层中（图 7.4），上下界值（a_m、c_m、a_{m+1}、c_{m+1}）所组成的中位线中点的纵坐标为：$L_m = \dfrac{a_m + c_m + a_{m+1} + c_{m+1}}{4}$，$m = 1, 2, \cdots, n-1$。

根据定理 7.3.1，上下界中位线构成的序列记为 $X(L) = (L_1, L_2, \cdots, L_{n-1})$。

定理 7.3.2　（下界线与中心线所属梯形面积）在第 m 个灰数层中（图 7.4），由下边界（a_m、a_{m+1}）与中心线（b_m、b_{m+1}）所围成的梯形面积为

$$\underline{S}_m = \frac{(b_{m+1} - a_{m+1}) + (b_m - a_m)}{2}，\quad m = 1, 2, \cdots, n-1$$

证明：下界与中心线所属梯形的上下底分别为中心点与其下界的纵坐标之差 $(b_{m+1} - a_{m+1})$、$(b_m - a_m)$；高为两灰数层数量之差 $(m+1) - m = 1$。由此得证。

定理 7.3.3　（上界线与中心线所属梯形面积）在第 m 个灰数层中（图 7.4），由上界（c_m、c_{m+1}）与中心线（b_m、b_{m+1}）所围成的梯形面积为

$$\overline{S}_m = \frac{(c_{m+1} - b_{m+1}) + (c_m - b_m)}{2}，\quad m = 1, 2, \cdots, n-1$$

证明：同定理 7.3.2。

根据定理 7.3.2、定理 7.3.3，分别得到下界线与中心线所属梯形面积构成的序列 $X(\underline{S}) = (\underline{S}_1, \underline{S}_2, \cdots, \underline{S}_{n-1})$，以及上界线与中心线所属梯形面积构成的序列 $X(\overline{S}) = (\overline{S}_1, \overline{S}_2, \cdots, \overline{S}_{n-1})$。

综上，根据定理 7.3.1、定理 7.3.2 及定理 7.3.3，可以得到：

$$a_{m+1} + a_m = 2L_m - \overline{S}_m - \underline{S}_m$$
$$b_{m+1} + b_m = 2L_m - \overline{S}_m + \underline{S}_m$$
$$c_{m+1} + c_m = 2L_m + \overline{S}_m + \underline{S}_m$$

即

$$X(\otimes) = ([a_1, b_1, c_1], [a_2, b_2, c_2], \cdots, [a_n, b_n, c_n]) \Leftrightarrow \begin{cases} X(L) = (L_1, L_2, \cdots, L_{n-1}) \\ X(\underline{S}) = (\underline{S}_1, \underline{S}_2, \cdots, \underline{S}_{n-1}) \\ X(\overline{S}) = (\overline{S}_1, \overline{S}_2, \cdots, \overline{S}_{n-1}) \end{cases}$$

因此，中心点的区间灰数序列包含的信息均被提取到，全过程保证了信息的等价性和数据的完整性。

7.3.2　基于中心点区间灰数的离散预测模型构建

引入含中心点的区间灰数，通过对中位线序列及上下边界与中位线序列围成的面积信息序列，构建基于中心点区间灰数的离散预测模型。

1. 传统灰色离散预测模型

在灰色离散预测模型中，参数估计、仿真和预测均采用离散方程的形式。DGM中没有连续模型对离散数据的近似替代，因此具有更高的精度。其建模步骤如下（谢乃明和刘思峰，2005）。

设原始数据序列 $X^{(0)} = \left(x^{(0)}(1), x^{(0)}(2), \cdots, x^{(0)}(n) \right)$，序列 $X^{(1)}$ 是序列 $X^{(0)}$ 一阶累加生成序列，

$$x^{(1)}(k) = \sum_{i=1}^{k} x^{(0)}(i) \left(k = 1, 2, \cdots, n \right) \tag{7.35}$$

得到 $X^{(1)} = \left(x^{(1)}(1), x^{(1)}(2), \cdots, x^{(1)}(n) \right)$。

如果有参数 $\hat{\beta} = [\beta_1, \beta_2]^{\mathrm{T}}$，则 DGM(1,1) 为

$$x^{(1)}(k+1) = \beta_1 x^{(1)}(k) + \beta_2 \tag{7.36}$$

计算参数，$\hat{\beta} = [\beta_1, \beta_2]^{\mathrm{T}} = (B^{\mathrm{T}} B)^{-1} B^{\mathrm{T}} Y$

其中，$B = \begin{bmatrix} x^{(1)}(1) & 1 \\ x^{(1)}(2) & 1 \\ \vdots & \vdots \\ x^{(1)}(n-1) & 1 \end{bmatrix}$; $Y = \begin{bmatrix} x^{(1)}(2) \\ x^{(1)}(3) \\ \vdots \\ x^{(1)}(n) \end{bmatrix}$。

则 DGM(1,1) 的递推模型为（假设 $x^{(1)}(1) = x^{(0)}(1)$）

$$\hat{x}^{(1)}(k+1) = \beta_1^k x^{(0)}(1) + \frac{1-\beta_1^k}{1-\beta_1} \cdot \beta_2, \quad k = 1, 2, \cdots, n-1 \tag{7.37}$$

DGM(1,1) 的递推模型的还原值为

$$\hat{x}^{(0)}(k+1) = \alpha^{(1)} \hat{x}^{(1)}(k+1) = \hat{x}^{(1)}(k+1) - \hat{x}^{(1)}(k), \quad k = 1, 2, \cdots, n-1 \tag{7.38}$$

2. 基于中心点区间灰数的灰色离散预测模型

对上下界值构成的中位线序列 $X(L) = (L_1, L_2, \cdots, L_{n-1})$ 建立 DGM(1,1)（谢乃明和刘思峰，2005），得到时间响应式：

$$\hat{L}_{k+1}^{(1)} = \alpha_1^k L_1 + \frac{1-\alpha_1^k}{1-\alpha_1} \alpha_2 \tag{7.39}$$

其中，α_1、α_2 为 DGM(1,1) 的参数。

预测模型的还原值为

$$\hat{L}_{k+1} = \alpha_1^{k-1} [L_1(\alpha_1 - 1) + \alpha_2] \tag{7.40}$$

通过式（7.40），可得到上下界中位线序列的预测值。根据定理 7.3.1，中位线序列中包含了区间灰数上下界"和"的信息，即由 $L_m = \dfrac{a_m + c_m + a_{m+1} + c_{m+1}}{4}$，有

$$\hat{a}_{m+1} + \hat{c}_{m+1} = 4\hat{L}_m - (\hat{a}_m + \hat{c}_m) \tag{7.41}$$

当 $m = k-1$ 时，

$$\hat{a}_k + \hat{c}_k = 4\hat{L}_{k-1} - 4\hat{L}_{k-2} + \cdots + (-1)^{k-1}(a_1 + c_1) \tag{7.42}$$

根据式（7.40），可知式（7.42）右边的前 $(k-2)$ 项是以 $q = -\alpha_1^{-1}$ 为公比的等比数列，根据等比数列求和公式，可得 $\hat{a}_k + \hat{c}_k$：

$$\hat{a}_k + \hat{c}_k = \frac{4\alpha_1^{k-3}[L_1(\alpha_1 - 1) + \alpha_2][1 - (-\alpha_1^{-1})^{k-2}]}{1 + \alpha_1^{-1}} + (-1)^k(a_2 + c_2) \tag{7.43}$$

对于下界线与中心线所属梯形面积序列 $X(\underline{S}) = (\underline{S}_1, \underline{S}_2, \cdots, \underline{S}_{n-1})$，同理建立 DGM(1,1)，得到响应序列：

$$\hat{\underline{S}}_{k+1}^{(1)} = \beta_1^k \underline{S}_1 + \frac{1 - \beta_1^k}{1 - \beta_1} \beta_2 \tag{7.44}$$

其中，β_1、β_2 为 DGM(1,1) 的参数。

预测模型的还原值为

$$\hat{\underline{S}}_{k+1} = \beta_1^{k-1}[\underline{S}_1(\beta_1 - 1) + \beta_2] \tag{7.45}$$

通过式（7.45），可得到下界线与中心线所属梯形面积序列的预测值。

对于上界线与中心线所属梯形面积序列 $X(\overline{S}) = (\overline{S}_1, \overline{S}_2, \cdots, \overline{S}_{n-1})$，同理建立 DGM(1,1)，得到响应序列：

$$\hat{\overline{S}}_{k+1}^{(1)} = \gamma_1^k \overline{S}_1 + \frac{1 - \gamma_1^k}{1 - \gamma_1} \gamma_2 \tag{7.46}$$

其中，γ_1、γ_2 为 DGM(1,1) 的参数。

预测模型的还原值为

$$\hat{\overline{S}}_{k+1} = \gamma_1^{k-1}[\overline{S}_1(\gamma_1 - 1) + \gamma_2] \tag{7.47}$$

通过式（7.47），可得到上界线与中心线所属梯形面积序列的预测值。

根据定理 7.3.2 及定理 7.3.3，下界线与中心线所属梯形面积和上界线与中心线所属梯形面积中包含了区间灰数上下界"差"的信息，即由 $\underline{S}_m = \dfrac{(b_{m+1} - a_{m+1}) + (b_m - a_m)}{2}$ 和 $\overline{S}_m = \dfrac{(c_{m+1} - b_{m+1}) + (c_m - b_m)}{2}$，有

$$\hat{c}_{m+1} - \hat{a}_{m+1} = 2(\hat{\underline{S}}_m + \hat{\overline{S}}_m) - (\hat{c}_m - \hat{a}_m) \tag{7.48}$$

当 $m = k-1$ 时，

$$\hat{c}_k - \hat{a}_k = 2(\hat{\underline{S}}_{k-1} + \hat{\overline{S}}_{k-1}) - 2(\hat{\underline{S}}_{k-2} + \hat{\overline{S}}_{k-2}) + \cdots + (-1)^{k-1}(c_1 - a_1) \tag{7.49}$$

根据式（7.45）、（7.47），可知式（7.49）右边的前 $(k-2)$ 项是以 $q' = -\beta_1^{-1}$，$q'' = -\gamma_1^{-1}$ 为公比的等比数列，根据等比数列求和公式，可得 $\hat{c}_k - \hat{a}_k$：

$$\hat{c}_k - \hat{a}_k = \frac{2\beta_1^{k-3}[\underline{S}_1(\beta_1 -1)+\beta_2][1-(-\beta_1^{-1})^{k-2}]}{1+\beta_1^{-1}}$$
$$+ \frac{2\gamma_1^{k-3}[\overline{S}_1(\gamma_1 -1)+\gamma_2][1-(-\gamma_1^{-1})^{k-2}]}{1+\gamma_1^{-1}} + (-1)^k(c_2 - a_2) \qquad (7.50)$$

其中，

$$\hat{b}_k - \hat{a}_k = \frac{2\beta_1^{k-3}[\underline{S}_1(\beta_1 -1)+\beta_2][1-(-\beta_1^{-1})^{k-2}]}{1+\beta_1^{-1}} + (-1)^k(b_2 - a_2) \qquad (7.51)$$

$$\hat{c}_k - \hat{b}_k = \frac{2\gamma_1^{k-3}[\overline{S}_1(\gamma_1 -1)+\gamma_2][1-(-\gamma_1^{-1})^{k-2}]}{1+\gamma_1^{-1}} + (-1)^k(c_2 - b_2) \qquad (7.52)$$

联立式（7.43）、式（7.51）、式（7.52）有

$$\begin{cases} \hat{a}_k + \hat{c}_k = 4F_L\alpha_1^{k-3}[1-(-\alpha_1^{-1})^{k-2}]+(-1)^k(a_2 + c_2) \\ \hat{c}_k - \hat{a}_k = 2F_{\underline{S}}\beta_1^{k-3}[1-(-\beta_1^{-1})^{k-2}]+2F_{\overline{S}}\gamma_1^{k-3}[1-(-\gamma_1^{-1})^{k-2}]+(-1)^k(c_2 - a_2) \\ \hat{b}_k - \hat{a}_k = 2F_{\underline{S}}\gamma_1^{k-3}[1-(-\beta_1^{-1})^{k-2}]+(-1)^k(b_2 - a_2) \end{cases}$$

其中，$F_L = \dfrac{[L_1(\alpha_1 -1)+\alpha_2]}{1+\alpha_1^{-1}}$；$F_{\underline{S}} = \dfrac{[\underline{S}_1(\beta_1 -1)+\beta_2]}{1+\beta_1^{-1}}$；$F_{\overline{S}} = \dfrac{[\overline{S}_1(\gamma_1 -1)+\gamma_2]}{1+\gamma_1^{-1}}$。由此知，以上各项 F_L、$F_{\underline{S}}$、$F_{\overline{S}}$ 均可作为常数项，使得含中心点的区间灰数上下界及中心点的预测模型求解更为简便。由以上联立方程组得到基于中心点区间灰数的离散预测模型：

$$\begin{cases} \hat{a}_k = 2F_L\alpha_1^{k-3}[1-(-\alpha_1^{-1})^{k-2}]-F_{\underline{S}}\beta_1^{k-3}[1-(-\beta_1^{-1})^{k-2}]-F_{\overline{S}}\gamma_1^{k-3}[1-(-\gamma_1^{-1})^{k-2}]+(-1)^k a_2 \\ \hat{b}_k = 2F_L\alpha_1^{k-3}[1-(-\alpha_1^{-1})^{k-2}]+F_{\underline{S}}\beta_1^{k-3}[1-(-\beta_1^{-1})^{k-2}]-F_{\overline{S}}\gamma_1^{k-3}[1-(-\gamma_1^{-1})^{k-2}]+(-1)^k b_2 \quad (*) \\ \hat{c}_k = 2F_L\alpha_1^{k-3}[1-(-\alpha_1^{-1})^{k-2}]+F_{\underline{S}}\beta_1^{k-3}[1-(-\beta_1^{-1})^{k-2}]+F_{\overline{S}}\gamma_1^{k-3}[1-(-\gamma_1^{-1})^{k-2}]+(-1)^k c_2 \end{cases}$$

综上所述，基于中心点区间灰数的离散预测模型建模步骤如下。

步骤 1：由含中心点的区间灰数序列 $X(\otimes) = ([a_1, b_1, c_1], [a_2, b_2, c_2], \cdots, [a_n, b_n, c_n])$ 计算上下界中位线序列 $X(L) = (L_1, L_2, \cdots, L_{n-1})$，下界线与中心线所属梯形面积构成的序列 $X(\underline{S}) = (\underline{S}_1, \underline{S}_2, \cdots, \underline{S}_{n-1})$，以及上界线与中心线所属梯形面积构成的序列 $X(\overline{S}) = (\overline{S}_1, \overline{S}_2, \cdots, \overline{S}_{n-1})$。

步骤 2：分别对以上三个序列建立 DGM(1,1)，得到各自参数（α_1、α_2、β_1、β_2、γ_1、γ_2）。

步骤 3：分别计算 F_L、$F_{\underline{S}}$、$F_{\overline{S}}$。

步骤 4：计算方程组（*）得到上下界、中心点的预测值。

7.3.3　基于中心点区间灰数的离散预测模型初始条件优化

为进一步提升灰色模型的指数拟合精度，本书优化了灰色离散预测模型的初始条件，从而提出了基于中心点区间灰数的离散预测模型。

1. 传统灰色离散预测模型的初始条件优化

传统 DGM 因没有对离散序列连续函数的近似替代公式而显示出比传统灰色模型更高的精确度。然而，传统 DGM 多寻求对指数序列（ ca^k ）的拟合，而忽略了现实中存在的非齐次指数序列（ $ca^k + b$ ）。由此，谢乃明和刘思峰（2005）提出了 NDGM(1,1) 。

$$\begin{cases} \hat{x}^{(1)}(k+1) = \beta_1\hat{x}^{(1)}(k) + \beta_2 \cdot k + \beta_3 \\ \hat{x}^{(1)}(1) = x^{(1)}(1) + \beta_4 \end{cases} \tag{7.53}$$

运用最小二乘法，计算参数 β_1 、 β_2 、 β_3 ，得到：

$$\hat{\beta} = [\beta_1, \beta_2, \beta_3]^{\mathrm{T}} = (B^{\mathrm{T}}B)^{-1}B^{\mathrm{T}}Y$$

其中， $B = \begin{bmatrix} x^{(1)}(1) & 1 & 1 \\ x^{(1)}(2) & 2 & 1 \\ \vdots & \vdots & \vdots \\ x^{(1)}(n-1) & k-1 & 1 \end{bmatrix}$; $Y = \begin{bmatrix} x^{(1)}(2) \\ x^{(1)}(3) \\ \vdots \\ x^{(1)}(n) \end{bmatrix}$ 。

通过式（7.53），模型的准确度不仅由结构参数 $\hat{\beta}$ 决定，还受初始条件影响。

在谢乃明和刘思峰（2005）中，DGM 的初始条件被分为三种情形来讨论其对指数序列拟合的影响，分别是起点值、中间值及尾点值分别参与模型的数据迭代过程。具体形式如下。

起点值固定的 DGM（the starting-point fixed DGM，SDGM）：

$$\begin{cases} \hat{x}^{(1)}(k+1) = \beta_1\hat{x}^{(1)}(k) + \beta_2 \\ \hat{x}^{(1)}(1) = x^{(1)}(1) = x^{(0)}(1) \end{cases} \tag{7.54}$$

中间值固定的 DGM（the middle-point fixed DGM，MDGM）：

$$\begin{cases} \hat{x}^{(1)}(k+1) = \beta_1\hat{x}^{(1)}(k) + \beta_2 \\ \hat{x}^{(1)}(1) = x^{(1)}(m) = \sum_{i=1}^{m} x^{(0)}(i),\ 1 < m < n \end{cases} \tag{7.55}$$

尾点值固定的 DGM（the end-point fixed DGM，EDGM）：

$$\begin{cases} \hat{x}^{(1)}(k+1) = \beta_1 \hat{x}^{(1)}(k) + \beta_2 \\ \hat{x}^{(1)}(1) = x^{(1)}(n) = \sum_{i=1}^{n} x^{(0)}(i) \end{cases} \quad (7.56)$$

如图 7.5 所示，初始值的选择将直接影响拟合曲线的起始点，从而影响整个模型所有的趋势值。因此，如果模型的初始条件处理恰当，将对整个模型的精度提高有着积极的作用。对于 SDGM 和 EDGM，初始条件取决于始点或末点的固定取值，未必是最优的解决方法。对于 MDGM，中间值 m 难以确定，结果也不一定准确。

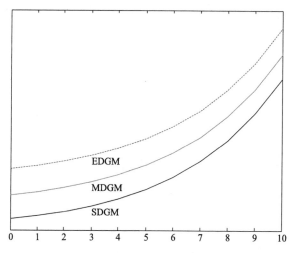

图 7.5　不同初始条件情形对模型的影响示意

在谢乃明和刘思峰（2008）中，$\mathrm{NDGM}(1,1)$ 的初始条件被默认为起点值与修正参数 β_4 的和（即 $\hat{x}^{(1)}(1) = x^{(1)}(1) + \beta_4$）。通过参数 β_4 的调节，能在建模时更全面地考虑序列拟合。根据 $\mathrm{NDGM}(1,1)$（$\hat{x}^{(1)}(m+1) = \beta_1 \hat{x}^{(1)}(m) + \beta_2 \cdot m + \beta_3$），得到递归模型：

$$\hat{x}^{(1)}(m+1) = \beta_1^m \hat{x}^{(1)}(1) + \beta_2 \sum_{j=1}^{m} j\beta_1^{m-j} + \frac{1-\beta_1^m}{1-\beta_1}\beta_3, \quad m=1,2,\cdots \quad (7.57)$$

这里仍以起点值作为初始条件的基本组成部分，需要综合考虑起点值与修正参数 β_4 两部分。如果起点值异常，很可能对初始条件造成影响。

为了更好地探求初始条件，本书提出了一种简单有效的初始值优化方法，将初始条件表示为 C，基于全局考虑初始条件，具体表示如下：

$$\hat{x}^{(1)}(m+1) = C \cdot \beta_1^m + \beta_2 \sum_{j=1}^{m} j\beta_1^{m-j} + \frac{1-\beta_1^m}{1-\beta_1}\beta_3 \quad (7.58)$$

其中，C 为待求参数。

通过使用近似最小二乘法，以最小化 $\hat{x}^{(1)}(k)$ 和 $x^{(1)}(k)$ 间误差平方和为目标，计算 C 值，有：$\min_{C}\sum_{k=1}^{n}[\hat{x}^{(1)}(k)-x^{(1)}(k)]^2$，其中，$n$ 表示建模数据个数。

然后，把已确定参数 β_1、β_2、β_3 代入模型 $\hat{x}^{(1)}(k+1)=C\cdot\beta_1^k+\beta_2\sum_{j=1}^{k}j\beta_1^{k-j}+\dfrac{1-\beta_1^k}{1-\beta_1}\beta_3$，并假设 $\hat{x}^{(1)}(1)=x^{(1)}(1)$，有

$$
\begin{aligned}
F(C)&=\sum_{k=1}^{n}[\hat{x}^{(1)}(k)-x^{(1)}(k)]^2\\
&=0+\sum_{k=1}^{n-1}[C\cdot\beta_1^k+\beta_2\sum_{j=1}^{k}j\beta_1^{k-j}+\frac{1-\beta_1^k}{1-\beta_1}\beta_3-x^{(1)}(k+1)]^2
\end{aligned}
\tag{7.59}
$$

对 C 求偏导：

$$
\frac{\partial F(C)}{\partial C}=2\sum_{k=1}^{n-1}[C\cdot\beta_1^k+\beta_2\sum_{j=1}^{k}j\beta_1^{k-j}+\frac{1-\beta_1^k}{1-\beta_1}\beta_3-x^{(1)}(k+1)]\cdot\beta_1^k=0
\tag{7.60}
$$

得到 C 值：

$$
C=\frac{\displaystyle\sum_{k=1}^{n-1}[x^{(1)}(k+1)-\beta_2\sum_{j=1}^{k}j\beta_1^{k-j}-\frac{1-\beta_1^k}{1-\beta_1}\beta_3]\cdot\beta_1^k}{\displaystyle\sum_{k=1}^{n-1}\beta_1^{2k}}
\tag{7.61}
$$

由此，初始条件优化的 NDGM(1,1) 可表示为新的 CNDGM(1,1)（constant non-homogenous discrete grey model，常数非齐次灰色离散模型）：

$$
\begin{aligned}
\hat{x}^{(1)}(m+1)=&\frac{\displaystyle\sum_{k=1}^{n-1}[x^{(1)}(k+1)-\beta_2\sum_{j=1}^{k}j\beta_1^{k-j}-\frac{1-\beta_1^k}{1-\beta_1}\beta_3]\cdot\beta_1^k}{\displaystyle\sum_{k=1}^{n-1}\beta_1^{2k}}\cdot\beta_1^m\\
&+\beta_2\sum_{j=1}^{m}j\beta_1^{m-j}+\frac{1-\beta_1^m}{1-\beta_1}\beta_3
\end{aligned}
\tag{7.62}
$$

CNDGM(1,1) 在 $k+1$ 时点的还原值为

$$
\hat{x}^{(0)}(m+1)=\alpha^{(1)}\hat{x}^{(1)}(m+1)=\hat{x}^{(1)}(m+1)-\hat{x}^{(1)}(m)，\quad m=1,2,\cdots
\tag{7.63}
$$

由此，基于全局考虑的初始条件优化灰色离散预测模型（CNDGM(1,1)）构建完成。

2. 基于中心点区间灰数的初始条件优化的离散预测模型

对于中位线序列 $X(L)=(L_1,L_2,\cdots,L_{n-1})$，CNDGM(1,1) 的时间响应序列为

$$\hat{L}_{m+1}^{(1)} = \frac{\sum_{k=1}^{n-1} [L_{k+1}^{(1)} - \alpha_2 \sum_{j=1}^{k} j\alpha_1^{k-j} - \frac{1-\alpha_1^k}{1-\alpha_1} \alpha_3] \cdot \alpha_1^k}{\sum_{k=1}^{n-1} \alpha_1^{2k}} \cdot \alpha_1^m + \alpha_2 \sum_{j=1}^{m} j\alpha_1^{m-j} + \frac{1-\alpha_1^m}{1-\alpha_1} \alpha_3$$

$$(7.64)$$

$$\hat{L}_{m+1}^{(0)} = \hat{L}_{m+1}^{(1)} - \hat{L}_m^{(1)} \qquad (7.65)$$

其中，α_1、α_2、α_3 为 CNDGM(1,1) 参数。

类似地，对于序列 $X(\underline{S}) = (\underline{S}_1, \underline{S}_2, \cdots, \underline{S}_{n-1})$ 和序列 $X(\overline{S}) = (\overline{S}_1, \overline{S}_2, \cdots, \overline{S}_{n-1})$，CNDGM(1,1) 的时间响应序列分别为

$$\hat{\underline{S}}_{m+1}^{(1)} = \frac{\sum_{k=1}^{n-1} [\underline{S}_{k+1}^{(1)} - \beta_2 \sum_{j=1}^{k} j\beta_1^{k-j} - \frac{1-\beta_1^k}{1-\beta_1} \beta_3] \cdot \beta_1^k}{\sum_{k=1}^{n-1} \beta_1^{2k}} \cdot \beta_1^m + \beta_2 \sum_{j=1}^{m} j\beta_1^{m-j} + \frac{1-\beta_1^m}{1-\beta_1} \beta_3$$

$$(7.66)$$

$$\hat{\underline{S}}_{m+1}^{(0)} = \hat{\underline{S}}_{m+1}^{(1)} - \hat{\underline{S}}_m^{(1)} \qquad (7.67)$$

$$\hat{\overline{S}}_{m+1}^{(1)} = \frac{\sum_{k=1}^{n-1} [\overline{S}_{k+1}^{(1)} - \gamma_2 \sum_{j=1}^{k} j\gamma_1^{k-j} - \frac{1-\gamma_1^k}{1-\gamma_1} \gamma_3] \cdot \gamma_1^k}{\sum_{k=1}^{n-1} \gamma_1^{2k}} \cdot \gamma_1^m + \gamma_2 \sum_{j=1}^{m} j\gamma_1^{m-j} + \frac{1-\gamma_1^m}{1-\gamma_1} \gamma_3$$

$$(7.68)$$

$$\hat{\overline{S}}_{m+1}^{(0)} = \hat{\overline{S}}_{m+1}^{(1)} - \hat{\overline{S}}_m^{(1)} \qquad (7.69)$$

其中，$\hat{L}_m^{(0)}$、$\hat{\underline{S}}_m^{(0)}$、$\hat{\overline{S}}_m^{(0)}$ 分别为序列 $X(L)$、$X(\underline{S})$、$X(\overline{S})$ 的第 m 个拟合值或预测值。

结合定理 7.3.1~定理 7.3.3，有

$$\begin{cases} \hat{a}_{m+1} + a_m = 2\hat{L}_m^{(0)} - \hat{\underline{S}}_m^{(0)} - \hat{\overline{S}}_m^{(0)} \\ \hat{b}_{m+1} + b_m = 2\hat{L}_m^{(0)} + \hat{\underline{S}}_m^{(0)} - \hat{\overline{S}}_m^{(0)} \\ \hat{c}_{m+1} + c_m = 2\hat{L}_m^{(0)} + \hat{\underline{S}}_m^{(0)} + \hat{\overline{S}}_m^{(0)} \end{cases}$$

最终，基于中心点区间灰数的初始条件优化的离散预测模型为

$$\begin{cases} \hat{a}_{m+1} = 2\hat{L}_m^{(0)} - \hat{\underline{S}}_m^{(0)} - \hat{\overline{S}}_m^{(0)} - a_m \\ \hat{b}_{m+1} = 2\hat{L}_m^{(0)} + \hat{\underline{S}}_m^{(0)} - \hat{\overline{S}}_m^{(0)} - b_m \\ \hat{c}_{m+1} = 2\hat{L}_m^{(0)} + \hat{\underline{S}}_m^{(0)} + \hat{\overline{S}}_m^{(0)} - c_m \end{cases} \qquad (\#)$$

综上，建立基于中心点区间灰数的 CNDGM(1,1) 步骤如下。

步骤 1：同基于中心点的区间灰数 DGM(1,1) 建模步骤中的步骤 1，确定序列 $X(L)=(L_1,L_2,\cdots,L_{n-1})$、序列 $X(\underline{S})=(\underline{S}_1,\underline{S}_2,\cdots,\underline{S}_{n-1})$ 和序列 $X(\bar{S})=(\bar{S}_1,\bar{S}_2,\cdots,\bar{S}_{n-1})$。

步骤 2：基于以上三个序列建立 CNDGM(1,1)，得到相应参数（α_1，α_2，α_3，β_1，β_2，β_3，γ_1，γ_2，γ_3）。

步骤 3：计算最优的初始条件 C 值，得到此条件下的拟合预测值（$\hat{L}_m^{(0)}$，$\hat{\underline{S}}_m^{(0)}$，$\hat{\bar{S}}_m^{(0)}$）。

步骤 4：计算方程组（#），得到区间灰数序列上下界序列及中心点序列的预测值。

步骤 5：模型误差分析。用 APE 表示拟合或预测值与实际值间的差距占实际值数据量的百分比，具体形式为

$$\mathrm{APE}(k)=\left|\frac{\hat{x}^{(0)}(k)-x^{(0)}(k)}{x^{(0)}(k)}\right|\cdot 100\%$$

MAPE 是 APE 的均值，具体表示为

$$\mathrm{MAPE}=\frac{1}{m-k+1}\sum_{i=k}^{m}\mathrm{APE}(i),\quad m\geqslant k$$

7.3.4 实例分析

选取苏南地区人均全年电力消费量作为实例。由于区域内五个城市（南京市、无锡市、常州市、苏州市和镇江市）发展状况不均衡，单一的实数值很难描述该地区的实际电力消费量。因此，数据被表示为区间灰数形式，详见表 7.6，数据趋势见图 7.6。其中，人均年电力消费量由全年用电量除以当地总人口得到。区间灰数的上界和下界数值分别表示该地区的最高水平和最低水平，中心点序列由区域全年总用电量除以区域内总人口数得到。将 2001~2012 年数据作为拟合数据建立模型，将 2013~2015 年数据作为预测数据检验模型的精度。

表7.6 苏南地区人均全年电力消费量（2001~2015年）　　　　单位：千瓦时

电力消费量	2001 年	2002 年	2003 年	2004 年	2005 年	2006 年	2007 年	2008 年
下界	1 997.52	2 270.43	2 653.92	3 104.67	3 631.40	4 112.38	4 717.54	4 976.98
中心点	3 064.88	3 569.16	4 408.90	5 283.90	6 283.43	7 295.38	8 264.12	8 529.37
上界	3 891.62	4 685.71	6 051.24	7 589.04	9 320.45	1 1142.9	12 928.10	13 472.4

续表

电力消费量	2009 年	2010 年	2011 年	2012 年	2013 年	2014 年	2015 年
下界	5 352.03	5 908.48	6 281.66	6 655.81	7 194.48	7 252.74	7 578.51
中心点	8 895.40	10 150.60	11 034.50	11 443.50	12 196.40	12 115.70	12 405.60
上界	13 894.80	16 060.30	17 617.60	18 368.50	19 319.90	19 182.60	19 665.70

从图 7.6 可以看出,中心点区间灰数序列在 2006~2009 年走势平稳,而在 2010 年之后显现出更加明显的增长趋势。从全国范围的年电力消费量来看,平稳期数据始于 2010 年,说明苏南地区的数据对全国数据走势有一定的前瞻性和指导意义。从 2001 年开始的整个序列走势上看,序列趋势较为复杂:2001~2005 年有一个快速上升期,2006~2010 年是相对稳定期,2010 年以后又呈现快速增长态势。因此,预测模型较难捕获序列的特征以做出准确的预测。

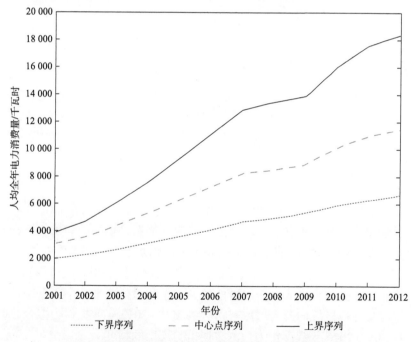

图 7.6　苏南地区人均全年电力消费量区间灰数序列

为对比模型结果的有效性,本节选择了四种灰色模型及四种经典的统计学模型,分别为 DGM、基于中心点区间灰数的灰色离散预测模型(discrete grey forecasting model based on center interval grey number, DGMC)、CNDGM(1,1)(本节提出的模型)、GAGM、双指数平滑法(double exponential smoothing method, DES)、线性方程模型(linear function model, LM)、指数模型(exponential model,

EM），以及自回归移动平均模型（autoregressive moving average model，ARMA）。其中，DGMC 是运用传统 DGM(1,1) 分别对上界序列、下界序列及中心点序列建模；CNDGM 即本节提出的模型；GAGM 运用遗传算法优化传统 GM(1,1) 的参数。根据图 7.6 中呈现的近似线性趋势，选用 DES 能比一次指数平滑法更好地预测线性趋势；LM 是对中心点区间灰数序列分别建立形如 $y = a + bx(t)$ 模型拟合线性趋势（ a、b 为参数，$x(t)$ 为第 t 个序列值）；EM 是对中心点区间灰数序列分别建立形如 $y = a \cdot b^{x(t)}$ 模型拟合指数趋势（ a,b 为参数，$x(t)$ 为第 t 个序列值)；在 ARMA 中，原始序列通过自相关和偏相关的检验证明了其光滑性，为此，仅需分别建立 ARMA(1,1)，不需要再进行差分处理。

　　就拟合结果而言（表 7.7），本节提出的 CNDGM 的 MAPE 最小，仅为 2.19%，其对于区间灰数序列的下界、中心点及上界模拟误差均小于 3%，各 APE 均是所有相对应序列 8 种模型中最小的。这说明 CNDGM 对于原始数据的拟合匹配度很高。对于其他模型，LM、ARMA 和 DES 的 MAPE 均小于 4%（分别为 2.97%、3.52% 和 3.65%），拟合效果仅次于 CNDGM。对于 EM，其 MAPE 为 8.03%，而上界 APE 达到了 10.52%，拟合效果不理想。对于其他三种灰色模型，DGM 的 MAPE 为 6.99%，DGMC 的 MAPE 为 8.11%，GAGM 的 MAPE 为 8.13%，均比本节提出的 CNDGM 的拟合误差高出很多。其中，DGM、GAGM 和 DGMC 的上界拟合误差分别达到了 9.08%、11.78% 和 10.59%，结果同样不理想。对模拟结果分析可以看出，本节提出的 CNDGM(1,1) 展现了很好的拟合性能，优化了传统灰色模型对区间灰数序列的建模效果。

表7.7　8种模型的 APE 和MAPE

模型	APE			MAPE
	下界（ a ）	中心点（ b ）	上界（ c ）	
DGM	5.20%	6.68%	9.08%	6.99%
DGMC	5.46%	8.26%	10.59%	8.11%
CNDGM	1.95%	1.92%	2.69%	2.19%
GAGM	5.86%	6.74%	11.78%	8.13%
DES	2.22%	3.79%	4.94%	3.65%
LM	2.00%	2.96%	3.95%	2.97%
EM	5.62%	7.94%	10.52%	8.03%
ARMA	6.09%	2.20%	2.27%	3.52%

　　从表 7.8 可看出，CNDGM 显示了相对较高的预测精度。具体地说，对于 2013 年预测值的 MAPE，CNDGM 的结果仅为 1.01%，相对其他模型的 MAPE 的准确

度较高；LM、DES 和 ARMA 的 MAPE 次之（分别为 2.30%、2.35% 和 4.64%），说明这 3 个模型有较高的拟合精度（表 7.8），直接对一步预测结果产生了积极作用；此外，GAGM 的 MAPE 为 8.71%，DGM 结果为 10.79%，DGMC 模型和 EM 结果均在 20% 左右，这些模型的预测表现较差。对于 2014 年和 2015 年的 MAPE，同样地，最优的预测精度为本节提出的 CNDGM，MAPE 分别为 4.31% 和 5.77%；DES、LM 和 ARMA 次之，分别为 8.49% 和 11.61%，8.85% 和 11.95%，9.26% 和 13.19%，与 CNDGM 结果精度差距较大；对于 GAGM，其 2014 年和 2015 年的误差均大于 20%（分别为 20.34% 和 28.94%）；对于 DGMC，其 2014 年的 MAPE 为 15.91%，小于 2013 年，但是到了 2015 年，达到了 40.44%；对于传统 DGM，2014 年和 2015 年的 MAPE 分别为 22.92% 和 32.02%；对于 EM，2014 年的 MAPE 达到了 38.19%，2015 年更是达到了 51.85%。综上，CNDGM 的预测精度显著优于其他 7 种模型，表现出很好的预测效果并验证了该模型对复杂和短数据序列建模的有效性。

表7.8　8种模型的预测值、APE和MAPE

模型		2013 年			模型		2013 年		
		预测值	APE	MAPE			预测值	APE	MAPE
DGM	a	7 739.98	7.58%	10.79%	DES	a	7 125.77	0.96%	2.35%
	b	1 3447.6	10.26%			b	1 2420.6	1.84%	
	c	2 2128.9	14.54%			c	2 0143.6	4.26%	
DGMC	a	8 155.49	13.36%	19.37%	LM	a	7 168.93	0.36%	2.30%
	b	1 4499.7	18.88%			b	1 2472.6	2.26%	
	c	2 4314.7	25.85%			c	2 0148.8	4.29%	
CNDGM	a	7 088.06	1.48%	1.01%	EM	a	8 263.44	14.86%	21.76%
	b	1 2038.9	1.29%			b	14 721.5	20.70%	
	c	1 9268.3	0.27%			c	25 063.9	29.73%	
GAGM	a	8 172.55	13.59%	8.71%	ARMA	a	6 394.21	11.12%	4.64%
	b	1 3679.7	12.16%			b	12 090.9	0.86%	
	c	1 9390.1	0.36%			c	19 693.3	1.93%	
模型		2014 年			模型		2014 年		
		预测值	APE	MAPE			预测值	APE	MAPE
DGM	a	8 521.34	17.49%	22.92%	DES	a	7 559.63	4.23%	8.49%
	b	14 837.8	22.47%			b	13 207.5	9.01%	
	c	24 709.4	28.81%			c	21 530.2	12.24%	

续表

模型		2014 年			模型		2014 年		
		预测值	APE	MAPE			预测值	APE	MAPE
DGMC	a	8 144.77	12.30%	15.91%	LM	a	7 609.50	4.92%	8.85%
	b	13 926.5	14.95%			b	13 260.4	9.45%	
	c	23 111.6	20.48%			c	21 517.6	12.17%	
CNDGM	a	7 418.37	2.28%	4.31%	EM	a	9 235.48	27.34%	38.19%
	b	12 645.3	4.37%			b	16 587.6	36.91%	
	c	20 387.2	6.28%			c	28 836.5	50.33%	
GAGM	a	9 032.1	24.53%	20.34%	ARMA	a	6 394.20	11.84%	9.26%
	b	15 118.4	24.78%			b	12 866.8	6.20%	
	c	21 429.4	11.71%			c	21 049.4	9.73%	

模型		2015 年			模型		2015 年		
		预测值	APE	MAPE			预测值	APE	MAPE
DGM	a	9 381.57	23.79%	32.02%	DES	a	7 993.48	5.48%	11.61%
	b	16 371.6	31.97%			b	13 994.5	12.81%	
	c	27 590.7	40.30%			c	22 916.8	16.53%	
DGMC	a	9 767.44	28.88%	40.44%	LM	a	8 050.07	6.22%	11.95%
	b	17 405.5	40.30%			b	14 048.2	13.24%	
	c	29 916.6	52.13%			c	22 886.4	16.38%	
CNDGM	a	7 830.48	3.32%	5.77%	EM	a	10 321.9	36.20%	51.85%
	b	13 185.2	6.28%			b	18 690.3	50.66%	
	c	21 182.2	7.71%			c	33 176.8	68.70%	
GAGM	a	9 981.98	31.71%	28.94%	ARMA	a	6 394.19	15.63%	13.19%
	b	16 708.4	34.68%			b	13 643.2	9.98%	
	c	23 683.1	20.43%			c	22 413.7	13.97%	

第8章 时滞性灰色多变量预测建模

社会经济发展中普遍存在着滞后现象，不同问题间的滞后关系、滞后过程、滞后原因存在内部差异，构建能合理、有效地反映其时滞过程特征的新型灰色多变量时滞预测模型，有利于剖析发展趋势。因此，本章从时滞性角度构建累积型时滞特征的灰色多变量预测模型、基于时滞效应的多变量灰色离散预测模型、改进的灰色离散时滞多变量预测模型及多变量动态时滞离散灰色预测模型。

8.1 累积型时滞特征的灰色多变量预测模型

定义 8.1.1 设 $X^{(0)} = \left(x^{(0)}(1), x^{(0)}(2), \cdots, x^{(0)}(k), \cdots, x^{(0)}(n)\right)$ 为等间距时间序列，则称

$$X^{(1)} = \left(x^{(1)}(1), x^{(1)}(2), \cdots, x^{(1)}(k), \cdots, x^{(1)}(n)\right)$$

为 $X^{(0)}$ 的一阶累加生成序列，其中，$x^{(1)}(k) = \sum_{r=1}^{k} x^{(1)}(r)(k = 1, 2, \cdots, n)$；并称

$$Z^{(1)} = \left(z^{(1)}(1), z^{(1)}(2), \cdots, z^{(1)}(k), \cdots, z^{(1)}(n)\right)$$

为序列 $X^{(1)}$ 的紧邻均值生成序列，其中，$z^{(1)}(k) = \frac{1}{2}\left(x^{(1)}(k) + x^{(1)}(k-1)\right)$。

定义 8.1.2　设 $X_0^{(0)} = \left(x_0^{(0)}(1), x_0^{(0)}(2), \cdots, x_0^{(0)}(k), \cdots, x_0^{(0)}(n) \right)$ 为系统特征序列, 而

$$X_1^{(0)} = \left(x_1^{(0)}(1), x_1^{(0)}(2), \cdots, x_1^{(0)}(k), \cdots, x_1^{(0)}(n) \right)$$

$$X_2^{(0)} = \left(x_2^{(0)}(1), x_2^{(0)}(2), \cdots, x_2^{(0)}(k), \cdots, x_2^{(0)}(n) \right)$$

$$\vdots$$

$$X_m^{(0)} = \left(x_m^{(0)}(1), x_m^{(0)}(2), \cdots, x_m^{(0)}(k), \cdots, x_m^{(0)}(n) \right)$$

为相关因素序列, $X_0^{(1)}$ 和 $X_j^{(1)}(j=1,2,\cdots,m)$ 分别为 $X_0^{(0)}$ 和 $X_j^{(0)}$ 的一次累加生成序列。$Z_0^{(1)}$ 和 $Z_j^{(1)}$ 分别为 $X_0^{(1)}$ 和 $X_j^{(1)}$ 的紧邻均值生成序列, 则称

$$x_0^{(0)}(k) + a z_0^{(1)}(k) = \sum_{j=1}^{m} b_j x_j^{(1)}(k)$$

为 GM(1,N); 并称

$$\frac{\mathrm{d} x_0^{(1)}}{\mathrm{d}t} + a x_0^{(1)} = \sum_{j=1}^{m} b_j x_j^{(1)}(k)$$

为 GM(1,N)的白化方程。

定义 8.1.3　设 $X_0^{(0)}$ 和 $X_j^{(0)}(j=1,2,\cdots,m)$ 分别为系统特征序列和相关因素序列, $X_0^{(1)}$ 和 $X_j^{(1)}(j=1,2,\cdots,m)$ 为一次累加生成序列, 则 GM(1,N)的白化方程的解

$$x_0^{(1)}(t) = \mathrm{e}^{-at} \left[x_0^{(1)}(0) - t \sum_{j=1}^{m} b_j x_j^{(1)}(0) + \sum_{j=1}^{m} \int b_j x_j^{(1)}(k) \mathrm{e}^{at} \mathrm{d}t \right]$$

称为 GM(1,N)的时间响应式。

在 GM(1,N)的基础上, 针对三类累积型时滞特征 (图 8.1) 分别设计灰色多变量预测模型。图 8.1 中, 纵轴 ω 代表每个时段内的变化量对 k 时刻时滞现象发生的作用强度, 即该时段趋势变化量的权重; 横轴 t 代表时刻; 横轴上的 k 时刻代表时滞作用结果的发生。图 8.1 (a) 和图 8.1 (c) 是以驱动型时滞现象为例的。驱动型时滞现象指系统因素 (研究对象) 滞后于相关因素, 即相关因素通过一段时间的累积效果触发了时滞结果的产生。图 8.1 (b) 是以滞后型时滞现象为例的。滞后型时滞现象指相关因素滞后于系统因素 (研究对象), 即系统因素经过 τ_1 时间开始产生作用, 并且于 τ_2 时间停止作用效应。

（1）图 8.1 (a) 表示累积作用时段内, 各段趋势变化量的权重相等。

（2）图 8.1 (b) 表示早期的趋势变化量权重较大, 并呈现逐步减小的趋势。该类权重多适用于新产品效用的时滞、政策效果的时滞、投资效果的时滞等, 如治理雾霾污染现象的新技术投入市场后, 经过 τ_1 时间后, 产生效益, 但是随着时

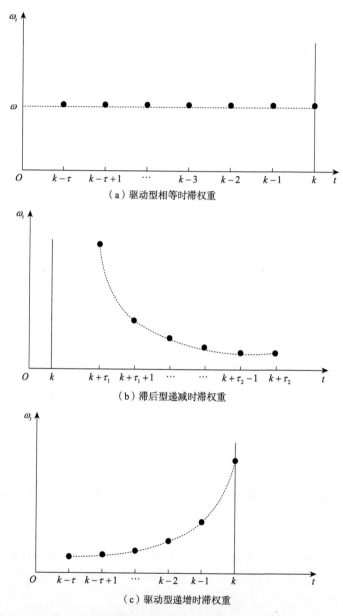

（a）驱动型相等时滞权重

（b）滞后型递减时滞权重

（c）驱动型递增时滞权重

图8.1 累积型时滞效果的三种权重类型示意

间的推移，更新的技术逐步进入市场，老技术的效用逐步降低，最终失效。

（3）图8.1（c）表示最新的趋势变化量权重较大，且总体上呈现逐渐增大的趋势。该类权重多产生于驱动型时滞现象，如雾霾污染现象的发生，通常是多年持续增长的污染气体排放导致的，但越接近雾霾污染现象的年份对其影响越大，即权重越大。

值得注意的是，图 8.1（a）和图 8.1（c）是两类驱动型时滞问题，在这两类累积效应中，驱动性时滞因素将持续性地投入，直至滞后效果发生，因此驱动因素与时滞因素间呈连续关系。图 8.1（b）是滞后型时滞问题，如政策实施效果、资金投入效果常经过一段时间后体现，因此滞后因素与投入因素间设置一定间隔，作为现阶段投入与滞后产出间的空白期。

8.1.1　等权型累积效应的灰色时滞多变量预测模型构建

定义 8.1.4　设 $X_0^{(0)} = \left(x_0^{(0)}(1), x_0^{(0)}(2), \cdots, x_0^{(0)}(k), \cdots, x_0^{(0)}(n) \right)$ 为系统特征序列，系统的发展与演化受到 m 个相关影响因素 $X_j^{(0)} = \left(x_j^{(0)}(1), x_j^{(0)}(2), \cdots, x_j^{(0)}(k), \cdots, x_j^{(0)}(n) \right)$ $(j = 1, 2, \cdots, m)$ 的共同作用，且系统特征序列 $X_0^{(0)}$ 与相关影响因素序列 $X_j^{(0)}(j = 1, 2, \cdots, m)$ 存在一定的时滞关系，时滞特征为等权型累积效应[图 8.1（a）]，滞后因素 $X_j^{(0)}$ 与系统特征序列 X_0 的滞后长度为 τ ，则称

$$x_0^{(0)}(k) + a z_0^{(1)}(k) = \sum_{j=1}^{m} b_j \sum_{r=0}^{\tau} \lambda_E(k-r) x_j^{(1)}(k-r) + b \tag{8.1}$$

为等权型累积效应的灰色时滞多变量预测模型的基本形式；并称

$$\frac{\mathrm{d}x_0^{(1)}}{\mathrm{d}t} + a x_0^{(1)} = \sum_{j=1}^{m} b_j \sum_{r=0}^{\tau} \lambda_E(k-r) x_j^{(1)}(k-r) + b$$

为其白化方程。

观察定义 8.1.4 中的时间响应式，由于 $\sum_{j=1}^{m} \int b_j \lambda_E(k-r) x_j^{(1)}(k-r) \mathrm{e}^{at} \mathrm{d}t$ 未知且无法精确求解，若利用白化方程求解灰色多变量预测模型的时间响应式，无法得到精确的解析表达式。因此对式（8.1）进行转换，利用离散形式预测 $X_0^{(0)}$ 。

定理 8.1.1　（$\mathrm{TGDM}_E(1, N \mid \tau)$）[①]如定义 8.1.4 所述，式（8.1）为等权型累积效应的灰色时滞多变量预测模型的基本形式，那么通过变换可以得到等权型累积效应的灰色时滞多变量预测模型的离散形式，记为 $\mathrm{TGDM}_E(1, N \mid \tau)$ ，其表达式如式（8.2）所示。

---

① TGDM: time-delay grey prediction model for multivariable system with equal weight，等权系统的灰色时滞多变量预测模型。

$$x_0^{(0)}(k) = \frac{2}{a+2}\sum_{j=1}^{m}b_j\sum_{r=0}^{\tau}\lambda_E(k-r)x_j^{(1)}(k-r) + \frac{2b}{a+2} - \frac{2a}{a+2}x_0^{(1)}(k-1) \quad (8.2)$$

证明：根据定义 8.1.2，$z_0^{(1)}(k) = \frac{1}{2}\left(x_0^{(1)}(k) + x_0^{(1)}(k-1)\right)$，将背景值表达式代入式（8.1）中，可得

$$x_0^{(0)}(k) + \frac{1}{2}a\left(x_0^{(1)}(k) + x_0^{(1)}(k-1)\right) = \sum_{j=1}^{m}b_j\sum_{r=0}^{\tau}\lambda_E(k-r)x_j^{(1)}(k-r) + b$$

将 $x_0^{(1)}(k) = x_0^{(0)}(k) + x_0^{(1)}(k-1)$ 代入上式中，可得

$$\frac{2+a}{2}x_0^{(0)}(k) + ax_0^{(1)}(k-1) = \sum_{j=1}^{m}b_j\sum_{r=0}^{\tau}\lambda_E(k-r)x_j^{(1)}(k-r) + b$$

化简可得式（8.2）。

定理 8.1.2　（时滞权重 λ_E）$\text{TGDM}_E(1,N\,|\,\tau)$ 中的时滞权重 $\lambda_E(r) = \dfrac{1}{\tau+1}$。

证明：$\text{TGDM}_E(1,N\,|\,\tau)$ 中时滞因素 $X_j^{(0)}$ 在 $[k-\tau,k]$ 时段内每个时刻点对 $x_0^{(0)}(k)$ 的作用强度相同，则其权重相等。$x_j^{(0)}(k)$ 对 $X_0^{(0)}$ 的有效时滞作用区间为 $[k,k+\tau]$，因此 $x_j^{(0)}(k)$ 在 $[k,k+\tau]$ 区间上总的有效时滞作用量为 $\sum_{r=0}^{\tau}\lambda_E(k-r)x_j^{(1)}(k-r)$，应等于自身总量总产出 $x_j^{(0)}(k)$，故

$$\sum_{r=0}^{\tau}\lambda_E(k-r)x_j^{(1)}(k-r) = (\tau+1)\cdot\lambda_E(r)x_j^{(1)}(k-r) = x_j^{(0)}(k)$$

因此，$\lambda_E(r) = \dfrac{1}{\tau+1}$。

定理 8.1.3　（$\text{TGDM}_E(1,N\,|\,\tau)$ 的参数）$X_0^{(0)}$、$X_0^{(1)}$、$Z_0^{(1)}$、$X_j^{(0)}$、$X_j^{(1)}$、$Z_j^{(1)}$ 如定义 8.1.3 所示，若 $\text{TGDM}_E(1,N\,|\,\tau)$ 的参数列为

$$\hat{\mu} = [a,b_1,b_2,\cdots,b_m,b]^{\mathrm{T}}$$

且

$$Y = \begin{bmatrix} x_0^{(0)}(2+\tau) \\ x_0^{(0)}(3+\tau) \\ \vdots \\ x_0^{(0)}(n) \end{bmatrix}, \quad B = \begin{bmatrix} -z^{(0)}(2+\tau) & b_1\sum_{r=0}^{\tau}\dfrac{x_j^{(1)}(2+\tau-r)}{\tau+1} & \cdots & b_m\sum_{r=0}^{\tau}\dfrac{x_j^{(1)}(2+\tau-r)}{\tau+1} & 1 \\ -z^{(0)}(3+\tau) & b_1\sum_{r=0}^{\tau}\dfrac{x_j^{(1)}(3+\tau-r)}{\tau+1} & \cdots & b_m\sum_{r=0}^{\tau}\dfrac{x_j^{(1)}(3+\tau-r)}{\tau+1} & 1 \\ \vdots & \vdots & \cdots & \vdots & \vdots \\ -z^{(0)}(n) & b_1\sum_{r=0}^{\tau}\dfrac{x_j^{(1)}(n-r)}{\tau+1} & \cdots & b_m\sum_{r=0}^{\tau}\dfrac{x_j^{(1)}(n-r)}{\tau+1} & 1 \end{bmatrix}$$

则依据 Moore-Penrose 广义逆矩阵（简称 M-P 逆）与线性方程组解的关系可得：

（1）当 $n-\tau=m+3$ 且 $|B|\ne 0$ 时，$\hat{\mu}=B^{-1}Y$；

（2）当 $n-\tau>m+3$ 且 B 为列满秩矩阵时，$\hat{\mu}=(B^{\mathrm{T}}B)^{-1}B^{\mathrm{T}}Y$；

（3）当 $n-\tau<m+3$ 且 B 为行满秩矩阵时，$\hat{\mu}=B^{\mathrm{T}}(BB^{\mathrm{T}})^{-1}Y$。

证明： 假设滞后长度为 τ，则式（8.1）中 k 的有效取值范围为 $[2+\tau,n]$，因此将 $k=2+\tau,3+\tau,\cdots,n$ 代入式（8.1），可得线性方程组：

$$\begin{cases} x_0^{(0)}(2+\tau)+az_0^{(1)}(2+\tau)=\sum_{j=1}^m b_j\sum_{r=0}^\tau \lambda_E(2+\tau-r)x_j^{(1)}(2+\tau-r)+b \\ x_0^{(0)}(3+\tau)+az_0^{(1)}(3+\tau)=\sum_{j=1}^m b_j\sum_{r=0}^\tau \lambda_E(3+\tau-r)x_j^{(1)}(3+\tau-r)+b \\ \quad\quad\quad\quad\quad\quad\quad\quad\quad\vdots \\ x_0^{(0)}(n)+az_0^{(1)}(n)=\sum_{j=1}^m b_j\sum_{r=0}^\tau \lambda_E(n-r)x_j^{(1)}(n-r)+b \end{cases}$$

即

$$Y=B\hat{\mu}$$

（1）当 $n-\tau=m+3$ 且 $|B|\ne 0$ 时，B 存在逆矩阵 B^{-1}，线性方程组存在唯一解为

$$\hat{\mu}=B^{-1}Y$$

（2）当 $n-\tau>m+3$ 且 B 为列满秩矩阵时，依据 M-P 逆的求解方式（Penrose，1955），令 B 的满秩分解为 $B=BI$，其中 I 为单位矩阵，则 B 的广义逆矩阵 B^+ 可以写成

$$B^+=I^{\mathrm{T}}(II^{\mathrm{T}})^{-1}(B^{\mathrm{T}}B)^{-1}B^{\mathrm{T}}$$

因此可证

$$\hat{\mu}=B^+Y=(B^{\mathrm{T}}B)^{-1}B^{\mathrm{T}}Y$$

（3）当 $n-\tau<m+3$ 且 B 为行满秩矩阵时，依据 M-P 逆的求解方式，令 B 的满秩分解为 $B=IB$，其中 I 为单位矩阵，则 B 的广义逆矩阵 B^+ 可以写成

$$B^+=B^{\mathrm{T}}(BB^{\mathrm{T}})^{-1}(I^{\mathrm{T}}I)^{-1}I^{\mathrm{T}}$$

因此可证

$$\hat{\mu}=B^{\mathrm{T}}(BB^{\mathrm{T}})^{-1}Y$$

将定理 8.1.2 和定理 8.1.3 的参数计算结果代入式（8.2）中，未知参数仅剩时滞长度 τ，其余所有参数均可利用 τ 来表示，因此求解 $\mathrm{TGDM}_E(1,N\,|\,\tau)$ 的时间响

应式仅需要求解时滞长度 τ，以 $\text{TGDM}_E(1,N\,|\,\tau)$ 模拟值 $\hat{x}_0^{(0)}(k)$ 与真实值 $x_0^{(0)}(k)$ 的 MAPE 最小为目标，以定理 8.1.2 和定理 8.1.3 证明的参数关系为约束条件，构建以下非线性优化模型：

$$\min_{\tau} \text{MAPE} = \frac{1}{n-\tau-1}\sum_{k=2+\tau}^{n}\frac{\left|\hat{x}_0^{(0)}(k)-x_0^{(0)}(k)\right|}{x_0^{(0)}(k)}$$

$$\begin{cases} x_0^{(0)}(k)=\dfrac{2}{a+2}\sum_{j=1}^{m}b_j\sum_{r=0}^{\tau}\lambda_E(k-r)x_j^{(1)}(k-r)+\dfrac{2b}{a+2}-\dfrac{2a}{a+2}x_0^{(1)}(k-1) \\ Y=B\hat{\mu} \\ \hat{\mu}=[a,b_1,b_2,\cdots,b_m,b]^{\text{T}} \\ \lambda_E(k)=\dfrac{1}{\tau} \\ k=2+\tau,3+\tau,\cdots,n;\ \ j=1,2,\cdots,m \end{cases} \tag{8.3}$$

其中，矩阵 Y、B 分别如定理 8.1.3 所示。

由式（8.3）可知，未知参数仅有一个 τ，并且 τ 为整数，因此利用枚举法或者单向搜索即可求解到最优解，不再给出优化算法步骤。

8.1.2　递减型累积效应的灰色时滞多变量预测模型构建

定义 8.1.5　设 $X_0^{(0)}=\left(x_0^{(0)}(1),x_0^{(0)}(2),\cdots,x_0^{(0)}(k),\cdots,x_0^{(0)}(n)\right)$ 为系统特征序列，系统的发展与演化受到 m 个相关影响因素 $X_j^{(0)}=\left(x_j^{(0)}(1),x_j^{(0)}(2),\cdots,x_j^{(0)}(k),\cdots,x_j^{(0)}(n)\right)$ $(j=1,2,\cdots,m)$ 的共同作用，且系统特征序列 $X_0^{(0)}$ 与相关影响因素序列 $X_j^{(0)}(j=1,2,\cdots,m)$ 存在一定的时滞关系，时滞特征为递减型累积效应[图 8.1（b）]，滞后因素 $X_j^{(0)}$ 与系统特征序列 $X_0^{(0)}$ 的有效滞后区间为 $[\tau_1,\tau_2]$，则称

$$x_0^{(0)}(k)+az_0^{(1)}(k)=\sum_{j=1}^{m}b_j\sum_{r=\tau_1}^{\tau_2}\lambda^{r-\tau_1+1}x_j^{(1)}(k+r)+b \tag{8.4}$$

为递减型累积效应的灰色时滞多变量预测模型的基本形式，其中 $\lambda\in[0.5,1]$；并称

$$\frac{\text{d}x_0^{(1)}}{\text{d}t}+ax_0^{(1)}=\sum_{j=1}^{m}b_j\sum_{r=\tau_1}^{\tau_2}\lambda^{r-\tau_1+1}x_j^{(1)}(k+r)+b$$

为其白化方程。

同理，由于 $\sum_{j=1}^{m}\int b_j\lambda^{r-\tau_1+1}x_j^{(1)}(k)\mathrm{e}^{at}\mathrm{d}t$ 未知且无法精确求解，对式（8.4）进行转换，利用离散形式预测 $X_0^{(0)}$ 。

定理 8.1.4　（ TGDM$_D(1,N\,|\,\tau_1,\tau_2)$ ）如定义 8.1.5 所述，式（8.4）为递减型累积效应的灰色时滞多变量预测模型的基本形式，那么通过变换可以得到递减型累积效应的灰色时滞多变量预测模型的离散形式，记为 TGDM$_D(1,N\,|\,\tau_1,\tau_2)$，其表达式如式（8.5）所示，

$$x_0^{(0)}(k)=\frac{2}{a+2}\sum_{j=1}^{m}b_j\sum_{r=\tau_1}^{\tau_2}\lambda^{r-\tau_1+1}x_j^{(1)}(k+r)+\frac{2b}{a+2}-\frac{2a}{a+2}x_0^{(1)}(k-1) \quad（8.5）$$

证明： 根据定义 8.1.2，将一次累加公式和背景值表达式代入式（8.5）中，可得

$$\frac{2+a}{2}x_0^{(0)}(k)+ax_0^{(1)}(k-1)=\sum_{j=1}^{m}b_j\sum_{r=\tau_1}^{\tau_2}\lambda^{r-\tau_1+1}x_j^{(1)}(k+r)+b$$

化简可得式（8.5）。

定理 8.1.5　（ 时滞权重 λ_D ） TGDM$_D(1,N\,|\,\tau_1,\tau_2)$ 中的递减型时滞权重 $\lambda_D(r)=\lambda^{r-\tau_1+1}$，其中，$r=\tau_1,\tau_1+1,\cdots,\tau_2$，$\tau_1\leqslant\tau_2$，且 $\tau_2-\tau_1=\dfrac{\ln(2\lambda-1)}{\ln\lambda}-2$。

证明： 为了阐述证明依据，递减型累积时滞效应动态离散变化示意图见图 8.2，其中每一条竖直的虚线代表系统投入时刻，每一条竖直的虚线均有一条递减曲线对应，代表其递减型累积滞后产出，其中竖实线代表 X_j 在 $k+\tau_1$ 时刻由所有投入产生的产出综合。从图 8.2 可以看出，X_j 在 $k+\tau_1$ 时刻的产出由 $\tau_2-\tau_1$ 个不同时刻的投入共同产生，再结合权重曲线，每项投入在 $k+\tau_1$ 时刻的产出与该时刻的递减型累积时滞权重有关，并且所有的产出综合与 X_j 在 $k+\tau_1$ 时刻的总产出相等。

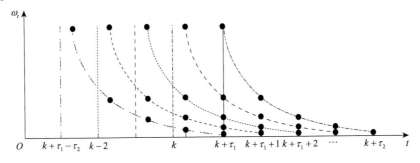

图 8.2　递减型累积时滞效应动态离散变化示意

X_i 在 $[k, k+1]$ 上投入使得 X_j 在 $[k+\tau_1, k+\tau_1+1]$ 上能产出 $\lambda \Delta x_j(k+\tau_1)$，$X_i$ 在 $[k-1, k]$ 上投入使得 X_j 在 $[k+\tau_1, k+\tau_1+1]$ 上产出 $\lambda^2 \Delta x_j(k+\tau_1)$，以此类推，当时滞长度为 $[\tau_1, \tau_2]$ 时，X_i 在 $[k-\tau_2+\tau_1, k+1]$ 上投入使得 X_j 在 $[k+\tau_1, k+\tau_1+1]$ 上产出总能力可以表示为 $\sum\limits_{i=1}^{\tau_2-\tau_2+1} \lambda^i \Delta x_j(k+\tau_1)$。

再从 X_j 自身在 $[k+\tau_1, k+\tau_1+1]$ 上产出总量分析，假设 X_j 在 $[k+\tau_1, k+\tau_1+1]$ 上产出受到 X_i 在各个时刻投入的影响不产生连锁反应，即相互独立，那么 X_j 自身在 $[k+\tau_1, k+\tau_1+1]$ 上总产出量即自身的变化趋势总量，即 $\Delta x_j(k+\tau_1)$。

综上所述，利用总产出能力=产出总量，可得到式（8.6）：

$$\lambda \Delta x_j(k+\tau_1) + \lambda^2 \Delta x_j(k+\tau_1) + \cdots + \lambda^{\tau_2-\tau_1+1} \Delta x_j(k+\tau_1) = \Delta x_j(k+\tau_1) \quad (8.6)$$

由式（8.6）可得

$$\lambda^1 + \lambda^2 + \cdots + \lambda^{\tau_2-\tau_1+1} = \sum_{i=1}^{\tau_2-\tau_1+1} \lambda^i = 1 \quad (8.7)$$

由等比序列求和公式可得

$$\frac{\lambda(1-\lambda^{\tau_2-\tau_1+1})}{1-\lambda} = 1$$

化简可证

$$\tau_2 - \tau_1 = \frac{\ln(2\lambda-1)}{\ln \lambda} - 2$$

值得注意的是，式（8.6）要有意义，则 $2\lambda-1>0$，即 $0.5<\lambda$，再依据递减性质，$\lambda<1$，因此 $0.5<\lambda<1$。

定理 8.1.6　（$\text{TGDM}_D(1,N|\tau_1,\tau_2)$ 的参数）$X_0^{(0)}$、$X_0^{(1)}$、$Z_0^{(1)}$、$X_j^{(0)}$、$X_j^{(1)}$、$Z_j^{(1)}$ 如定义 8.1.3 所示，若 $\text{TGDM}_D(1,N|\tau_1,\tau_2)$ 的参数列为

$$\hat{\mu} = [a, b_1, b_2, \cdots, b_m, b]^{\mathrm{T}}$$

且

$$Y = \begin{bmatrix} x_0^{(0)}(2) \\ x_0^{(0)}(3) \\ \vdots \\ x_0^{(0)}(n-\tau_2) \end{bmatrix},$$

$$
B=\begin{bmatrix}
-z^{(0)}(2) & b_1\sum_{r=\tau_1}^{\tau_2}\lambda^{r-\tau_1+1}x_j^{(1)}(2+r) & \cdots & b_m\sum_{r=\tau_1}^{\tau_2}\lambda^{r-\tau_1+1}x_j^{(1)}(2+r) & 1 \\
-z^{(0)}(3) & b_1\sum_{r=\tau_1}^{\tau_2}\lambda^{r-\tau_1+1}x_j^{(1)}(3+r) & \cdots & b_m\sum_{r=\tau_1}^{\tau_2}\lambda^{r-\tau_1+1}x_j^{(1)}(3+r) & 1 \\
\vdots & \vdots & \cdots & \vdots & \vdots \\
-z^{(0)}(n-\tau_2) & b_1\sum_{r=\tau_1}^{\tau_2}\lambda^{r-\tau_1+1}x_j^{(1)}(n-\tau_2+r) & \cdots & b_m\sum_{r=\tau_1}^{\tau_2}\lambda^{r-\tau_1+1}x_j^{(1)}(n-\tau_2+r) & 1
\end{bmatrix}
$$

则依据 M-P 逆与线性方程组解的关系可得：

（1）当 $n-\tau_2=m+3$ 且 $|B|\neq0$ 时，$\hat{\mu}=B^{-1}Y$；

（2）当 $n-\tau_2>m+3$ 且 B 为列满秩矩阵时，$\hat{\mu}=(B^{\mathrm{T}}B)^{-1}B^{\mathrm{T}}Y$；

（3）当 $n-\tau_2<m+3$ 且 B 为行满秩矩阵时，$\hat{\mu}=B^{\mathrm{T}}(BB^{\mathrm{T}})^{-1}Y$。

证明： 同定理 8.1.3。

将定理 8.1.5 和定理 8.1.6 的参数计算结果代入式（8.5）中，未知参数仅剩时滞长度 τ_1 和 τ_2，其余所有参数均可利用 τ_1 和 τ_2 来表示，因此求解 $\mathrm{TGDM}_D(1,N\,|\,\tau_1,\tau_2)$ 的时间响应式仅需要求解时滞长度 τ_1 和 τ_2，以 RAE 最小为目标，以参数关系为约束条件，构建以下非线性优化模型：

$$
\min_{\tau_1,\tau_2}\mathrm{RAE}=\frac{1}{n-\tau_2-1}\sum_{k=2}^{n-\tau_2}\frac{\left|\hat{x}_0^{(0)}(k)-x_0^{(0)}(k)\right|}{x_0^{(0)}(k)}
$$

$$
\begin{cases}
x_0^{(0)}(k)=\dfrac{2}{a+2}\sum_{j=1}^{m}b_j\sum_{r=\tau_1}^{\tau_2}\lambda^{r-\tau_1+1}x_j^{(1)}(k+r)+\dfrac{2b}{a+2}-\dfrac{2a}{a+2}x_0^{(1)}(k-1) \\
Y=B\hat{\mu} \\
\hat{\mu}=[a,b_1,b_2,\cdots,\ b_m,b]^{\mathrm{T}} \\
\tau_2-\tau_1=\dfrac{\ln(2\lambda-1)}{\ln\lambda}-2 \\
k=2,3,\cdots,n-\tau_2;\ j=1,2,\cdots,m
\end{cases}
\tag{8.8}
$$

其中，矩阵 Y、B 分别如定理 8.1.6 所示。其粒子群优化算法求解步骤如下所示。

假设粒子个数为 P，设 Particle 为 P 维向量，其中 Particle(l) 为第 l 个粒子。假设 P_{up} 和 P_{down} 代表粒子群的上下界。设 G_{best} 为全局最优解，P_{best} 为局部最优解，Particle* 为全局最优解对应的粒子向量。设 fitness(l) 为第 l 个粒子的适应度函数。

步骤 1（初始化）：对粒子群中的参数进行初始化。

- 初始化 $P_{up} = n$，$P_{down} = 0$；
- 在目标函数约束的可行范围下初始化一组随机解 $Particle(l) = (\tau_1, \tau_2)$，$Particle^* = Particle(l)$；
- 初始化适应度函数 $fitness(l) = \dfrac{1}{n - \tau_2 - 1} \sum_{k=2}^{n - \tau_2} \dfrac{\left| \hat{x}_0^{(0)}(k) - x_0^{(0)}(k) \right|}{x_0^{(0)}(k)}$；
- $G_{best} = 1$；
- $P_{best} = fitness(l)$。

步骤 2（粒子位置更新）：$v_{l+1} = w v_l + c_1 (P_{best}(l) - Particle(l)) + c_2 (G_{best}(l) - Particle(l))$，其中 v_l 为粒子速度向量，$Particle(l)$ 为粒子当前位置，w 为惯性权重，惯性权重在算法中用于保持全局搜索和局部搜索的平衡，c_1、c_2 为粒子加速系数，取值为随机数。

步骤 3：利用粒子位置更新公式更新粒子，若 $fitness(l+1) < fitness(l)$，则更新 $Particle^* = Particle(l+1)$，$Particle^* = P_{best} = fitness(l+1)$，否则 $Particle^* = Particle(l)$，$P_{best} = fitness(l)$。

步骤 4：P 个粒子均更新后，更新 $G_{best} = P_{best}$。

步骤 5：重复以上步骤 M 次，提取最优适应度取值和对应的 $Particle^*$。

8.1.3　递增型累积效应的灰色时滞多变量预测模型构建

定义 8.1.6　设 $X_0^{(0)} = \left(x_0^{(0)}(1), x_0^{(0)}(2), \cdots, x_0^{(0)}(k), \cdots, x_0^{(0)}(n) \right)$ 为系统特征序列，系统的发展与演化受到 m 个相关影响因素 $X_j^{(0)} = \left(x_j^{(0)}(1), x_j^{(0)}(2), \cdots, x_j^{(0)}(k), \cdots, x_j^{(0)}(n) \right)$ $(j = 1, 2, \cdots, m)$ 的共同作用，且系统特征序列 $X_0^{(0)}$ 与相关影响因素序列 $X_j^{(0)}(j = 1, 2, \cdots, m)$ 存在一定的时滞关系，时滞特征为递增型累积效应[图 8.1（c）]，时滞相关因素 $X_j^{(0)}$ 与系统特征序列 $X_0^{(0)}$ 之间的时滞长度为 τ，则称

$$x_0^{(0)}(k) + a z_0^{(1)}(k) = \sum_{j=1}^{m} b_j \sum_{r=0}^{\tau} \lambda^{\tau - r + 1} x_j^{(1)}(k - r) + b \tag{8.9}$$

为递减型累积效应的灰色时滞多变量预测模型的基本形式，其中 $\lambda \in [0.5, 1]$；并称

$$\frac{\mathrm{d}x_0^{(1)}}{\mathrm{d}t} + ax_0^{(1)} = \sum_{j=1}^{m} b_j \sum_{r=0}^{\tau} \lambda^{\tau-r+1} x_j^{(1)}(k-r) + b$$

为其白化方程。

同理，由于 $\sum_{j=1}^{m} \int b_j \lambda^{\tau-r+1} x_j^{(1)}(k-r)\mathrm{d}t$ 未知且无法精确求解，对式（8.9）进行转换，利用离散形式预测 $X_0^{(0)}$。

定理 8.1.7　（$\mathrm{TGDM}_I(1,|\tau)$）如定义 8.1.6 所述，式（8.9）为递增型累积效应的灰色时滞多变量预测模型的基本形式，那么通过变换可以得到递增型累积效应的灰色时滞多变量预测模型的离散形式，记为 $\mathrm{TGDM}_I(1,\tau)$，其表达式如式（8.10）所示。

$$x_0^{(0)}(k) = \frac{2}{a+2} \sum_{j=1}^{m} b_j \sum_{r=0}^{\tau} \lambda^{\tau-r+1} x_j^{(1)}(k-r) + \frac{2b}{a+2} - \frac{2a}{a+2} x_0^{(1)}(k-1) \qquad （8.10）$$

证明： 根据定义 8.1.2，将一次累加公式和背景值表达式代入式（8.9）中，可得

$$\frac{2+a}{2} x_0^{(0)}(k) + ax_0^{(1)}(k-1) = \sum_{j=1}^{m} b_j \sum_{r=0}^{\tau} \lambda^{\tau-r+1} x_j^{(1)}(k-r) + b$$

化简可得式（8.10）。

定理 8.1.8　（时滞权重 λ_1）$\mathrm{TGDM}_I(1,|\tau)$ 中的递减型时滞权重 $\lambda_1(r) = \lambda^{\tau-r+1}$，其中 $r = 0,1,\cdots,\tau$，且 $\tau = \dfrac{\ln(2\lambda-1)}{\ln\lambda} - 2$。

证明： 同定理 8.1.5。

值得注意的是，$\mathrm{TGDM}_1(1,N|\tau)$ 模型中的时滞权重 λ_1 与 $\mathrm{AGDTMI}(\tau)$[①] 中的 λ 表达式略有差异，是因为 $\mathrm{AGDTMI}(\tau)$ 中以变化趋势测度 λ，因此当时滞长度为 τ 时，在一个时滞周期内，仅能获取 τ 个变化趋势。在 $\mathrm{TGDM}_1(1,N|\tau)$ 预测模型中，是以点对应关系进行预测的，因此可以获取 $\tau+1$ 个时滞数据[见式（8.9）中 r 的变化范围]，因此两个模型中时滞权重的常数项相差 1。

定理 8.1.9　（$\mathrm{TGDM}_1(1,N|\tau)$ 的参数）$X_0^{(0)}$、$X_0^{(1)}$、$Z_0^{(1)}$、$X_j^{(0)}$、$X_j^{(1)}$、$Z_j^{(1)}$ 如定义 8.1.3 所示，若 $\mathrm{TGDM}_1(1,N|\tau)$ 的参数列为

$$\hat{\mu} = [a, b_1, b_2, \cdots, b_m, b]^{\mathrm{T}}$$

且

---

① AGDTMI: accumulative type of grey dynamic trend incidence model for time-delay systems，时滞系统的累积型灰色动态趋势关联模型。

$$Y = \begin{bmatrix} x_0^{(0)}(2+\tau) \\ x_0^{(0)}(3+\tau) \\ \vdots \\ x_0^{(0)}(n) \end{bmatrix},$$

$$B = \begin{bmatrix} -z^{(0)}(2+\tau) & b_1\sum_{r=0}^{\tau}\lambda^{\tau-r+1}x_j^{(1)}(2+\tau-r) & \cdots & b_m\sum_{r=0}^{\tau}\lambda^{\tau-r+1}x_j^{(1)}(2+\tau-r) & 1 \\ -z^{(0)}(3+\tau) & b_1\sum_{r=0}^{\tau}\lambda^{\tau-r+1}x_j^{(1)}(3+\tau-r) & \cdots & b_m\sum_{r=0}^{\tau}\lambda^{\tau-r+1}x_j^{(1)}(2+\tau-r) & 1 \\ \vdots & \vdots & \vdots & \vdots & \vdots \\ -z^{(0)}(n) & b_1\sum_{r=0}^{\tau}\lambda^{\tau-r+1}x_j^{(1)}(n-r) & \cdots & b_m\sum_{r=0}^{\tau}\lambda^{\tau-r+1}x_j^{(1)}(2+\tau-r) & 1 \end{bmatrix}$$

则依据 M-P 逆与线性方程组解的关系可得:

（1）当 $n-\tau=m+3$ 且 $|B|\neq 0$ 时，$\hat{\mu}=B^{-1}Y$;

（2）当 $n-\tau>m+3$ 且 B 为列满秩矩阵时，$\hat{\mu}=(B^{\mathrm{T}}B)^{-1}B^{\mathrm{T}}Y$;

（3）当 $n-\tau<m+3$ 且 B 为行满秩矩阵时，$\hat{\mu}=B^{\mathrm{T}}(BB^{\mathrm{T}})^{-1}Y$ 。

证明： 同定理 8.1.3.

将定理 8.1.8 和定理 8.1.9 的参数计算结果代入式（8.10）中，未知参数仅剩时滞长度 τ ，其余所有参数均可利用 τ 来表示，因此求解 $\mathrm{TGDM}_1(1,N\,|\,\tau)$ 的时间响应式仅需要求解时滞长度 τ ，以 RAE 最小为目标，以定理 8.1.8 和定理 8.1.9 中证明的参数关系为约束条件，构建以下非线性优化模型：

$$\min_{\tau} \mathrm{RAE} = \frac{1}{n-\tau-1}\sum_{k=2}^{n-\tau}\frac{\left|\hat{x}_0^{(0)}(k)-x_0^{(0)}(k)\right|}{x_0^{(0)}(k)}$$

$$\begin{cases} x_0^{(0)}(k) = \frac{2}{a+2}\sum_{j=1}^{m}b_j\sum_{r=0}^{\tau}\lambda^{\tau-r+1}x_j^{(1)}(k-r)+\frac{2b}{a+2}-\frac{2a}{a+2}x_0^{(1)}(k-1) \\ Y = B\hat{\mu} \\ \hat{\mu}=[a,b_1,b_2,\cdots,\ b_m,b]^{\mathrm{T}} \\ \tau = \frac{\ln(2\lambda-1)}{\ln\lambda}-2 \\ k=2,3,\cdots,n-\tau;\ j=1,2,\cdots,m \end{cases} \quad (8.11)$$

其中，矩阵 Y 、B 分别如定理 8.1.9 所示。

由式（8.11）可知，未知参数仅有一个 τ ，并且 τ 为整数，因此利用枚举法或者单向搜索即可求解到最优解，不再给出优化算法步骤。

8.2　基于时滞效应的多变量离散灰色预测模型

针对多变量灰色模型存在驱动项时滞效应作用机制不明确和模型精度不高的问题，本节通过分析传统多变量灰色模型的缺陷，引入滞后系数控制驱动项，提出基于时滞累积效应的多变量离散灰色预测模型，讨论模型参数估计的求解方法；从白化信息充分和匮乏两个角度，利用经验分析法和粒子群算法探索时滞效应控制系数的识别方法，并给出模型建模预测步骤。

8.2.1　基于时滞效应的多变量离散灰色预测模型定义及参数估计

定义 8.2.1　设原始序列为 $X_i^{(0)} = \{x_i^{(0)}(1), x_i^{(0)}(2), \cdots, x_i^{(0)}(n)\}$，$i = 1, 2, \cdots, N$，其中 $X_1^{(0)}$ 为系统行为序列，$X_2^{(0)}, X_3^{(0)}, \cdots, X_N^{(0)}$ 为影响因素序列。有一次累加生成序列为

$$X_i^{(1)} = \{x_i^{(1)}(1), x_i^{(1)}(2), \cdots, x_i^{(1)}(n)\}, \quad i = 1, 2, \cdots, N$$

其中，$x_i^{(0)}(k) = \sum_{j=1}^{k} x_i^{(0)}(j)$。称

$$x_1^{(1)}(k) + \beta_1 x_1^{(1)}(k-1) = \sum_{i=1}^{N-1} \sum_{j=1}^{k} \beta_{i+1} \lambda_{i+1}^{k-j} x_{i+1}^{(1)}(j) + \beta_{N+1} \tag{8.12}$$

为基于时滞效应的多变量离散灰色预测模型，记为 TDDGM(1, N)（time delay discrete grey forecasting model）。

其中，$\lambda_{i+1}(0 < \lambda_{i+1} < 1)$ 称为第 $i + 1(i = 1, 2, \cdots, N-1)$ 个变量的滞后效应参数，$\sum_{j=1}^{k} \beta_{i+1} \lambda_{i+1}^{k-j} x_{i+1}^{(1)}(j)$ 称为滞后效应驱动项，反映了此时此刻第 $i+1$ 个驱动项对系统滞后影响效果的累积。滞后系数 λ_i^{k-j} 随着时间由远及近呈现递减趋势，并且其递减速率与 λ_i 取值相关，取值越大，递减越慢，反之越快，如图 8.3 所示。在图 8.3 中取 $k = 10$，在 λ 的不同取值下，滞后系数的变化情况均不相同。该系数一定程度上揭示了相关因素对于系统行为的影响大小随着时间的推移在不断变化，比较贴近实际。当取 $j = k$ 时，此时该模型即退化为传统模型，说明在系统运行过程中，

所有影响因素只对当期系统行为产生强度相当的影响，不存在滞后因素，即 TDDGM$(1, N)$ 与传统 DGM$(1, N)$ 是等价的，两种模型会产生相同的建模结果。因此可以将 DGM$(1, N)$ 看成本节模型的特例。另外，本节模型还能运算滞后驱动因素与非滞后驱动因素同时对主系统行为产生作用的情况，这是传统离散模型所不能实现的。例如，对农作物产量进行预测时，其投入因素有农作物播种面积和人力、资本要素，播种面积是非滞后驱动因素，而人力、资本要素投入是具有滞后累积效应的因素，此时构建农作物产量预测时应包含这两类影响因素，才能更好地体现模型构建的实际应用意义。因此，在实际考察时滞影响关系时，需要针对具体应用案例加以分析其影响因素是否具有滞后累积效应，具体问题具体分析，构建合适的模型进行模拟预测。

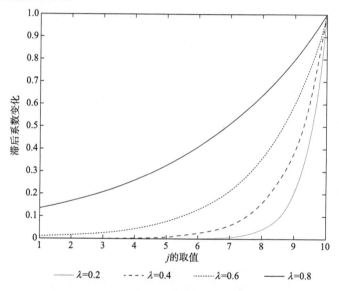

图 8.3　不同 λ_i 对应其滞后系数递减速率变化

定理 8.2.1　$X_i^{(0)}$、$X_i^{(1)}$、$\lambda_{i+1}(0 < \lambda_{i+1} < 1)$ 如定义 8.2.1 所示，参数列 $\hat{\beta} = [\beta_1, \beta_2, \cdots, \beta_{N+1}]^{\mathrm{T}}$，且

$$
Y = \begin{bmatrix} x_1^{(0)}(2) \\ x_1^{(0)}(3) \\ \vdots \\ x_1^{(0)}(n) \end{bmatrix}, \quad
B = \begin{bmatrix}
-x_1^{(1)}(1) & \sum_{j=1}^{2} \lambda_2^{2-j} x_2^{(1)}(j) & \cdots & \sum_{j=1}^{2} \lambda_N^{2-j} x_N^{(1)}(j) & 1 \\
-x_1^{(1)}(2) & \sum_{j=1}^{3} \lambda_2^{3-j} x_2^{(1)}(j) & \cdots & \sum_{j=1}^{3} \lambda_N^{3-j} x_N^{(1)}(j) & 1 \\
\vdots & \vdots & & \vdots & \vdots \\
-x_1^{(1)}(n-1) & \sum_{j=1}^{n} \lambda_2^{n-j} x_2^{(1)}(j) & \cdots & \sum_{j=1}^{n} \lambda_N^{n-j} x_N^{(1)}(j) & 1
\end{bmatrix}
$$

由最小二乘法的矩阵运算可得

（1）当 $n=N+2$ 时，$\hat{\beta}=B^{-1}Y$，$|B|\neq 0$；

（2）当 $n>N+2$ 时，$\hat{\beta}=(B^{\mathrm{T}}B)^{-1}B^{\mathrm{T}}Y$，$|B^{\mathrm{T}}B|\neq 0$；

（3）当 $n<N+2$ 时，$\hat{\beta}=B^{\mathrm{T}}(BB^{\mathrm{T}})^{-1}Y$，$|B^{\mathrm{T}}B|\neq 0$。

证明： 将 $k=2,3,\cdots,n$ 代入 TDDGM$(1,N)$，即式（8.12），可得方程组：

$$x_1^{(1)}(2)=-\beta_1 x_1^{(1)}(1)+\sum_{i=1}^{N-1}\sum_{j=1}^{2}\beta_{i+1}\lambda_{i+1}^{2-j}x_{i+1}^{(1)}(j)+\beta_{N+1}$$

$$x_1^{(1)}(3)=-\beta_1 x_1^{(1)}(2)+\sum_{i=1}^{N-1}\sum_{j=1}^{3}\beta_{i+1}\lambda_{i+1}^{3-j}x_{i+1}^{(1)}(j)+\beta_{N+1}$$

$$\vdots$$

$$x_1^{(1)}(n)=-\beta_1 x_1^{(1)}(n-1)+\sum_{i=1}^{N-1}\sum_{j=1}^{n}\beta_{i+1}\lambda_{i+1}^{n-j}x_{i+1}^{(1)}(j)+\beta_{N+1}$$

由最小二乘法可得 $Y=B\beta$。

（1）当 $n=N+2$ 且 $|B|\neq 0$ 时，B 存在逆矩阵，方程组有唯一解，即可得到 $\hat{\beta}=B^{-1}Y$。

（2）当 $n>N+2$ 且 B 为列满秩时，有 B 的满秩分解为 $B=DC$，进而可以得到 B 的广义逆矩阵 B^+ 为

$$B^+=C^{\mathrm{T}}(CC^{\mathrm{T}})^{-1}(D^{\mathrm{T}}D)^{-1}D^{\mathrm{T}},\quad \hat{\beta}=C^{\mathrm{T}}(CC^{\mathrm{T}})^{-1}(D^{\mathrm{T}}D)^{-1}D^{\mathrm{T}}Y$$

由于 B 为满秩矩阵，C 可取为单位矩阵，$B=DI_N$，$B=D$，即

$$\hat{\beta}=C^{\mathrm{T}}(CC^{\mathrm{T}})^{-1}(D^{\mathrm{T}}D)^{-1}D^{\mathrm{T}}Y=(D^{\mathrm{T}}D)^{-1}D^{\mathrm{T}}Y=(B^{\mathrm{T}}B)^{-1}B^{\mathrm{T}}Y$$

（3）当 $n<N+2$ 且 B 为行满秩矩阵时，D 可取为单位矩阵，$B=I_{n-1}C$，$B=C$，则：

$$\hat{\beta}=C^{\mathrm{T}}(CC^{\mathrm{T}})^{-1}(D^{\mathrm{T}}D)^{-1}D^{\mathrm{T}}Y=C^{\mathrm{T}}(CC^{\mathrm{T}})^{-1}Y=B^{\mathrm{T}}(BB^{\mathrm{T}})^{-1}Y$$

定理 8.2.2　设 B、Y、$\hat{\beta}$ 如定理 8.2.1 所描述，$\hat{\beta}=[\beta_1,\beta_2,\cdots,\beta_{N+1}]^{\mathrm{T}}$，记 $T_{i+1}(k)=\sum_{j=1}^{k}\lambda_{i+1}^{k-j}x_{i+1}^{(1)}(j)$，则可得：

（1）取初值 $x_1^{(1)}(1)=x_1^{(0)}(1)$，$k=1,2,\cdots,n-1$ 时模型的模拟值为

$$\hat{x}_1^{(1)}(k+1)=(-1)^k\beta_1^k x_1^{(1)}(1)+\sum_{l=2}^{k+1}(-1)^{k-l+1}\beta_1^{k-l+1}\sum_{i=1}^{N-1}\beta_{i+1}T_{i+1}(l)+\frac{1-(-\beta_1)^k}{1+\beta_1}\beta_{N+1} \quad (8.13)$$

（2）模型的还原值为

$$\hat{x}_1^{(0)}(k+1)=\hat{x}_1^{(1)}(k+1)-\hat{x}_1^{(1)}(k),\quad k=1,2,\cdots,n-1 \quad (8.14)$$

证明：（1）利用数学归纳法可以证明，当 $k=1$ 时，

$$\hat{x}_1^{(1)}(1) = (-1)^1 \beta_1^1 x_1^{(1)}(1) + \sum_{l=2}^{2} (-1)^{1-l+1} \beta_1^{1-l+1} \sum_{i=1}^{N-1} \beta_{i+1} T_{i+1}(l) + \frac{1-(-\beta_1)^1}{1+\beta_1} \beta_{N+1}$$

$$= -\beta_1 x_1^{(1)}(1) + \sum_{i=1}^{N-1} \beta_{i+1} T_{i+1}(2) + \beta_{N+1}$$

结论成立。

假设当 $k=m$ 时结论成立，即可得

$$\hat{x}_1^{(1)}(m+1) = (-1)^m \beta_1^m x_1^{(1)}(1) + \sum_{l=2}^{m+1} (-1)^{m-l+1} \beta_1^{m-l+1} \sum_{i=1}^{N-1} \beta_{i+1} T_{i+1}(l) + \frac{1-(-\beta_1)^m}{1+\beta_1} \beta_{N+1}$$

根据定义 8.2.1 中的式（8.12）可以得到

$$x_1^{(1)}(m+2) + \beta_1 x_1^{(1)}(m+1) = \sum_{i=1}^{N-1} \beta_{i+1} T_{i+1}(m+2) + \beta_{N+1}$$

将 $k=m$ 的 $\hat{x}_1^{(1)}(m+1)$ 值代入上式便可得到

$$\hat{x}_1^{(1)}(m+2) = -\beta_1 \left((-1)^m \beta_1^m x_1^{(1)}(1) + \sum_{l=2}^{m+1} (-1)^{m-l+1} \beta_1^{m-l+1} \sum_{i=1}^{N-1} \beta_{i+1} T_{i+1}(l) + \frac{1-(-\beta_1)^m}{1+\beta_1} \beta_{N+1} \right)$$

$$+ \sum_{i=1}^{N-1} \beta_{i+1} T_{i+1}(m+2) + \beta_{N+1}$$

$$= (-1)^{m+1} \beta_1^{m+1} x_1^{(1)}(1) + \sum_{l=2}^{m+1} (-1)^{m-l+2} \beta_1^{m-l+2} \sum_{i=1}^{N-1} \beta_{i+1} T_{i+1}(l) + \frac{-\beta_1 - (-\beta_1)^{m+1}}{1+\beta_1} \beta_{N+1}$$

$$+ (-1)^{m+2-(m+2)} \beta_1^{m+2-(m+2)} \sum_{i=1}^{N-1} \beta_{i+1} T_{i+1}(m+2) + \beta_{N+1}$$

$$= (-1)^{m+1} \beta_1^{m+1} x_1^{(1)}(1) + \sum_{l=2}^{m+2} (-1)^{m-l+2} \beta_1^{m-l+2} \sum_{i=1}^{N-1} \beta_{i+1} T_{i+1}(l) + \frac{1-(-\beta_1)^{m+1}}{1+\beta_1} \beta_{N+1}$$

因此，当 $k=m+1$ 时结论也成立，故定理得证。

（2）由累加生成的逆过程可知，$\hat{x}_1^{(0)}(k+1) = \hat{x}_1^{(1)}(k+1) - \hat{x}_1^{(1)}(k)$，$k=1,2,\cdots,n-1$。

定理 8.2.3 当 $j=k$ 时，滞后效应驱动项退化为 $T_{i+1}(k) = x_{i+1}^{(1)}(k)$，则 TDDGM $(1, N)$ 退化为传统 DGM$(1, N)$，则可得：

（1）取初值 $x_1^{(1)}(1) = x_1^{(0)}(1)$，$k=1,2,\cdots,n-1$ 时模型的模拟值为

$$\hat{x}_1^{(1)}(k+1) = (-1)^k \beta_1^k x_1^{(1)}(1) + \sum_{l=2}^{k+1} (-1)^{k-l+1} \beta_1^{k-l+1} \sum_{i=1}^{N-1} \beta_{i+1} x_{i+1}^1(l) + \frac{1-(-\beta_1)^k}{1+\beta_1} \beta_{N+1} \quad (8.15)$$

（2）模型的还原值为

$$\hat{x}_1^{(0)}(k+1) = \hat{x}_1^{(1)}(k+1) - \hat{x}_1^{(1)}(k), \quad k=1,2,\cdots,n-1 \quad (8.16)$$

证明：同定理 8.2.2。

定理 8.2.1 通过最小二乘法构建了 TDDGM(1, N) 的模型参数估计方法，给出了不同样本特征情况下参数估计的求解过程；定理 8.2.2 以系统行为序列的初始值作为模型建模的初始点，采用迭代的方法建立了时滞系统的主行为序列的模拟和预测体系。当影响因素序列的滞后信息已知时，依据定理 8.2.1 和定理 8.2.2 可以进行建模模拟和预测。定理 8.2.3 讨论了本节模型与传统多变量离散模型之间的关系，本节模型是传统模型的延伸和拓展，在传统多变量离散模型的基础上，丰富了其实际应用意义和内涵。另外，当驱动因素白化信息不断丰富或者需要进行中长期预测时，可以考虑引入新陈代谢控制机制，去掉最早期的一个数据，保持数列等维，再建立 TDDGM(1, N) 预测下一个数据，不断重复，依次递补，直到完成预测目标为止。该做法不仅符合驱动因素累积时滞效应的时效性特征，还能简化计算过程，提升模型精度。

8.2.2　基于时滞效应的多变量离散灰色模型时滞参数的识别方法与有效性检验

基于时滞效应的多变量离散灰色模型建模过程中，最核心的部分就是时滞参数的识别与计算，其直接影响模型建模和预测精度。由于多变量系统中部分信息存在灰性，本书拟从白化信息充分和白化信息匮乏两个角度识别滞后参数的计算方法。

（1）当系统结构信息充分，驱动因素对于主系统行为的作用方式及效果明确，或者不存在明显的滞后效应时，根据经验分析可以选定 λ 的值，进而代入 TDDGM(1, N) 估计模型结构参数，求解模型时间响应函数进行模拟和预测。

（2）当系统行为状态或者影响因素对于系统的作用方式发生变化或者缺乏充分白化信息时，这也是实际建模过程中经常存在的情况，此时对于反映各个变量对于主系统影响递减程度的 λ 未知，本书拟从控制模型精度的角度，利用最小二乘法，通过模型参数之间的约束关系来构建非线性优化模型，从而确定各影响因素对主系统延迟的作用机制。

以残差平方和最小来对参数进行寻优，与模型的检验标准 MAPE 最小不一致，两个准则的不一致性可能会造成模型优化效果不理想，导致模型 MAPE 变高。并且，残差平方和最小准则侧重于等精度序列，表现出大致相同的绝对误差；而相对误差最小准则侧重于非等精度序列，表现为大致相同的相对误差，两者内涵存在差异性。鉴于模型精度一般以平均相对误差作为衡量模型拟合效果的指标，即原始数据越大，所能接受的拟合绝对误差越大，本书以还原序列的相对误差绝对值之和的平均数作为最优目标函数，即最小二乘法，实现最优目标函数与误差检验标准原则的统一，以期进一步提升模型的精度。

设 $\lambda = [\lambda_2, \lambda_3, \cdots, \lambda_N]$ 分别为各驱动因素的滞后参数，$\hat{x}_1^{(0)}(k)$ 为 TDDGM$(1,N)$ 模型的模拟值，$x_1^{(0)}(k)$ 为建模的真实值，记

$$F(\lambda_2, \lambda_3, \cdots, \lambda_N) = \frac{1}{n-1}\sum_{k=2}^{n}\left|\frac{\hat{x}_1^{(0)}(k) - x_1^{(0)}(k)}{x_1^{(0)}(k)}\right| \quad (8.17)$$

则时滞参数的求解可以转化为相对误差绝对值和绝对值最小的非线性优化模型，对于 TDDGM$(1,N)$ 建立如式（8.18）所示的优化模型：

$$\operatorname*{Min}_{\lambda_i} F(\lambda_2, \lambda_3, \cdots, \lambda_N) = \frac{1}{n-1}\sum_{k=2}^{n}\left|\frac{\hat{x}_1^{(0)}(k) - x_1^{(0)}(k)}{x_1^{(0)}(k)}\right|$$

$$\text{s.t.}\begin{cases} \hat{x}_1^{(0)}(k+1) = \hat{x}_1^{(1)}(k+1) - \hat{x}_1^{(0)}(k) \\ \hat{\beta} = [\beta_1, \beta_2, \cdots, \beta_{N+1}]^{\mathrm{T}} \\ k = 1, 2, \cdots, n-1 \\ 0 < \lambda_i < 1, \quad i = 2, 3, \cdots, N \end{cases} \quad (8.18)$$

式（8.18）可以通过优化软件 LINGO 或者采用智能优化算法（如粒子群优化算法、遗传算法等）进行求解，一旦完成滞后参数的最优取值，然后代入时间响应函数即可计算模拟和预测结果。

除了将常用的 MAPE 作为模型建模效果检验标准以外，本书还通过关联模型从拟合序列相似程度角度做检验，对比拟合序列与原始序列的形状相似程度，以此作为可否进行预测的依据，保证建模得到的拟合序列与原始序列保持趋势的一致性。采用绝对关联度进行拟合序列和原始序列形状相似性的判断依据，计算公式如下。

X_0^0 和 X_j^0 分别为序列 X_0 和 X_j 的始点零化像，

$$|s_0| = \sum_{k=2}^{n-1}\left|x_0^{(0)}(k)\right| + \frac{1}{2}\left|x_0^{(0)}(n)\right|, \quad |s_j| = \sum_{k=2}^{n-1}\left|x_j^{(0)}(k)\right| + \frac{1}{2}\left|x_j^{(0)}(n)\right|$$

$$|s_j - s_0| = \sum_{k=2}^{n-1}\left|x_j^{(0)}(k) - x_0^{(0)}(k)\right| + \frac{1}{2}\left|x_j^{(0)}(n) - x_0^{(0)}(n)\right|$$

则关联度计算公式为

$$\gamma_{0j} = \frac{1 + |s_0| + |s_j|}{1 + |s_0| + |s_j| + |s_j - s_0|}$$

8.2.3　实例分析

高新技术企业是提升国家创新能力的重要载体,是国家之间经济、科技竞争的制高点,代表了国家未来技术与产业的发展方向。从高新技术企业本身来看,高新技术企业的人力资本投入和资金投入是创新产出的重要影响因素。在人力资本投入方面,R&D(research and development,研究与开发)人员是高新技术企业持续发展的基本动力,拥有高质量的 R&D 人员和高规模的人力投入,才能保证企业研发创新活动的高效持续进行,进而提升企业创新产出。在资金投入方面,R&D 经费投入能够反映高新技术企业研发创新的基础和能力及潜在产出,并为高新技术企业研发创新活动的顺利完成提供基础保障。因此,增加和合理利用 R&D 人员和 R&D 经费,会直接促进专利授权量,进而推动产品产值的增加,提升高新技术企业的创新产出。

为了验证本节模型在实际应用中的有效性,本节拟通过多种模型的对比分析,对我国高新技术企业产值进行预测分析。高新技术企业十分重视技术创新的投入,这部分主要包括 R&D 人员投入和 R&D 经费投入(表 8.1)。先进行变量的选择,本节以我国高新技术企业产值为产出指标(系统行为变量),以 R&D 人员折合全时当量(万人·年)和 R&D 经费内部支出(亿元)为投入指标(相关因素变量),这 3 个指标 2005~2014 年的数据如表 8.1 所示,以现价计算,3 个指标在 2006~2014 年的增长率如图 8.4 所示。

表8.1　我国高新技术产业产值及R&D人员和经费投入情况

参数	2005 年	2006 年	2007 年	2008 年	2009 年	2010 年	2011 年	2012 年	2013 年	2014 年
产值/万亿元	3.39	4.16	4.97	5.57	5.96	7.45	8.75	10.23	11.60	12.74
R&D 人员/(万人·年)	17.32	18.90	24.82	28.51	32.00	39.91	42.67	52.56	55.92	57.25
R&D 经费/亿元	362.50	456.44	545.32	655.20	774.05	967.83	1237.81	1 491.49	1 734.37	1 922.15

资料来源:《中国高技术产业统计年鉴》(2006~2015 年)

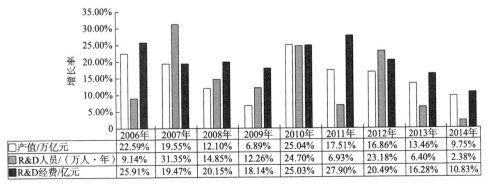

图 8.4　我国高新技术产业产值及 R&D 人员和经费投入每年增长率变化情况

由表 8.1 和图 8.4 可以看出，2005~2014 年，我国高新技术产业发展总体趋势较好，呈现波动上升趋势。另外，可计算高新技术产业产值、R&D 人员和 R&D 经费的年均增长率分别为 15.84%、14.21%和 20.36%，一方面表明我国 R&D 人员和经费投入力度较大，另一方面说明投入要素的增长和产出要素的增长并不同步，存在一定的差异性。究其原因，主要是这两种要素从投入到产生效益存在明显的时滞累积特征，而且，往期要素投入对当期产值水平均会产生一定的影响。因此，对于这种少信息多变量且投入与产出具有滞后性的控制系统，适合用 TDDGM(1, N) 进行建模分析。

由于系统行为序列和驱动因素滞后信息比较缺乏，本书采用粒子群算法对时滞参数进行优化，明确驱动项时滞效应的作用机制。为此，选择 2005~2012 年数据作为建模数据，2013~2014 年数据作为样本外推预测。由建模结果知，模型的各参数结果如表 8.2 所示。

表8.2　TDDGM(1,N)参数

参数	β_1	β_2	β_3	β_4	λ_1	λ_2
参数值	−0.678	0.321 0	0.943 0	0.452 8	0.999 9	0.608 3

因此，可以建立 TDDGM(1, N) 为

$$
\begin{aligned}
\hat{x}_1^{(1)}(k) - 0.067\,8\hat{x}_1^{(1)}(k-1) &= 0.321\,0\sum_{j=1}^{k}0.999\,9^{\,k-j}\hat{x}_2^{(1)}(j) \\
&\quad + 0.943\,0\sum_{j=1}^{k}0.608\,3^{\,k-j}\hat{x}_3^{(1)}(j) + 0.452\,8
\end{aligned} \tag{8.19}
$$

从表 8.2 中可以看出，R&D 人员投入和 R&D 经费投入的滞后系数分别为 0.999 9 和 0.608 3，表明 R&D 人员和经费投入对企业产值的促进不能一蹴而就，存在滞后效应，其滞后效果变化情况如图 8.5 所示。R&D 人员投入对我国高新技术企业产值的影响非常大，且对企业的影响具有很强的滞后效应，能够长期影响企业未来发展。R&D 经费投入的滞后影响也比较强，其累计投入效果持续时间相对较短，在某期经费投入 10 年时，经费滞后效果几乎消失。因此，R&D 人员和经费投入对于高新技术企业的发展至关重要，坚持推进 R&D 活动，从长远角度看，企业终将是受益者。

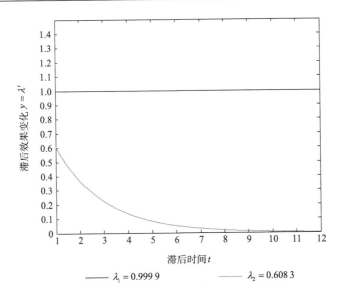

图 8.5　R&D 人员投入和 R&D 经费投入的滞后效果变化情况

8.3　改进的灰色离散时滞多变量预测模型

8.3.1　灰色离散时滞多变量模型构建

定义 8.3.1　设 $Y^{(0)} = \left(y^{(0)}(1), y^{(0)}(2), \cdots, y^{(0)}(n) \right)$ 为系统行为序列，$X_i^{(0)} = \left(x_i^{(0)}(1), x_i^{(0)}(2), \cdots, x_i^{(0)}(n) \right)$ 为驱动因素序列，$i = 1, 2, \cdots, N$。$Y^{(1)} = \left(y^{(1)}(1), y^{(1)}(2), \cdots, y^{(1)}(n) \right)$ 为一阶累加生成序列，其中，$y^{(1)}(k) = \sum_{m=1}^{k} y^{(0)}(m)$，$k = 1, 2, \cdots, n$。同理，$X_i^{(1)} = \left(x_i^{(1)}(1), x_i^{(1)}(2), \cdots, x_i^{(1)}(n) \right)$ 为各驱动因素序列的一阶累加生成序列。

定义 8.3.2　序列 $Y^{(1)}, X_i^{(1)}$ 如定义 8.3.1 所示，称

$$y^{(1)}(k) + a y^{(1)}(k-1) = \sum_{i=1}^{N} b_i x_i^{(1)}(k - \tau_i) + b_{N+1} k + b_{N+2} \tag{8.20}$$

为灰色离散时滞多变量预测模型（discrete multivariable time- delay grey model），记为 DMTGM(1,$N|\tau_i$)。

在 DMTGM(1,$N|\tau_i$) 中，a 为发展系数；b_i 为驱动作用系数；$b_{N+1}k$ 为线性修正项，表示驱动因素与系统行为序列的线性关系；b_{N+2} 为灰色作用量；τ_i 表示第 i 个驱动因素的时滞参数，其中 $\tau_i = 1, 2, \cdots, k-1$。

定理 8.3.1 序列 $Y^{(1)}, X_i^{(1)}, X_i^{(0)}$ 如定义 8.3.1 所示，且

$$Y = \begin{bmatrix} y^{(1)}(\tau+1) \\ y^{(1)}(\tau+2) \\ \vdots \\ y^{(1)}(n) \end{bmatrix},$$

$$B = \begin{bmatrix} y^{(1)}(\tau) & x_1^{(1)}(\tau+1-\tau_1) & x_2^{(1)}(\tau+1-\tau_2) & \cdots & x_N^{(1)}(\tau+1-\tau_N) & \tau+1 & 1 \\ y^{(1)}(\tau+1) & x_1^{(1)}(\tau+2-\tau_1) & x_2^{(1)}(\tau+2-\tau_2) & \cdots & x_N^{(1)}(\tau+2-\tau_N) & \tau+2 & 1 \\ \vdots & \vdots & \vdots & & \vdots & \vdots & \vdots \\ y^{(1)}(n-1) & x_1^{(1)}(n-\tau_1) & x_2^{(1)}(n-\tau_2) & \cdots & x_N^{(1)}(n-\tau_N) & n & 1 \end{bmatrix}$$

其中，$\tau = \max(\tau_1, \tau_2, \tau_3, \cdots, \tau_N)$ 为驱动因素最大滞后期。则模型参数列的最小二乘法满足

$$\hat{P} = (B^T B)^{-1} B^T Y \tag{8.21}$$

证明： 将 $k = \tau+1, \tau+2, \cdots, n$ 代入模型，得到方程组：

$$\begin{cases} y^{(1)}(\tau+1) = -ay^{(1)}(\tau) + \sum_{i=1}^{N} b_i x_i^{(1)}(\tau+1-\tau_i) + b_{N+1}(\tau+1) + b_{N+2} \\ y^{(1)}(\tau+2) = -ay^{(1)}(\tau+1) + \sum_{i=1}^{N} b_i x_i^{(1)}(\tau+2-\tau_i) + b_{N+1}(\tau+2) + b_{N+2} \\ \vdots \\ y^{(1)}(n) = -ay^{(1)}(n-1) + \sum_{i=1}^{N} b_i x_i^{(1)}(n-\tau_i) + b_{N+1}(n) + b_{N+2} \end{cases} \tag{8.22}$$

式（8.22）可以表示为 $Y = B\hat{P}$，其中 $\hat{P} = [a, b_1, b_2, \cdots, b_N, b_{N+1}, b_{N+2}]^T$。可得误差序列 $\varepsilon = Y - B\hat{P}$，则误差平方和

$$S = \varepsilon^T \varepsilon = (Y - B\hat{P})$$

$$= \sum_{k=\tau+1}^{n} \left(y^{(1)}(k) - ay^{(1)}(k-1) - \sum_{i=1}^{N} b_i x_i^{(1)}(k-\tau_i) - b_{N+1}k - b_{N+2} \right)^2 \tag{8.23}$$

使得 S 最小的参数应满足：

$$\begin{cases} \dfrac{\partial S}{\partial a} = -2\sum_{k=\tau+1}^{n}\left(y^{(1)}(k) - \sum_{i=1}^{N} b_i x_i^{(1)}(k-\tau_i) - b_{N+1}k - b_{N+2} - ay^{(1)}(k-1)\right)y^{(1)}(k-1) = 0 \\[2mm] \dfrac{\partial S}{\partial b_1} = -2\sum_{k=\tau+1}^{n}\left(y^{(1)}(k) - \sum_{i=1}^{N} b_i x_i^{(1)}(k-\tau_i) - b_{N+1}k - b_{N+2} - ay^{(1)}(k-1)\right)x_1^{(1)}(k-\tau_1) = 0 \\[2mm] \qquad\vdots \\[2mm] \dfrac{\partial S}{\partial b_{N+2}} = -2\sum_{k=\tau+1}^{n}\left(y^{(1)}(k) - \sum_{i=1}^{N} b_i x_i^{(1)}(k-\tau_i) - b_{N+1}k - b_{N+2} - ay^{(1)}(k-1)\right) = 0 \end{cases}$$

$$(8.24)$$

由 $Y = B\hat{P}$ 可得，$B^{\mathrm{T}}B\hat{\beta} = B^{\mathrm{T}}Y$，则 $\hat{P} = \left(B^{\mathrm{T}}B\right)^{-1}B^{\mathrm{T}}Y$。

定理 8.3.2　DMTGM$(1,N\,|\,\tau_i)$ 的时间响应式为

$$\begin{aligned} \hat{y}^{(1)}(k) &= (-1)^{k-\tau}a^{k-\tau}y^{(1)}(\tau) + \sum_{i=1}^{N} b_i \sum_{j=1}^{k-\tau}(-1)^{k-\tau-j}a^{n-\tau-j}x_i^{(1)}(\tau+j-\tau_i) \\ &\quad + b_{N+1}\left[\sum_{j=1}^{k-\tau}(-1)^{k-\tau-j}a^{k-\tau-j}(\tau+j)\right] \\ &\quad + b_{N+2}\left[\sum_{j=1}^{k-\tau}(-1)^{k-\tau-j}a^{k-\tau-j}\right] \end{aligned} \qquad(8.25)$$

证明：当 $k = \tau+1$ 时，由式（8.21）可得

$$\begin{aligned} y^{(1)}(\tau+1) &= -ay^{(1)}(\tau) + \sum_{i=1}^{N} b_i x_i^{(1)}(\tau+1-\tau_i) + b_{N+1}(\tau+1) + b_{N+2} \\ &= (-1)^1 a^1 y^{(1)}(\tau) + \sum_{i=1}^{N} b_i \sum_{j=1}^{1}(-1)^{1-j}a^{1-j}x_i^{(1)}(\tau+j-\tau_i) \\ &\quad + b_{N+1}\sum_{j=1}^{1}(-1)^{1-j}a^{1-j}(\tau+j) + b_{N+2}\sum_{j=1}^{1}(-1)^{1-j}a^{1-j} \end{aligned} \qquad(8.26)$$

当 $k = \tau+2$ 时，由式（8.21）可得

$$y^{(1)}(\tau+2) = -ay^{(1)}(\tau+1) + \sum_{i=1}^{N} b_i x_i^{(1)}(\tau+1-\tau_i) + b_{N+1}(\tau+2) + b_{N+2} \qquad(8.27)$$

将式（8.26）代入式（8.27）可得

$$y^{(1)}(\tau+2) = -ay^{(1)}(\tau+1) + \sum_{i=1}^{N} b_i x_i^{(1)}(\tau+1-\tau_i) + b_{N+1}(\tau+2) + b_{N+2}$$

$$= a^2 y^{(1)}(\tau) - a\sum_{i=1}^{N} b_i x_i^{(1)}(\tau+1-\tau_i) + \sum_{i=1}^{N} b_i x_i^{(1)}(\tau+2-\tau_i) - ab_{N+1}(\tau+1)$$

$$+ b_{N+1}(\tau+2) - ab_{N+2} + b_{N+2}$$

$$= (-1)^2 a^2 y^{(1)}(\tau) + \sum_{i=1}^{N} b_i \sum_{j=1}^{2} (-1)^{2-j} a^{2-j} x_i^{(1)}(\tau+j-\tau_i)$$

$$+ b_{N+1}\left[\sum_{j=1}^{2}(-1)^{2-j}a^{2-j}(\tau+j)\right] + b_{N+2}\left[\sum_{j=1}^{2}(-1)^{2-j}a^{2-j}\right]$$

$$(8.28)$$

当 $k=\tau+m+1$ 时，

$$\hat{y}^{(1)}(\tau+m+1) = (-1)^{m+1}a^{m+1}y^{(1)}(\tau) + \sum_{i=1}^{N} b_i \sum_{j=1}^{m+1}(-1)^{m+1-j}a^{m+1-j}x_i^{(1)}(\tau+j-\tau_i)$$

$$+ b_{N+1}\left[\sum_{j=1}^{m+1}(-1)^{m+1-j}a^{m+1-j}(\tau+j)\right] + b_{N+2}\left[\sum_{j=1}^{m+1}(-1)^{m+1-j}a^{m+1-j}\right]$$

$$(8.29)$$

当 $k=n$ 时，

$$\hat{y}^{(1)}(n) = (-1)^{n-\tau}a^{n-\tau}y^{(1)}(\tau) + \sum_{i=1}^{N} b_i \sum_{j=1}^{n-\tau}(-1)^{n-\tau-j}a^{n-\tau-j}x_i^{(1)}(\tau+j-\tau_i)$$

$$+ b_{N+1}\left[\sum_{j=1}^{n-\tau}(-1)^{n-\tau-j}a^{n-\tau-j}(\tau+j)\right] + b_{N+2}\left[\sum_{j=1}^{n-\tau}(-1)^{n-\tau-j}a^{n-\tau-j}\right] \quad (8.30)$$

定理 8.3.2 得证。

模型还原值为

$$y^{(0)}(k) = \begin{cases} \hat{y}^{(0)}(k), & k=\tau+1 \\ \hat{y}^{(1)}(k) - \hat{y}^{(1)}(k-1), & k=\tau+2, \tau+3\cdots, n \end{cases} \quad (8.31)$$

模型误差是评价一个模型的可靠度和实用度的重要指标，本节采用 APE 和 MAPE 来衡量模型误差，计算公式如下：

$$\text{APE} = \frac{\left|y_i^{(0)}(k) - \hat{y}_i^{(0)}(k)\right|}{y_i^{(0)}(k)} \times 100\% \quad (8.32)$$

$$\text{MAPE} = \frac{1}{n-1}\sum_{k=2}^{n}\text{APE}(k) \quad (8.33)$$

模型的 MAPE 值越小，模型精度越高，可靠度和实用度越高。

8.3.2 模型参数识别及建模步骤

在灰色离散时滞多变量预测模型建模过程中，时滞参数识别与计算是关键，直接影响模型建模和预测精度。在实际建模过程中，各驱动因素的时滞期是未知的，需要不断增加白化信息对参数进行估计。目前求解时滞参数的方法大多为根据主观经验判断、在模型应用前给定或者运用灰色关联方法，本书针对灰色离散时滞多变量预测模型的结构特征，应用遍历搜索算法在参数空间范围内穷举该问题的部分或所有可能情况，根据问题的约束条件或建立的优化模型，从穷举出的所有情况中筛选出最优解，实现在参数空间范围自动精确求解。未知参数在一个大的空间范围内进行逐步搜索，避免了陷入局部最优解的情况，也不存在利用粒子群等算法可能出现不收敛的情况，且利用遍历搜索算法求解参数稳定性高，受人为主观因素影响小。

首先，确定时滞参数 τ_i 的搜索范围，确定初始搜索时刻，以整数 1 为步长进行搜索，即 $\tau_i = \tau_i + 1$，到各因素滞后区间上界时停止搜索，求出多组 τ_i；其次，基于模型时间响应式求解参数列 $[a, b_1, b_2, \cdots, b_N, b_{N+1}, b_{N+2}] = (B^T B)^{-1} B^T Y$，利用误差最小原理和模型约束方程求解模型计算精度，求得使误差最小的一组的取值 τ_i，最终确定为各驱动因素的时滞期；最后，得到模型的拟合值和预测值。为保证模型参数计算的有效性，时滞参数 τ_i 的搜索范围为 $\left[1, \dfrac{n}{3}\right]$，模型优化函数为

$$\min_{\tau_i} F(\tau_1, \tau_2, \cdots, \tau_N) = \frac{1}{n-\tau-1} \sum_{k=\tau+1}^{n} \frac{\left|\hat{y}^{(0)}(k) - y^{(0)}(k)\right|}{y^{(0)}(k)} \times 100\%$$

$$\text{s.t.} \begin{cases} \hat{y}^{(1)}(k) = (-1)^{k-\tau} a^{k-\tau} y^{(1)}(\tau) + \sum_{i=1}^{N} b_i \sum_{j=1}^{k-\tau} (-1)^{k-\tau-j} a^{n-\tau-j} x_i^{(1)}(\tau+j-\tau_i) \\ \qquad + b_{N+1} \left[\sum_{j=1}^{k-\tau} (-1)^{k-\tau-j} a^{k-\tau-j}(\tau+j)\right] + b_{N+2}\left[\sum_{j=1}^{k-\tau}(-1)^{k-\tau-j}a^{k-\tau-j}\right] \\ \hat{y}^{(0)}(k) = \hat{y}^{(1)}(k) - \hat{y}^{(1)}(k-1), \quad k = \tau+1, \tau+2, \cdots, n \\ [a, b_1, b_2 \cdots b_N, b_{N+1}, b_{N+2}] = (B^T B)^{-1} B^T Y \\ 0 \leqslant \tau_i \leqslant \left\lfloor \dfrac{n}{3} \right\rfloor \end{cases} \quad (8.34)$$

其中，$y^{(0)}$ 和 $\hat{y}^{(0)}$ 分别表示模型实际数据与拟合数据；$\tau_i \lfloor \ \rfloor$ 表示向下取整。遍历算法描述框架见算法 1。

算法 1

输入：原始序列 $Y^{(0)}, X_i^{(0)}$。

1：for all $\tau_i \in \left[0, \dfrac{n}{3}\right]$ do

2：初始化时滞参数 $\tau_i = 0$

3：for $\tau_i \leqslant \dfrac{n}{3}$ do

4：基于定理 8.3.1 计算模型参数；

5：基于式（8.25）和式（8.31）求解模型时间响应式与拟合和计算序列值；

6：更新时滞参数 $\tau_i = \tau_i + 1$；

7：End

8：End

9：基于式（8.34）选择最优滞后期，记为 τ_{iopt}，计算最优滞后期所对应的 MAPE；

输出：最优滞后期 τ_{iopt}，发展系数 a，驱动系数 $b_1, b_2, \cdots, b_{N+2}$。

综上所述，DMTGM$(1, N | \tau_i)$ 模型建模与预测结果可以分为如下步骤。

步骤 1：收集原始数据。

步骤 2：初始化模型时滞参数 τ_i，计算 1-AGO[①]序列，矩阵 B 和 Y。

根据优化模型，利用最小二乘法求得的系数作为中间参数，通过遍历法获得各驱动因素滞后期的最优估计值，然后计算得到模型参数 $\hat{P}$。

步骤 3：根据定理 8.3.2 计算系统行为序列的时间响应式函数，并进行模拟和预测分析。

步骤 4：根据模型的时间响应式，预测系统行为序列 $Y^{(0)}$，并对预测结果的合理性和有效性进行分析。

8.3.3　案例分析

高技术产业是以技术带动产业发展与经济效益增长的产业，与传统产业相比，高技术产业具有原材料消耗少、耗能低、附加值高的特征。高技术产业是推动产业结构调整、加快经济发展方式转变的重要力量，是我国的先导性和战略性产业。基于现有研究，技术投入和固定资产投资是影响高技术产业产值的重要因素。投入对产出的影响存在时滞效应，因此在分析高技术产业产值时需考虑影响因素的时滞影响。为验证模型的有效性，本书以高技术产业的新产品销售收入作为衡量高技术产业产值的标准，以高技术产业 R&D 经费支出和全社会固定资产投资作

---

① AGO：accumulating generation operator，累加生成算子。

为驱动因素进行分析，这三个指标在 2001~2018 年的原始数据如表8.3 所示。

表8.3　我国高技术产业产值及R&D经费支出和全社会固定资产投资情况

年份	$y^{(0)}$	$x_1^{(0)}$	$x_2^{(0)}$
	高技术产业产值 a	R&D 经费支出 b	全社会固定资产投资 c
2001	287.6	157.1	372.1
2002	341.7	187.1	435.0
2003	451.5	222.4	555.7
2004	609.9	292.1	704.8
2005	691.5	362.5	887.7
2006	824.9	456.4	1 100.0
2007	1 030.3	545.3	1 373.2
2008	1 287.9	655.2	1 728.3
2009	1 373.7	774.0	2 246.0
2010	1 636.5	967.8	2 781.2
2011	2 247.3	1440.9	3 114.9
2012	2 557.1	1 733.8	3 746.9
2013	3 123.0	2 034.3	4 462.9
2014	3 549.4	2274.3	5 120.2
2015	4 141.3	2 626.7	5 620.0
2016	4 792.4	2 915.7	6 064.7
2017	5 354.7	3 182.6	6 412.4
2018	5 689.4	3 559.1	6 456.8

a 表示产值单位为 10 亿元；b 表示 R&D 经费支出单位为 1 亿元；c 表示全社会固定资产投资单位为 100 亿元

为了验证本节模型的有效性，将原始数据分为两部分：2001~2013 年为拟合部分，2014~2018 年为预测部分，如下所示：

$$y^{(0)} = \{287.6, 341.7, 451.5, 609.9, 691.5, 824.9, \cdots, 5\,689.4\}$$

$$x_1^{(0)} = \{157.1, 187.1, 222.4, 292.1, 362.5, 456.4, \cdots, 3\,559.1\}$$

$$x_2^{(0)} = \{372.1, 435.0, 555.7, 704.8, 887.7, 1100.0, \cdots, 6\,456.8\}$$

其中，$y^{(0)}$ 表示高技术产业产值；$x_1^{(0)}$ 表示 R&D 经费支出；$x_2^{(0)}$ 表示全社会固定资产投资。

系统行为序列与驱动因素序列的 1-AGO 序列为

$$y^{(1)} = \{287.6, 629.3, 1\,080.8, 1\,690.7, 2\,382.2, 3\,207.0, \cdots, 39\,990.2\}$$

$$x_1^{(1)} = \{157.1, 344.1, 566.6, 858.7, 1\,221.2, 1\,677.6, \cdots, 24\,387.5\}$$

$$x_2^{(1)} = \{372.1, 807.1, 1\,362.8, 2\,067.6, 2\,955.3, 4\,055.3, \cdots, 53\,182.76\}$$

基于遍历算法的不同滞后长度的 MAPE 值如表8.4 所示。

表8.4　基于遍历算法的不同滞后长度的MAPE

驱动因素 2	驱动因素 1			
	1	2	3	4
1	4.30%	3.78%	4.02%	4.25%
2	3.65%	3.18%	4.58%	4.03%
3	3.78%	3.87%	3.91%	4.16%
4	10.68%	3.69%	4.52%	4.20%

从表8.4可以看出，当驱动因素的时滞参数为 $\tau_1=\tau_2=2$ 时，拟合部分的最小MAPE为 3.18%，因此驱动因素的最优滞后期为 $\tau_1=\tau_2=2$。基于遍历算法和最小二乘法的模型参数列为

$$\hat{P}=[a,b_1,b_2,b_N,\cdots b_{N+1},b_{N+2}]=[0.191,0.779,0.719,247.586,55.236]$$

DMTGM$(1,N|\tau_i)$ 的时间响应式为

$$y^{(1)}(k)+0.191y^{(1)}(k-1)=0.779x_1^{(1)}(k-2)+0.719x_2^{(1)}(k-2)+247.586k+55.236$$

由模型计算结果可知，高技术产业创新过程中存在明显的滞后效应。具体来看，高技术产业 R&D 经费支出对高技术产业创新产出的影响存在 2 年的时滞期，说明高技术产业中 R&D 经费从投入到产出体现效果存在一定的滞后效应，这是由于资金投入到技术转化再到成果体现，且驱动作用系数为 0.779，说明驱动因素 R&D 经费支出对新产品销售收入有显著的促进作用。全社会固定资产投资对高技术产业创新产出的影响存在 2 年的时滞期，说明全社会固定资产投资在高技术产业的创新产出中存在一定的滞后效应，且驱动作用系数为 0.719，说明驱动因素全社会固定资产投资对新产品销售收入有显著的促进作用。

本节模型的拟合和预测结果如表 8.5 所示，可以看出，DMTGM$(1,N|\tau_i)$ 对高技术产业产值的拟合精度为 3.18%，预测精度为 2.93%。

表8.5　我国高技术产业产值的拟合和预测结果

年份	原始数据	DMTGM	
		模拟值	APE
2004	609.90	622.70	2.10%
2005	691.47	702.05	1.53%
2006	824.89	848.53	2.87%
2007	1 030.32	1 007.09	2.25%
2008	1 287.95	1 202.80	6.61%
2009	1 373.67	1 431.40	4.20%
2010	1 636.48	1 728.94	5.65%
2011	2 247.33	2 137.41	4.89%

续表

年份	原始数据	DMTGM	
		模拟值	APE
2012	2 557.10	2 595.70	1.51%
2013	3 122.96	3 116.95	0.19%
MAPE		3.18%	
2014	3 549.42	3 700.66	4.26%
2015	4 141.35	4 338.79	4.77%
2016	4 792.42	4 877.06	1.76%
2017	5 354.71	5 408.63	1.01%
2018	5 689.42	5 852.49	2.86%
MAPE		2.93%	

8.4　多变量动态时滞离散灰色预测模型

8.4.1　动态时滞离散灰色预测模型构建

定义 8.4.1　设因变量和因变量的观测序列分别为 $X_1^{(0)} = \left(x_1^{(0)}(1), x_1^{(0)}(2), \cdots, x_1^{(0)}(n)\right)$，$X_i^{(0)} = \left(x_i^{(0)}(1), x_i^{(0)}(2), \cdots, x_i^{(0)}(n)\right)(i=2,3,\cdots,N)$。$X_1^{(1)}$，$X_i^{(1)}$ 分别为 $X_1^{(0)}$ 和 $X_i^{(0)}$ 的 1-AGO 序列，令 $\tau = \max_{i=2}^{N}\{\tau_i\}$，则称

$$x_1^{(1)}(k) + \beta_1 x_1^{(1)}(k-1) = \sum_{i=2}^{N}\beta_i \sum_{\tau_i = \tau_{i1}}^{\tau_{i2}}\varphi_i(\tau_i)x_i^{(1)}(k-\tau_i) + k\beta_{N+1} + \beta_{N+2}, \quad k = 2+\tau, 3+\tau, \cdots, n$$

$$(8.35)$$

为动态时滞离散灰色预测模型（dynamic time-delay discrete grey forecasting model），记为 DTDGM$(1,N,\tau)$。其中，$\tau_i = [\tau_{i1}, \tau_{i2}]$ 为有效的滞后区间；$\varphi_i(\tau_i)$ 为在不同时刻的时滞作用权重；$\sum_{\tau_i = \tau_{i1}}^{\tau_{i2}}\varphi_i(\tau_i)x_i^{(1)}(k-\tau_i)$ 为时滞驱动项，表示 X_i 对 X_1 时滞作用的总和。特别地，若 $\tau_i = 0$，则 $\beta_i \sum_{\tau_i = \tau_{i1}}^{\tau_{i2}}\varphi_i(\tau_i)x_i^{(1)}(k-\tau_i) = \beta_i x_i^{(1)}(k)$，表明在滞后区间 τ_i 上，X_i 对 X_1 没有产生时滞作用。$k\beta_{N+1} + \beta_{N+2}$ 为线性修正项，反映 X_1 与时刻 k 之间的线性关系，此项的引入增强了模型的稳定性和适用性。

定理 8.4.1　设 $X_1^{(1)}$、$X_i^{(1)}$ 如定义 8.4.1 所示，若 $\hat{\beta}=[\beta_1,\beta_2,\cdots,\beta_{N+2}]^{\mathrm{T}}$ 为参数列，且

$$Y=[x_1^{(1)}(2+\tau),x_1^{(1)}(3+\tau),\cdots,x_1^{(1)}(n)]^{\mathrm{T}},$$

$$B=\begin{bmatrix} -x_1^{(1)}(1+\tau) & \sum\limits_{\tau_2=\tau_{21}}^{\tau_{22}}\varphi_2(\tau_2)x_2^{(1)}(2+\tau-\tau_2) & \cdots & \sum\limits_{\tau_N=\tau_{N1}}^{\tau_{N2}}\varphi_N(\tau_N)x_N^{(1)}(2+\tau-\tau_N) & 2+\tau & 1 \\ -x_1^{(1)}(2+\tau) & \sum\limits_{\tau_2=\tau_{21}}^{\tau_{22}}\varphi_2(\tau_2)x_2^{(1)}(3+\tau-\tau_2) & \cdots & \sum\limits_{\tau_N=\tau_{N1}}^{\tau_{N2}}\varphi_N(\tau_N)x_N^{(1)}(3+\tau-\tau_N) & 3+\tau & 1 \\ \vdots & \vdots & & \vdots & \vdots & \vdots \\ -x_1^{(1)}(n-1) & \sum\limits_{\tau_2=\tau_{21}}^{\tau_{22}}\varphi_2(\tau_2)x_2^{(1)}(n-\tau_2) & \cdots & \sum\limits_{\tau_N=\tau_{N1}}^{\tau_{N2}}\varphi_N(\tau_N)x_N^{(1)}(n-\tau_N) & n & 1 \end{bmatrix}$$

则根据 M-P 逆可得：

（1）当 $n=N+3$ 且 $|B|\neq 0$ 时，$\hat{\beta}=B^{-1}Y$；

（2）当 $n>N+3$ 且 B 是一个列满秩矩阵时，$\hat{\beta}=(B^{\mathrm{T}}B)^{-1}B^{\mathrm{T}}Y$；

（3）当 $n<N+3$ 时且 B 是一个行满秩矩阵时，$\hat{\beta}=B^{\mathrm{T}}(BB^{\mathrm{T}})^{-1}Y$。

证明：将 $k=2+\tau,3+\tau,\cdots,n$ 代入模型，有

$$\begin{cases} x_1^{(1)}(2+\tau)=-\beta_1 x_1^{(1)}(1+\tau)+\sum\limits_{i=2}^{N}\beta_i\sum\limits_{\tau_i=\tau_{i1}}^{\tau_{i2}}\varphi_i(\tau_i)x_i^{(1)}(2+\tau-\tau_i)+(2+\tau)\beta_{N+1}+\beta_{N+2} \\ x_1^{(1)}(3+\tau)=-\beta_1 x_1^{(1)}(2+\tau)+\sum\limits_{i=2}^{N}\beta_i\sum\limits_{\tau_i=\tau_{i1}}^{\tau_{i2}}\varphi_i(\tau_i)x_i^{(1)}(3+\tau-\tau_i)+(3+\tau)\beta_{N+1}+\beta_{N+2} \\ \qquad\qquad\qquad\qquad\qquad\qquad\qquad\qquad \vdots \\ x_1^{(1)}(n)=-\beta_1 x_1^{(1)}(n-1)+\sum\limits_{i=2}^{N}\beta_i\sum\limits_{\tau_i=\tau_{i1}}^{\tau_{i2}}\varphi_i(\tau_i)x_i^{(1)}(n-\tau_i)+n\beta_{N+1}+\beta_{N+2} \end{cases}$$

$$(8.36)$$

式（8.36）中包含 $n-1$ 个线性方程，即 $Y=B\beta$。

（1）当 $n=N+3$ 且 $|B|\neq 0$ 时，B 存在逆矩阵，方程组具有唯一解，即 $\hat{\beta}=B^{-1}Y$。

（2）当 $n>N+3$ 且 B 为列满秩矩阵时，有 B 的满秩分解为 $B=DC$，B 的广义逆矩阵为 $B^{+}=C^{\mathrm{T}}(CC^{\mathrm{T}})^{-1}(D^{\mathrm{T}}D)^{-1}D^{\mathrm{T}}$，$\hat{\beta}=C^{\mathrm{T}}(CC^{\mathrm{T}})^{-1}(D^{\mathrm{T}}D)^{-1}D^{\mathrm{T}}Y$，由于 B 为列满秩矩阵，C 可取为单位矩阵，有 $B=DI_N$，$B=D$，因此可得

$$\hat{\beta}=C^{\mathrm{T}}(CC^{\mathrm{T}})^{-1}(D^{\mathrm{T}}D)^{-1}D^{\mathrm{T}}Y=(D^{\mathrm{T}}D)^{-1}D^{\mathrm{T}}Y=(B^{\mathrm{T}}B)^{-1}B^{\mathrm{T}}Y$$

（3）当 $n<N+3$ 且 B 为行满秩矩阵时，D 可取为单位矩阵，有 $B=I_{n-1}C$，$B=C$，因此可得 $\hat{\beta}=C^{\mathrm{T}}(CC^{\mathrm{T}})^{-1}(D^{\mathrm{T}}D)^{-1}D^{\mathrm{T}}Y=C^{\mathrm{T}}(CC^{\mathrm{T}})^{-1}Y=B^{\mathrm{T}}(BB^{\mathrm{T}})^{-1}Y$。

定理 8.4.2　$DTDGM(1,N,\tau)$ 的解为

$$\hat{x}_1^{(1)}(k) = (-\beta_1)^{k-\tau-1}\hat{x}_1^{(1)}(1+\tau) + \sum_{v=2+\tau}^{k}(-\beta_1)^{k-v}\sum_{i=2}^{N}\beta_i\sum_{\tau_i=\tau_{i1}}^{\tau_{i2}}\varphi_i(\tau_i)x_i^{(1)}(v-\tau_i)$$
$$+ \sum_{j=2+\tau}^{k}(-\beta_1)^{k-j}(j\beta_{N+1}+\beta_{N+2}) \tag{8.37}$$

证明：利用数学归纳法可证明，当 $k=2+\tau$ 时，由式（8.37）有

$$\hat{x}_1^{(1)}(2+\tau) = -\beta_1\hat{x}_1^{(1)}(1+\tau) + \sum_{i=2}^{N}\beta_i\sum_{\tau_i=\tau_{i1}}^{\tau_{i2}}\varphi_i(\tau_i)x_i^{(1)}(2+\tau-\tau_i) + (2+\tau)\beta_{N+1}+\beta_{N+2}$$

$$= (-\beta_1)^{2+\tau-\tau-1}\hat{x}_1^{(1)}(1+\tau) + \sum_{v=2+\tau}^{2+\tau}(-\beta_1)^{2+\tau-v}\sum_{i=2}^{N}\beta_i\sum_{\tau_i=\tau_{i1}}^{\tau_{i2}}\varphi_i(\tau_i)x_i^{(1)}(v-\tau_i) \tag{8.38}$$

$$+ \sum_{j=2+\tau}^{2+\tau}(-\beta_1)^{2+\tau-j}(j\beta_{N+1}+\beta_{N+2})$$

结论成立。假设当 $k=m$ 时结论成立，即可得

$$\hat{x}_1^{(1)}(m) = (-\beta_1)^{m-\tau-1}\hat{x}_1^{(1)}(1+\tau) + \sum_{v=2+\tau}^{m}(-\beta_1)^{m-v}\sum_{i=2}^{N}\beta_i\sum_{\tau_i=\tau_{i1}}^{\tau_{i2}}\varphi_i(\tau_i)x_i^{(1)}(v-\tau_i)$$
$$+ \sum_{j=2+\tau}^{m}(-\beta_1)^{m-j}(j\beta_{N+1}+\beta_{N+2}) \tag{8.39}$$

由式（8.39）可得

$$x_1^{(1)}(m+1) + \beta_1 x_1^{(1)}(m) = \sum_{i=2}^{N}\beta_i\sum_{\tau_i=\tau_{i1}}^{\tau_{i2}}\varphi_i(\tau_i)x_i^{(1)}(m+1-\tau_i) + (m+1)\beta_{N+1}+\beta_{N+2} \tag{8.40}$$

将式（8.39）代入式（8.40）中可得

$$\hat{x}_1^{(1)}(m+1) = -\beta_1\hat{x}_1^{(1)}(m) + \sum_{i=2}^{N}\beta_i\sum_{\tau_i=\tau_{i1}}^{\tau_{i2}}\varphi_i(\tau_i)x_i^{(1)}(m+1-\tau_i) + (m+1)\beta_{N+1}+\beta_{N+2}$$

$$= -\beta_1[(-\beta_1)^{m-\tau-1}\hat{x}_1^{(1)}(1+\tau) + \sum_{v=2+\tau}^{m}(-\beta_1)^{m-v}\sum_{i=2}^{N}\beta_i\sum_{\tau_i=\tau_{i1}}^{\tau_{i2}}\varphi_i(\tau_i)x_i^{(1)}(v-\tau_i)$$

$$+ \sum_{j=2+\tau}^{m}(-\beta_1)^{m-j}(j\beta_{N+1}+\beta_{N+2})] \tag{8.41}$$

$$+ \sum_{i=2}^{N}\beta_i\sum_{\tau_i=\tau_{i1}}^{\tau_{i2}}\varphi_i(\tau_i)x_i^{(1)}(m+1-\tau_i) + (m+1)\beta_{N+1}+\beta_{N+2}$$

$$= (-\beta_1)^{m-\tau}\hat{x}_1^{(1)}(1+\tau) + \sum_{v=2+\tau}^{m+1}(-\beta_1)^{m+1-v}\sum_{i=2}^{N}\beta_i\sum_{\tau_i=\tau_{i1}}^{\tau_{i2}}\varphi_i(\tau_i)x_i^{(1)}(v-\tau_i)$$

$$+ \sum_{j=2+\tau}^{m+1}(-\beta_1)^{m+1-j}(j\beta_{N+1}+\beta_{N+2})$$

显然，当 $k=m+1$ 时结论依然成立。根据 1-AGO 的逆过程可得

$$\hat{x}_1^{(0)}(k) = \hat{x}_1^{(1)}(k) - \hat{x}_1^{(1)}(k-1), \quad k = 2+\tau, 3+\tau, \cdots, n \tag{8.42}$$

8.4.2　时滞参数的识别

本部分利用 VAR（vector autoregressive，向量自回归）模型的脉冲响应函数确定动态时滞参数，包括时滞权重 $\varphi_i(\tau_i)$ 和时滞区间 τ_i。

定义 8.4.2 设 $X_t = (X_{1t}, X_{2t}, \cdots, X_{kt})^{\mathrm{T}}$ 为时刻 t 的 k 维内生变量，VAR 模型表示如下：

$$X_t = A_1 X_{t-1} + A_2 X_{t-2} + \cdots + A_p X_{t-p} + \varepsilon_t, \quad t = 1, 2, \cdots, \Gamma \tag{8.43}$$

其中，$A_i(i=1,2,\cdots,p)$ 为 $k \times k$ 维系数矩阵；Γ 为样本数目；p 为滞后阶数；$\varepsilon_t = (\varepsilon_{1t}, \varepsilon_{2t}, \cdots, \varepsilon_{kt})^{\mathrm{T}}$ 是一个 $k \times 1$ 维的随机误差项，其中 $\mathrm{cov}(\varepsilon_j, \varepsilon_s) = 0 (j \neq s)$，$\varepsilon_t \sim \mathrm{N}(0, \delta^2)$，$j$、$s$ 分别为第 j 和第 s 个变量。

设 L 为 $k \times k$ 阶的滞后算子，$LX_t = X_{t-1}$，由式（8.43）可得

$$\begin{aligned} X_t &= (I - A_1 L - A_2 L^2 \cdots - A_p L^p)^{-1} \varepsilon_t \\ &= (I + C_1 L + C_2 L^2 + \cdots + C_q L^q + \cdots) \varepsilon_t \\ &= \varepsilon_t + C_1 \varepsilon_{t-1} + C_2 \varepsilon_{t-2} \cdots + C_p \varepsilon_{t-q} + \cdots \end{aligned} \tag{8.44}$$

其中，I 为 $k \times k$ 阶单位阵，有式（8.45）成立：

$$C_q = \frac{\partial X_{t+q}}{\partial \varepsilon_t}, \quad q = 1, 2, \cdots \tag{8.45}$$

由式（8.45）可得

$$c_{ji}^{(q)} = \frac{\partial X_{j,t+q}}{\partial \varepsilon_{it}}, \quad q = 1, 2, \cdots \tag{8.46}$$

其中，$c_{ji}^{(q)}$ 为 C_q 的第 i 行第 j 列元素，即脉冲响应函数，该函数表示 $X_{j,t+q}$ 对单位冲击 ε_{it} 的响应大小。

若 $j=1$ 且 $i=2,3,\cdots,N$，式（8.46）可记为 $c_{1i}^{(q)} = \frac{\partial X_{1,t+q}}{\partial \varepsilon_{it}}$，$q=1,2,\cdots$，因此，在 $[1,q]$ 的滞后区间内，X_1 对 X_i 的脉冲响应函数为 $c_{1i}^{(1)}, c_{1i}^{(2)}, \cdots, c_{1i}^{(q)}$。

设 $C_{1i} = \left(c_{1i}^{(1)}, c_{1i}^{(2)}, \cdots, c_{1i}^{(q)}\right)$ 中的第 k 个元素 $c_{1i}^{(k)}$ 表示时滞效应强度。C_{1i} 值越大，时滞效应作用越强。只有当 C_{1i} 满足一定的范围时认为时滞效应有效，否则认为无效。因此，通过设置正负两个阈值 φ^P 和 φ^N 辨别有效的时滞效应，即

$$\varphi_i(k)=\begin{cases}c_{1i}^{(k)} & c_{1i}^{(k)} \leqslant \varphi^N \\ 0 & \varphi^N < c_{1i}^{(k)} < \varphi^P \\ c_{1i}^{(k)} & \varphi^P \leqslant c_{1i}^{(k)}\end{cases} \tag{8.47}$$

根据图 8.6 中的阴影部分可得有效的滞后区间 $\tau_i=[\tau_{i1},\tau_{i2}]$，表示为

（1）对于 φ^P，

$$\begin{cases}\tau_{i1}=\min_{k=1}^{q}\{k \mid c_{1i}^{(k)} \geqslant \varphi^P\} \\ \tau_{i2}=\max_{k=1}^{q}\{k \mid c_{1i}^{(k)} \geqslant \varphi^P\}\end{cases} \tag{8.48}$$

（2）对于 φ^N，

$$\begin{cases}\tau_{i1}=\min_{k=1}^{q}\{k \mid c_{1i}^{(k)} \leqslant \varphi^N\} \\ \tau_{i2}=\max_{k=1}^{q}\{k \mid c_{1i}^{(k)} \leqslant \varphi^N\}\end{cases} \tag{8.49}$$

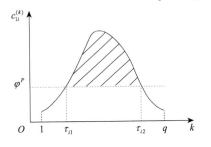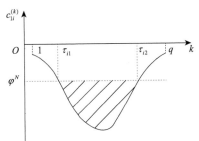

图 8.6　两类脉冲响应函数

8.4.3　模型性能评估准则与建模步骤

本部分采用三个评估准则验证 DTDGM$(1,N,\tau)$ 的有效性和可靠性，分别为 APE、MAPE 和均方根误差（root mean square error，RMSE），具体公式分别如下：

$$\text{APE}(k)=\frac{\left|\hat{x}^{(0)}(k)-x^{(0)}(k)\right|}{x^{(0)}(k)}\times 100\%,\quad k=2,3,\cdots,n \tag{8.50}$$

$$\text{MAPE}=\frac{1}{n-1}\sum_{k=2}^{n}\frac{\left|\hat{x}^{(0)}(k)-x^{(0)}(k)\right|}{x^{(0)}(k)}\times 100\% \tag{8.51}$$

$$\text{RMSE}=\sqrt{\frac{1}{n-1}\sum_{k=2}^{n}\left(\hat{x}^{(0)}(k)-x^{(0)}(k)\right)^2} \tag{8.52}$$

其中，n 为样本数量；$x^{(0)}(k)$ 为实际观测值；$\hat{x}^{(0)}(k)$ 为估计值。

综上所述，DTDGM$(1,N,\tau)$建模过程分为以下四个步骤。

步骤 1：构建 DTDGM$(1,N,\tau)$。收集自变量与因变量的观测数据，依据定义 8.4.1 构建 DTDGM$(1,N,\tau)$。

步骤 2：确定时滞参数。根据式（8.47）~式（8.49）计算脉冲响应函数，从而得到模型的时滞参数（时滞权重 $\varphi_i(\tau_i)$ 和时滞区间 τ_i）。

步骤 3：计算模型参数并预测。将步骤 3 确定的时滞参数代入 DTDGM$(1,N,\tau)$ 中，依据定理 8.4.1 计算得到参数列 $\hat{\beta}=[\beta_1,\beta_2,\cdots,\beta_{N+2}]^{\mathrm{T}}$。根据定理 8.4.2 计算模型的拟合和预测值。

步骤 4：评估模型性能。依据本小节的三个评估准则评估 DTDGM$(1,N,\tau)$ 的预测能力。

8.4.4 实例分析

本部分选取国内生产总值（GDP）、煤炭消费量占能源消费总量的比重（CC）、国内研发支出（R&D）、外商直接投资（FDI）和环境污染治理投资（EPI）5 个主要因素对中国碳排放（CE）进行分析，1995~2017 年 6 项指数的观测数据如表 8.6 所示。

表8.6 1995~2017年中国碳排放与影响因素的观测值

年份	CE/亿吨	GDP/万亿元	CC	R&D/亿元	FDI/亿美元	EPI/亿元
1995	29.368	6 133.99	74.6%	348.7	4 813 300.0	355.8
1996	29.072	7 181.36	73.5%	404.5	5 480 500.0	409.3
1997	29.585	7 971.50	71.4%	509.2	6 440 800.0	510.2
1998	30.622	8 519.55	70.9%	551.1	5 855 700.0	732.7
1999	29.654	9 056.44	70.6%	678.9	5 265 900.0	833.2
2000	31.400	10 028.01	68.5%	895.7	5 935 627.0	1 010.3
2001	32.974	11 086.31	68%	1 042.5	4 967 200.0	1 166.7
2002	35.519	12 171.74	68.5%	1 287.6	5 501 100.0	1 456.5
2003	41.109	13 742.20	70.2%	1 539.6	5 614 000.0	1 750.1
2004	47.827	16 184.02	70.2%	1 966.3	6 407 200.0	2 057.5
2005	54.489	18 731.89	72.4%	2 450.0	6 380 500.0	2 565.2
2006	60.041	21 943.85	72.4%	3 003.1	6 987 600.0	2 779.5
2007	65.172	27 009.23	72.5%	3 710.2	7 833 900.0	3 668.8
2008	67.120	31 924.46	71.5%	4 616.0	9 525 300.0	4 937.0
2009	71.778	34 851.77	71.6%	5 802.1	9 180 400.0	5 258.4
2010	78.730	41 211.93	69.2%	7 062.6	10 882 100.0	7 612.2
2011	86.153	48 794.02	70.2%	8 687.0	11 769 800.0	7 114.0
2012	88.635	53 858.00	68.5%	10 298.4	11 329 400.0	8 253.5
2013	92.344	59 296.32	67.4%	11 846.6	11 872 100.0	9 037.2

续表

年份	CE/亿吨	GDP/万亿元	CC	R&D/亿元	FDI/亿美元	EPI/亿元
2014	91.642	64 128.06	65.8%	13 015.6	11 970 500.0	9 575.5
2015	91.372	68 599.30	63.8%	14 169.9	12 626 700.0	8 806.3
2016	90.992	74 006.08	62.2%	15 676.7	12 600 100.0	9 219.3
2017	92.896	82 075.43	60.6%	17 606.1	13 103 500.0	9 539.0

注：中国碳排放统计数据来自国际能源机构（http://www.iea.org/），5 个影响因素的统计数据来自《中国统计年鉴》（http://www.stats.gov.cn/tjsj/ndsj/）

在 DTDGM$(1, N, \tau)$ 中，记 CE 为 X_1，R&D、EPI、GDP、CC 和 FDI 分别为 X_2、X_3、X_4、X_5 和 X_6。2000~2013 年的观测值作为样本内数据用来计算参数并评估拟合性能，同时，2000~2013 年的数据作为样本外数据用来评估模型的预测能力。

回顾一些定义：$\tau_l = [\tau_{i1}, \tau_{i2}]$ 为每个影响因素有效的滞后区间，$\varphi_i(\tau_i)$ 为不同时刻的时滞作用权重，$\hat{\beta} = [\beta_1, \beta_2, \cdots, \beta_{N+2}]^{\mathrm{T}}$ 为 DTDGM$(1, N, \tau)$ 的待估参数列。

利用初值化算子对序列 X_1、X_2、X_3、X_4、X_5 和 X_6 进行初值化处理，将处理后的数据代入定义 8.4.1 的 DTDGM$(1,5,\tau)$ 中，即

$$x_1^{(1)}(k) + \beta_1 x_1^{(1)}(k-1) = \sum_{i=2}^{6} \beta_i \sum_{\tau_i=\tau_{i1}}^{\tau_{i2}} \varphi_i(\tau_i) x_i^{(1)}(k-\tau_i) + k\beta_7 + \beta_8$$

本部分通过软件 Eviews 10.0 建立 VAR 模型，利用脉冲响应函数计算有效的滞后区间和每个时刻点的时滞作用权重。

依据式（8.47）得到 CE 对 R&D、EPI、GDP、CC 和 FDI 的脉冲响应函数，如图 8.7 所示。其中，横坐标表示滞后期，纵坐标为脉冲响应函数值，滞后区间设为 [0,10]。依据专家打分法设定阈值为 $\varphi^P = 0.2$，$\varphi^N = -0.2$，如图 8.7 中的虚线所示。

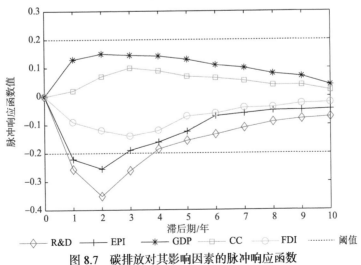

图 8.7　碳排放对其影响因素的脉冲响应函数

可得有效的滞后区间和每个时刻点的时滞作用权重，如表8.7和表8.8所示。表8.7中，"—"表示自变量与因变量之间不存在时滞关系，表8.8中数字"0"表示k时刻的时滞作用权重为0。

表8.7　有效滞后区间

参数	τ_2	τ_3	τ_4	τ_5	τ_6
值	[1,3]	[1,2]	—	—	—

表8.8　时滞作用权重

k	$\varphi_2(k)$	$\varphi_3(k)$	$\varphi_4(k)$	$\varphi_5(k)$	$\varphi_6(k)$
1	−0.26	−0.22	0	0	0
2	−0.35	−0.26	0	0	0
3	−0.25	0	0	0	0
4	0	0	0	0	0
5	0	0	0	0	0
6	0	0	0	0	0
7	0	0	0	0	0
8	0	0	0	0	0
9	0	0	0	0	0
10	0	0	0	0	0

接着，将计算的时滞参数代入 DTDGM$(1,5,\tau)$ 中，即

$$x_1^{(1)}(k)+\beta_1 x_1^{(1)}(k-1)=\beta_2[-0.26x_2^{(1)}(k-1)-0.35x_2^{(1)}(k-2)-0.25x_2^{(1)}(k-3)]$$
$$+\beta_3[-0.22x_3^{(1)}(k-1)-0.26x_3^{(1)}(k-2)]$$
$$+\beta_4 x_4^{(1)}(k)+\beta_5 x_5^{(1)}(k)+\beta_6 x_6^{(1)}(k)+k\beta_7+\beta_8$$

依据定理 8.4.1 可得 DTDGM$(1,5,\tau)$ 的参数列，如表8.9所示。

表8.9　DTDGM$(1,5,\tau)$ 的参数列

参数	β_1	β_2	β_3	β_4	β_5	β_6	β_7	β_8
值	0.080 0	0.020 4	−0.143 2	0.195 4	70.721 0	0.135 6	−5.861 0	−37.208 1

最后，将计算的参数列代入 DTDGM$(1,5,\tau)$ 中，根据定理 8.4.2 得到模型的解为

$$\hat{x}_1^{(1)}(k)=(-0.08)^{k-\tau-1}\hat{x}_1^{(1)}(1+\tau)+\sum_{v=2+\tau}^{k}(-0.08)^{k-v}[-0.005\,3x_2^{(1)}(v-1)-0.007\,1x_2^{(1)}(v-2)$$
$$-0.005\,1x_2^{(1)}(v-3)+0.031\,5x_3^{(1)}(v-1)+0.037\,2x_3^{(1)}(v-2)+0.195\,4x_4^{(1)}(v)$$
$$+70.721\,0x_5^{(1)}(v)+0.135\,6x_6^{(1)}(v)]-\sum_{j=2+\tau}^{k}(-0.08)^{k-j}(5.861\,0j+37.208\,1)$$

参 考 文 献

毕和政，陆键，朱胜雪. 2015. 基于组合赋权和灰色聚类的一级公路平交口安全评价. 武汉理工大学学报，37（11）：54-60.

蔡金锭，黄云程. 2015. 基于灰色关联诊断模型的电力变压器绝缘老化研究. 高电压技术，41（10）：3296-3301.

柴乃杰，鲍学英，王起才. 2017. 基于灰色聚类法评判模型的铁路绿色施工项目评标方法研究. 工程研究：跨学科视野中的工程，9（3）：300-306.

陈德江，王君，赵崇丞. 2019. 雷达组网作战效能的灰色聚类评估模型. 火力与指挥控制，44（5）：26-30.

陈芳，魏勇. 2012. 一类新的数据变换及其对提高灰预测精度的有效性研究. 统计与信息论坛，27（4）：27-30.

陈芳，魏勇. 2013. 近非齐次指数序列 GM(1,1) 模型灰导数的优化. 系统工程理论与实践，33（11）：2874-2878.

陈海俊，娄喜娟，刘洁，等. 2011. Lotka-Volterra 模型参数的灰色估计法及其应用. 数学的实践与认识，41（23）：108-113.

陈洁，许长新. 2005. 灰色预测模型的改进. 辽宁师范大学学报（自然科学版），（3）：262-264.

陈兢，周哲，方敏. 2020. 基于层次分析法及灰色聚类决策模型的主动配电网经济活动外部性评价. 浙江电力，39（5）：88-92.

陈娟，马栋梁，周涛，等. 2017. 基于灰色关联度的超临界水自然循环换热系数影响因素分析. 核动力工程，38（2）：19-23.

陈茜影，程宝龙. 1990. 灰色点关联系数与点关联度的注记. 系统工程，（5）：59-65.

陈涛捷. 1990. 灰色预测模型的一种拓广. 系统工程，（4）：50-52.

陈伟清，陆恩旋，曾弋戈，等. 2020. 基于灰色关联理论和系统聚类分析的智慧城市政府数据开放水平评价研究. 数学的实践与认识，50（6）：43-52.

崔杰. 2008. 点关联系数有显著差异下灰色关联分析模型的改进. 统计与决策，（24）：4-6.

崔杰，党耀国，刘思峰. 2009. 几类关联分析模型的新性质. 系统工程，27（4）：65-70.

崔杰，刘思峰. 2014. 灰色 Verhulst 拓展模型的病态性问题. 控制与决策，29（3）：567-571.

崔杰，刘思峰，马红燕. 2016. 含有时间幂次项的灰色预测模型病态特性. 控制与决策，31（5）：953-956.

崔杰，刘思峰，曾波，等. 2013. 灰色 Verhulst 预测模型的数乘特性. 控制与决策，28（4）：605-608.

崔立志, 刘思峰. 2010a. 基于三角函数 cscx 的数据变换技术预测模型. 第 19 届灰色系统全国会议, 北京.

崔立志, 刘思峰. 2010b. 基于数据变换技术的灰色预测模型. 系统工程, 28 (5): 104-107.

崔立志, 刘思峰. 2015. 面板数据的灰色矩阵相似关联模型及其应用. 中国管理科学, 23 (11): 171-176.

崔立志, 刘思峰, 李致平, 等. 2010a. 灰色斜率相似关联度研究及其应用. 统计与信息论坛, 25 (3): 56-59.

崔立志, 刘思峰, 吴正朋. 2008. 基于向量连分式理论的 MGM$(1,n)$ 模型. 系统工程, 26 (10): 47-51.

崔立志, 刘思峰, 吴正朋. 2010b. 新的强化缓冲算子的构造及其应用. 系统工程理论与实践, 30 (3): 484-489.

崔哲哲, 林定文, 林玫, 等. 2018. 运用灰色定权聚类模型对广西结核杆菌/艾滋病病毒双重感染防治工作质量进行综合评价. 中国卫生统计, 35 (1): 95-98.

党耀国, 冯宇, 丁松, 等. 2017a. 基于核和灰度的区间灰数型灰色聚类模型. 控制与决策, 32 (10): 1844-1848.

党耀国, 刘斌, 关叶青. 2005a. 关于强化缓冲算子的研究. 控制与决策, (12): 1332-1336.

党耀国, 刘斌, 关叶青. 2005c. 关于强化缓冲算子的研究. 控制与决策, 20 (12): 1332-1336.

党耀国, 刘思峰, 刘斌, 等. 2004a. 灰色斜率关联度的改进. 中国工程科学, (3): 41-44.

党耀国, 刘思峰, 刘斌, 等. 2004b. 关于弱化缓冲算子的研究. 中国管理科学, (2): 109-112.

党耀国, 刘思峰, 刘斌, 等. 2005b. 聚类系数无显著性差异下的灰色综合聚类方法研究. 中国管理科学, (4): 69-73.

党耀国, 刘思峰, 米传民. 2007. 强化缓冲算子性质的研究. 控制与决策, (7): 730-734.

党耀国, 尚中举, 王俊杰, 等. 2019. 基于面板数据的灰色指标关联模型构建及其应用. 控制与决策, 34 (5): 1077-1084.

党耀国, 王正新, 刘思峰. 2008. 灰色模型的病态问题研究. 系统工程理论与实践, (1): 156-160.

党耀国, 魏龙, 丁松. 2017b. 基于驱动信息控制项的灰色多变量离散时滞模型及其应用. 控制与决策, 32 (9): 1672-1680.

党耀国, 朱晓月, 丁松, 等. 2017c. 基于灰关联度的面板数据聚类方法及在空气污染分析中的应用. 控制与决策, 32 (12): 2227-2232.

邓聚龙. 2002. 灰理论基础. 武汉: 华中科技大学出版社.

丁松, 党耀国, 徐宁, 等. 2018a. 基于驱动因素控制的 DFCGM$(1,N)$ 及其拓展模型构建与应用. 控制与决策, 33 (4): 712-718.

丁松, 党耀国, 徐宁, 等. 2018b. 非等间距 GM$(1,1)$ 模型性质及优化研究. 系统工程理论与实践, 38 (6): 1575-1585.

董一哲, 党耀国. 2009. 基于离差最大化的灰色聚类方法. 系统工程理论与实践, 29(9): 141-146.

窦培谦. 2016. 城市环境安全模糊综合评价方法研究. 中国环境管理, 8 (2): 89-93.

樊星, 郑金珏. 2018. 基于灰色关联聚类分析的中国各省 GDP 结构比较. 统计与决策, 34(21): 139-141.

方志耕, 刘思峰, 陆芳, 等. 2005. 区间灰数表征与算法改进及其 GM$(1,1)$ 模型应用研究. 中国工程科学,（2）: 57-61.

高普梅,湛军. 2019. 基于扰动信息的连续区间灰数灰色预测模型. 系统工程与电子技术, 41（11）: 2533-2540.

耿率帅,党耀国,丁松,等. 2020. 基于灰色可能度函数的面板数据聚类方法. 控制与决策, 35（6）: 1483-1489.

关叶青,刘思峰. 2006. 关于强化缓冲算子的进一步研究. 第八届中国管理科学学术年会, 南京.

关叶青,刘思峰. 2007a. 关于弱化缓冲算子序列的研究. 中国管理科学,（4）: 89-92.

关叶青,刘思峰. 2007b. 基于不动点的强化缓冲算子序列及其应用. 控制与决策,（10）: 1189-1192.

关叶青,刘思峰. 2008. 基于函数 cot(x~α) 变换的灰色 GM(1,1) 建模方法. 系统工程,（9）: 89-93.

郭金海,肖新平,杨锦伟. 2015. 函数变换对灰色模型光滑度和精度的影响. 控制与决策, 30（7）: 1251-1256.

郭金海,杨锦伟. 2015. GM(1,1) 模型初始条件和初始点的优化. 系统工程理论与实践, 35（9）: 2333-2338.

郭昆,张岐山. 2010. 基于灰关联分析的谱聚类. 系统工程理论与实践, 30（7）: 1260-1265.

郭三党,刘思峰,方志耕. 2016. 基于核和灰度的区间灰数多属性决策方法. 控制与决策, 31（6）: 1042-1046.

郭三党,王玲玲,刘思峰,等. 2013. 基于最大灰色关联度的聚类方法分析. 数学的实践与认识, 43（6）: 195-201.

何满喜. 1997. 建立 GM(1,N) 预测模型的新方法. 农业系统科学与综合研究,（4）: 241-244.

何满喜,王勤. 2013. 基于 Simpson 公式的 GM(1,N) 建模的新算法. 系统工程理论与实践, 33（1）: 199-202.

何文章,郭鹏. 1999. 关于灰色关联度中的几个问题的探讨. 数理统计与管理,（3）: 26-30, 25.

何文章,宋国乡,吴爱弟. 2005. 估计 GM(1,1) 模型中参数的一族算法. 系统工程理论与实践,（1）: 69-75.

黄继. 2009. 灰色多变量 GM(1,N|T,r) 模型及其粒子群优化算法. 系统工程理论与实践, 29（10）: 145-151.

黄元亮,陈宗海. 2003. 灰色关联理论中存在的不相容问题. 系统工程理论与实践,（8）: 118-121.

江艺羡,张岐山. 2015. GM(1,1) 模型背景值的优化. 中国管理科学, 23（9）: 146-152.

蒋诗泉,刘思峰,周兴才. 2014. 基于复化梯形公式的 GM(1,1) 模型背景值的优化. 控制与决策, 29（12）: 2221-2225.

李玻,魏勇. 2009. 优化灰导数后的新 GM(1,1) 模型. 系统工程理论与实践, 29（2）: 100-105.

李翀,谢秀萍. 2019. 含时变时滞函数的 GM(1,1|τ_i) 模型及其应用. 系统工程理论与实践, 39（6）: 1535-1549.

李翠凤,戴文战. 2005. 基于函数 cotx 变换的灰色建模方法. 系统工程,（3）: 110-114.

李宏艳. 2004. 关于灰色关联度计算方法的研究. 系统工程与电子技术,（9）: 1231-1233, 1270.

李鸿,魏勇. 2012. 同时优化 GM(1,1) 模型背景值和灰导数的新方法. 统计与决策,（8）: 9-11.

李俊峰,戴文战. 2004. 基于插值和 Newton-Cores 公式的 GM(1,1) 模型的背景值构造新方法与应用. 系统工程理论与实践,（10）: 122-126.

李康, 徐海燕, 陈浩. 2017. 基于灰色聚类方法的关键链项目工期风险评估. 工业工程, 20（4）: 57-64.

李群. 1993. 灰色预测模型的进一步拓广. 系统工程理论与实践,（1）: 64-66.

李伟, 袁亚南, 牛东晓. 2011. 基于缓冲算子和时间响应函数优化灰色模型的中长期负荷预测. 电力系统保护与控制, 39（10）: 59-63.

李希灿. 1999. 灰色系统 GM(1,1) 模型适用范围拓广. 系统工程理论与实践, 19（1）: 98-102.

李希灿, 袁征, 张广波, 等. 2014. GM(1,1,β) 灰微分方程的若干性质. 系统工程理论与实践, 34（5）: 1249-1255.

李雪梅, 党耀国, 金镭. 2015a. 基于灰色变化率关联度的灰色趋势分析模型的构建及应用. 中国管理科学, 23（9）: 132-138.

李雪梅, 党耀国, 王俊杰. 2015b. 基于灰色准指数律的灰色生成速率关联模型的构建及应用. 控制与决策, 30（7）: 1245-1250.

李雪梅, 党耀国, 王俊杰. 2015c. 面板数据下的灰色指标关联聚类模型与应用. 控制与决策, 30（8）: 1447-1452.

李雪梅, 党耀国, 王正新. 2012. 调和变权缓冲算子及其作用强度比较. 系统工程理论与实践, 32（11）: 2486-2492.

李艳玲, 黄春艳, 赵娟. 2010. 基于灰色关联度的图像自适应中值滤波算法. 计算机仿真, 27(1): 238-240, 75.

李志亮, 罗芳, 阮群生. 2015. 一种新的白化权函数的灰色聚类评价方法. 延边大学学报（自然科学版）, 41（4）: 318-325.

刘解放, 刘思峰, 方志耕. 2013. 基于核与灰半径的连续区间灰数预测模型. 系统工程, 31（2）: 61-64.

刘思峰. 1987. 关于灰色非负矩阵的 Perron—Frobenius 定理及其证明. 河南农业大学学报,（4）: 502-509.

刘思峰. 1997. 冲击扰动系统预测陷阱与缓冲算子. 华中理工大学学报,（1）: 26-28.

刘思峰, 蔡华, 杨英杰, 等. 2013. 灰色关联分析模型研究进展. 系统工程理论与实践, 33（8）: 2041-2046.

刘思峰, 邓聚龙. 2000. GM(1,1) 模型的适用范围. 系统工程理论与实践,（5）: 121-124.

刘思峰, 方志耕, 谢乃明. 2010a. 基于核和灰度的区间灰数运算法则. 系统工程与电子技术, 32（2）: 313-316.

刘思峰, 方志耕, 杨英杰. 2014. 两阶段灰色综合测度决策模型与三角白化权函数的改进. 控制与决策, 29（7）: 1232-1238.

刘思峰, 林益. 2004. 灰数灰度的一种公理化定义. 中国工程科学,（8）: 91-94.

刘思峰, 谢乃明. 2011. 基于改进三角白化权函数的灰评估新方法. 系统工程学报, 26（2）: 244-250.

刘思峰, 谢乃明, Jeffery F. 2010b. 基于相似性和接近性视角的新型灰色关联分析模型. 系统工程理论与实践, 30（5）: 881-887.

刘思峰, 杨英杰, 吴利丰, 等. 2014. 灰色系统理论及其应用. 7 版. 北京: 科学出版社.

刘思峰, 张红阳, 杨英杰. 2018. "最大值准则" 决策悖论及其求解模型. 系统工程理论与实践,

38（7）：1830-1835.

刘思峰，朱永达.1993.区域经济评估指标与三角隶属函数评估模型.农业工程学报，（2）：8-13.

刘卫锋，何霞.2011.基于核和灰度的区间灰数行列式的若干性质.湖南文理学院学报（自然科学版），23（1）：26-30.

刘勇，王冬冬，周婷.2017.基于决策粗糙集的多属性灰色关联聚类方法.控制与决策，32（11）：2034-2038.

刘震，党耀国，钱吴永，等.2014a.基于面板数据的灰色网格关联度模型.系统工程理论与实践，34（4）：991-996.

刘震，党耀国，魏龙.2016.NGM(1,1,k)模型的背景值及时间响应函数优化.控制与决策，31（12）：2225-2231.

刘震，党耀国，周伟杰，等.2014b.新型灰色接近关联模型及其拓展.控制与决策，29（6）：1071-1075.

刘震宇.2000.灰色系统分析中存在的两个基本问题.系统工程理论与实践，（9）：123-124.

刘中侠，刘思峰，蒋诗泉.2021.基于区间直觉灰数的一般灰数决策模型.统计与决策，37（11）：164-167.

鲁亚运，原峰，谭枝登.2014.时滞 GM(1,N) 模型及其应用.统计与决策，（14）：73-75.

罗党，刘思峰，党耀国.2003.灰色模型 GM(1,1) 优化.中国工程科学，（8）：50-53.

罗党，刘思峰.2005.灰色关联决策方法研究.中国管理科学，（1）：102-107.

罗党，叶莉莉，韦保磊，等.2018.面板数据的灰色矩阵关联模型及在旱灾脆弱性风险中的应用.控制与决策，33（11）：2051-2056.

吕锋，刘翔，刘泉.2000.七种灰色系统关联度的比较研究.武汉工业大学学报，（2）：41-43，47.

吕洁华，李欣.2018.基于灰色聚类的国家公园综合评价模型.林业经济，40（5）：22-27.

毛树华，高明运，肖新平.2015.分数阶累加时滞 GM(1,N,τ) 模型及其应用.系统工程理论与实践，35（2）：430-436.

梅振国.1992.灰色绝对关联度及其计算方法.系统工程，（5）：43-44，72.

穆勇.2003.优化灰导数白化值的无偏灰色 GM(1,1) 模型.数学的实践与认识，（3）：13-16.

彭绍雄，王海涛，邹强.2015.潜空导弹武器系统作战效能评估模型.系统工程理论与实践，35（1）：267-272.

钱丽丽，刘思峰，谢乃明.2016.基于熵权和区间灰数信息的灰色聚类模型.系统工程与电子技术，38（2）：352-356.

钱吴永，党耀国.2009a.基于振荡序列的 GM(1,1) 模型.系统工程理论与实践，29（3）：149-154.

钱吴永，党耀国.2009b.一种新型数据变换技术及其在 GM(1,1) 模型中的应用.系统工程与电子技术，31（12）：2879-2881，2908.

钱吴永，党耀国.2011.基于平均增长率的弱化变权缓冲算子及其性质.系统工程，29（1）：105-110.

钱吴永，党耀国，刘思峰.2012.含时间幂次项的灰色 GM(1,1,tα) 模型及其应用.系统工程理论与实践，32（10）：2247-2252.

钱吴永，王育红，党耀国，等.2013.基于多指标面板数据的灰色矩阵关联模型及其应用.系统工程，31（10）：70-74.

强凤娇，王化中，祝福云. 2017. 基于区间数观察值的灰色白化权函数聚类模型重构. 统计与决策，（16）：28-31.

仇伟杰，刘思峰. 2006. GM(1,N) 模型的离散化结构解. 系统工程与电子技术，（11）：1679-1681，1699.

尚中举. 2019. 基于面板数据的灰色关联模型研究及其应用. 南京航空航天大学硕士学位论文.

施红星，刘思峰，方志耕，等. 2010. 灰色振幅关联度模型. 系统工程理论与实践，30（10）：1828-1833.

孙慧芳，党耀国，毛文鑫. 2020. 三参数区间灰数信息下的多阶段多属性不确定决策方法. 统计与决策，36（17）：162-166.

孙全敏，王雅鹏，刘慧娥，等. 1995. 灰色增量——微分动态模型与中间变量辨识方法及其应用. 系统工程理论与实践，（10）：47-54.

孙玉刚，党耀国. 2008. 灰色 T 型关联度的改进. 系统工程理论与实践，（4）：135-139.

谭冠军. 2000. GM(1,1) 模型的背景值构造方法和应用（Ⅱ）. 系统工程理论与实践，（5）：125-127，132.

谭鑫，徐秋磊，王洁雨，等. 2021. 基于改进共原点灰色聚类的清洁能源消纳综合效益评估. 广东电力，34（2）：28-35.

谭学瑞，邓聚龙. 1995. 灰色关联分析：多因素统计分析新方法. 统计研究，（3）：46-48.

唐五湘. 1995. T 型关联度及其计算方法. 数理统计与管理，（1）：34-37，33.

陶永峰，张胜华，李文璟，等. 2017. 基于层次分析和灰色关联分析的评价模型在卷烟多点加工质量评价中的应用. 中国烟草学报，23（1）：43-49.

王大鹏，汪秉文，李睿凡. 2013. 考虑合成灰数灰度性质的改进区间灰数预测模型. 系统工程与电子技术，35（5）：1013-1017.

王丰效. 2011. 改进灰导数的 GM(1,1) 幂模型. 纯粹数学与应用数学，27（2）：148-150，157.

王洪利，冯玉强. 2006. 基于灰云的改进白化模型及其在灰色决策中应用. 黑龙江大学自然科学学报，（6）：740-745，750.

王俊杰，党耀国，李雪梅，等. 2015. 基于区间灰数的灰色定权聚类. 中国管理科学，23（10）：139-146.

王清印. 1989. 灰色 B 型关联分析. 华中理工大学学报，（6）：77-82.

王清印，赵秀恒. 1999. C 型关联分析. 华中理工大学学报，（3）：76-78.

王瑞敏，魏勇. 2012. 优化灰导数的直接 GM(1,1) 模型. 统计与决策，（15）：70-72.

王文平，邓聚龙. 1997. 灰色系统中 GM(1,1) 模型的混沌特性研究. 系统工程，（2）：13-16.

王义闹，刘开第，李应川. 2001. 优化灰导数白化值的 GM(1,1) 建模法. 系统工程理论与实践，（5）：124-128.

王正新. 2013. 全信息变权缓冲算子的构造及应用. 浙江大学学报（工学版），47（6）：1120-1128.

王正新. 2014a. 基于傅立叶级数的小样本振荡序列灰色预测方法. 控制与决策，29（2）：270-274.

王正新. 2014b. 灰色多变量 GM(1,N) 幂模型及其应用. 系统工程理论与实践，34（9）：2357-2363.

王正新. 2015. 多变量时滞 GM(1,N) 模型及其应用. 控制与决策，30（12）：2298-2304.

王正新, 党耀国, 曹明霞. 2010a. 基于灰熵优化的加权灰色关联度. 系统工程与电子技术, 32（4）: 774-776, 783.

王正新, 党耀国, 刘思峰. 2007. 无偏 GM(1,1) 模型的混沌特性分析. 系统工程理论与实践, (11): 153-158.

王正新, 党耀国, 刘思峰. 2008. 基于离散指数函数优化的 GM(1,1) 模型. 系统工程理论与实践, （2）: 61-67.

王正新, 党耀国, 刘思峰. 2011. 基于白化权函数分类区分度的变权灰色聚类. 统计与信息论坛, 26（6）: 23-27.

王正新, 党耀国, 刘思峰. 2013. GM(1,1) 幂模型的病态性. 系统工程理论与实践, 33（7）: 1859-1866.

王正新, 党耀国, 沈春光. 2010b. 灰色 Verhulst 模型的灰导数改进研究. 统计与信息论坛, 25（6）: 19-22.

王正新, 何凌阳. 2019. 全信息变权缓冲算子的拓展、优化及其应用. 控制与决策, 34（10）: 2213-2220.

魏勇, 胡大红. 2009. 光滑性条件的缺陷及其弥补办法. 系统工程理论与实践, 29(8): 165-170.

魏勇, 曾柯方. 2015. 关联度公理的简化与特殊关联度的公理化定义. 系统工程理论与实践, 35（6）: 1528-1534.

吴利丰, 刘思峰, 闫书丽. 2013. 区间灰数序列的灰色预测模型构建方法. 控制与决策, 28(12): 1912-1914, 1920.

吴利丰, 王义闹, 刘思峰. 2012. 灰色凸关联及其性质. 系统工程理论与实践, 32（7）: 1501-1505.

吴紫恒, 吴仲城, 李芳, 等. 2019. 改进的含时间幂次项灰色模型及建模机理. 控制与决策, 34(3): 637-641.

肖新平. 1997. 关于灰色关联度量化模型的理论研究和评论. 系统工程理论与实践, （8）: 77-82.

肖新平, 宋中民, 李峰. 2005. 灰技术基础及应用. 北京: 科学出版社.

肖新平, 王欢欢. 2014. GM(1,1,α) 模型背景值的变化对相对误差的影响. 系统工程理论与实践, 34（2）: 408-415.

肖新平, 肖伟. 1997. 灰色最优聚类理论模型及其应用. 运筹与管理, （1）: 23-28.

谢开贵, 李春燕, 周家启. 2000. 基于遗传算法的 GM(1,1,λ) 模型. 系统工程学报, （2）: 168-172.

谢乃明. 2008. 灰色系统建模技术研究. 南京航空航天大学博士学位论文.

谢乃明, 刘思峰. 2003. 一种新的实用弱化缓冲算子. 中国管理科学, （Z1）: 46-48.

谢乃明, 刘思峰. 2005. 离散 GM(1,1) 模型与灰色预测模型建模机理. 系统工程理论与实践, （1）: 93-99.

谢乃明, 刘思峰. 2007. 几类关联度模型的平行性和一致性. 系统工程, （8）: 98-103.

谢乃明, 刘思峰. 2008. 多变量离散灰色模型及其性质. 系统工程理论与实践, （6）: 143-150, 165.

谢乃明, 刘思峰. 2009. GM(n,h) 模型建模序列数据数乘变换特性研究. 控制与决策, 24（9）: 1294-1299.

熊萍萍, 党耀国, 束慧. 2012. MGM(1,m) 模型的特性研究. 控制与决策, 27（3）: 389-393, 398.

徐宁, 党耀国. 2014. 平滑变权缓冲算子构造及其性质. 控制与决策, 29 (7): 1262-1266.

徐宁, 党耀国, 丁松. 2015. 基于误差最小化的 GM(1,1) 模型背景值优化方法. 控制与决策, 30 (2): 283-288.

徐宁, 公彦德, 柏菊. 2019. 动态灰预测模型的缓冲适应性建模方法. 系统工程理论与实践, 39 (10): 2619-2627.

徐卫国, 张清宇, 郭慧, 等. 2006. 灰色聚类模型的改进及应用研究. 数学的实践与认识, (6): 200-205.

徐泽水, 达庆利. 2003. 区间数排序的可能度法及其应用. 系统工程学报, 18 (1): 67-70.

闫书丽, 刘思峰, 朱建军, 等. 2014. 基于相对核和精确度的灰数排序方法. 控制与决策, 29(2): 315-319.

杨德岭, 刘思峰, 曾波. 2013. 基于核和信息域的区间灰数 Verhulst 模型. 控制与决策, 28 (2): 264-268.

杨欢红, 丁宇涛, 周敬嵩, 等. 2019. 基于最优权重和区间灰数动态灰靶的变压器状态评估. 电力系统保护与控制, 47 (7): 66-74.

杨新湦, 王梓旭, 翟文鹏. 2018. 基于聚类与灰色关联分析模型的机场群协同发展评价. 数学的实践与认识, 48 (20): 304-310.

杨哲, 杨侃, 刘朗, 等. 2018. 组合赋权模糊熵-灰云聚类二维河流健康评价. 华中科技大学学报 (自然科学版), 46 (5): 90-94.

杨知, 任鹏, 党耀国. 2009. 反向累加生成与灰色 GOM(1,1) 模型的优化. 系统工程理论与实践, 29 (8): 160-164.

姚兰飞, 钱德玲, 方成杰, 等. 2017. 基于灰色定权聚类模型的泥石流危险性评价. 合肥工业大学学报 (自然科学版), 40 (6): 803-808.

叶飞, 方国华, 金菊良. 2020. 基于灰色聚类集对分析法的水资源承载力评价模型. 水资源与水工程学报, 31 (3): 30-36.

叶璟, 党耀国, 丁松. 2016. 基于广义 "灰度不减" 公理的区间灰数预测模型. 控制与决策, 31 (10): 1831-1836.

叶舟, 陈康民. 2002. 基于自相关理论的 GM(1,1) 和 GM(1,N) 联合预测. 上海理工大学学报, (1): 17-20.

于淼, 饶潇潇, 张梦婷. 2020. 基于组合赋权的装配式建筑绿色性灰色聚类测评模型. 沈阳建筑大学学报 (社会科学版), 22 (2): 137-143.

袁潮清, 刘思峰, 张可. 2011. 基于发展趋势和认知程度的区间灰数预测. 控制与决策, 26 (2): 313-315, 319.

曾波. 2011. 基于核和灰度的区间灰数预测模型. 系统工程与电子技术, 33 (4): 821-824.

曾波, 刘思峰, 孟伟, 等. 2010. 基于空间映射的区间灰数关联度模型. 系统工程, 28 (8): 122-126.

曾梅兰, 高明美. 2015. 基于核与灰度的区间灰数运算法则的修正. 计算机工程与应用, 51(23): 28-30, 73.

张东兴, 王建平, 李晔. 2019. 基于前景理论的三参数区间灰数信息下多属性灰关联决策方法. 数学的实践与认识, 49 (13): 101-108.

张娟, 党耀国, 王俊杰. 2014. 基于投影的灰色关联度模型及其性质. 控制与决策, 29 (12): 2301-2304.

张可. 2014. 基于驱动控制的多变量离散灰色模型. 系统工程理论与实践, 34 (8): 2084-2091.

张可, 刘思峰. 2010a. 灰色关联聚类在面板数据中的扩展及应用. 系统工程理论与实践, 30(7): 1253-1259.

张可, 刘思峰. 2010b. 基于粒子群优化算法的广义累加灰色模型. 系统工程与电子技术, 32(7): 1437-1440.

张可, 刘思峰. 2010c. 线性时变参数离散灰色预测模型. 系统工程理论与实践, 30 (9): 1650-1657.

张可, 曲品品, 张隐桃. 2015. 时滞多变量离散灰色模型及其应用. 系统工程理论与实践, 35(8): 2092-2103.

张凌霄, 王丰效. 2010. 逐步优化灰导数的非等间距 GM(1,1) 模型. 数学的实践与认识, 40 (11): 63-67.

张娜, 王红权. 2017. 基于两阶段灰色聚类模型的新疆经济社会发展水平评价研究. 数学的实践与认识, 47 (2): 87-94.

张岐山. 2002. 灰聚类分析结果灰性的测度. 中国管理科学, (1): 55-57.

张岐山, 邓聚龙, 邵勇. 1995. 均衡接近度灰关联分析方法. 华中理工大学学报, (11): 94-98.

张岐山, 郭喜江, 邓聚龙. 1996a. 灰关联熵分析方法. 系统工程理论与实践, (8): 8-12.

张岐山, 秦洪, 邓聚龙. 1996b. 灰数灰度的一个新定义. 大庆石油学院学报, (1): 89-92.

张荣, 刘思峰, 刘斌. 2007. 灰色聚类评价方法的延拓研究. 统计与决策. (18): 24-26.

张小莲, 郝思鹏, 李军, 等. 2015. 基于灰色关联度的风机 MPPT 控制影响因素分析. 电网技术, 39 (2): 445-449.

张志勇, 吴声. 2015. 基于白化权函数的区间灰数关联度模型. 中国管理科学, 23 (1): 154-162.

张智涌, 双学珍. 2017. 基于熵组合权重和灰色聚类模型的河道整治工程社会影响评价. 水利水电技术, 48 (11): 163-167.

赵金先, 李龙, 刘敏. 2014. 基于 OWA 算子赋权的地铁工程项目管理绩效灰色评价. 建筑经济, 35 (9): 125-129.

赵艳林, 杨绿峰, 吕海波, 等. 2003. 不确定信息条件下的灰色模式识别. 控制与决策, (5): 593-596.

郑益凯, 惠轶, 邱令存. 2017. 改进灰色聚类评估模型在防空武器毁伤能力评估中的应用. 航天控制, 35 (6): 53-57.

郑照宁, 武玉英, 程小辉, 等. 2001. 灰色模型的病态性问题. 系统工程理论方法应用, (2): 140-144.

周伟杰, 党耀国, 熊萍萍, 等. 2013. 区间灰数的灰色变权与定权聚类模型. 系统工程理论与实践, 33 (10): 2590-2595.

朱文君, 陈金涛, 赵舫, 等. 2021. 基于改进灰色聚类法的配电台区电能表质量评价方法. 电测与仪表: 1-8.

Ahmadi H B, Petrudi S H H, Wang X. 2017. Integrating sustainability into supplier selection with analytical hierarchy process and improved grey relational analysis: a case of telecom industry.

International Journal of Advanced Manufacturing Technology，90（9/12）：2413-2427.

Ai X，Hu Y，Chen G. 2014. A systematic approach to identify the hierarchical structure of accident factors with grey relations. Safety Science，63：83-93.

Bahrami S，Hooshm R A，Parastegari M. 2014. Short term electric load forecasting by wavelet transform and grey model improved by PSO（particle swarm optimization）algorithm. Energy，72：434-442.

Chen C I，Huang S J. 2013. The necessary and sufficient condition for GM(1,1) grey prediction model. Applied Mathematics and Computation，219（11）：6152-6162.

Dang Y G，Liu S F，Chen K J. 2004. The GM models that $x(n)$ be taken as initial value. Kybernetes，33（2）：247-254.

Debnath A，Roy J，Kar S，et al. 2017. A hybrid MCDM approach for strategic project portfolio selection of agro by-products. Sustainability，9（8）：1-33.

Deepthi Y P，Krishna M. 2018. Optimization of electroless copper coating parameters on graphite particles using taguchi and grey relational analysis. Materials Today-Proceedings，5（5）：12077-12082.

Delgado A，Romero I. 2016. Environmental conflict analysis using an integrated grey clustering and entropy-weight method：a case study of a mining project in Peru. Environmental Modelling & Software，77：108-121.

Deng J L. 1982. Control problems of grey systems. Systems & Control Letters，1（5）：288-294.

Deng J L. 1989a. Properties of multivariable grey model GM(1,N). Journal of Grey Systems，1（1）：25-41.

Deng J L. 1989b. Introduction to grey system theory. Journal of Grey Systems，1（1）：1-24.

Ding S. 2019. A novel discrete grey multivariable model and its application in forecasting the output value of China's high-tech industries. Computers & Industrial Engineering，127：749-760.

Ding S，Li R，Tao Z. 2021. A novel adaptive discrete grey model with time-varying parameters for long-term photovoltaic power generation forecasting. Energy Conversion and Management，227：113644.

Duan H，Wang D，Pang X，et al. 2020. A novel forecasting approach based on multi-kernel nonlinear multivariable grey model：a case report. Journal of Cleaner Production，260：120929.

Ebrahimi M，Keshavarz A. 2012. Prime mover selection for a residential micro-CCHP by using two multi-criteria decision-making methods. Energy and Buildings，55：322-331.

Guo H，Xiao X，Forrest J. 2013. A research on a comprehensive adaptive grey prediction model CAGM(1,N). Applied Mathematics and Computation，225：216-227.

Gupta B，Tiwari M. 2017. A tool supported approach for brightness preserving contrast enhancement and mass segmentation of mammogram images using histogram modified grey relational analysis. Multidimensional Systems and Signal Processing，28（4）：1549-1567.

Hamzacebi C，Es H A. 2014. Forecasting the annual electricity consumption of Turkey using an optimized grey model. Energy，70：165-171.

Hao Y，Xiang C，Wang X. 2014. Investigation of karst hydrological processes by using grey auto-incidence analysis. Natural Hazards, 71 (2): 1017-1024.

He L Y, Pei L L, Yang Y H. 2020. An optimised grey buffer operator for forecasting the production and sales of new energy vehicles in China. Science of the Total Environment, 704: 135321.

He Z, Shen Y, Li J, et al. 2015. Regularized multivariable grey model for stable grey coefficients estimation. Expert Systems with Applications, 42 (4): 1806-1815.

Hsin P H, Chen C I. 2015. Application of game theory on parameter optimization of the novel two-stage Nash nonlinear grey Bernoulli model. Communications in Nonlinear Science and Numerical Simulation, 27 (1/3): 168-174.

Hsu C C, Liou J J H, Chuang Y C. 2013. Integrating DANP and modified grey relation theory for the selection of an outsourcing provider. Expert Systems with Applications, 40 (6): 2297-2304.

Hsu L C. 2009. Forecasting the output of integrated circuit industry using genetic algorithm based multivariable grey optimization models. Expert Systems with Applications, 36 (4): 7898-7903.

Hsu L C. 2011. Using improved grey forecasting models to forecast the output of opto-electronics industry. Expert Systems with Applications, 38 (11): 13879-13885.

Hsu W Y. 2013. Embedded grey relation theory in hopfield neural network: application to motor imagery EEG recognition. Clinical Eeg and Neuroscience, 44 (4): 257-264.

Hu C Z, Xie N M, Yin S M, et al. 2015. Civil aircraft cost drive parameters selecting method based on grey clustering model. 2015 IEEE International Conference on Systems, Man, and Cybernetics, HongKong.

Jin X. 1993. Grey relational clustering method and it's application. Journal of Grey Systems, 5 (3): 181-188.

Kreng V B, Yang C T. 2011. The equality of resource allocation in health care under the National Health Insurance System in Taiwan. Health Policy, 100 (2/3): 203-210.

Kung C Y, Wen K L. 2007. Applying grey relational analysis and grey decision-making to evaluate the relationship between company attributes and its financial performance-a case study of venture capital enterprises in Taiwan. Decision Support Systems, 43 (3): 842-852.

Kung L M, Yu S W. 2008. Prediction of index futures returns and the analysis of financial spillovers—a comparison between GARCH and the grey theorem. European Journal of Operational Research, 186 (3): 1184-1200.

Li C, Chen K, Xiang X. 2015a. An integrated framework for effective safety management evaluation: application of an improved grey clustering measurement. Expert Systems with Applications, 42 (13): 5541-5553.

Li K, Liu L, Zhai J, et al. 2016. The improved grey model based on particle swarm optimization algorithm for time series prediction. Engineering Applications of Artificial Intelligence, 55: 285-291.

Li S, Zeng B, Mai X, et al. 2020. A novel grey model with a three-parameter background value and its application in forecasting average annual water consumption per capita in urban areas along the Yangtze River basin. Journal of Grey System, 32 (1): 118-132.

Li T Z, Yang X L. 2018. Risk assessment model for water and mud inrush in deep and long tunnels based on normal grey cloud clustering method. Ksce Journal of Civil Engineering, 22 (5): 1991-2001.

Li W, Xie H. 2014. Geometrical variable weights buffer GM(1,1) model and its application in forecasting of China's energy consumption. Journal of Applied Mathematics: 131432.

Li X, Hipel K W, Dang Y. 2015b. An improved grey relational analysis approach for panel data clustering. Expert Systems with Applications, 42 (23): 9105-9116.

Lin Y H, Lee P C. 2007. Novel high-precision grey forecasting model. Automation in Construction, 16 (6): 771-777.

Liu S. 1991. The three axioms of buffer operator and their application to GM(1,1) prediction. Journal of Grey Systems, 3 (1): 39-48.

Liu S, Lin Y. 2006. On measures of information content of grey numbers. Kybernetes, 35 (5/6): 899-904.

Liu S, Yang Y, Forrest J. 2017. Grey Data Analysis. Singapore: Springer-Verlag.

Liu S F, Fang Z G, Yang Y J, et al. 2012. General grey numbers and their operations. Grey Systems: Theory and Application, 2 (3): 341-349.

Liu W, Zhang J, Jin M, et al. 2017. Key indices of the remanufacturing industry in China using a combined method of grey incidence analysis and grey clustering. Journal of Cleaner Production, 168: 1348-1357.

Liu Y, Zhang R S. 2019. A three-way grey incidence clustering approach with changing decision objects. Computers & Industrial Engineering, 137: 106987.

Luo D, Ye L, Sun D. 2020. Risk evaluation of agricultural drought disaster using a grey cloud clustering model in Henan province, China. International Journal of Disaster Risk Reduction, 49 (2): 101759.

Ma X, Liu Z, Wang Y. 2019. Application of a novel nonlinear multivariate grey Bernoulli model to predict the tourist income of China. Journal of Computational and Applied Mathematics, 347: 84-94.

Malek A, Ebrahimnejad S, Tavakkoli-Moghaddam R. 2017. An improved hybrid grey relational analysis approach for green resilient supply chain network assessment. Sustainability, 9 (8): 1433.

Mao S, Gao M, Xiao X, et al. 2016. A novel fractional grey system model and its application. Applied Mathematical Modelling, 40 (7/8): 5063-5076.

Ou S L. 2012. Forecasting agricultural output with an improved grey forecasting model based on the genetic algorithm. Computers and Electronics in Agriculture, 85: 33-39.

Penrose R. 1955. A generalized inverse for matrices. Mathematical Proceedings of the Cambridge Philosophical Society, 51 (3): 406-413.

Rajesh R. 2018. Measuring the barriers to resilience in manufacturing supply chains using grey clustering and VIKOR approaches. Measurement, 126: 259-273.

Shih C S, Hsu Y T, Yeh J, et al. 2011. Grey number prediction using the grey modification model with progression technique. Applied Mathematical Modelling, 35 (3): 1314-1321.

Singh T, Patnaik A, Chauhan R. 2016. Optimization of tribological properties of cement kiln dust-filled brake pad using grey relation analysis. Materials & Design, 89: 1335-1342.

Song Z, Xiao X. 2002. The properties and class ratio of the series in opposite AGO. Journal of Grey System, 14 (1): 9-14.

Sun J, Dang Y, Zhu X, et al. 2021. A grey spatiotemporal incidence model with application to factors causing air pollution. Science of the Total Environment, 759 (12): 143576.

Tan Q, Wei T, Peng W, et al. 2020. Comprehensive evaluation model of wind farm site selection based on ideal matter element and grey clustering. Journal of Cleaner Production, 272 (9): 122658.

Temino-Boes R, Romero-Lopez R, Ibarra S, et al. 2020. Using grey clustering to evaluate nitrogen pollution in estuaries with limited data. Science of the Total Environment, 722: 137964.

Tien T L. 2009. The deterministic grey dynamic model with convolution integral DGDMC(1,n). Applied Mathematical Modelling, 33 (8): 3498-3510.

Truong D Q, Ahn K K. 2012. An accurate signal estimator using a novel smart adaptive grey model SAGM(1,1). Expert Systems with Applications, 39 (9): 7611-7620.

Tung C T, Lee Y J. 2009. A novel approach to construct grey principal component analysis evaluation model. Expert Systems with Applications, 36 (3): 5916-5920.

Wang J, Hipel K W, Dang Y. 2017. An improved grey dynamic trend incidence model with application to factors causing smog weather. Expert Systems with Applications, 87: 240-251.

Wang J, Zhu S, Zhao W, et al. 2011. Optimal parameters estimation and input subset for grey model based on chaotic particle swarm optimization algorithm. Expert Systems with Applications, 38(7): 8151-8158.

Wang J F, Liu S F, Fang Z G. 2009. Solving interval DEA model and ranking based on interval-oriented and grey incidence degree. Systems Engineering and Electronics, 31 (9): 2146-2150.

Wang Y, Dang Y, Li Y, et al. 2010. An approach to increase prediction precision of GM(1,1) model based on optimization of the initial condition. Expert Systems with Applications, 37 (8): 5640-5644.

Wang Z L. 2004. Building grey model GM(1,1) with translation transformation. Kybernetes, 33 (2): 390-397.

Wang Z X, Hao P. 2016. An improved grey multivariable model for predicting industrial energy consumption in China. Applied Mathematical Modelling, 40 (11/12): 5745-5758.

Wang Z X, Hipel K W, Wang Q, et al. 2011. An optimized NGBM(1,1) model for forecasting the qualified discharge rate of industrial wastewater in China. Applied Mathematical Modelling, 35 (12): 5524-5532.

Wang Z X, Li Q, Pei L L. 2017. Grey forecasting method of quarterly hydropower production in China based on a data grouping approach. Applied Mathematical Modelling, 51: 302-316.

Wang Z X, Ye D J. 2017. Forecasting Chinese carbon emissions from fossil energy consumption using non-linear grey multivariable models. Journal of Cleaner Production, 142: 600-612.

Wei B l, Xie N m, Yang Y j. 2019. Data-based structure selection for unified discrete grey prediction model. Expert Systems with Applications, 136: 264-275.

Wiecek-Janka E, Mierzwiak R, Kijewska J. 2016. Competencies' model in the succession process of family firms with the use of grey clustering analysis. Journal of Grey System, 28 (2): 121-131.

Wu L F, Liu S F, Cui W, et al. 2014. Non-homogenous discrete grey model with fractional-order accumulation. Neural Computing & Applications, 25 (5): 1215-1221.

Wu L, Liu S, Liu D, et al. 2015. Modelling and forecasting CO_2 emissions in the BRICS (Brazil, Russia, India, China, and South Africa) countries using a novel multi-variable grey model. Energy, 79: 489-495.

Wu L, Liu S, Yang Y. 2016. A gray model with a time varying weighted generating operator. IEEE Transactions on Systems Man Cybernetics-Systems, 46 (3): 427-433.

Wu L, Liu S, Yao L, et al. 2013a. Grey system model with the fractional order accumulation. Communications in Nonlinear Science and Numerical Simulation, 18 (7): 1775-1785.

Wu L, Liu S, Yao L, et al. 2013b. The effect of sample size on the grey system model. Applied Mathematical Modelling, 37 (9): 6577-6583.

Wu W H, Lin C T, Peng K H, et al. 2012. Applying hierarchical grey relation clustering analysis to geographical information systems—a case study of the hospitals in Taipei City. Expert Systems with Applications, 39 (8): 7247-7254.

Wu W, Ma X, Zeng B, et al. 2019. Forecasting short-term renewable energy consumption of China using a novel fractional nonlinear grey Bernoulli model. Renewable Energy, 140: 70-87.

Wu W, Ma X, Zhang Y, et al. 2020. A novel conformable fractional non-homogeneous grey model for forecasting carbon dioxide emissions of BRICS countries. Science of the Total Environment, 10: 135447.1-135447.24.

Xiao X, Duan H, Wen J. 2020. A novel car-following inertia gray model and its application in forecasting short-term traffic flow. Applied Mathematical Modelling, 87: 546-570.

Xie, N m, Liu S f. 2009. Discrete grey forecasting model and its optimization. Applied Mathematical Modelling, 33 (2): 1173-1186.

Xu N, Dang Y, Cui J. 2015. Comprehensive optimized GM(1,1) model and application for short term forecasting of Chinese energy consumption and production. Journal of Systems Engineering and Electronics, 26 (4): 794-801.

Xu N, Dang Y, Gong Y. 2017. Novel grey prediction model with nonlinear optimized time response method for forecasting of electricity consumption in China. Energy, 118: 473-480.

Yang Y, Chen Y, Shi J, et al. 2016. An improved grey neural network forecasting method based on genetic algorithm for oil consumption of China. Journal of Renewable and Sustainable Energy, 8 (2): 024104.

Yang Y, John R, Liu S. 2012. Some extended operations of grey sets. Kybernetes, 41(7/8): 860-873.

Yao T X, Liu S F, Dang Y G. 2009. Discrete grey prediction model based on optimized initial value. Systems Engineering and Electronics, 31 (10): 2394-2398.

Ye J, Bingjun L, Fang L. 2013. GM(1,1) forecast under function cot x transformation. Grey

Systems: Theory and Application, 3 (3): 236-249.

Ye J, Dang Y, Li B. 2018. Grey-Markov pre diction model based on background value optimization and central-point triangular whitenization weight function. Communications in Nonlinear Science and Numerical Simulation, 54: 320-330.

Ye L, Xie N, Hu A. 2021. A novel time-delay multivariate grey model for impact analysis of CO_2 emissions from China's transportation sectors. Applied Mathematical Modelling, 91: 493-507.

Yonghong H, Yajie W, Jiaojuan Z, et al. 2011. Grey system model with time lag and application to simulation of karst spring discharge. Grey Systems: Theory and Application, 1 (1): 47-56.

Yuan C, Liu S. 2012. Core of grey cluster and its application in evaluation of scientific and technological strength. Journal of Grey System, 24 (4): 327-336.

Yuan Y C, Li S C, Zhang Q Q, et al. 2016. Risk assessment of water inrush in karst tunnels based on a modified grey evaluation model: sample as Shangjiawan Tunnel. Geomechanics and Engineering, 11 (4): 493-513.

Zeng B, Luo C, Liu S, et al. 2016. A novel multi-variable grey forecasting model and its application in forecasting the amount of motor vehicles in Beijing. Computers & Industrial Engineering, 101: 479-489.

Zhang K, Ye W, Zhao L. 2012. The absolute degree of grey incidence for grey sequence base on standard grey interval number operation. Kybernetes, 41 (7/8): 934-944.

Zhou J, Fang R, Li Y, et al. 2009. Parameter optimization of nonlinear grey Bernoulli model using particle swarm optimization. Applied Mathematics and Computation, 207 (2): 292-299.